アメリカを創る男たち

ニューヨーク建設労働者の生活世界と「愛国主義」

南 修平 著

Shuhei Minami

名古屋大学出版会

本書は一般財団法人名古屋大学出版会
学術図書刊行助成により出版された。

アメリカを創る男たち——目　次

関連地図　ニューヨーク市とその周辺

序　章

1　本書の問題関心――労働生活への注目

世界貿易センタービルに二機の旅客機が突入し、ツイン・タワーの崩落とともに三〇〇〇人近い犠牲者が出た二〇〇一年の事件からすでに十数年が経つものの、今なお当時の映像を記憶している人は少なくないだろう。この衝撃的事件を受けてアメリカ全土で一気に愛国主義が高まり、「ゴッド・ブレス・アメリカ」がことあるごとに歌われ、星条旗が街に溢れたことは、アメリカ研究者のみならず、アメリカを外から眺める人々に強い印象をもたらした。その情景を象徴する一つに、タワー崩落直後の九月一四日、当時の大統領ジョージ・W・ブッシュが現場に駆けつけて行った即興演説（Bullhorn Speech）が挙げられる。拡声器を手にしたブッシュが隣にいる消防士の肩に手を回しながら「私には皆さんの声が聞こえています。世界の人々も我々の声を聞いています。そしてこのビルを崩壊させた連中もすぐに我々の声を聞くことになるでしょう……皆さんの懸命な努力に感謝します。誇り高い国家の再建に感謝を。アメリカに神の御加護を」とスピーチすると、周囲にいた人々からは期せずして「ＵＳＡ！」の大合唱と拍手喝采が巻き起こった。

この時、ブッシュを取り囲んでいた中に、行方不明者の捜索・救出作業にあたっていた消防士や警察官だけではなく、ヘルメット（ハードハット）をかぶった多くの建設労働者もいたことをご記憶だろうか。彼らはビルが崩壊した直後からこの地に駆けつけ、粉塵が濛々と舞い、煙が燻り続ける中でいち早く瓦礫の撤去作業にあたっていたのである。国家の一大事に際して結集し、現場では未だ危険な状況が続いているにもかかわらず膨大な瓦礫の撤去作業に黙々と従事する彼らの姿は愛国精神を象徴する存在として衆目を集めたのだった。

ニューヨークにおいて、多くの人の目に愛国主義を顕在化させた建設労働者の姿が確認されるという事態は、実は九・一一から三一年を遡る一九七〇年の五月にも起こっている。[1] ヴェトナム反戦運動が激しさを増していた当時、世界貿易センターからほどない距離にあるウォール街周辺に集まっていた反戦デモ隊に対し、ヘルメットをかぶった建設労働者数百人が襲撃をかけた「ハードハット暴動」である。デモ隊を追い散らした建設労働者は、星条旗を掲げて気勢を上げ、やはりこの時も「ＵＳＡ！」を連呼し、ニクソン政権のヴェトナム政策への支持を露わにしたのである。

この二つの例の共通性として、いずれもニューヨーク市内――それもマンハッタン内の極めて近い場所で起こり、それらの主人公が建設労働者であること、そして彼らの行為が愛国主義的感情に駆られたものと多くの人に捉えられたことが挙げられるだろう。誰の目にも明らかな愛国主義の表明は、建設労働者に対して「保守的なブルー・カラー労働者」というイメージを定着させる触媒となり、事実、後に詳しく見るように、ハードハット暴動以降の学術研究やメディアにおける建設労働者についての記述にはそれを基調としたものが多く見られる。ヴェトナム反戦運動に敢然とかつ暴力的に敵対し、ブッシュの愛国主義的呼びかけに熱烈に応える情景を見れば、建設労働者の姿は「保守的な愛国者」そのものであり、戦争の継続・対「テロ」戦争へ進む国家に唱和する政治的保守主義の現れと見なすことは無理のないことであって、そうした解釈自体には同意できる。

しかし、それらの解釈は、あくまでも戦争やテロという国家の緊急事態の中で建設労働者が示した即時的反応を表面的に捉えたものであり、労働者自身の世界の内側に入り込んで彼らの保守的意識や愛国的行動の背景を詳細に論じたわけではない。本書が疑問を持ち、また最も強い関心を抱くのは、まさにこの点にある。下からの愛国主義——国家への自発的包摂という問題が歴史学において重要視され、とりわけ近年のアメリカ史研究で様々な角度から「アメリカ人になること」が盛んに問われるようになったことを考えれば、建設労働者が現出させた政治的保守主義や愛国主義について、彼らの日常世界を観察し、日常の中からその根拠を見出すことには重要な意義がある。そしてそれはまた、大きな政治的文脈の中に建設労働者の顕著な行動を位置づけることで彼らの総体を「政治的保守主義者」と捉えてきた従来の研究とは異なる観点を提示する試みでもある。つまり、労働者が日々を生きる空間や日常的に身を置く場からその具体的意識や関心を考察し、生活の中でつくられるそれらが、どのようにして政治的に緊迫した状況の中であからさまな保守主義として現れ、また愛国的行動と結びつくのかを論じるということである。

日常生活という限られた中で形成される建設労働者の主な関心や意識は、政治的な保守主義と常に一致し、呼応するものなのだろうか。労働者の日常世界のレヴェルに視点を置いてその中に入り込み、そこで彼らの関心や不安を探り、国家や公のものに対する立場を考察することによって、生活の中でつくられる日常的関心や意識と政治的な保守主義の関係をより明らかにできるはずである。そしてまた、政治的保守主義や愛国主義の中に存在する労働者の複雑な思いや揺らぎを描き出せるであろう。

本書が考察する日常世界において特に注意を払うのは労働生活である。労働は人間が日常生活を営む上で基本となる行為である。日々の糧を獲得し、自身や家族、地域の物質的生活を支える源として労働は機能してきたのであり、時間的な面でも人間の日常生活の中で大きな部分を占めている。さらにまた、人は労働する過程で様々な人々との間に関係を結ぶ。日々の生活の中でそれらの範囲や方向は拡がり、その関係の在り方・内容も水平的なものや垂直的なものが入り混じって複雑化する。つまり労働は、社会的関係が創られ、発展・変化する主要な起点の一つなのである。

そうであるならば、人は労働生活を営む中で、どのように自己を形成し、いかなる状況の下で社会的な境界を意識し、ナショナルな意識を持つようになっていくのだろうか。この問いは、近年のアメリカ史研究において行われてきた、「アメリカ人」をめぐる境界――包摂と排除のメカニズムを詳細に描き出そうとする取り組みの中心に据えられてきたものでもある。本書もその一翼を担うと考えているが、労働生活を中心とした日常世界に大きな注意を払い、その内部や周囲を取り巻く様々な状況における境界の在り方を詳細に描くことが大きな特徴である。つまり、日々働くことを通じて人々はどのように結びつくのか――そのかたちを明らかにし、人種や階級、ジェンダーあるいは宗教など、自らとそうでない人々を分け隔てるものとしての様々な境界線が形成されていく過程を描くことである。そして、日常生活の中でそれらの境界が持つ具体的な意味や、それが果たす役割を論じ、政治的保守主義や愛国主義とどのように結びついていくのかを考察する。このような手法をとることで、従来のアメリカ史研究に「労働の現場」という視点を提示し、新たな知見を加えようと試みるものである。

さらに本書が重視する点として付け加えるべきことは、労働を取り巻く権力への注目である。このことは研究史に即して次節で取り扱うので、ここでは要点だけ示しておこう。歴史研究において社会史的アプローチが盛んになる一方で、社会史研究は常に「歴史の断片化」という批判――ミクロな世界での出来事の叙述に終始し、より大きな権力をはじめとする外部との諸関係に注意を払っていない――にさらされてきた。[2] このことを勘案するならば、労働現場に対する注目は大きな意義を有する。労働現場では働く人々の間に相互の関係を規定する様々な権力が作用するとともに、それらを取り囲むより大きな権力――契約や規制、法律などで労働そのものを秩序立てる資本や公権力――が常に介在する。従来、資本や公権力との関係については階級を分析枠とするものが多かったが、労働現場という日常世界に生きる具体的存在として個々の労働者が諸権力に相対するとき、そのスタンスは多様であり、またいずれかのスタンスをとる場合の動機や背景も、具体的に見れば階級関係だけに規定されるものではない。そうであるならば、本書で、旧来の社会史研究に不足していた、日常世界に生きる人々とそれを取り巻くより大きな権力との関係に焦点を当てることは、社会史と政治史や経済史を架橋する可能性を持つであろう。[3]

また、労働現場を中心に日常における境界意識によって人々が自らと他を隔てるメカニズムを考察することは、アメリカ史研究にとどまらない意義を有するとも考えている。今日、グローバルな資本の展開が急速に進むことで労働の在り方はますます変化し、流動化している。それに伴って、移民政策をめぐる対立や様々なカテゴリーの中で広がる所得格差、産業空洞化による雇用難等、深刻な事態は枚挙に暇がない。そのような中で、労働現場にある人々は、排外的な意識や好戦的志向性を露わにすることもあれば、搾取される者同士の新たなつながりや連帯を志向することもあり、それらは入り混じって、その様相は混沌としている。

「政治的保守主義者」として一括りにされがちであった建設労働者の具体的な日常には労働条件や労働現場において厳しい面が多々あり、公権力や資本との関係もそうした面に大きく影響を受ける。緊迫した政治情勢の中で露わになった保守的行動という現象のみによって、建設労働者の集合的性格を安易に規定することはできない。労働現場をつぶさに観察し、様々な関係の中から、働く人々が抱く複雑な意識を捉える社会史的観点は、階級のみならず多様な関係の中で生きる労働者の意識や姿を捉える可能性がある。その観点は、公権力や資本との関係が固定的ではなく、また、堅牢な防塁に囲まれてきた保守性の根拠も一面的なものであることを導き出すにちがいない。それはまた敷衍すれば、グローバル資本が跋扈し、ますます複雑化する労働市場や現場において、資本や公権力との間はもちろん、相互の間でも様々な対立を抱えている働く者たちの複雑な意識の在り様に光をあて、より望ましい労働の秩序を探ることにもつながると考えている。

本書では主に第二次世界大戦前後から一九八〇年代後半にかけてのニューヨークにおける建設労働者の具体的な労働生活と日常世界およびその変遷に焦点をあて、建設労働者がいかに自らの労働生活を通じて相互に結びつき、独自の境界を構築していったのかを考察していく。では本書はなぜ、この時代のニューヨークの建設労働者に注目するのか。以下にその理由を示しておきたい。

第一に、ニューヨークの建設労働者は二〇世紀への転換期前後より、伝統的にヨーロッパ出身の白人男性移民あるいはその子弟によって占められ、独自の境界を強固に保ってきたことが挙げられる。世紀転換期以降、南東欧を中心にこの地に流入した移民の大多数は労働者階級に組み込まれ、多種多様な労働が移民によって担われてきた。それ以前の建設現場ではアイルランド系が中心であったが、二〇世紀初頭以降は南東欧系移民がその隊列に加わるようになり、以後その境界は頑なに守られてきた。巨大都市として膨張し続けるニューヨークでは大規模な建設事業が相次ぎ、地下鉄の整備や高層ビル建設が進んだ一九三〇年代以降、さらに第二次世界大戦後も六〇年代を通じてその傾向は続き、建設労働者はその恩恵に浴していったのである。

ところで、特定の属性に基づいて構成される労働者の職種は建設職に限られるわけではない。リザベス・コーエンは一九二〇~三〇年代におけるシカゴの工場労働者を例に、エスニックな紐帯の在り様を様々な面から詳細に描いており、またニューヨークでも、アイルランド系を中心とする港湾労働者やユダヤ系が集中する被服労働者・教育労働者などの例が挙げられる。[4] しかし建設労働者の場合、労働現場における独特の見習い制度や、特殊な労働条件に規定される仲間意識の強さなど、他の職種では希薄になった相互の結びつきを幾重にも強化する条件を多く有しているように思われる。このことはコーエンが描いたシカゴの工場労働者とは大きく異なっている点であり、極めて重要である。コーエンは、第一次大戦後のシカゴで産業別組織会議（ＣＩＯ）が影響力を拡大させたことについて、それまでエスニックな紐帯を基にしてきた工場労働者たちの結びつきが、大衆文化の拡がりや福祉資本主義的制度の発達によって弱まっていったことを論じている。それに対してニューヨークにおける建設労働者は、不況の中で始まったニューディール下での公共事業の本格化を、雇用の確保と安定のための重要な機会として捉え、熟練工の間で培われてきた身近な者同士の結びつきをさらに強めていったのである。この著しい差異は、とりもなおさず建設労働という職種の特殊な労働条件・形態に起因している。建設労働は、工場労働以上に不安定な雇用が常態であり、後者が工場内という固定された場所でライン作業化されていったのとは異なって、常に現場は転々とし、その現場では相当な部分を熟練労働に依存し続けているのである。本書は、こうした建設労働に特殊な点に注意を払い、労働現場をはじめ、労働者の日常の姿に迫ることで、労働者相互の結びつきのかたち——境界の在り方を探るものである。

第二に、境界の在り方を検証する際、本書で扱う時期のニューヨークは最も建設労働者の境界が揺れた時代と場所にあたることが挙げられる。一九五〇年代後半から六〇年代を通じて、公民権運動は雇用差別の筆頭として建設労働にフォーカスし、長く黒人やプエルトリコ系らマイノリティを排除してきた建設熟練工に採用枠を設けるよう強く要求した。これに対して建設労組は頑な態度をとり、市や州当局、連邦政府をも巻き込んで激しい攻防が繰り広げられた。この攻防について、従来の研究ではほとんど注目されてこなかった建設労働者の内情を隈なく見ることによって、境界を守ろうとした頑な姿勢の背景を明らかにできるだろう。さらに、このような人種を焦点とした境界の揺れに続き、一九七〇年代後半からはそれまで現場に存在しなかった女性に対して門戸を開くか否かをめぐっても激しいやりとりが開始された。女性の受け入れをめぐる攻防について同様に分析することは、建設労働者の境界が有しているジェンダー的側面を明示し、その境界が果たしてきた役割や機能、それらの意味を考察することにもなるだろう。

ここで重要なのは、建設労組および建設労働者が顕在化させた保守性の背景である。このことに関して先行研究のほとんどが、建設労働者をアプリオリに「政治的保守主義者」として措定・叙述し、どのようにして保守的な性質が形成されたのかを分析しようとはしてこなかった。特にそうした傾向が顕著に見られるのは、建設労働者の境界をめぐる攻防が最も激しさを増した一九六〇年代後半から七〇年代初頭にかけての時代に関する研究であろう。一九六六年に市長に就任したジョン・V・リンジーは連邦政府以上に強い調子で人種的マイノリティの受け入れを建設労組に迫り、それに対して建設労組側は、それまで労働者階級に基盤を持っていなかった共和党・ニクソン政権と連携するなど手を尽くすことで辛うじてリンジー側の要求をかわした。一連の経緯は、この時代以降著しく進んだ「白人ブルー・カラー労働者の保守化」の先鞭をなす政治上重要な転機と捉えられることから、公権力や資本、公民権運動団体、建設労組の間で展開された攻防に関する詳細な検証が行われている。しかし、肝心の当事者たる個々の建設労働者の具体的な姿は、そこからはほとんど浮かび上がってこないのである。

こうした現状は、現在日本のアメリカ史研究のみならず広く歴史研究において重視されている国家あるいは権力に対する「下からの包摂」という視点を勘案するならば、はなはだ不十分な状態と言わねばならない。個々の建設労働者は公権力や資本の意のままに取り込まれるだけの存在ではないはずである。その保守性を彼ら自身の能動的な動機から導き出し、彼らがなぜ組合指導部を支持し、これまで維持してきた秩序の保持にこだわったのかを解明することで、人々の日常に存在する、自らと他を分け隔てる境界線が抽出されるのである。つまり、建設労働者が日常生活の中で何に重きを置き、固執したのかを読み解くことで、日常の中にある境界が具体的に見えてくるのであり、またそれが彼らの生活とどのように関係していたのかが浮かび上がってくるのである。

第三に、ニューヨークにおける建設労組と公権力の間に極めて濃密な関係が築かれてきたことが挙げられる。建設現場での安全衛生面の整備や雇用創出の源となる公共事業の実施をはじめ、公権力との関係は建設労働者の日常生活に重大な影響を及ぼし、その中に深く根を下ろすものだった。生活と切り離しがたい関係を持つ公権力に労働者が相対するとき、そのスタンスはどのようなものとなるのか。これは、自らの日常生活に強い関心と利害を有する建設労働者が、公権力と関係を結ぶ際の動機に注目し、生活を保守することと政治的保守主義との関係について考察することでもある。

またこのような観点は、ニューヨークの建設労組が強い政治力を有していたことから、なおさら重要性が高まる。ジョシュア・フリーマンが論じているように、ニューヨークはアメリカの他の都市に比べて歴史的に熟練工の存在感が大きく、彼らは労働運動の中で重要な役割を果たしてきた。(5) なかでも未曾有の規模で行われる建設事業に従事していた労働者はその中心であり、彼らは労働者の包括的な組織化を進め、組織的労働運動の中核を担ったのである。

ニューヨークの建設労働者は職種別の組合に組織され、個々の労組はニューヨーク建設労組（Building and Construction Trades Council of Greater New York, 以下ＢＣＴＣ）に束ねられていた。そのＢＣＴＣは、ニューヨーク市に拠点を置くあらゆる労組を統括するニューヨーク市中央労組会議（New York City Central Labor Council, AFL-CIO, 以下中央労組会議）の中心となり、同会議は一九五九年の発足以来現在に至るまで、トップ指導者（議長）を一貫して建設労組から選出してきた。建設労組はこうした強い政治力をなぜ、どのように獲得したのか。それを労働運動史的な観点ではなく、ニューヨークに生きる建設労働者の日常という社会史的観点から検証することによって、日常生活と政治権力の関係をより具体的に捉えることができると考えられるのである。

以上のような問題設定と視角から、本書では、ニューヨークにやって来たヨーロッパ出身の移民やその子孫である白人男性を中心とする建設労働者が、過酷な現場で働きながら組合を中心に結束し、コミュニティでもその絆を深めていく様子を詳細に描いていく。次に、彼らが公権力や資本との関係を基にして強力な政治力を獲得し、建設労働という独自の境界を持つ世界を形成していったことを明らかにする。そして、その世界を支えてきた政治経済的あるいは社会的条件が、公民権運動に象徴される内外からの様々な「脅威」によって揺らぎ始める中、境界を守るべく自ら公権力に「包摂」されようと名乗りを上げていく姿を具体的に浮かび上がらせる。さらに、その後資本の攻勢が強まる中、女性たちによる現場進出も始まり、多様な価値観の出現や新たな変化に影響されて変容を迫られる建設労働者の苦闘の歴史的過程を描き出していく。

なお、本書は先行研究が叙述してきた建設労働者像の書き換えを試みるものであるが、その際のキーワードである「保守（主義）」の捉え方に関する本書の視角をここであらためて提示しておきたい。前述したように、先行研究における建設労働者像は、ハードハット暴動や見習い採用拡大に対する頑強な抵抗を根拠とする「政治的保守主義者」というものであった。本書はそれに対して、個々の労働者の来歴にまで注意を払いながら彼らの主たる関心や意識を探り、彼らが決して単純な集合的性格を与えられるだけの存在ではないことを明らかにする。つまり、日々の労働を通じて築いた仲間意識の強固さが独自の境界として機能し、彼らの生活を支え、その境界が外部から変化を求められたとき、内部にいた労働者たちが激しい抵抗を見せるその過程を描くのである。

ただし、こうした建設労働者の反応はこれまで維持してきた秩序への固執であり、それ自体は建設労働者に限らず多くの社会集団・個人にも見られるものであろう。そしてまた、生活を保守しようとする傾向一般が政治的保守主義に通じるわけではなく、それはラディカルで反権力的な形で現れる場合もあれば、公権力に自ら包摂されていこうとする場合もある。つまり、生活上の保守性と政治的な保守主義は必ずしも同義ではなく、明確に区別して考えねばならない。

そしてまさに、この点にこそ本書の重要な問題関心が存在する。国民国家を準拠枠とせず、その下にある無数の人々の主体性や自律性を重視することで歴史研究に新たな地平を開いてきた社会史研究は、決して資本家と労働者という「階級」や国民国家における「民族」という枠組みのみに還元されることのない、人々の能動的な姿を描き出してきた。アメリカ史における社会史研究の先駆となった労働史は、労働者が血縁や地縁、倫理観、宗教等、様々なものを媒介として結びつき、行動する際の動機も多様であることを明らかにしてきた。自律的な日常生活を営む中で築いた独自の境界を労働者が守ろうとするとき、それはどのような過程を通じて政治的保守主義や愛国主義となって現れるのか、そのメカニズムを解き明かすことが本書の大きな目的の一つである。

国民国家とその強力な権力秩序の下にある民衆という構図を塗り替える試みを行ってきた歴史研究は、その一方で、主体的・自律的な人々と大きな権力秩序との関係をいかに論じるのかという問いを抱え続けている。その問いを、本書が扱うニューヨークの建設労働者の事例に置いてみれば、自ずと以下の作業が必須となる。まずは、人種や階級、ジェンダーあるいは宗教といった様々な関係の中で独自の秩序を有するに至った建設労働者の様相——複雑に入り混じり、絡み合う秩序の在り方を明らかにすることである。そして、建設労働者の周囲で展開する政治経済的状況と日常的な秩序との関係を詳らかにし、それらが相互に影響し合って、いかなる状況の下で愛国主義的な行動が立ち現れるのかを明らかにすることである。

本書の構成は以下の通りである。第Ⅰ部（第1章〜第4章）では、建設労働者や彼らに関係の深い経営者、政治家らに行われたインタヴューや各組合の議事録といった一次史料を用い、主にニューヨークに生きる建設労働者の労働を中心とした生活世界を詳細に描き出す。ここでは労働生活の中でつくられる建設労働者特有の文化、規律、価値観などを取り上げるとともに、労働者が住むコミュニティとの具体的なつながりについても論じ、日常的に営まれていた建設労働者の生活世界全体を明らかにする。

各章の概要として、まず第1章では、ニューヨークにおける建設労働者の形成を概観しつつ、建設労働者の組合への組織、その組合を通じてつくり上げた公権力や資本との関係、それによる自らの組織力・政治力の維持・発展の経過を考察する。またこの章では、労働者の実生活において公権力や資本との関係構築が果たす具体的役割について検討し、その観点から、彼らやその家族にとって公権力や資本がいかなる存在として認識されていたのかを明らかにする。

第2章では、建設労働の実態に焦点をあて、特に、熟練工を養成するために各建設労組で実施されていた見習い制度（apprenticeship）を詳しく考察し、血縁・地縁を中心とした具体的運営方法やその意義を明らかにするとともに、見習い制度を通じてつくられる労働者相互の絆を描き出す。また、建設業特有の労働環境を取り上げ、労働者が保有していた熟練工としての誇りや、独特の労働文化——「男らしさ」の文化、秩序、価値観、人種やジェンダー意識に注意を払い、それらが建設労働者同士を固く結びつける絆として機能する一方で、自分たちの中に入らない（入ることのできない）存在をつくり出し、排他的に働いていたことを論じる。

第3章では、建設労働者が日常生活を送るコミュニティに注目し、コミュニティを通じてつくられる建設労働者独自の生活世界を明らかにする。具体的な事例として電気工労組（Local 3 of the International Brotherhood of Electrical

Workers, 以下ローカル3）による「電気工の街」エレクチェスターを取り上げ、組合員とその家族が街づくりに携わり、コミュニティ活動に積極的に参加していく様子を詳しく見ていく。そして、これらを通じてつくり出される建設労働者とコミュニティの独特の生活世界の意味を論じるとともに、労働者およびコミュニティと組合との関係、あるいは街づくりに大きな役割を果たした公権力や資本との関係を考察する。

第4章では、日常における建設労働者と宗教との関係を取り上げ、生活世界を構成する主な要素の一つとしての宗教による、彼らの価値観や倫理観の形成、実際の労働運動の方針策定・実践への影響を検討する。特に建設労働者の中心となっていたアイルランド系やイタリア系のほとんどがそうであったカトリックとエスニック・コミュニティに焦点をあて、教会が運営していた諸学校を通じてつくられた宗教的世界観と日常生活の一体性について論じる。

第II部（第5章〜第7章）では、第I部で描いた建設労働者の生活世界が、変化を求める外部からの「脅威」によって揺らぎ始める中で、それに動揺しながらも自らの秩序維持のため頑強に抵抗する建設労働者の姿を描く。具体的には、一九六〇年代後半から七〇年代前半に展開されたマイノリティ労働者に対する見習い訓練の開放をめぐる政治的攻防と、七〇年代後半から始まる女性労働者の受け入れやその扱いに関して行われた九〇年代初頭の市人権委員会での公聴会に焦点をあて、一連の攻防での特徴を抽出し、建設労働者が固執してきた境界やその変容について検討する。

各章の概要として、まず第5章では、建設労働者の境界が様々な外的要因によって大きく揺らぐ様子を描く。特にコスト削減を目指すオートメーションの進行とマイノリティに対する見習い制度開放を求める公民権運動の高揚に注目し、建設労働者の焦燥感と不安が混然一体となって現れていく様子を考察する。また、同時期、ニューヨークで進んだ産業構造のシフトによる建設労働者のコミュニティ環境の変化についても論じ、建設労働者を取り巻く世界全般が大きな変化にさらされ始め、外部から「侵入」する様々な変化に建設労働者が焦燥感を募らせていく状況を描く。

第6章では、変化を求める新たな「脅威」ジョン・V・リンジー市政に対して建設労働者が頑強に抵抗する姿を詳しく見ていく。リンジーとの攻防で建設労組が最終的に勝利をおさめたことについて従来の研究は、その要因をニクソン政権の「ブルー・カラー戦略」によるものとしてきた。それに対してこの章では、押し寄せる変化の波に抵抗する建設労働者の動向を分析し、彼らが変化を拒んだ根拠を日常生活の中に求め、日常性が崩れることに対する強い危機感と、政治的に緊迫した状況下でのナショナルな意識の喚起との関係を論じる。

第7章では、一九七八年以降建設現場に女性労働者が出現したことによる建設労働者の境界の揺らぎを考察する。女性労働者が現場入りすると、様々な影響が労働者の間に広がり、それらに伴う諸問題は市政レヴェルで取り上げられるまでに発展していった。ここでは、市人権委員会、女性団体および女性労働者、建設労組の間で展開された攻防を見ながら、受け入れに抵抗した建設労働者の論理を分析し、彼らの守ろうとした境界の具体像を明らかにする。また、女性労働者が現場に進出したことによる建設労働者の境界の変化についても考察し、その意義を検討する。

最後に終章において、本書の総括とまとめを行い、九・一一以後今も続く世界貿易センタービルの再建事業と建設労働者との関係について、本書で論じてきた観点から現段階での分析を行う。そして、働くことを通じてつくられてきた境界が今もなお揺れ動く中で、それと愛国主義との関係について考えてみたい。

2　先行研究について

次に、本書を執筆するにあたって参照した先行研究をいくつかの分野に整理し、その意義と課題を明らかにしておきたい。

(1) 労働民衆史

新しい労働史(新労働史学)

労働史の分野では、長く賃労働と資本の関係が基軸とされ、資本と労働組合の関係の中で労働者の状況を記述する手法がとられてきた。こうした研究が「古い労働史」と呼ばれるのに対して、労働者の生活世界を重視し、そこでの営みを歴史において自律的かつ能動的な役割を持つものとして描く「新しい労働史(新労働史学)」が登場してくる。そして、それは歴史学の中で社会史的研究が現れるのと軌を一にするものであった。

イギリスの労働史家エドワード・P・トムスンの研究が与えた影響はアメリカ歴史学界でも大きく、それまで歴史の表舞台に登場することが少なかった個々の、具体的な人格を持った労働者の姿に焦点をあてる社会史的研究が盛んに行われるようになった。特に一九六〇年代から七〇年代を通じて、デイヴィッド・モンゴメリー、メルヴィン・デュボフスキー、デイヴィッド・ブロディなど優れた労働史家が続々と現れた。彼らは、それまでの労働史が労働組合中心主義的記述で占められていたことを批判し、労働運動の中にも多様な思想的潮流があり、特にラディカルな勢力が果たした役割を強調することや、労働現場やコミュニティなど日常的な生活空間全体の中における労働者の自律的な姿を描き出すことに努めた。[6] なかでも労働者の生活全体を歴史として描くことを主張・実践したハーバート・G・ガットマンは、社会史的手法を用いた労働史の確立に大きく寄与した。金ぴか時代の労働者を考察したガットマンは、労働者の中で根強く保持されていた文化や規律の重要性を強調し、それらに対する様々な「脅威」が彼らを動かした大きな要因であると主張した。[7] ガットマンは、経済環境の変化が生活に及ぼす影響の大きさを十分認識しつつも、労働者は賃労働と資本の関係のみに生きるものではなく、組合に組織されるだけの存在でもないことを指摘し、生活全体の中で労働者の姿を捉えようとしたのであり、それは労働史における社会史的手法の礎となった。[8]その後も新たな視点で「労働騎士団」の研究を行ったレオン・フィンクをはじめ、労働史の中で重要な研究が蓄積されてきた。[9]

日本のアメリカ労働史研究では野村達朗の先駆的役割が大きい。野村の代表的研究であるニューヨークに生きるユダヤ移民の労働生活史は、移民同士のつながりを活き活きと描き、移民先での厳しい生活の中でも自らの文化を保持し続け、アメリカ社会の中で根を張って生きようとする移民労働者の能動的な姿を提示した。[10]野村はまた、ガットマンの著書を邦訳するなどアメリカにおける新しい労働史の成果を積極的に日本に紹介し、その系譜を整理した論考を数多く著すことで日本のアメリカ史研究に重要な視角を提供する役割も担った。[11]

ニューヨーク史としての労働史および建設労働者の研究

本書が分析の場とするニューヨークは巨大都市として比類なき規模で膨張し続け、その中に多くの労働者を包含してきた。ニューヨークの労働史に関しては、二〇世紀以降のものとなるとデュボフスキーの研究がその先駆けと言える。[12]その後労働史は移民史や黒人史、女性史など他の分野との接合を試みるようになり、ニューヨーク労働史も同じ歩みを見せる。[13]その代表者はジョシュア・B・フリーマンである。フリーマンは二〇世紀後半のニューヨーク史を労働者の歴史として捉え、第二次大戦後のニューヨークにおいて製造業を中心とした熟練工たちが次第に後景に追いやられていく様を幅広い視野で描く一方、今もなお熟練工の存在はニューヨークにおいて重要であり続けていると主張した。[14]そうしたニューヨークの熟練工の中でも顕著な存在感を放っていたのが建設労働者たちである。ニューヨークの労働者にフォーカスした研究は数多くあるが、ここでは、本書が取り上げる建設労働者に関する先行研究にのみふれておく。[15]

「保守的ブルー・カラーの代表的存在」という建設労働者像が定着する契機となったのは、前述のように全米がヴェトナム戦争をめぐって揺れている最中に起こったハードハット暴動である。この事件は当初もっぱら政治史やニュー・レフト史の文脈で取り上げられた。ハードハット暴動に関連した研究は一九九〇年前後に盛んになり、ニクソン政権研究やジョージ・ウォーレス研究、あるいはヴェトナム反戦運動史の中でこの事件が扱われるようになった。しかしそれらの研究においては一貫して、建設労働者は論証のための一つのピース——強い保守性を持つ集団としてしか登場せず、彼らが当時おかれていた具体的状況やその生活実態への言及はほとんどなかった。[16] それに対してフリーマンによる、建設労働者の男性主義的文化からハードハット暴動を分析した研究は、社会史的手法によって事件を再考する数少ない試みであった。[17]

二一世紀に入ると都市史や公民権運動史の中で建設労働者を考察するものが多く見られるようになる。一九六〇年代半ばから七〇年代半ばにかけて全米各地の大都市で公権力・公民権運動団体・建設労組の間にマイノリティ労働者の採用をめぐる激しい攻防が展開されるが、一連の研究はここに注目した。[18] そのうちトマス・J・スグルーは、公民権運動研究の中で最も論争的であり続けるアファーマティヴ・アクションを再考するためには、地方的な要素と国家的な要素、社会的な要素と政治的な要素を関連づけながら公民権運動の歴史を考察していく必要があると主張した。スグルーはフィラデルフィアにおける公民権運動団体と建設労組、市当局の攻防を丹念に追いながら、ローカルな地における人種関係や政治的緊張の高まりが連邦政府の政策に大きな影響を与えたことを強調した。[19] また、ナンシー・A・バンクスはニューヨークで展開された同様の闘争に注目し、建設労組が保持してきた独特の組合員採用システムの排他性を強調した。[20] これらの研究は建設労働者の保守的な動向を都市環境や人種関係の変化と関連づけようとしており、建設労働者の保守性の形成を読み解くための重要な視点を導入することに成功している。特にスグルーによる「建設労働者は長い間黒人を排除することで利益を得てきたので、人種の分離と特権を反映するものの一つである自らのポジションを認識することができなかった」という指摘は重要である。[21]

にもかかわらず、これらの研究のいずれにおいても建設労働者の保守性はアプリオリなものとされ、彼らの生活細部に入ることでその背景に踏み込む作業は行われていない。スグルーが注目する「狭い世界」がどのようなものなのかが問われるべきであり、その中で営々と生きる建設労働者の秩序や価値観を明らかにすることなしに、なぜ彼らが熟練職を開放することに激しく抵抗したのか、その歴史的要因は見えてこないのである。

その「狭い世界」を把握する上で、建設労働に進出すべく苦闘した女性たちに関する研究は貴重である。建設労働から長く排除されてきた女性労働者の闘いは公民権運動に続いて現れ、数多くの女性運動団体が個々の女性たちをサポートすることで広がりを見せた。一九七八年以降ニューヨークなど都市部における女性たちの粘り強い闘いは、建設業全体での労働者の男女比という面から見ればわずかな前進にとどまっているものの、少なからぬ職種に風穴を開け、公権力も巻き込んで社会的に大きな注目を浴びることとなった。そして、現場に入った女性たちの声を歴史に刻もうとする取り組みも、実際に運動に携わった関係者によって始められた[22]。

これらの取り組みで極めて興味深いことは、女性たちの証言によって具体的になった建設労働者の男性主義的文化である。女性たちの語りの中では、労働現場の秩序が乱されることに対する男性建設労働者の率直な反応が示されている。そうした反応は、自分たちが担ってきた仕事に対する強い自負の現れであり、個々の女性が受けた屈辱的扱いは、建設労働者相互を結びつける文化や秩序の具体的内容でもあった。その意味で、女性たちのオーラル・ヒストリーは建設労働者の日常的な絆を知るための欠かせない史料である。

コミュニティ研究との関連について

建設労働者の日常世界全体を解明するためには、労働生活と並んで家族生活やコミュニティでの様子を細かく見る必要がある。建設労働者のコミュニティでの生活実態そのものにフォーカスした研究は管見の限り見当たらない。しかし、ニューヨークの建設労働者が押し寄せる変化の波にさらされ、彼らの依拠してきた秩序が揺らぐ時代はまた、労働現場だけでなく教育や住宅という公共圏の在り方をめぐって人種間の緊張が高まり、これら社会生活の根幹をなす領域に大きな変化が訪れている時でもあった。したがって、彼らが当時おかれていたコミュニティの状況を知る上で、同時代のコミュニティ研究は様々な検討材料を与えるものになる。

本書に関連性が高い研究としては、ジョシュア・M・ズァイツのそれが挙げられる。ズァイツは第二次大戦後のニューヨークにおけるコミュニティの変化についてエスニック集団を軸に考察している。特にユダヤ系とアイルランド系およびイタリア系というエスニック集団の社会問題への対応の仕方における相違点に注目し、ニューヨークのコミュニティでエスニシティが持つ影響力の強さを強調していることが特徴である。[23] そのズァイツの研究でたびたび言及されるジョナサン・リーダーによる、一九六〇年代後半から七〇年代半ばにかけてのブルックリンのカナーシー（Canarsie）地区における「反リベラリズム」に対する考察も、同じく関連性の高い研究である。[24] 自らが行ったインタヴューを駆使し、イタリア系およびユダヤ系白人を中心とする住民たちのエスニックな紐帯や家族観等の生活文化を抽出するリーダーは、それらが外部からの様々な変化にさらされて揺らぐことに住民が不満を高めていったという構図を描く。

ただ、これらの研究でも、住民に共通する価値観や秩序が語られる一方で、その生活を支えているはずの労働に伴う問題は前面に出てこない。住民の中には建設業をはじめとする労働者が多数含まれており、当然、一日の一定時間を働いて過ごすはずである。白人労働者階級が多く住むコミュニティで高まった「反リベラリズム」の背景を解き明かすためには、労働現場をはじめとする住民の生活実態を詳しく考察することは避けて通れないだろう。

そのほかにも同時代のニューヨークのコミュニティ研究としてジェラルド・E・ポデアーの研究がある。ポデアーはブルックリンのオーシャン・ヒル＝ブラウンズヴィル（Ocean Hill-Brownsville）地区で展開されたコミュニティ住民および黒人教員組合と統一教員組合（ＵＦＴ）の対立を考察している。[25] 一九六〇年代後半から七〇年代当時、黒人・プエルトリコ系が圧倒的に多い同地区では、住民自身が公教育のあり方にもっと参画できるようにすべきだとする要求が高まり、議長アルバート・シェンカーを含む八五％がユダヤ系で占められるＵＦＴはこの求めに強く抵抗した。[26] 自らの政治的性向を左派と自認するシェンカーを指導者に頂くＵＦＴは元来リベラル色の濃い組織だったが、この対立では電気工労組（ローカル３）出身のハリー・ヴァン・アースデイル（Harry Van Arsdale, Jr.）率いる市最大の労働者組織・中央労組会議のほか、アースデイルの盟友ピーター・J・ブレンナン（Peter J. Brennan）を指導者とするニューヨーク建設労組（ＢＣＴＣ）がＵＦＴを全面支援した。ポデアーの研究が重要なのは、特に建設労組の主要な指導者二人がこの紛争に深く関わっているという点にある。

ポデアーは紛争の最大要因として、第二次大戦後のニューヨークにおける産業構造の急速な変化を挙げ、それによって階級分化や居住地区での人種隔離が進み、黒人たちの間に支配的白人文化とは異なる独自の自己規定を育ませたと主張し、経済的な面以上に人種間における「平等」をめぐる文化的対立を強調する。[27]ポデアーが提示する経済的な変化と地域住民が持つ文化との関係は、新労働史学以後の研究で重要な論点となっており、建設労働者の境界のつくられ方やその変化を検討する際に注意を払う必要がある。

このほか、建設労組にとって大きな脅威となったニューヨークにおける公民権運動の研究ではマーサ・ビオンディがいる。ビオンディの問題意識の中心は、この地で闘われた公民権運動がいかにニューヨークだけでなくアメリカ全体を変えたかという点に据えられており、保守の側の日常について詳細な考察が見られるわけではない。しかし、建設労働者が運動の高揚をどのように脅威として実感していたかを推し量る上で、戦後ニューヨークにおける公民権運動全般の歴史を詳細に追ったビオンディの研究は貴重である。[28]

（2）ホワイトネス研究、アメリカニズム研究

次に、本書が考察対象とする労働者の秩序や価値観、そこから育まれる労働者相互の紐帯と深く関連するホワイトネスおよびアメリカニズムという二つの研究分野を取り上げる。両分野とも歴史研究のみならず様々な領域ですでに膨大な研究の蓄積がある。その中で、ホワイトネス研究ではデイヴィッド・ローディガー、アメリカニズム研究ではゲイリー・ガースルについてふれておきたい。[29]二人の研究が本書の視座にとってなぜ重要なのかという理由

は、両者ともにマルクス主義に精通しつつも、従来の労働史に強かった階級中心主義史観を批判的に乗り越えることを意識していたからである。しかも、新労働史学の研究成果に触発されながら、労働者の人種意識やナショナルな意識の形成について、労働者の存在全体からその背景を導き出そうとする両者の手法は、本書が目指す方向に大きな示唆を与えている。

一九九一年にローディガーが『アメリカにおける白人意識の構築――労働者階級の形成と人種』を著して以降[30]、アメリカでは歴史学の範囲を超えてホワイトネス研究が拡がった。新労働史学を含む労働史研究が階級意識に比して人種意識への考察をしてこなかったことを問題にするローディガーは、ヨーロッパ系移民の中で低い地位にあったアイルランド系移民労働者が黒人奴隷の解放を契機として急速に白人意識を高めていく過程を検証した。その中でローディガーはストライキなど直接的行動だけでなく、ミンストレル・ショーや日常の言葉、詩歌等、様々な事例を使って「白人化」の論証を試みた。

しかし、ローディガーの主張は多方面で高く評価される一方、とりわけ労働史の分野で疑義が続出した。その代表格のエリック・アネセンは、ホワイトネスの定義の恣意性を指摘し、そうした手法を「空白のスクリーンに何らかの意味を投影しようとするもの」と厳しく批判した。さらに、ホワイトネス研究は心性史に依拠しがちで歴史史料や実際の移民の声が欠如しているとして、実証性に強い疑問を呈した[31]。

アネセンの批判は確かにホワイトネス研究の問題点をつくものではあろう[32]。しかしローディガーは、ジュディス・スタインが歴史研究における階級の優位性を強調することに対し、白人労働者階級の意識がつくられる中で、人種が果たす役割がいかに重要であるかは、労働現場で使われる言葉や酒場での振る舞い、電話オペレーターだった自分の大叔母の思想的傾向等、極めて小さくかつ具体的な事例から論証可能であり、また、それによって、白人にとどまらないアメリカ労働者階級の研究という、より大きく困難な課題に結びつけることができるとした[33]。つまり、ローディガーの主張は、決して階級を軽視するものではなく、階級と他の要素が絡み合って創られる労働者の複雑な意識を読み解くということである。それゆえに、建設労働者の事例を分析する際、ローディガーの反論は重要な意味を持っているのである。

実証性の問題については、ホワイトネス研究の有効性を擁護するジェイムズ・バレットの主張に注目したい。バレットは「アネセンが物質的なものや構造的なものと同じように文化的なものや習慣的なものに注意を向けながら、具体的な状況の中でホワイトネスを検証したいというのであれば、同意しよう。しかし、それはまさに、我々が『狭間にある人々（Inbetween People）』について、職業構造や労働市場、労働組合の政策、経営政策と並んで言葉（記号ではなく実際に使われているもの）や様々な大衆文化の形から検証してきたことにほかならない。……我々は働く人々の日常生活の中においてホワイトネス意識を研究することが必要ではないだろうか」と述べている。[34]

最後に、ホワイトネス研究に対するもう一つの批判を検討しておこう。昨今の移民研究やホワイトネス研究の傾向——ヨーロッパ系移民の労働者が二〇世紀全般を通してアメリカ人＝白人という広いアイデンティティに適応していくという主張——に批判的なフリーマンは、第二次大戦以後のニューヨークにおける労働組合の歴史はエスニシティをめぐって非常に複雑であり、ヨーロッパ系労働者の多くは自らを特定のエスニック集団の一員として考えていると主張した。ニューヨークでは「ホワイトネス」が支配的な思想ではなかったと言うフリーマンは、ズァイツの研究を引用して「『白人のニューヨーク（white ethnic New York）』は、決して実際に形あるものとして存在しなかった。白人というよりはむしろ……宗教やエスニシティによって、より自己をアイデンティファイしようとしていた」と結論づけ、コミュニティやヴォランティア団体などを通じたエスニシティによるカテゴリー化が、人種と同様に差別や不平等を生み出す役割を果たしてきたと論じている。[35]

先行研究において「白人男性熟練工の集団」という形で一括されがちであったニューヨークの建設労組は、実際にはエスニシティごとに組織された職種別労組の集まりであり、労組間で職域（jurisdiction）をめぐって争う事態が恒常的だった。それゆえに、エスニシティに注意を払うことで、建設労組に集う人々同士の関係をより詳細に明らかにすることが可能になるだろう。[36]

次に、アメリカニズムについて言及しておく。新労働史学に強い影響を受けたガースルは、一九三〇年代のアメリカにおける労働者階級の状況を研究してきた新労働史学が、分析対象を一地方、都市、町、コミュニティに制限してきたことを指摘し、地域や量的側面で限定があるこうした手法がその方法論的課題を克服するには、マルクス主義と深く関連するアナール学派のように、社会を全体性の中で捉えることが必要だと主張し、社会史の方法論的有用性を強調した。その理由を「労働者がどこで働いていたのかだけでなく、どこに住み、どこで祈り、余暇を過ごし、政治的行動ではどこに結集したかを知ることができた」からだとするガースルは、[37]ローカルかつマージナルな存在であるロードアイランド州ウーンソキット（Woonsocket）の繊維労働組合に結集したラディカルなフランス系ベルギー移民と、カトリック信仰など伝統的なエスニック色が強いフランス系カナダ移民に焦点をあて、アメリカ資本主義が発達し国家が肥大化していく大きな流れの中で、彼らが生き残りのために、アメリカニズムへの傾斜を強めながら自らの目的を語っていく様を描いた。そして一九三〇〜四〇年代を通して国家権力が人々の暮らしを統御し、双方のエスニック集団が有していたラディカルな要素やエスニックで宗教的な文化がアメリカニズムの論理の枠内に封じ込められ、アメリカ国民として統合されていく様相を浮かび上がらせた。「いかなる労働運動も、一九三〇年代に国家のサポートがなければ、発展しなかったことは銘記されねばならない……労働者や黒人のような人々にとって、巨大な官僚国家とのもつれた関係は、付随する危険を常に生じさせつつも、自らの運動や理想の存続のために不可欠なのである」というガースルの主張は、社会史研究が脱政治化し、国家権力の問題を回避する傾向にある中で留意すべきものであろう。[38]

ガースルはまた、新労働史学が人種の問題を避けてきたことを指摘するとともに、国家権力が肥大化し、労働者がアメリカニズムを帯びていく一九三〇〜四〇年代における顕著な特徴が白人労働者の人種化であるとも述べている。すなわち、ヨーロッパ系の人々が過去の違いを捨てアメリカ人になることは白人になることであり、「ヨーロッパ系の人々は、しばしば白人を黒人から分離する人種的境界線を強化した。そうした違いを主張するだけで彼らは同化によるすべての産物を享受できたように見える。新しく白人化されたアメリカ人の人種的アイデンティティにおける不安定さは、彼らが白人居住地域から黒人を排除しようとしたことを説明しうるであろう」と主張する。そして残された課題として、アメリカ化がどのような形で労働者階級およびアメリカ社会における人種カテゴリーの再概念化を伴っていたかについて検証すべきことを提起し、労働者階級の人種主義を考察するには、組合や労働現場とともに居住地域を見る必要があり、階級の構築だけでなく文化的アイデンティティ、あるいは労働者階級の意識と「意識されていないもの」を考慮の範囲に入れるべきことを強調する。[39]

ガースルの視点は、新労働史学が明らかにしてきた労働者の自律性が、実際には深い人種意識を帯びるものであったことを、あらためて想起させる。労働者の実像をローカルな地での生活全体の中から捉え、労働者相互を結びつけつつ分断する階級、エスニシティ、ジェンダー、人種、宗教等の有機的連関をより鮮明に描出すること——新労働史学の成果を批判的に受け継ぐローディガーやガースルの研究を踏まえて導き出される方法論的課題はこのようにまとめられよう。

(3)「国民化」の研究——日本におけるアメリカ史研究

日本のアメリカ史研究では、アメリカにおける「国民化」の回路を解明しようとする試みが多方面から意欲的に行われてきた。この中で特に意識されてきたことは、アメリカにおける社会史研究の隆盛がアメリカ・ナショナリズムの構築に加担し、ナショナルな次元に還元されているというものである。この点に関して早い段階から危惧を表明してきたのは、辻内鏡人であろう。一九八〇年代にアメリカ国内で勢いを増した多文化主義的な主張の中にナショナリズムとの共振性を見出した辻内は、それに対して疑義を呈し、国家・国民という境界線で囲まれた「文化」はいかなるものでも背理であると断じた。[40]　辻内の問題意識を重視する貴堂嘉之は「いま必要とされているのは、人種・エスニシティ集団別に社会運動化した研究を、もういちど政治社会史的な大きな枠組みのなかで統合し、いわば広義の秩序論、複層的な権力論へとシフトさせることではないだろうか」と主張し、一九世紀後半より起ち上がったアメリカ社会における「中国人移民問題」を、「〈アメリカ人〉の境界や社会秩序の形成に関わるあらゆる位相に徹底的に接合していく」意欲的な試みを行った[41]。

同じく中條献は、公民権運動の歴史的成果を認めつつも、それが自らの正統性をアメリカという国民国家が持つ「理念」に沿う形で展開したために、ナショナリズムが強化されたことを指摘した[42]。中條はまた、ジョン・ボドナーがヴェトナム戦争記念碑論争を例に「個別民衆文化」の記憶を強調することに対し、それが本当にナショナリズムと対立的なものなのかを疑い[43]、一九九〇年代になってアメリカに登場した「公的記憶」や「伝統」の創造といった議論が権力構造への視点を欠いていると批判する。ここで中條が言う権力構造とは、「ナショナル・アイデンティティが『単一でない均質な国民国家』を強調しながらも、その内部では『内なる他者』が集団として創り出され、諸集団間に複雑だが抑圧的な階層関係をも作り出しているという現実」である。そして、「『内なる他者』を有する諸集団の階層は同時にナショナルな枠組みの内外において、『アメリカ合衆国国民』としての自己規定が自明とされている」という[44]。

社会史研究が政治権力に対する分析を欠いていることについては、中野耕太郎も疑問を唱える。中野はデュボフスキーの著書『近現代アメリカにおける国家と労働者』を評する中で、新労働史学の成果を強調しつつ、「だが、反面ここ二〇年間の労働史叙述のなかで、国家を頂点とする政治権力や労働者組織（労働者が、市民社会内で集団的利益を主張するには不可欠）、あるいは、労働政策の形成過程といったテーマは相対的に軽視されてきたといってよい。それでは、政治や組織の問題は労働民衆の真の姿を知るうえで考察に値しないのかというと、それは否である。とりわけ近現代においては、いかなる一見自律的な労働者の世界もけっして外部の権力から隔絶したものではありえない」と述べている[45]。

中條や中野、貴堂が執筆者として参加した論文集『歴史のなかの「アメリカ」――国民化をめぐる語りと創造』では、近代権力を解くための鍵として、国家に我々が自発的に取り込まれていく「包摂」のメカニズムの解明が挙げられている。(46) 同書はそのために「歴史のなかでひとびとの生きる姿を映し出す原点となるような日常性を重視し、出来るだけ実証研究によって俯瞰する」ことを提起し、その理由を「人にはそれぞれが個々の人間関係を育みながら創りだす個々の生活の場があり、人はその場を基点として物事を考えていると思われるからである」としている。(47) この点は国民意識の研究のみならず、人種や階級、ジェンダーなどの社会的諸関係を読み解くいずれの場合にもあてはまる視点と言える。

その視点から言えば松本悠子の研究も重要となる。アメリカ国民と「他者」を分かつ境界に関心を持つ松本は、自らの分析地点を『境界』に立つ」ことと設定し、それぞれがどのように創出されるのかを明らかにすることを試みている。人種を分析の中心に定め、二〇世紀前半のロサンゼルスにおける「草の根レベル」のアメリカ化運動を検証した松本は、境界は流動的であり、日常生活の中での国民と「他者」の関係も複雑で、その関係が転倒したり、それぞれの内部で内なる「他者」が創られていくことを実証しようとした。「ミクロな地域」での日常から境界の流動性を示そうとする松本の手法は、建設労働者の生活世界を考察する上で本書とも重なる部分が多い。(48)

以上のように先行研究の意義と課題を整理した上で本書の視座をあらためてまとめるなら、本書でも基本的に、（3）で概観した「国民化」をめぐる批判的視点を共有したい。その上で本書では、「国民化」をも含む、人と人との間を分け隔てる境界のつくられ方を解き明かすために、先行研究ではあまり注目されてこなかった労働者の具体的な労働生活に目を向け、より実証的かつ詳細にその日常生活の場を描き出し、その中での意識や価値観、秩序などの形成を明らかにする。先行研究では、「国民意識」をめぐる研究手法として「歴史のなかでひとびとの生きる姿を映し出す原点となるような日常性を重視」するとしているが、日常生活の大きな部分を占める労働の中で結ばれる社会的諸関係のあり方を丹念に検証することこそ、その指摘に沿ったものと考える。

労働生活に注目することで提起される方法論的課題は、長年にわたって蓄積されてきた労働者の日常世界を描き出す労働民衆史と、近年の国民化・国民意識のつくられ方をめぐる研究とをいかに接合するかということである。ガットマンや野村らが明らかにしてきたように、労働者は日々の暮らしの中で自律的な文化や秩序を維持していたが、その秩序は、ローディガーやガースルが描いたように、人種意識などに基づく分断をもたらし、強力なアメリカニズムの波に飲み込まれることでアメリカ国家へと包摂されるものでもあった。自律的な生活世界の中では複雑な権力関係が働き、常にその生活全般において公権力との具体的なつながりが存在する。そうした中で、人々はいかなる状況において国民であること、または集団社会・組織の一員であることを意識し、どのように名乗り出ていくのだろうか。それを明らかにすることこそが、本書の最大の狙いである。

第 I 部
ニューヨークに生きる建設労働者

梁の上で昼食をとる建設労働者たち

第1章　建設労働者の形成と公権力・資本との関係

本章では、ニューヨークにおける建設労働者の形成を概観しつつ、建設労働者が組合に組織され、組合を通じて公権力や民間資本といかなる関係を取り持ちながら、自らの組織力・政治力を維持・発展させていったのかを考察する。都市として飛躍的に膨張するニューヨークにあって、建設労働者の存在は欠かせないものであったが、その労働者にとって、公権力や資本との関係構築が持つ具体的な意味についても考え、彼らにとって公権力や資本がいかなる存在として認識されていたのかを明らかにする。

1　ニューヨークと建設労働者

建設労働者がその存在感を増していくのはアメリカ資本主義が急速な発展を見せ始める二〇世紀前後の世紀転換期である。革新主義時代のニューヨークの労働者の組織化に着目した前述のデュボフスキーの研究の中でも、建設労働者は印刷労働者とともにいち早く組織化され、ストライキを打っていったことが述べられている。[1] 実際、一九〇八年二月一〇日には一八の熟練工組合が母体となり、アメリカ労働総同盟（American Federation of Labor, 以下A

FL）の一産業部門として建設局（Building and Construction Trades Department, 以下BCTDとし、一九五五年のAFLとCIOの合併後も建設局は変わらず存続しているため、同じ略称を使用する）が創立されたことに象徴されるように、建設労働者は二〇世紀初頭には組織労働者の中心的存在に位置するまでになっていた。[2]

世紀転換期におけるニューヨークはまさにアメリカ資本主義の旗手であり、巨大都市として未曾有の規模で発展・変化していく只中にあった。一八九八年にはマンハッタンと他の四地区が合併して現在のニューヨーク市を形成し始めていくが、その当時のニューヨークには小規模工場がひしめき合い、多種多様な製造業労働者が存在していた。生産力の発展は新たな労働力としての移民を次々に呼び込み、従来からの移民として多数存在していたアイルランド系やドイツ系に続いて、南東欧からの移民がニューヨークの労働者階級に加わっていった。運河が発達し、良港に恵まれたニューヨークは生産・流通の拠点として機能し、世紀転換期当時アメリカの輸出入品の約半分がニューヨークの港を通じて取引されていた。[3] 流通面だけでなく、製造業など諸産業の発達も著しく、婦人服を筆頭とする被服製造業や、印刷・出版業、積荷の搬出入を行う港湾関係、あるいは造船業など、様々な産業が膨大な労働力を常に求めていた。一九〇〇年当時全米で生産される商品の約一〇%がニューヨークにある三六〇〇〇の工場で製造され、市の労働力の半分はそれらの工場で職を得ていたという。そして、市に在住する家族の中で両親ともアメリカ出身という家庭は一〇%にも満たないという数字に表れているように、労働力の担い手たる移民の多くが一八九二年にオープンしたエリス島の「レセプション・センター」を経てニューヨークの港に降り立ったのであった。[4] 世紀転換期頃のその数は全米総移民数の約三分の二を占めるほどであり、ニューヨークで急成長を見せる産業の発達が、こうしたヨーロッパ系移民によって担われていたことは明らかである。[5]

そのような中で建設業は、不安定な生活状況にある移民にとって重要な生活の糧を得る場となっていた。ますます過密化する人口はニューヨーク各地で住宅や公共施設、上下水道などの生活インフラ、交通網の貧弱さを露呈し、これらを整備することは行政当局としても切迫した課題となっていた。とりわけマンハッタンにあふれかえった人々の住宅・生活環境は劣悪であり、また、港湾地区では船舶による物流能力が限界にきていた。人やモノの飽和状態を緩和するため、急ピッチで各種の建設工事が進められていく中、絶え間なく続く大規模公共建設事業は格好の就職手段を移民たちに提供した。

代表的な例としては、マンハッタンとブルックリンを結ぶ橋の建設が挙げられる。すでに一八八三年に当時世界最長の吊り橋であるブルックリン・ブリッジが開通していたが、一八九八年にブルックリン市がニューヨーク市の一部となったことで、イースト・リヴァーで隔てられていたマンハッタンとブルックリンの間を結ぶ交通路の確保が重要な問題となった。その結果、一九〇三年にはウィリアムズバーグ・ブリッジが完成し、一九〇九年にはマンハッタン・ブリッジも開通するなど未曾有の橋建設ラッシュとなった。また、陸上に架ける橋よりも安価で技術的にも容易とされたトンネルへの期待が高まり、川底を掘り進める工事が盛んに行われた[6]。まず、一八七四年以来長年の悲願として何度も取り組んでは挫折してきた、ハドソン・リヴァーの下を貫通させるトンネル工事が一九〇八年にようやく成功し、鉄道によってマンハッタンとニュージャージー州がついに結ばれるようになった。加えて、一九〇四年には市庁舎からグランド・セントラル駅、タイムズ・スクエアを経てハーレム一四五丁目を結ぶニューヨーク初の地下鉄が開通したことを契機として、次々に新たな路線の建設が始まり、それに伴ってマンハッタンと他の地区を結ぶためイースト・リヴァーやハーレム・リヴァーの下を通す数多くのトンネル工事も行われていった。地下鉄網の整備は二〇世紀初頭に急速に進められ、一九〇五年にはマンハッタンとブロンクス、一九〇八年にはブルックリン、一九一五年にはクイーンズとの間が開通し、その後一九二〇年代を通じてマンハッタンと（スタテン・アイランドを除く）他地区とを結びつける路線のほとんどが開通し、マンハッタンの過密人口を分散させるとともに、マンハッタンを中心とする労働者の往来が目まぐるしいものとなった[7]。さらにこれと同時期に、衛生環境の悪化を防ぐための地下下水道の工事も本格的に行われていくなど、大がかりな工事現場とそこで働く大量の建設労働者という構図はもはやニューヨークのありふれた光景となった。

ニューヨークにおいて建設労組の数が急速に増え、規模も大きくなっていくのは南北戦争後から二〇世紀にかけての時期である。公共事業が活発化し、また、民間資本によるマンハッタンでの高層ビル建設ラッシュなどで都市開発が進むに伴い、建設労働者の数は増大の一途をたどったが、その一方で職種別労組に組織された熟練工同士の間では、各々が担う仕事の範囲―職域をめぐる紛争も絶えず発生し、それらに関して基準をつくり、調整することが大きな課題となっていた。また、新たにニューヨークに到着する移民を賃金の安い非組合員として活用しようとする雇用主を規制する対策も、安定した労働条件を確保する上で重要になってきていた。このことは、建設労働者自身の雇用不安を拭うということだけでなく、労働条件の悪化が、過酷な建設現場で頻発していた死傷事故をますます増やしかねない、というのっぴきならない問題とも密接に結びついていた。賃上げや固定した労働時間を獲得するだけでなく、雇用を守り、労働現場での安全ルールを設け、雇用主側にそれらを遵守させることが強く求められていたのである。

とりわけ、この当時急増していたトンネル工事では、劣悪な現場環境により死亡事故や職業病が多発し、深刻な状況が生み出されていた。強烈な圧縮空気を用いて土砂や地下水を排除しながら掘り進めていくケーソン工法は常に大きな事故の危険を伴い、たびたびトンネル内で突発的な洪水発生（blowout）を招いていた。ハドソン・リヴァーのトンネル工事では一八八〇年に最初の大事故が発生し、二〇名の労働者が死亡していたが、その後も同様の事故は絶えず、特にイースト・リヴァーでのトンネル工事で頻発していた。[8]一九〇六年初頭にはイースト・リヴァーでの工事で死者が続出していることが明るみになり始めたが、雇用主側は自らの責任を否定して労働者にその責任を転嫁し続けていた。[9]その一方で、死亡した労働者の遺体を、警察や公衆の目に触れないよう、闇にまぎれて運び去ったり、「自然死」と明記された偽造死亡証明書を遺体に付して、死亡した現場から離れたブルックリンやブロンクスの病院へ持ち込むなどしていた。[10]そして、労働不能となった労働者の代わりに、次々に入国する移民たちを新たな労働力として補充することによって、労働者の危険を顧みない態度を固持していた。

事故に加えてトンネル労働者の間では日常的に、ケーソン病（潜函病）と呼ばれる職業病が蔓延していた。この病気はケーソン工法では避けられない急激な気圧の変化が引き起こすもので、労働者が気圧の異なる地上とトンネル内とを頻繁に行き来するため、血中に溶けている窒素が気泡となって血管をふさぐことで様々な疾病を引き起こしたのである。このケーソン病についても雇用主側は不誠実な態度を取り続け、疾病の原因は労働者の貧しい食習慣にあり、自らの健康に注意を払っていないことが病気を招いているなどとして、移民労働者への偏見に満ちた態度を露わにしていた。[11]このほか、二〇世紀初頭からはマンハッタンにこれまでにはない高層ビルが建設され始めていたが、安全ロープもヘルメットもないまま二〇〇メートルを超えるような高所で梁の上を歩く鉄骨組立工たちの間でも死亡事故が続出していた。一九〇七年には現場で七人のうち一人が死亡していたとも言われ、当時労働者に広まっていた標語は「俺たちは死ぬ」ではなく、「俺たちは殺される」であったという。[12]

このような状況に直面していた建設労働者たちは、世紀転換期より本格的な組織化活動を始めて対抗した。まず、一八八四年に六つの建設労組が代表者委員会を組織し、同委員会は一九〇二年に二二の熟練工組合と一五の非熟練工組合を含む建設労組合同委員会に再編された。しかし、翌年には材木・建築資材場における経営側のロックアウトに対する方針をめぐって内部で激しい対立が起き、同委員会から一六労組が脱退、独自に経営側と協定を結んで就業再開にこぎつけ、そのまま新たな建設労組組織を立ち上げた。[13]このロックアウトでは一〇万人とも一三万人ともされる労働者が一ヶ月以上も仕事ができない状態が続いて焦燥感が広がっていたが、妥協による就業再開を実現したことで新組織は大きな影響力を持つことになった。ここで重要なのは、影響力を勝ち取った一六労組の組織がすべて熟練工労組で構成されていたことである。分裂以前の旧組織にはラディカルで戦闘的な非熟練工も多く含まれていたが、一六組合はこれらと袂を分かつことを明言し、これによってその後の建設労組の基本的性格が規定されることになったのである。

分裂事件をきっかけに、旧組織は議長が裁判にかけられるなど機能不全となり、その影響力は急落する一方となったが、新組織は新規加盟組合を増加させ、一九〇四年一二月にはその名称をニューヨーク合同建設労組に改称、約八万人の組合員を抱えるニューヨークでは過去最大の建設労組となった。そして新規約では、構成労組の行動について裁量権を大幅に認めつつ、独自に敢行するストに関しては厳しい制限を課した。また傘下組合の「特別な義務」として、「非組合員に対して、彼らが本来所属すべき組合の法を遵守させ、従わせるよう全力をあげること」を明記した。そして、「必要ならすべての組合員の三分の二以上の賛成で仕事をストップし」、「これに従わない組合には五〇〇ドルの罰金を課す」と定めた。(14) 組合と所属組合員の利益確保を第一義とし、閉鎖的で統制色の強い組織の性格はこの時に方向づけられたと言えよう。

同時期、ニューヨークでは労働者全般の組織化が進み、組織的な労働運動の展開に転機が訪れていた。一八九九年一月に建設労組を含む市内全域の労組を包含する二組織が合同してニューヨーク中央合同労組を結成し、建設労組はその中心部分を担っていた。建設労働者が早くからニューヨークにおける組織労働者の中心的存在であったことは、二〇世紀初頭に行われたレイバー・デイの様子からもうかがえる。例えば一九〇九年九月六日、ニューヨークでは約三万人の労働者がセントラル・パークに結集し、五番街をワシントン・スクエアまで行進した。全体指揮者は中央合同労組前議長で、トンネル建設工労組のリーダーでもあるトマス・J・カーティスであった。(15) カーティス指揮下のデモ隊は大きく八つの分隊で構成され、各分隊は五七丁目から四九丁目通りにそれぞれ分かれて位置につき、行進した。このうち第一分隊は橋建設工、鉄骨組立工という二つの建設労組で占められ、第六分隊も高速道路建設工や電気工など建設関連労働者のみの隊列となった。これ以外にも三つの分隊それぞれに建設労組が配属されており、その存在感は際立っていた。(16)

一九一〇年から一二年にかけて行われたレイバー・デイの全体指揮者を見れば、そのことはより明確となる。一九一〇年は建築石材切断工労組のエドワード・ハナ、(17) 一九一一年はトンネル建設をもっぱらとする機械工労組安全連盟のマシュー・マコンヴィルが務め、一九一二年は前出のカーティスが再登板した。建設労働者以外でデモ隊を構成していたのは、被服製造工や港湾労働者、印刷工、ティームスター（Teamsters, トラック運転手など運輸労働者の組合）が主で、建設労働者はこれらの労働者と並び、あるいはそれ以上にニューヨーク労働運動の指導的位置にあったと言えるであろう。

その後ＡＦＬがニューヨーク労働運動の主導権を握っていくことで、建設労働者の占める位置はますます大きくなっていく。その象徴が一九五五年から七九年までアメリカ労働総同盟・産業別組織会議（ＡＦＬ-ＣＩＯ）初代議長として労働界に君臨したジョージ・ミーニーである。一八九四年にニューヨーク・ハーレムでアイルランド系アメリカ人の家庭に生まれ、ブロンクスで育ったミーニーは、一六歳の時に高校を中退して父と同じ配管工となるべくその見習いとなった。二〇歳の時には配管工組合の最年少執行委員として執行部入りし、二年後には早くも専従職となって、直属労組だけでなく、上部団体であるＡＦＬの市組織やニューヨーク州ＡＦＬの組合活動家として本格的なキャリアを積み、一九三四年にニューヨーク州ＡＦＬの議長に就任した。建設労組出身のミーニーがニューヨーク州の組織労働者のトップに立ち、その後全米労働運動の最高指導者にまで登りつめたことは、ニューヨーク建設労働者の持つ影響力の大きさを顕著に示していた。

ニューヨークの労働者にとって画期となったのが、一九二〇年におけるニューヨーク都市圏中央労組会議の結成である。ＡＦＬ系労組が多数加盟する中央合同労組ではあったが、傘下に多くの左派・ラディカル勢力を抱え、その戦闘性から度々サミュエル・ゴンパースらＡＦＬ指導部との間に確執を生んでいた。また、ＡＦＬ色を嫌う労働騎士団系労組を中心とした勢力がブルックリンを拠点に中央合同労組に対抗する組織を結成するなど、ニューヨークの労働運動では求心力が築かれているとは言い難い状況にあった。これに対してゴンパースらＡＦＬ指導部は組織の主導権を握ろうと執拗に介入を試み、一九二〇年ついに中央合同労組の後継組織かつＡＦＬの支部として都市圏中央労組会議の設立にこぎつけた。都市圏中央労組会議は中央合同労組を母体としつつも、それに対抗していたブルックリンをはじめとする他地区労組の組織化に成功し、執行部にはＡＦＬ指導部の意を受けた保守派が選出されるに至った。[18]七五万人もの労働者を抱えることになった都市圏中央労組会議の執行部には建設労組のメンバーが多く含まれていた。

ＡＦＬの主導権が確立された中、第一次大戦後のニューヨークには建設ブームが訪れ、その後一〇年間は相対的に安定した時期が続いていった。一九三〇年代半ばにはニューヨーク合同建設労組から改称し現在の名称となっていたニューヨーク建設労組（Building and Construction Trades Council of Greater New York, 以下ＢＣＴＣ）にとって、恐慌にあえぐこの時代の活路は公権力との間により強い関係を築くことであった。一九三三年ニューヨーク州知事から大統領に就任したフランクリン・Ｄ・ローズヴェルトの政権下で始まったニューディールは、ニューヨークでも巨額の公共事業プロジェクトを次々にスタートさせた。一九三四年に市長に就任したフィオレロ・Ｈ・ラガーディアはローズヴェルトを強く支持し、積極的に公共事業策の推進に打って出ていたが、これに拍車をかけたのが、同時期に州および市の公園・道路整備や電源開発などに関する要職に就き、開発志向を強めていたロバート・モーゼスであった。後にニューヨーク市・州双方において開発事業に関する権限を一手に集中させていくモーゼスによる巨大な建設プロジェクトは、この当時はまだその端緒に就いたに過ぎなかったが、それでも一九三六年七月にマンハッタン、ブロンクス、クイーンズを結ぶトライボロ・ブリッジ（現ロバート・Ｆ・ケネディ・ブリッジ）が完成するなど、橋や高速道路、トンネルのような大規模建設事業から、公園、運動場、プールの造成といった中小規模の建設事業までが次々に進められていった。建設労組側は、より多くの事業がニューヨークで行われるよう、ラガーディアやモーゼスらとの関係を強め、積極的な協力姿勢を前面に押し出した。[19]その結果、一九三六年までにニューヨークは連邦政府の公共事業促進局（ＷＰＡ）が行う事業の七分の一を受注するほどにまでなっていた。[20]そしてその最たるものが、一九三九年からクイーンズ地区のフラッシング・メドウ・パークの広大な敷地を使って開催されたニューヨーク万博であった。[21]

建設労働者の存在感は一九五〇年代後半から六〇年代を通じて最も高まっていく。第二次大戦中に進んだ都市への人口移動と米軍兵士の復員によって戦後生み出された深刻な住宅不足は全米規模で広がり、その不足数は一九五〇年には全米で二〇〇万戸に迫っていたが、ニューヨークは特に著しく、一九五〇年の調査では四三万戸の住宅が不足しており、既存の住宅も一〇万戸以上の住宅にはトイレ設備がなく、早急な改善が必要とされていた。[22]ニューヨークの住宅建設計画を一手に担っていたモーゼスがスラム街を「整理」して新たな住宅を建設する形でこの事態に対応した結果、一九四六年から一九七〇年の間にニューヨークでは七八万五一〇〇戸の住宅が建設され、最終的に差し引き六一万二二〇〇戸の住宅が増えたのである。[23]ここでも建設労組はその重要なパートナーとしての役割を果たし、公権力との関係を活かしていった。

一九五〇年代後半よりBCTCは強力な指導陣を形成し、その下で公権力と今まで以上の蜜月関係を築いて、かつてない権勢を誇るようになった。公権力との関係について詳しくは次節に譲ることとし、以下では特に建設労組とニューヨーク労働運動の関係を確認しておきたい。

この時代、ニューヨークの労働運動はまさに建設労組が主導する体制となっていた。一九五五年にAFLとCIOが合併すると、ニューヨーク州でも一九五八年に両組織の合併が行われてニューヨーク州AFL-CIO（New York State AFL-CIO）が誕生するが、一九六二年から八四年までその議長職を務めたのは、一九四五年以来マンハッタンを拠点とする鉄骨組立工労組（ローカル40）で副議長などの要職を歴任したレイモンド・コーベットであった。州レヴェルの合併に続いて市レヴェルでも一九五九年にAFLとCIOの合併が行われて中央労組会議が誕生し、そこでもやはり初代議長に就任したのは、一九三三年以来BCTC内の最有力労組である電気工労組（ローカル3）のトップ指導者を務めてきたハリー・ヴァン・アースデイルであった。アースデイルはニューヨーク労働運動の統括組織である中央労組会議の議長を死去直前の一九八六年まで務め、ニューヨーク労働運動を指導し続けた。この中央労組会議の中核部分をなすBCTCのトップである議長職に一九五七年に就任して以降、建設労組をより強力な組織に成長させたのがピーター・J・ブレンナンであった。ブレンナンは第二次ニクソン政権の労働長官に指名されたことで一時的にその職を離れるものの、一九九二年までBCTC議長の座にあり続け、アースデイルらとともに長くニューヨーク労働運動のリーダーとして活動した。彼らは、同時期にそれぞれその地位に就いた州知事ネルソン・A・ロックフェラー（在任期間一九五九—七三）や市長ロバート・F・ワグナー（在任期間一九五四—六五）との関係を公私にわたって強めることで、並々ならぬ政治力と交渉力を有する強力な組織をつくり上げていった。

一九五〇年代から六〇年代を通してニューヨークは空前の建設ブームに湧き、国連事務局ビル（一九四七—五二）、リンカン・センター（一九五九—六九）、ヴェラザーノ・ナロウズ・ブリッジ（一九五九—六四）、シェイ・スタディアム（一九六一—六四）、ペン・ステーションの解体およびマジソン・スクエア・ガーデンの建設（一九六三—六八）、ニューヨーク万博（一九六四—六五）、そして世界貿易センタービル（一九六六—七三）といった大型の建設事業が進められた。[24] 一九六八年一一月の時点でアースデイルが指導する中央労組会議は一二〇万の組織員を抱え、その中心であるブレンナン指導下のBCTCは一八の職種別組合、合計二二万五〇〇〇名の構成員を有するに至り、ニューヨークの組織労働者の約五分の一を占める建設労働者の地位は、まさにピークを迎えるのである。[25]

2　建設労働と公権力

一九六〇年代から七〇年代半ばにかけてニューヨークで展開された熟練工の見習い制度をめぐる建設労組と公権力・公民権運動団体との攻防を研究したバンクスは、BCTCを「国内で最も強力な政治的連合体」と規定している。[26] このことに象徴されるように、先行研究はニューヨーク建設労組の特徴として、公権力・資本との距離の近さを常に指摘してきた。とりわけ、BCTCはニクソン政権によるブルー・カラー戦略の中心に位置し、既成のリベラル連合が崩壊していく過程で大きな役割を果たしたと論じられることが多い[27]。しかし、その権力との距離の近さがどのような根拠によって成立し、維持されてきたのかについて、労働者側の実際の生活面から具体的に考察されてはこなかった。ここでは、公権力との関係が、労働者の生活においていかなる意味を持ち、またその生活の中にどのように根を張るものであったのかという点を中心に、双方の関係について考察する。

建設労組が公権力との距離を常に近く保とうとする第一の理由として、建設業に伴う特有の条件を挙げる必要がある。他の業種に比べて特定の時期に仕事が集中する傾向が強く、工期が終われば失業してしまうという極めて不安定な雇用が恒常化している建設業では、労働者は常に失業の恐怖に悩まねばならなかった。雇用を常時確保するためには、常に先々の注文を獲得しておくことが必須であり、その観点からすれば、公権力が策定・実施する公共事業は民間資本のそれに比べて安定的かつ有益なものとして機能した。莫大な予算が投入される公共事業は大規模で長期にわたる案件が多く、そのスケールの大きさは民間資本では担いきれないものであった。そして、公共体の毎年の予算全体の構造が大きく変わらなければ、それは毎年ほぼ一定の予算が公共事業に割り当てられることを意味した。

公共事業には、事業主体が連邦政府である場合のほか、州やそれより小規模の自治体が主体のものがあり、事業の種類としては主に高速道路や地下鉄、空港、港湾整備など公共交通・運輸関連、州（市）立大学や公的研究機関等の教育施設関連、公立病院および各種研究所や公衆衛生施設など医療関連、上下水道整備、環境保全・開発関連、軍事施設関連が挙げられる[28]。こうした事業の多くは、一度事業が始まれば長期にわたって大量の労働者を雇用することが可能となり、工事期間中はもちろん終了後も施設の保守・点検やリニューアルが続き、安定して長期間働けるという点で最良の条件を労働者に提供する。したがって、労働者個人にとっても、労組にとっても、有望な公共事業ができるだけ多く実施されることが最も望ましい状況だと言えるのである[29]。一例を挙げれば、長い間世界最長を誇った吊り橋で、ニューヨーク市内の各地区を高速道路で結ぶヴェラザーノ・ナロウズ・ブリッジの場合、一九五九年に建設が始まり、接続道路などを除く橋脚部分の建設だけで五年間にわたって一日平均一二〇〇人の労働者が働き、一時期には一万人もの労働者が同時に作業に従事することもあった。[30] 景気の変動に左右されやすく、恒常的に不安定な雇用を強いられるこの業種にあって、公共事業の実施は最も信頼できる生活手段なのであり、その傾向はニューディール以降さらに強まったのである。

広大な領土を有し、地形や気候、人口、産業構造等が地域によって著しく異なるアメリカにおいて、元来公共事業は州当局を主体として行われ、分権的性格が強いものだった。しかし、アメリカ資本主義の飛躍的成長や労働力としての新移民の流入は未曾有の規模でモノやヒトを溢れさせ、社会や経済の混乱に拍車がかかった。そのため、より強い権力、すなわち連邦政府の力でこれらを統制することが避けられなくなった。大恐慌後に始まるニューディールはそのことをまさに決定づけるものだった。連邦住宅局の設立（一九三四年）に始まり、その後次々と設立される雇用対策機関は連邦政府の影響力を労働者の間に否応なく浸透させたのである。

ただし、連邦政府の権限の増大がそのまま州や市など地方行政当局の影を薄くしたわけではない。地域の事情に則して具体的な対策にあたるのは各地の行政当局であり、州をまたいで建設される高速道路のケースに見られるように、連邦政府の事業は地域の行政機関と連携し、それぞれから出される要請に応じて特定の事業に充てられている基金を分配する形で支援にあたるケースも多かった。各地域での公共事業が占める重要性は、表1が示すように、第二次大戦期を除く平時においては、地方行政当局が主体となる事業が公共事業の件数や額において連邦政府によるものを上回っていたことからも十分汲み取れるだろう。連邦が事業主となる巨大プロジェクトは魅力的ではあったが、常にそうした事業が各地で万遍なく実施されることを期待できるわけではなかった。それに比して、規模は連邦の事業より劣っていたとしても、件数や継続性という点で優れる地方自治体による事業は大切であった。

建設事業をますます公権力に依存するようになる中で重要となったのは、事業を始められる環境を速やかに整えることであった。建設事業は大きなプロジェクトになればなるほどゾーニングや環境規制、安全問題など当局の認

表 1　新規公共事業件数の推移

（単位：百万ドル）

年	新規公共事業				種類別新規公共事業						
	総公共事業額	連邦政府による事業額		州・その他自治体による事業額	高速道路	教育施設	病院・医療関係施設	上下水道その他	環境保全・治水関係	軍事施設関連	その他施設
		直接事業	間接事業								
1929	2,486	155	80	2,251	1,266	389	101	404	115	19	192
1930	2,858	209	104	2,545	1,516	364	118	500	137	29	194
1935	2,233	814	567	852	845	153	38	246	700	37	214
1940	3,628	1,182	946	1,500	1,302	156	54	469	528	385	734
1941	5,751	3,751	697	1,303	1,066	158	42	393	500	1,620	1,972
1942	10,660	9,313	475	872	734	128	35	254	357	5,016	4,136
1943	6,322	5,609	268	445	446	63	44	156	285	2,550	2,778
1944	3,073	2,505	126	442	362	41	58	125	163	837	1,487
1945	2,398	1,737	99	562	398	59	85	152	130	690	884
1950	6,866	1,624	454	4,788	2,134	1,133	499	819	942	177	1,162
1951	9,255	2,981	464	5,810	2,355	1,513	527	959	912	887	2,102
1952	10,779	4,185	550	6,044	2,677	1,619	495	958	900	1,387	2,743
1953	11,242	4,139	700	6,403	3,021	1,714	369	1,050	892	1,290	2,906
1954	11,712	3,428	675	7,609	3,714	2,134	333	1,171	773	1,003	2,584
1955	11,715	2,769	739	8,207	3,852	2,442	300	1,318	701	1,287	1,815
1956	12,732	2,726	857	9,149	4,415	2,556	300	1,659	826	1,360	1,616
1957	14,059	2,974	1,269	9,816	4,934	2,825	354	1,737	971	1,287	1,951
1958	15,457	3,387	2,106	9,964	5,545	2,875	390	1,838	1,019	1,402	2,388
1959	16,070	3,724	2,711	9,635	5,761	2,656	428	2,018	1,121	1,465	2,621
1960	15,863	3,622	2,267	9,974	5,437	2,818	401	2,136	1,175	1,366	2,530
1961	17,148	3,879	2,426	10,843	5,854	3,052	369	2,168	1,384	1,371	2,950
1962	17,758	3,796	2,558	11,404	6,378	2,984	397	2,232	1,460	1,222	3,085
1963	18,679	4,050	2,982	11,647	6,670	3,043	454	2,430	1,553	n/a	3,206
1964	20,005	4,134	3,320	12,551	6,946	3,338	520	2,774	1,616	n/a	3,510

注）「その他施設」とは教育や医療施設を除く非住居用建物，住居用建物，公園，運動施設，記念碑等のこと。1964 年の数字は予想。

出典）United States Congress Joint Economic Committee, *Economic Report of the President : 1965*, 233 を基に筆者作成。

可を得なければならない項目が増え、これらは議会や委員会での審議を通じて承認を得なければならなかった。だからこそ、便宜を図ってくれる建設推進派・親組合派の有力議員を議会内に多く持っていることが常に必要であったし、建設事業に関わる各種委員会に組合代表や関係者を直接送り込んでおくことも必須であった。

労組の役割として公権力との良好な関係の構築・維持・強化は第一の課題であり、労組指導部に対する組合員からの評価は公権力といかなる関係を取り結べているのかが基準となった。[31] ニューヨーク建設労組の権勢を築いたアースデイルやブレンナンらはこの点で秀でており、特にアースデイルの人脈づくりとそれによる仕事確保の巧みさは、建設労働者のみならずニューヨークの組織労働者に大きな信頼感を与えた。そんな彼らでも、次の仕事を確実に確保しなければならないというプレッシャーは常に存在し続けた。その不安の大きさは、一九五九年に万博のニューヨーク開催が決定された直後にもかかわらず、ニューヨークの建設労働者は開催が終わってしまう五年後のことをすぐに心配し始めていたということからもよく分かる。[32]

アースデイルら指導陣にとって重要なことは、いかに自らに有効な結果をもたらす政治環境を持続させるかであって、その基準としては党派よりもむしろ個々の人物との具体的な関係の方が重要となった。[33] それゆえに、州や市の首長・当局の関係者とのパイプづくりはことさら大切な仕事になったのである。

建設労組が権勢を誇った一九五〇年代後半から六〇年代後半における重要なパートナーであった市長ワグナーや州知事ロックフェラーらとの太いパイプはその努力の典型である。ニューディール期の一九三五年、全国労働関係法（通称ワグナー法）成立に尽力したロバート・F・ワグナー連邦上院議員を父とし、ニューヨークの伝統的な民主党員であったワグナーと、富豪ロックフェラー家の血筋を引くビジネスマンかつ共和党リベラル派の政治家であったロックフェラーとでは、その政治的基盤やスタンスにおいて大きな差異があったが、アースデイルやブレンナンは両者と濃密な関係をつくっていた。プラグマティックな観点に立つアースデイルは、選挙のたびに労働者に対して彼らがいかに具体的な利益をもたらしてきたのかを力説し、そうした人物への投票を呼びかけた。一九六一年の市長選におけるワグナー再選を目的に、アースデイルの強いイニシアティヴの下で中央労組会議が立ち上げた「友愛党（Brotherhood Party）」の設立趣旨では、明確にその観点が語られていた。[34]

公権力を行使する中枢に位置している特定人物との関係強化は、様々な具体的成果をもたらし、ワグナー＝ロックフェラー時代におけるニューヨーク建設労働者は、賃金や労働時間などを規制する法律や付加給付の充実化、安全衛生対策強化などの面で多くの恩恵を享受することができた。そして、労組幹部が自治体機関の要職や各種委員会のメンバーに指名されることで、労働者のための制度のさらなる拡充が可能となっていた。ワグナーやロックフェラーとの関係維持は労組にとって最重要と目されていたが、それはワグナーら公権力側にいる者にとっても同じであり、双方の関係は相互依存的なものであった。実際、ワグナーもロックフェラーも早い時期から労組指導者との関係づくりを行うことで、自身の政治的キャリアやプランの実現に活かす努力を怠らなかった。ワグナーの場合、連邦上院議員である父のように政治的キャリアを積んでいくことを志していたが、父の政治基盤が労組に大きく依存していたことから、学業修了後すぐその基盤を受け継ぐために積極的に労組メンバーとの交流をはかっていった。一九五三年に民主党の予備選挙で現職を破り、そのまま市長選でも勝利したワグナーはその原因を次のように語っている。

私には市の様々な部局やその周辺の人々を知っているというアドヴァンテージがあった。私自身、市の多くの部局で働いてきたからね。税局長をやっていたけど、そこでは税が人々にどのように課されるのかを学んだ。住宅建設局長も務めたけど、当時そこは市のために予算を組む仕事をやっていた。当然のことだが、労働者はどのくらい学校が建てられるのか、市の予算は何に使われるのかということにいつも関心があったし、事業計画がどの程度拡大されるのかについても関心を持っていた。[35]

続いて、ワグナーは労働者との積極的な関係がその後の政権運営にもたらした効果について述べている。

私が市長になった時、彼らは仲間を得たと悟ったんだ。我々は労働運動にとって重要な、とても多くのことを始めたし、ハリー・ヴァン・アースデイルはとても緊密に私と連携してこれらに参加してくれた。例えば我々は市の公的部局として初めて労働局を設立した。……たくさんの労組指導者、若い指導者がそうした部局に入って仕事をしたんだ。それから、その部局や私にアドヴァイスするためのグループも設立した。で、その中で最も傑出していたのがハリー・ヴァン・アースデイルだった。つまりそれは、彼とともにある人々――全国ＡＦＬや市ＡＦＬが私とともに働いているってことさ。彼らには相談もするし、私の友人だったんだ。[36]

党派は異なるがワグナーのケースは州知事ロックフェラーにもあてはまった。ロックフェラーの場合もやはり若い頃から建設労組との関係が始まっていた。特に一九三〇年から始められた巨大プロジェクト――ロックフェラー・センターの建設を通して相互の関係が直接的につくられるようになり、それ以来両者の関係は維持・強化されてきた。まだ同センターの建設が完了していない三〇歳の時にセンターの社長に就任したロックフェラーは、その後モーゼスとともに国連事務局ビルのニューヨーク誘致に携わるなどニューヨークにおける数々の建設事業に関わるだけでなく、ヴェネズエラなどラテン・アメリカでの建設事業も意欲的に進め、稀代の開発志向者となっていった。[37]その志向性は一九五九年にロックフェラーが州知事に就いたことでさらに加速する。建設プロジェクトの推進という面でロックフェラーとの関係がもたらした効果は建設労組にとって非常に大きいものだったが、それと並んで労働時間の短縮や医療保険制度の充実、公的高等教育の拡大などロックフェラー時代に進められた数々の制度改革は、建設労働者のみならず労働者（特に組織労働者）一般の実際の社会生活に密接に反映する大きな意義を持つものであった。こうした安定的な社会生活を送る上での便宜の拡大は、労働者にとって実体的かつ具体的な意味を持つものであり、だからこそロックフェラーとその下での制度構築は高い支持を得たのである。[38]

ロックフェラーは支持者である労働者の下を積極的に訪れ、交歓する機会を持った。特にアースデイル率いるローカル3の集会やイヴェントには頻繁に参加し、相互の信頼関係をアピールした。一九六六年四月、ロックフェラーは議会を通過した新高齢者医療法への州知事署名の場として、知事の執務室ではなく、ローカル3が独自に実施している大学奨学金取得者発表式を選び、組合員やその家族を前に、壇上でアースデイルらに見守られながら署名した。そのパフォーマンスは、相互の良好な関係を象徴するものであった[39]。ワグナー同様、ロックフェラーとブレンナン、アースデイルの関係はビジネスの上だけでなく、私的な領域でも深い信頼関係が築かれた。ワグナーがアースデイルとの関係について「かなり個人的なもの（much more personal）だった」と表現し、「よく彼の自宅に行ったし、昼食をともにした」と証言しているように[40]、彼らは形式的な場以外の様々な場所、時間帯で忌憚のない意見交換を行い、誕生日には必ず祝福のメッセージを贈るなどしてお互いの信頼・親愛の情を示したのである[41]。

以下にあるワグナーとブレンナンの証言はこの時代の三者の関係の在り様を明確に示している。そしてそれは、建設労組がいかに公権力との関係をたゆまず強化し続け、それがどのような形で実現したのかをも表しているのである。

一九六〇年代を振り返ると、ハリー（引用者注：アースデイルのこと）と知事はとてもうまく仕事をしていた。何か技術を持っている人間には仕事が豊富にあった。当時は公的サポートを求めて新たにニューヨークに来る人たちがいたが、彼らはここでそれらを得て生活していた。たとえ共和党政権でもネルソン（引用者注：州知事のこと）のサポートで人々の生活は改善されていた。だから労働者にとって事は非常にうまく進んでいたし、ハリーと知事の関係も良好だった。それに私とハリーの関係もお互いにとって良いものだった。……実際、控えめに言っても我々はみんなうまくやっていた。お互い尊敬し合い、それぞれがそれぞれにとって利益になるという共通理解があった[42]。

我々はいつも話し合っていたが、一九六〇年代は本当に幸運だった。多くの問題をともに話し合える仲間が市や州庁舎にいたからね。ワグナーは本当の市長だった。彼は組合に好意的で協力してくれた。思い出すねえ、ハーバート・レーマン（引用者注：一九三三年から四二年までニューヨーク州知事を務め、戦後は連邦上院議員となった）、それからロックフェラーが来た。いや、その前にハリマン（引用者注：連邦政府商務長官からニューヨーク州知事となり、一九五五年から五八年まで務めた）がいたな。ロックフェラーは党派に関係なく労働者や組合と落ち着いて話すことができる真の感情を持った知事だったよ。彼は何が問題なのか仲間に話すことができた。我々はこうした政治家からかなりの助けや協力を得ていたんだ。(43)

さらに、建設労組が隆盛を誇る時代において、ワグナーやロックフェラーと並んで建設労組にとって重要であったロバート・モーゼスとの関係についても述べておきたい。一九二四年から六八年まで、公共事業に関連する州や市の様々な関係当局の要職に就いたモーゼスがその強力な権限を得ることになったのは、一九三四年にニューヨーク市長に就任したラガーディアがモーゼスにトライボロ・ブリッジ公団と市公園局の二機関でポストを与えたことにある。前者は一九三三年に成立した州法に基づいて設立された組織で、一九二九年から建設が始まったものの滞ったままになっていたトライボロ・ブリッジの完成を目指すためのものであった。モーゼスが局長に就任した一九三六年にこれが完成すると、一九四六年には市内の各地区を結ぶトンネル建設も担うようになり（組織名もトライボロ・ブリッジ／トンネル公団に改称）、一九七〇年までに全部で七つの橋と二本のトンネルを建設した（他の機関でのものを合わせると橋は一三）。後者は市内各地に公園を建設するほか、公園へのアクセスを整備し、住民の足となる道路（parkway）建設を行う機関であった。モーゼスが局長に就任した一九三四年には市内に一一九の公園がすでに存在していたが、職を退いた一九六〇年までにその数は七七七に増え、総面積は二・五倍に膨れ上がり、道路の総延長は四一六マイルになった。このほか、高速道路（expressway）一五路線、合わせて長さ一七マイルに至るビーチ、一五の屋外プールや動物園なども在任中に建設したモーゼスは、ピーク時には一二もの公職を兼ねるなど、まさに公共事業の権化の如き人物であった[44]。

そのモーゼスが戦後から一九六〇年代後半にかけて進めた数々の公共事業によって、ニューヨークの景観は変貌し、大胆な貧困地区の「整理」によって各地区の人種別人口比率も大きく変化した。すでに一九五〇年代には公共事業計画に関してモーゼスが持つ権限は、自治体長の権力すら及びにくい独立かつ強大なものになっていた。モーゼスは決して組合に対して好意的な思想の持ち主ではなかったが、都市開発へのあくなき意欲を抱くモーゼスにとって自らの野心的な都市開発計画を実現していくには、建設労組の協力は軽視できなかった。それゆえに、両者の関係はモーゼスが公共事業に関連する要職に就く第二次大戦以前から打算的に構築されてきた[45]。

こうしたモーゼスの辣腕ぶりはロバート・カロのピューリッツァー賞受賞作『パワー・ブローカー』の中で詳細に描かれているが、その一方でそれを支えた建設労組の存在は強大なモーゼスの権限の陰に隠れる形となっており、その姿は有利な事業実現のためにモーゼスの意向を汲もうと腐心する受身的なものとされている。カロはブレンナンやアースデイルの権力はモーゼスの意の下にあり、モーゼスは彼らが影響力を行使できる分野においてのみ彼らを利用したと指摘している[46]。確かにモーゼスの権力は強大で、その意向一つで事業の行く末が左右されたことは事実である[47]。しかし、そのことは必ずしも建設労組が常にモーゼスの意向の下にあり、あたかもその手下であるかのように行動したことを意味するものではない。先にも見たように、建設労組を取り巻く状況は一般に極めて不安定なものであり、安定した就業環境を実現することは建設労組にとって最優先課題であった。だからこそ、公共事業の実施に関して、労組側は最大限自らに有利になる条件を主張し続け、受け入れられなければストライキを打つという姿勢で対応してきていた。

そうした姿勢は例えば、戦前のニューヨークにおける最大イヴェントの一つである万博開催の際に顕著に現れた。建設労組は雇用拡大の起爆剤として万博開催を大いに支持し、開催前は組合員に万博債権購入への協力を呼びかけ、開催中はチケットの販売促進をアピールした。[48] その一方で銀行家などのビジネス・リーダーや建築家ら名士で構成される万博実行委員会は、万博関連施設の建設作業に従事する各組合を横目に、常に建設コストを下げることを模索し、そのために非組合員労働者の導入を繰り返していた。ＢＣＴＣは万博開催前から現場における組合員採用を一貫して要求し続け、非組合員問題が浮上するたびにストライキで対抗するなど激しく抗議し、実行委員会から労災補償の実施や工具の安全チェックの義務化を勝ち取る努力を行っていた。[49] また、同時期に行われた他の公共事業促進局（ＷＰＡ）関連事業でも同じことが頻繁に問題になり、組合員の採用を各現場で強く主張した。[50] 高い技術を持った熟練工の多くが組合員であるという事実は、これらの攻防の中で強い影響力を持ち、モーゼスとてこのことを軽視できなかったのである。カロの一面的な評価に反発するローカル3幹部のアーマンド・ダンジェロは、アースデイルが単なるモーゼスの手先ではなかったというインタヴュアーの見解に全面的に同意し、「ハリーを利用していた奴がいたなんてことは知らないね」と述べているが、これを建設労働者のプライドに基づく思い込み的発言として安易に片付けることはできないであろう。[51]

　実際にニューヨークの公共事業計画の推進に関しては、公権力側でもその進め方について温度差がかなりあり、モーゼスと市・州当局者との間で内紛も絶えなかった。特にモーゼスの権限が肥大化したことに対して強い懸念を抱いていたロックフェラーとの関係は次第に悪化し、最終的にはロックフェラーの手でモーゼス更迭が行われるなど、莫大な予算の配分が関わってくるこの分野での権力内対立は恒常的に存在した。[52] そして建設労組は、公権力側が抱えるこうした諸矛盾を巧みに利用し、できるだけ自らに都合のいい環境を整えていくために奔走したのである。公権力と建設労組の関係で重視すべきは、建設労組の第一の行動原理が、自らを取り囲む不安定な雇用環境を克服することであり、アースデイルが一貫して顕著に示し続けたプラグマティックな交渉術は、浮き沈みが激しい景気状況に常にさらされている労働者を束ねる労組の長としての義務であったという点である。[53] そして、組合員たる建設労働者やその家族の生活を守ることを最優先とする視点で公権力との関係を構築してきた過程は、建設労働者に自分たちの生活する領域をいっそう実感させるとともに、自らの生活を安定させる上で公権力の存在は欠かせないという共通認識を労働者の間に広げるものであった。[54]

組合第一という視点は、建設業が極めて不安定な雇用環境におかれていることに大きく起因するものであるが、「安定した雇用」とは、雇用されている状態が持続することだけを意味するのではない。賃金をはじめとする労働条件全般という観点からも、公権力との関係は重要な意味を持った。例えば賃金面であるが、民間資本主体の事業では、常にコストの最低ラインを追求することで最大限の利益をあげようとする傾向が強い。[55]これに対して組合側は民間資本側の不当な方策を公権力に訴えて自己防衛を試みると同時に、民間主体の事業以上に現場での在り方が多方面に影響する公共事業において賃金安定化を求めてきた。その最大の成果が一九三一年三月に成立したデイヴィス＝ベーコン法である。ニューディール下で成立した同法は、連邦政府全額出資の事業（公共事業促進局や公共事業局のもの、軍需関連など）で働く労働者に対して、地域で流通する適正賃金（prevailing wage）の適用を義務づけるもので、法案成立後次第にその範囲が拡張され、全額連邦出資でない事業の多くにも適用されるようになっていった。各州政府もこれに倣い、同法を州政府の関連事業に適用する州が増加した。その後、建設労働者に対する適正賃金支払い義務の仕組みは、州間高速道路法（一九五六年）や連邦空港法および国家住宅法（いずれも一九六四年）でも組み入れられるようになり、建設労働者の賃金は相対的に安定化する傾向を強めていった。

さらに、デイヴィス＝ベーコン法は賃金面で有利に働いただけでなく、労働者の保険や労災補償などの面でも重要な機能を担った。一九六四年には同法が健康保険や生命保険、休日手当や長期休暇などの付加給付を含むように改正され、建設労働者一般が包括的な福利厚生や保険制度を適用されるようになった。連邦法で賃金の額が制度化されると、各州でもそれに準じた州法が制定され、州主体の事業で実施されるようになっていった。こうしてデイヴィス＝ベーコン法は、建設労働者が他業種の労働者よりも相対的に高く安定した賃金を得ることができる最大の根拠になると同時に、建設労働者にとって公権力がどのような存在であるかを認識させる明確な根拠にもなったのである（表2参照）。建設労組はこの法律を盾にして公共事業の請負業者との交渉を進め、民間主体の事業であっても法律に準じた労働条件を整備するよう主張して自らの交渉力を強化した。そしてもちろん、労組の存在感が高まれば、それはまた労働者の組合に対する信頼を広げることにつながり、非組合員労働者と組合員の差を顕著なものとし、自ずと組合への加入を促したのである。

表2　1965-72年における建設業および製造業労働者の年収

年	建設業		製造業		製造業の年収に対する建設業の年収の超過率(%)
	$	%増加率	$	%増加率	
1965	6,348	—	5,770	—	10.0
1966	6,699	5.5	6,155	6.7	8.8
1967	7,151	6.7	6,286	2.1	13.8
1970	8,835	7.8	7,345	5.6	20.3
1971	9,377	6.1	7,835	6.7	19.7
1972	9,753	4.0	8,572	9.4	13.8

出典）Marc Linder, *War of Attrition*, tab. 10, 91. なお，調査対象とされている労働者は1年の4分の3において雇用状態にあったことが条件とされている。

公権力との関係において、賃金の安定化と並んで大きな意味を持ったのが労働環境の安全確保である。元来危険な作業を伴う労働環境ゆえに、建設現場では死傷事故、職業病の発生が絶えなかった。労働者にとって現場での労働で最も重要なことは、自身と仲間の安全を確保することであったにもかかわらず、請負業者側の貧困な安全対策がもともと危険な作業環境をさらに悪化させ、人為的ミスによる事故を誘発させていた。したがって、そのようなずさんさがまかり通る状況に対して具体的な対策を進めることは労組の緊要な課題であり、なかでも、実効性のある法制度を確立して現場へ普及させ、業者側にそれらを遵守させることができるかどうかが問われていた。そして、その実現のためには強制力を発動することが可能な公権力の存在は欠かせなかった。

ニューヨークで労働者に対する補償制度を求める動きは、特に二〇世紀初頭に事故や職業病による死者が続出していたトンネル建設工の間で強まった。突発的な爆発によるトンネル内での洪水発生は、主に事業者側がコスト削減のために地上とトンネル内の空気圧を調整するために不可欠な作業員を配置しなかったことで引き起こされていた[56]。トンネル建設工労組は議長のカーティスを先頭に市長へ直接陳情を行って事業者の不誠実な態度と自らの窮状を訴えることでその責任を追及し、一方で市によるいっそう詳しい調査を要請した。[57] 遺族からの反発も高まったことで同時期に調査を始めた市検視官ジョージ・F・シュラディは事故対策の無策ぶりに驚愕し、どんなに少なく見積もっても一九〇六年の五ヶ月間で五〇人の労働者が死亡していると報告した。そして、トンネル工事で最重要である気密調整作業員を置いていない業者側について「そこまでの手抜きは未だかつて聞いたことがない」と強い調子で怠慢ぶりを批判した。[58] 実際、一九〇六年一月から半年の間で一〇〇名以上のケーソン病患者が発生し、彼らは現場で働けなくなって解雇され、この病気のために死亡する者が続出していた。[59] 一月から五月の間にケーソン病で死亡した四人の労働者の事例に関するシュラディの報告を受けた陪審は、労働者が適切な健康チェックを受けていないこと、著しく気圧差のあるトンネル内外の出入りを何の制限もなく頻繁にさせられていたこと、気密室に気圧計がないことの三点を厳しく非難した。そして、さらなる犠牲を防ぐために市健康局は労働者の生活と健康を守り、災害を引き起こしている状況が改善されているかについてもっと厳しくチェックすることを勧告した。また、シュラディはおびただしい数の労働者が死の危機に瀕しているとし、その一方でハドソン・リヴァーの工事ではケーソン病による死者は出ていないのであり、対策次第で死者は防げるはずだと訴えた。[60]

この後もトンネル工事での死亡事故は決して根絶されることはなかったが、公権力との連携によって業者の安全対策に圧力をかけたことは、トンネル建設だけでなく他の作業現場にも共感を呼び、安全対策を整備する動きを加速させるようになった。その成果の一つが一九一〇年ニューヨーク州における全米初の包括的な労働者補償法の成立であった。[61] 自身が属する組合の労働現場で事故が相次いだために、先頭に立って補償制度を整備していく経験を重ねたトンネル建設工労組指導者のカーティスは、同法の成立を中心になって推し進め、その後はニューヨーク州AFLの補償局長に就任してさらなる制度の充実に努めた。

安全対策はその後も労組の第一級課題に位置づけられ、資本や公権力と連携しながら現場で細かい安全ルールを作成して遵守を義務化したり、労資双方で構成された安全委員会を組織して定期的に安全講習を実施するなどの取り組みが様々な組織レヴェルで盛んに行われた。常に死の危険が付きまとう建設現場では、自らの安全確保は文字通り死活問題であった。安全対策で常に手を抜く傾向にある資本の作為に対抗するには、公権力の介入が必要であり、実際にそれが最も効果的であるということ、そしてそうした公権力を利用した防止策の制度化は、トンネル労働者をはじめとする少なくない犠牲を通じて築かれてきたということを労働者は体感してきたのである。

3　建設労組と民間資本の関係——ニューヨーク・プランの存在

本節では、ニューヨークで築かれてきた建設労組と民間資本の関係について、労資関係という大きな枠組みから考察することによって、労資の間にどのような力関係が働いていたのかを検討する。そして双方の関係が、労働現場の日常にいかなる秩序をもたらしていたのかを論じ、その秩序の下で建設労働者独自の境界が形成されていったことを示す。

最初にアメリカにおける建設業の特徴についてふれておきたい。元来アメリカの建設業は他の製造業に比べて規模が小さい企業の割合が高いことが特徴である。[62] もちろん、アメリカにもベクテルやフラワー・ダニエルのような、日本で「ゼネコン」と称される規模の大きい建設会社は存在し、それら大規模建設業者からなる業界団体も組織されてはいる。[63] しかし日本の場合と同様、建設業者の多数は特定の業種のみを請け負う極めて規模が小さい小・零細企業であり、こうした企業が複数集まって、したがってそれらの企業に雇われた労働者が寄り集まって現場で作業を行うことが一般的な形である。労働者も建設業者も地方ごとに電気や板金、鉄骨組立、大工、塗装、石材、レンガ、セメントなど職種によって明確に区分されており、それぞれ独自の組織を有している。そして労組と業界団体は、特定の地域だけに適用される労資協定を取り結び、それに基づいて事業を展開する方式が主となっているのである。[64] つまり、アメリカの建設業は地方分権的な性格が非常に強く、事業の多くが都市部に集中する点は共通しているものの、労働条件をはじめ建設業をめぐる事情は地域によって大きく異なる。

アメリカの建設業者の業態は大きく三種類に分かれ、それらは主に住宅や大規模商業・産業施設の建設を担う建設一般業者（general contractors）、高速道路やトンネル、下水道など大規模事業を専門とする業者（heavy contractors）、通常一つの業種のみに限定された特定業者（specialty trade contractors）である。これらの業者の多くは規模が小さく、一企業あたりの雇用者数も少ない。労働省統計局の調査によれば、企業一般の寡占化が進んだ一九九四年の時点でも、全米約六二万一〇〇〇の建設業者（一八万七〇〇〇が一般業者、三万四〇〇〇が専門業者、三九万九〇〇〇が特定業者）のうち、大半は一〇人以下の労働者しか雇用しておらず、二〇人以上の労働者を雇用している業者は全体のわずか七％であり、六五％は労働者が多くて四人しかいない規模であった。[65] 二〇〇二年で見ても二〇人以上を雇用している業者は全体の八％で、相変わらず六五％は労働者が多くて四人の業者が占めていた。[66] ただし、工業を受注額で見ると、二〇〇二年では二〇人以上の労働者を雇用している業者が全体の六六％を受注しており、[67] これは大規模事業を請け負っているからである。事業主（施主）の直営ではない場合（つまり請負の場合）、こうした業者が「元請け」となり、さらに「下請け」の業者に作業を割り振っていく点は日本と変わらない。しかし、こうした「元請け」業者も、一九七〇年代初頭ぐらいまでは特定の州のみで活動することがほとんどだった。[68] したがって、建設労働者のほとんどは地元にある建設会社で働いており、その大半は小規模のものであってその傾向は今も変わっていないと言える。それはまた、自ら現場で働く「自営業者」が多いことも意味している。同じく統計局の調査によれば、一九九六年の時点でこうした自営業者や無給の家族労働者は一五〇万人存在し、それらは建設労働における雇用の一九％にも達するものだった。[69] 建設労組には、こうした自営業者も加入しており、その意味では零細企業の同業組合としての側面も持っていると言える。

統計局の調査はアメリカの建設業がいかに地元を基盤にしているかを示している（これは、他の国でも同様で、工事を他の場所に移すことが難しいという建設業一般の性格に基づいている。ただし、労働者は常に地元で仕事にありつけるわけではない。自らの地元に仕事がなかったり、賃金を含む労働条件が十分低い場合、他の地域（または国）に出稼ぎないし移民することがありうる）。一九九四年の数字を見ると、契約が成立して仕事を受注した後に支払いを受ける金額の八五％が、同じ地元に根差している業者からのものであり、この数字は、建設業がいかに地元中心に事業を行っているかを表している。[70]一九九〇年代半ばの調査結果ですら建設業に携わる業者のサイズの小ささや、地元に深く根差す姿がはっきりと浮かび上がるのであるから、寡占化がこの当時ほどでない時代においてはなおさらこれらの特徴が際立っていたことは容易に推察できる。ゆえに、アメリカにおける建設業の一般的構図とは、建設業者のほとんどが一〇人に満たない労働者を雇う小規模なサイズであり、それらが受注する仕事はたいてい同じ地元に基盤を置く事業主か「元請け」の建設業者を介して得られ、その仕事に対して支払われるお金も当然地元から回ってくるというものなのである。それは労働者と資本家の関係というよりは、同じ建設業で働くことで生活の糧を得ている地元の同業者同士の関係といった方がより適切な場合が多かったであろう。正確を期すなら、規模の大小はあれ、同じ企業内では雇用主と被雇用者の関係があり、他方では発注者と受注者の関係（事業主と請負建設業者の関係であれ、「元請け」建設業者と「下請け」建設業の関係であれ）が存在することになるが、「下請け」を含む受注者が一人または家族のみの自営業者である場合、実態は限りなく雇用関係に近づくことになるだろうし（それゆえ、こうした「自営業者」が組合に加入する合理性も生まれたのである）、他方、同じ企業内での雇用関係においても被雇用者が腕のいい熟練工の場合、その独立性は高く、発注者と受注者の関係に近づいていくだろう。

小規模な形態で作業が行われる現場では、合理的でシステマティックに進められる現代の工場労働とは大きく異なり、自ずと人間関係を軸としたインフォーマルでアナクロな労働慣行が支配的となった。とりわけそのことを決定づけていたのが、建設作業における熟練技術の重要性である。機械化し得ない工程が多数存在する建設業では、優秀な技術を持った労働者がことのほか重用され、彼らを優先的に確保しておきたい業者と熟練労働者との関係は極めて近く、互いをよく知る者同士の濃密な人間関係によって作業担当者の人選が決定されることが多かった。この人間関係は別の形でも強化された。それは、現場で作業の状況をチェックしたり、労働力の調達・調整を行う監督業務にあたる者は概して大卒者（with college degree）が多かったが、一方、熟練工の中にも、自身の技術と人脈を活かして自宅を事務所とする小さな会社を興し、自ら現場に出向いて働きつつ必要な要員を調達する小経営者（contractor）を兼務するようになるケースが少なくなかったからである。[71] 小回りの利く専門技術を持った労働者の確保は、このようなパターンで可能となり、旧知の間柄同士で仕事の融通が行われることが建設業全体に普及していたことも作用して、建設業にはほかの業種には見られない独自の慣行や文化が維持され続けてきたのである。それは、後述するように、こうした慣行や文化などに則った行動をしなければ、仕事をもらえないということでもあった。

さらに、建設業の場合、当初の計画に従って厳密にことが進むわけではないという事情も独自性の一つである。どのような建設物であっても大量生産の工場製品のように同じ基準に従って寸分の違いもない規格品が量産されることは起こりえないのが建設業である。建物の形状はもちろん、使用材料や地盤の状態、建設地周囲の環境等々あらゆる点において以前の条件とは異なることに加え、工事開始以降現れる想定外の事態——大量の地下水、気象の急変、材料の不具合、労災事故の発生等のため、その都度臨機応変の対応を迫られる場合が頻繁に発生する。建設業では、計画の変更を余儀なくされる事態はむしろ織り込み済みであり、問題に直面すれば現場で作業に携わる者たちは常に適切な判断をしなければならない。その際に「同業者」は寄り集まって対応を協議し、各方面で必要な措置を迅速に実施する。このような現場での、受発注ないし雇用・被雇用関係を超えた中で行われる共同作業によっても、建設業におけるインフォーマルな人間関係への依存の度合いはますます強くなるのである。

工場労働のような製造業では海外との競争に露骨にさらされ、それによって企業の海外移転が行われたり原材料や製品の輸出入の量が変動したりするなど、労働者の雇用環境も業界全体の景気もそれらの影響をまともに受けてしまう。もちろん、建設業もそうした影響と無縁というわけではない。燃料や建設資材などの価格が上下することによって建設コストは変わってくるため、それ如何で雇用も左右されるのであり、他のブルー・カラー労働者が経験するような共通面はもちろん多く持ち合わせている。しかし先に見たように、地元をベースとした小さな狭い関係の中で仕事を得るという状況は、現代の自動車産業のような大工場で働く労働者とは似ても似つかぬ違いがある。仕事場所も全く一定せず、雇用期間でも年間通して一定の時間やペースで働くことはありえない建設労働者は、労働者階級としての一般的・普遍的な面以上に、様々な、他には見られない特殊な面を持ち合わせているのである。

このように、就労手段や人間関係の面で地元と強いつながりを持つ建設労働者にとって、重要な関心事となったのが地域の労資間で独自に締結・運用する協定である。賃金はもちろん、他の職種よりも危険にさらされることが顕著な建設労働者にとって、安全衛生面についても細かく定める労資協定の内容は、特に重要な意味を持った。この協定も地域によって大きな差があり、交渉の仕方も様々で、職種によって大きく異なる。労資協定は特定の職種やその職種が行う事業単位で結ばれ、現在もその基本的な構造が維持されている。最も細かいレヴェルで見ると、例えばニューヨーク市内に拠点を置く電気工労組（ローカル3）と二つの電気産業団体の間で締結された協定（二〇〇七年五月一〇日発効、二〇一〇年五月一三日まで有効）では、見習いから現場監督に至る職階別賃金、残業や休日での賃金範囲、現場に必要な工具の供給責任等々、一四章にわたってこと細かな取り決めが交わされている。[72] 全米の建設労組を統括するＢＣＴＤが業界団体と結ぶ全米建設協定（National Construction Agreement）では、賃金や休日勤務、残業などに関する用語や解釈の統一が図られているものの、より詳細な賃金額や協定の運用の仕方は地域の各組合および業界団体に委ねられ、建設労働者にとっては地元で結ばれる協定が最大の関心事となる。

このことは先に見た公権力との関係でもあてはまる。後の章で詳しく見るように、公権力が建設労組に熟練工としてマイノリティ労働者を採用する枠を設定するよう求めたときも、それらはあくまで都市単位で実施される事業に限定されたものであった。連邦政府がある都市での公共事業を計画し、地元の業者や労組に対してその地に住むマイノリティ労働者の採用を求めるプランを設定した場合、そのプランには「クリーヴランド・プラン」や「フィラデルフィア・プラン」という形でプランが実施される都市名が冠せられる。つまり、雇用に関する詳細なルールは地元業者や労組を通じて定められるのであり、事業の場所が変わればそこではまた別の交渉を行って、その地で通用するルールづくりを行わなければならないということである。

フリーマンらが指摘しているように、ニューヨークは他の大都市とは異なり、伝統的に製造業全般に中小規模の企業が多く、なかでも建設業はその典型であった。[73] 労働者は職種ごとに分かれた組合に所属する一方、建設業者も各労組に対応する形で業種ごとに分かれた業界団体を持ち、加盟業者から代表者を選出してその運営を行っていた。そして地元の建設労働者および業者全体を統括する団体が、労働者の場合はニューヨーク建設労組（ＢＣＴＣ）であり、建設業者の場合はニューヨーク建設業協会（Building Trades Employers' Association of New York City，以下ＢＴＥＡ）だった。

一九〇三年に組織されたＢＴＥＡの重要な任務は、建設現場で頻繁に発生していた職域紛争（jurisdictional disputes）に対応することであった（ＢＴＥＡの起源は一八八八年に始まった建設業者会議）。職域紛争とは、職種ごとに組織された労組の間で受け持つ仕事の範囲に重なる部分が生じ、重複部分をどの労組が担当するかで対立が起こり、事業遂行の大きな障害となる事態を指す。職域紛争は現在でも珍しくない現象だが、二〇世紀への転換期の建設現場ではこうしたトラブルを扱う明確なルールやシステムはなく、少しでも自分が担当する仕事の量を増やしたい労組同士の対立が頻発し、現場の混乱は常態化していた。

職域紛争が労資双方に与える影響は大きかった。なぜなら、事業遂行の遅れは請負業者や労組に対する事業主（公権力や民間資本）からの信頼低下を招き、今後の事業獲得において不利な実績をつくってしまうからである。そして、事業が停滞すればするほどコストはかさみ、必然的に請負業者はコスト・ダウンをはかろうと躍起になり、そのしわ寄せが様々な形で労働者へ回ってくるという悪循環を招いた。事業遂行の円滑化と新規事業の拡大は労資（この場合の「資本」は請負業者を指す）双方に共通する根本課題であり、それらを推進するため、職域紛争の対策は必須であった。つまり、BTEAは、労組の協力を得ながら事業推進の円滑化に不可欠である職域紛争対策を進めていくことを重要な役割としており、建設業界特有の事情が組織設立に大きく影響していたのである。BTEAの誕生によって労資の協力が大きな枠組みで制度化されて以降、日常的に不安定な環境にある建設業では、労資間の連携がいっそう深まっていくことになった。

そして、職域紛争解決の具体策として労資間で編み出されたのが「ニューヨーク・プラン」（後に内容が異なる同名のものが出てくるため、職域紛争に対応するこのプランをNYPと記す）と称される調停・仲裁制度であった。一九〇三年に定められたNYPは、BTEAとBCTCの各議長および両組織が選出した代表者で運営され、トラブルが発生した組合からの要請を受けて問題の解決を目指した。解決までのプロセスは三段階あり、最初はトラブルを抱える労組間での直接交渉によって解決を試み、できない場合は労資双方が共同でグリーン・ブックと呼ばれる過去の事例を職種ごとに記録した判例集を使うなどして紛争当事者への調停を行う。それでも解決しない場合はBTEAが主導して調停委員会を組み、公聴会を重ねた上で委員会議長が最終結論を出すというものであった。

職域問題に関する調停・仲裁システムは、NYP以外に全国労働関係局（NLRB）を通じたものや、BCTDによって設定された全国共通のプランなど複数の解決ルートが存在していたが、ニューヨークでは紛争解決の手段としてNYPを軸とすることが強く推奨され、労資双方のNYPへの信頼は非常に厚かった。[74] 実際、NYPは労資間の信頼醸成装置として有効に機能し、BTEAは毎年の年次総会でNYPの存在に称賛を繰り返していた。BTEA議長のP・W・エラーは一九五五年の年次総会で同プランの価値について言及し、自らとBCTCとの協力の結果ストライキが皆無であったと述べ、市長や州、連邦政府関係者等、多くの官民関係者から職域紛争解決の助言を求められたと語っている。[75] 労資双方の対立が激しくなった一九六九年でさえ、同議長H・E・フリラヴはNYPがこの年頻発した職域紛争でスムーズに機能したことを報告し、「一つの例外を除き、すべての職域紛争がNYPによる調停によって解決したという統計ほど、その重要さを示すものはない」と強調した。[76] 一方、BTCもNYPの重要性やユニークさをたびたび強調し、NYPが同様のシステムを持たない地域からの羨望の的になっていると自賛した。[77] BTCにとってNYPは労資の協力関係の基軸であり、BTCに加盟するすべての組合は定められた職域を守り、NYPを尊重するという趣旨が記載された文書への署名を求められた。[78]

景気に左右されやすく、将来にわたって安定的に事業を獲得し続けなければならない不安に苛まれる建設業にあって、職域をめぐる混乱は労資双方に不利益を与えるという共通認識は、労資相互の連携関係をいっそう強めることにつながった。そのような労資の共通認識の下で培われてきたNYPの存在によって、各組合やそれに属する個人の行動に対して強い制約が課せられると同時に、NYPを基軸に労資がお互いに協力する結果として安定的な仕事の獲得が可能になるという図式が労働者の間に浸透した。つまり、労働者は実際にNYPが有用なものであると認識し、NYPが効果的に機能することで労資関係は良好に維持され、自らの生活の安定へつながるという価値観を実感していったのである。[79]

建設労働者が有していた境界を労資関係から考える場合、もう一つ重要な要素となるのが、労働力の需給に関する労資の権力関係である。これまで見てきたように、建設業における事業の展開は常に不定期性がつきまとい、労働力の需給をうまく調整できるかどうかは、事業を請け負う側にとって重大な問題であった。限られた工期で仕事を完遂しなければならないため、必要な時に必要な労働力をスムーズに確保せねばならず、それが事業の成否のカギを握っていた。その中でもとりわけ重要な役割を占めていたのが熟練工である。前述のように、建設関連の仕事では機械化されていない作業工程が多く、機械が導入される場合でも、重機や各種専門工具の扱いでは熟練工の豊かな経験や卓越した技術、豊富な知識が不可欠であった。自然環境に対峙し、日々同一の条件・環境の下で作業が行われることはない建設現場であればこそ、様々な現場で経験を蓄積してきた熟練工は欠かすことができない存在だった。

一九五六年に建設労働者となってニューヨークなどで仕事をし、その後自ら興した建設会社の長となったハーバート・アップルバウムは、建設現場で働く労働者は熟練工（craftworkers）、その仕事を補助する人夫（laborers）や助手（helpers）、見習い（apprentices）に分かれ、そのうち五〇％超が熟練工で構成されるとしている。熟練工とは、その名の通り優れた専門技術を持つ労働者のことを指すが、それらは保有する技術や作業対象・工程によって職種が分かれ、職種によって労働者の数や賃金にも少なからぬ差があった。ここで、アップルバウムによる種別に従って作業工程ごとに三つに分かれる熟練工について概観しておきたい。

第一に、大工（carpenters）やレンガ工（bricklayers）、重機操作工（operating engineers）、鉄骨組立工（ironworkers）等、住宅や高層ビルといった構造物の建設に携わる職種があり、次に、モルタル等を使って作業をする塗装工（plasters, painters）や大理石等の石を扱う石工（masons, marble setters, terrazzo workers）、ガラス工（glaziers）といった加工や仕上げに関連する職種、そして板金工やパイプ工、配管工、電気工（sheet metal workers, pipefitters, plumbers, electrical workers）等、工具を使いながら設置・修繕の作業に従事する職種がある。[80] もちろん、これらの職種区分は厳格ではあるものの、完全に相互の間を区切ることはできず、重複する技術や分野をまたぐ職種も少なくない。しかし、いずれの技術も一朝一夕で会得できるものではなかった。建設労働者は常に現場を転々とせねばならず、行く先々で作業条件は常に大きく変動するため、いかなる条件の現場でも高度な熟練技術を駆使して対応できるかどうかが問題であって、逆に、どんな作業工程でも通用する汎用性の高い技術は成立もしなければ必要でもなかった。それゆえに、現場では何でも器用にこなすジェネラリストの労働者ではなく、特定の分野で優れた技能を発揮するスペシャリスト＝熟練工が求められたのである。

その熟練工をめぐって労資の間には独特の関係が構築されてきた。それは、自らの思うように熟練工を確保したい雇用側と、熟練工組織としてのメリットを活かしたい組合の相互依存的な連携関係である。その関係がいかなるものであったのかについて、熟練工を育成するための見習い制度（apprenticeship）を通じて詳しく検討していきたい。

工程ごとに熟練技術に依存せねばならない建設現場では、自ずと熟練工の地位が高くなり、建設現場入りした者にとって目指す先は熟練技術を持った職人（journeyman）の地位に就くことだった。職人になるためには相当程度の訓練と経験が必要とされ、どの職種でも職人になるための訓練期間として見習い制度があった。見習いが一定の訓練期間の中で必要な技術や知識を身につけていくこの制度は、その起源を一四世紀半ばのヨーロッパ社会に広く見られたギルドに持つ。ヨーロッパからの移民が持ち込んだ見習い制度は建設業に限らず製造業の中で広範に存在し、これまで受け継がれてきた慣習に従って見習いの訓練が行われていた。この見習い制度の形式的な整備が進むのはニューディール期である。一九三七年に連邦議会で全国見習い制度法（通称フィッツジェラルド法）が制定されたことで見習い制度プログラムの基準が確立され、その基準が満たされているかどうかを確認するための連邦政府機関として見習い訓練局が労働省内に設けられた。さらにフィッツジェラルド法は、見習い訓練局から承認を受ければ、州が独自に見習い制度プログラムの承認事務を引き継げる権限を与えており、ニューヨーク州の労働局は連邦当局から承認された一機関となっていた。[81]

ここで留意すべきは、公権力が見習い制度に関与する範囲はプログラムの承認に関してまでであり、具体的な実施方法やその運営については事実上組合側に委ねられていたことである。つまり、見習い制度の枠内では組合の中で長年培われてきた秩序が支配しており、外部からの関与を受けない狭い人間関係に基づいて熟練工の養成が行われ、そこには外部に対して極めて強固な防塁が築かれていたのである。元ニューヨーク州産業委員会委員長が「我々は進行中の仕事がはかどるように手助けし、そうした仕事をもっと増やそうとする以外、介入することは極力避けてきた」と語っているように、州政府の仕事は労組と雇用主の間でうまく事が運ぶよう支援することのみであり、訓練内容やその運営実態については関知しないものであった[82]。したがって、訓練プログラムの承認は形式的なものにとどまり、その内容は事実上組合と雇用主の間で決定されていた[83]。

実際の訓練内容や期間などその運営は職種ごとに様々であるだけでなく、同じ職種であっても組合によって違いがあった。なかには形式的制度としての育成プログラムを持たず、これまで通り、慣習として行われてきた先輩職人の任意による現場教育だけを実施し続ける組合もあったが[84]、制度が整えられている場合には、業種・職種別に組織された企業団体と組合が各々代表者を選出し、双方の構成員による共同見習い委員会を組織して制度の運営全般にあたるという場合が多かった。後者のケースは、電気や板金、鉄骨組立など比較的規模が大きい業種に多く、共同見習い委員会は訓練内容やそれに伴う諸費用の労資の負担比率、訓練で使う教材や道具の供給方法、見習いに対する段階的賃金の設定等、見習い制度の詳細を決定していた[85]。この組織は労資の共同委員会であったが、現場での教育訓練対象となる見習いの採用に関してはもっぱら組合が取り仕切り、誰を採用するかは組合幹部の胸先三寸に任されていた。また、見習いの教育訓練係も組合に属する先輩職人が担当し、見習い育成の入口から出口までのプロセスは、あくまで組合が長年にわたって踏襲してきた方法が貫徹されたのである[86]。

熟練工の存在が大きな比重を持つ建設業にあって、見習いの育成で組合が主導権を握ることは、資本との権力関係において大きな意味を持っていた。事業を円滑に進めるために必要な熟練工を速やかに確保したい請負業者に対して、組合はそうした人材を独占的にプールし、有能な熟練工を新たに養成する役割を持っているため、その点を前面に出して交渉することができ、有利な雇用条件を獲得することが可能になったからである。労働力の需給をめぐるこうした関係は、小さな企業が多い建設業では特に労資間の具体的かつ濃密な人間関係を強化することにつながり、建設業者がより確実な雇用ルートを確保できるようにした。

他方、こうした熟練工とは異なり、単に労務だけを提供する存在と見なされた非熟練工は、熟練工組合の中で見習いとしての位置すら与えられず排除された。つまり、熟練工とは厳格に区別され、後述する協定の適用も受けなかった。このような非熟練工はセメントの運搬・こね回し・レンガ運び・トンネルを含む穴掘り・解体作業・道路舗装など単純ではあるがハードで危険な作業に従事し、熟練工労組からは排除されるため非熟練工だけを組織する組合に集まった。[87] なお、非熟練工とはいっても熟練工同様に見習い訓練は行われていたし、技術的に重なる部分も少なくなかった。熟練工と非熟練工を分ける大きな違いは、非熟練工の①見習い訓練のほとんどは現場での教育であり、②訓練期間がより短い、という二点であった。こうした労働者の確保は非熟練工組合を通じてなされ、比較的容易に調達できる労働力として、雇用はいっそう不安定であり、次章でも見るように現場でも最下層に置かれ、いわば「使い捨て」にされた。

このように、組合にとっては高い技術を持つ熟練工組織であること自体が、そのまま雇用の確保に直結し、自分たちの生活を物質的に支える最大の根拠になっていた。同時に、個々の労働者にとっても自らが熟練工であり、その熟練工の組織に属しているからこそ日々の生活が成り立っていることは十分実感できるものであった。それゆえに、見習い育成も含む組合秩序やその秩序の下につくられてきた領域を守ることは、組合と個々の労働者の行く末を大きく左右する重要問題にほかならなかったのである。裏を返せば、このことは、熟練工中心の組合に属していない非組合員熟練労働者の現場からの排除と非熟練労働者を最下層へ追いやることにつながった。組合側は秩序を乱す非組合員の存在を拒否すると同時に、組合員の地位がいかに優れ、様々なメリットがあるかを周知させることで組合内の秩序維持と帰属意識の徹底をはかったのである。

その一方で、見習い制度を労資双方で維持・運営することは、資本の側にも十分なメリットをもたらすものであった。熟練工を養成する訓練プログラムの運営資金を拠出しても、それらが確実に新たな熟練工を育て、次なる労働力として供給されるのであれば、投資リスクは回避でき、余分な負担とはならなかったからである。特に建設労組における見習いの訓練は、父子関係を中心とした縁故関係が支配する極めて狭い世界の中で行われるため、技術継承の確実性は高く、投資リスクはさらに軽減できた。[88] 臨機応変な労働力の調整が必要な建設現場にとって、質的にも量的にも事業内容に見合う高いスキルを持った熟練工を確保できるルートが組合との関係で確保されるならば、それは資本にとっても大きなメリットであり、労資双方にお互い安定した関係をつくっておく必要性があったと言える。[89]

景気の振幅が激しい不安定な状況が常である建設業の中で労資の歩み寄りが進んだ結果、それは見習い制度の在り方も含んだ労資間協定（agreement）の締結という、より包括的な形で結実していく。ニューヨークにおける労資の包括的な関係は、まず労資それぞれの統括団体であるＢＣＴＣとＢＴＥＡの間で結ばれる協定が大きな枠組みを設定し、それに基づいて職種ごとに結ばれる労資間協定が詳細を規定していた。[90] 協定は数年単位で効力を持ち、有効期限が来る前に、労資が見直すべき条項や新たに盛り込む条項について検討し、新規の協定を結び直していった。より具体的かつ効力を持ったのは職種単位で結ばれる労資協定で、その中には基本給や残業手当などの賃金関連事項、労働時間や休暇制度、遠隔地での作業に伴う移動方法、現場作業での安全ルール、見習い制度の詳細といった、多岐にわたる内容が含まれていた（ただし、ここからは非熟練労働者は除外されていた）。

そして、労資間で発生するすべての問題を統括し、相互の協調関係を維持するために設けられたのが共同産業委員会（Joint Industry Board）や共同調整委員会（Joint Adjustment Board）のような労資同数の代表によって運営される組織であった。こうした組織は、労資が共同で対処する課題が拡大したため次第に多くの職種の労資間で設けられるようになったものである。それらの多くは賃金や労働時間など労働条件に関するものが中心であったが、建設事業の拡大傾向に伴って、扱われる項目は労働条件の細目だけでなく、年金や医療保険、教育基金など、労働者やその家族の社会生活全般に関わる諸制度の運営も含まれるようになった。そして、各種の問題を専門に扱う共同小委員会が共同産業委や共同調整委の下に組織されるようになり、労資がお互いの利益実現のために相互に協力し合うことでより良い生活が実現するという構図がつくられ、労働者の生活全体が資本との関係の中に組み込まれていくようになるのである。[91]

労資の緊密な関係は、特に労働力の需給に関する項目に表れていた。第二次大戦後すぐに締結された、一九四六年一月から一九五〇年六月末日までを有効期間とするBTEAとBCTC間の協定の第一八条（クローズド・ショップ）では、「BTEAはBCTCに加盟する組合のみを雇用するものとする」と定められていた。[92]一九四七年に成立したタフト＝ハートリー法でクローズド・ショップが禁止されて以降も、熟練工を独占的に抱える組合が非組合員の現場への導入に対して強い抵抗を示したことにより、事実上この条項は機能し続けた。例えばBCTC有力労組の一つである板金工労組が板金業者団体と交わした一九六六年七月一日から三年間有効の労資協定のように、クローズド・ショップを明記しているケースも見られた。それによれば、組合は「仕事を完遂するために必要とされる十分な数のかつ適正な職能を有する職人と登録済み見習いを雇用側に提供する」（第三条第一項）代わりに、雇用側は「組合員である職人、登録された見習い以外のいかなる者も雇用しない」（第二条第一項）ことを約束していた。[93]タフト＝ハートリー法の厳密な適用は、もちろん資本にとっても都合が悪く、優れた技術を持つ熟練工の確保のために、資本も組合を通じた労働力の供給に依存し続けた。

こうした労資協定を通じて雇用に関する合意が形成され、熟練労働力の供給はほぼ組合を通じてのみ行われるようになった。先に述べたように、具体的な人間関係によるインフォーマルな労働慣行が支配する建設現場の雇用プロセスは、仕事を求める労働者個人が以前から懇意にしてきた現場監督や職長が働いている場所へ行き、直接交渉して仕事を得るパターンが多い。しかし、それでも雇う側と雇われる側の思惑がいつも一致するわけではなく、労働力の需給が流動的で不安定な状態にあるのが建設現場の常であった。また、一九五九年に連邦議会でランドラム＝グリフィン法が成立したことによって組合の選挙や財政に対する監視の目が強まり、同時に全国労働関係局にはクローズド・ショップの違法性を訴える件数が増え、同局も組合に是正を求めるケースが相次いでいた。そこで、高まる批判をかわす一方で、労働者を確保したい雇用側や就業機会を求める労働者双方の要求に対応し、クローズド・ショップの継続を実質化させるために一九五〇年代末より増え始めたのが就労斡旋所（hiring hall）であった。これは組合員の雇用を確保すると同時に、あくまで組合が雇用側に対する労働力の供給を一元的に掌握し続けるための機関であり、雇用側はここを通じて必要な労働力の詳細を組合に提示し、斡旋所はその情報を斡旋所に登録を済ませている各々の組合員たる熟練工に紹介した。熟練工は斡旋所を通じてのみ雇用契約を行うため、結果として組合員ばかりが採用されることになり、極めて限定された関係の中で建設事業が行われるシステムが構築された(94)。非熟練工の雇用も熟練工に準じた形が主であった。ニューディール以降増大した公共事業に従事する非熟練工を組織していた国際レンガ運搬夫・建設一般労組は、鉄道敷設業や高速道路建設業などの業者団体と協定を結び、熟練工労組よりも劣る条件ではあったが、これらの協定を通じて労働力を提供した。景気の調節弁でもあり、単純作業への従事を期待されていた非熟練工たちは自分たちで労組をつくり、様々な条件や制度を整えてきていたとはいえ、雇用における環境面で熟練工優位の絶対性は明白であった。

以上見てきたように、労資の間で構築されたシステムに基づいて雇用や労働条件が決まるため、個々の労働者が働く日常もそのシステムの中でつくり出されることになった。それは労資の間で取り結ばれる限られた関係の中においてのみ、労働者が働き、生活手段を得、さらには人間関係を形成することを意味し、労働者が日常的に身を置いている労働生活は、極めて狭隘な世界で展開されていることを示している。しかし、建設労組とそこに属する労働者にとってその狭隘な世界は、とりもなおさず、日々労働生活を送り、家族を支える上での最大の拠り所であった。恒常的に不安定な状況に囲まれた中で生きる建設労働者にとっては、いかにして相対的に安定した生活を実現するかが最優先の課題となる。一流の熟練工として技術を身につけ、それを基に、より有利な条件で雇用を確保することこそが、その課題をクリアする最も確実な術となっていたのである。

第2章　建設労働者の労働生活
――つくられる絆

前章では、労組と公権力・資本の相互関係と、建設労働者にとってのその意味について検討したが、それに対して本章では、その枠組みの中で建設労働者の日常世界がどのように形づくられていたのかを明らかにする。その際、彼らの労働生活に焦点をあて、建設労働者が日常的に働いていた状況を見るとともに、労働生活を通じて労働者相互の間に築かれていた秩序や価値観、またそれらに基づく労働者間の絆の存在とその意味について論じる。特に建設労働者にとって重要な意義を持つ見習い制度を詳しく考察することで、血縁・地縁を中心とした労働者の具体的なつながり方を明らかにし、見習い制度を通じてつくられ、強化される労働者相互の絆を描き出す。そしてまた、建設業に特有な労働環境についても検討し、その下で労働者がつくり出し、保有した彼らの文化や秩序、人種やジェンダー意識について探る。

なお、建設労働者の労働生活や日常世界を具体的に見るために、本章では個々の労働者に対して行われたインタヴュー史料を利用する。主に用いる史料はニューヨーク大学タミメント図書館のスタッフによる、二つのプロジェクトのものである。一つはデブラ・E・バーンハートを責任者とし、建設労働者を含むニューヨークの多様な労働者ら約一五〇人に対して行われた、ライフ・ヒストリーの聞き取り調査である。[1] 対象者の中には元ニューヨーク市長ロバート・F・ワグナーやニューヨーク建設労組（BCTC）議長ピーター・J・ブレンナンも含まれている。そしてもう一つが、ジャネット・グリーンによって行われた、BCTCに加盟する様々な建設労組の幹部やその代理人、ニューヨーク建設業協会（BTEA）議長ら四五名へのインタヴューである。いずれのインタヴューも両親の出身、職業、対象者の生地、教育歴、居住地域の特徴など、個人の来歴および労働生活を詳細に尋ねるもので、一貫して社会史的観点によって構成されている。これらのインタヴューは労働者の政治的傾向や特定の係争事項に対する政治的立場などを質疑の中心とはしていない。特に、本書が注目するハードハット暴動に関しては、インタヴュー当時は未だ当事者も多くいた事件だということもあり、直接的な質問を行うこと自体難しかったと思われる。また、インタヴュー・プロジェクトを主宰したニューヨーク大学タミメント図書館に対しては、中央労組会議やBCTCから各種プロジェクトに対して財政支援等、様々なサポートが行われ、現在も積極的な史料提供が継続されている。そうした事情も合わせて考えれば、これらのインタヴュー史料から労働者の政治的・思想的傾向を明確に把握することは困難だという欠点があることが分かる。しかし、彼らが日常の中で抱いた関心や価値観はインタヴューの至るところで具体性をもって表れ出ており、建設労働者の日常世界を知る上では、その欠点を補って余りある極めて有益な史料だと言える。

また、本書に引用した個々の労働者の生年については、把握できたものすべてを記載するようにした。これは、建設労働者のどの世代が建設労働者特有の秩序や文化を強く享受し、保持していたか、世代間で差があるかどうかなどを考えていく際に重要な判断材料になるからである。そしてまた、建設労働者の境界が揺れ始めたとき、その揺れの一つの要因として、建設労働者の世代間における価値観の差異の顕在化があったのかどうかを検討するという狙いも含まれている。

1　位階制組織としての熟練工労組

ここではまず、建設労働者とはどのような存在であり、その内部ではいかなる形の労働が組織されていたのかを概観し、多くの職種に分かれる建設労働にほぼ共通して見られる特徴を見ていく。最初に、建設労働における職種の大まかな区分とその特徴を技術レヴェルから確認し、熟練工以外の労働者も含め、建設労働者全体の中に厳然と存在するヒエラルキー構造を明らかにする。

建設労働の職種は建設工程で必要な技術レヴェルによって三つのカテゴリーに大別される（これは、前章で見た、作業工程による熟練工の分類とは異なる）。最も技術力を要するとされるものは、高度な機械や工具を使いながら作業をする職種である。このカテゴリーには板金工（sheet metal workers）や配管工（plumbers）、鉄骨組立工（ironworkers）、スチームパイプ工（steamfitters）、電気工（electrical workers）、エレヴェーター建設工（elevator constructors）、重機操作工（operating engineers）などが含まれる。次のカテゴリーには、前者のように高度な機械や工具は用いない職種があてはまり、レンガ工（bricklayers）や大工（carpenters）、屋根職人（roofers）、塗装工（painters）などがこれにあたる。三番目のカテゴリーは、コンクリートの流し込みや資材の運搬など、熟練工の助手として補助的な仕事を行う非熟練工（laborers, helpers）である(2)。これらのカテゴリーに分かれた労働者たちが各建設段階で同時あるいは異なる時期に作業を行い、数ヶ月から長ければ数年間に及ぶ期間をかけて建造物を完成させるのである。

重複する作業はあるものの各職種の区分は厳格に行われており、そのことによって組合員の職人意識や組合に対する帰属意識が醸成された。労働者の作業服は職種によって異なり、広範囲の職種を包含する電気工なら労組内部で別々の色や形状の異なるものを指定して区別し、塗装工なら白という具合に分けられていた。それら制服はすべてユニオン・メイドのラベルが付いており、現場では必ずその作業服を着用することが義務づけられていた。もし、忘れたり着てこなかった場合には働くことを禁じられ、家まで取りに行かされることもあった。[3]

建設事業の一般的なプロセスは形式的な作業から始まる。事業の主体が公私いずれかにかかわらず、建設事業を始めるためには、関係当局からいくつもの許可を取らなければならない。現場やその周囲のエリアには様々な規制法が存在し、法的にクリアしなければならない点は多々存在する。また事業を始めるにあたって、財政的な裏付けも当然必要とされ、工事を始める前に資金調達の目途が立っていなければならない。こうした作業を進めながら、元請け・下請けの請負業者や現場労働者たちは共同で設計図作成や工期設定を行い、最終的な計画書をつくり上げる。

煩雑な事前手続が終了した後、実際の作業が始まるが、その基本的手順は以下のようなものである。最初に建設用地に既存の構造物があればそれを解体・整理し、次に掘削作業を行ってそこにコンクリートを流し込んで土台をつくる。その後鉄筋や鉄骨、レンガやコンクリートなどを使って上部構造（superstructure）を組み立てていく。上部構造ができると作業は次の段階に進み、建造物内部のネットワークを構築する作業に入り、エレヴェーターや配管、階段、電気システム、石壁、空調システムなどが設置されていく。最後の段階として大工仕事、塗装、ドアや窓の設置などを含む内装関係が施されて完成に至る。[4]

各職種の労働者が働く現場では、労働者の間に厳格な位階的秩序が浸透していた。熟練工としての経験年数はそのまま保有する技術・知識の豊富さにつながり、年数（seniority）を積んでいればいるほど有力な地位に就ける可能性が高かった。建設労組において一般的に現場で最も多くの権限を持ち、またそこで発生する様々な問題について雇用側との交渉を一手に引き受ける最重要職とされていたのが、同じ現場（同一の建設現場に数多くある職場の中の一つという意味）で働く組合員から選ばれる代表者＝ショップ・スチュアードである。現場では労資の間で交わされた契約が履行されているかどうかをめぐって、特に賃金や安全面でしばしばトラブルが発生し、こうした際にショップ・スチュアードは仲間の代表として雇用側の代表と交渉を行って解決にあたる役割を負っていた。[5] たとえばトンネル建設工労組（ローカル147）の場合をみると、労働者の最上位に統括ショップ・スチュアード（general shop steward）が位置し、その下に作業単位（gang）ごとに選ばれたショップ・スチュアード（gang shop steward）が存在していた。トンネル建設工労組の作業単位は最少四人から組織されており、そこからショップ・スチュアードが選出されていたが、統括ショップ・スチュアードはすべての作業単位で行われる会議への出席を求められ、各単位のショップ・スチュアードが把握しているトラブルを集約して組合幹部（business representative）に報告すると同時に自ら直接それらの解決にあたった。統括ショップ・スチュアードは労資双方から信頼の厚い人物が選ばれ、その要件は熟練工としての豊富な経験に加え、組合員として継続的に一〇年以上にわたる高評価を得ていることとされていた（作業チーム単位で選ばれるショップ・スチュアードは二年以上の高評価が要件）。労資間の調整において枢要な任務を負う統括ショップ・スチュアードは要職として位置づけられており、付加給付を含む最高レートの熟練工賃金が支払われ、組合を代表した行動によって雇用側から不利益を受けないことや、常に最初に雇用され、レイ・オフの際には最後の対象でなければならないことが定められるなど、様々な面でその地位の重要性が労資協定などに明記されていた(6)。

ショップ・スチュアードが労資の円滑な関係を保持するための要職と位置づけられていたのに対し、実際の作業遂行において指導的地位を担ったのが、監督（superintendent）や職長（foreman）と称される職種であった。組合ごとに差はあるが、建設労働における作業の基本単位（gang）は少人数で組織され、単位ごとにリーダーが存在した。各作業単位のリーダーが、自らが率いるグループの仕事に関して責任を負っていた。組合によってはこれらの職に就く者がそのままショップ・スチュアードの役割を兼ねている場合もあったが、いずれにしても最少の作業単位ごとにリーダーがおり、さらにその上にはいくつかの作業単位を統括する作業長が位置することで、労働現場はピラミッド型の指揮系統によって機能していたのである。トンネル建設工労組では、一般的には五年以上の高評価があれば職長のようなリーダー職に就けると規定されていたが、実際には多くの職種で一〇～一五年以上の継続的高評価を得ていることや、その職種での経験年数を求められていた。

また、それぞれの作業単位では、担当する仕事の範囲が明確に設定され、その境界を越えることは作業領域の侵害にあたり、厳しく規制されていた。したがって、経験豊富な熟練工といえども現場で従事できる仕事の範囲には明確な規制がかけられている場合が多く、抱えている職種の範囲が広い組合ほどその傾向は強かった。トンネルを中心とした掘削工事を専門とするトンネル建設工労組は、鉄道・道路のトンネルや下水道設置、橋脚の土台のための掘削など異なる作業を行う労働者を多く抱えていたが、職種間を越境するような行為は固く禁じられていた。[7]

こうした熟練工のヒエラルキーの中で最下部に位置したのが見習いであった。先に触れたように、見習い制度の運営は組合によって様々だったが、多くは訓練期間を三〜五年に設定し、その間に見習いは定められたプログラムに従って修練を積み、必要な技術を身につけられているかについて、定期的に行われる審査で評価がなされた。[8] 見習い内部でも見習い年数によって明確な差が設けられており、給与は半年単位で細かく設定され、どの段階でどんな作業が行えるかについても厳格な規制があった。[9]

このように労働者はピラミッド的位階制を特徴とする組合に組織され、与えられた範囲の仕事をこなしていた。現場では見習いを含む熟練工による少人数単位のチームが組まれ、各自担当する作業にあたるというのが建設労働の通例であった。チームは、たとえばスチームパイプ工のように熟練工と見習いの一対一というケースもあれば、鉄骨組立工のように五〜六人という場合もあり、作業内容や状況に応じて各種のパターンがあった。このチーム作業は見習いの教育訓練の場でもあり、見習いは先輩職人が直接言った通りにやることだけを求められた。勝手に異なるやり方を実行したり、言われていないことをやるのは厳禁とされ、与えられた作業内容に関して質問もしないことが不文律であった。インタヴューでの実際の声を聞いてみよう。スチームパイプ工のE・グリン（一九三三年生）は見習い時代を振り返って、熟練工と見習いの関係を次のように語っている。

見習いとして仕事に行けば言われたことをやるだけだ。……俺はマイク・テナント（引用者注：チームを組んだ先輩職人）のことを覚えてる。マイクは「今晩この天井を取り外して玄関ホールまで持って降りる。……いくつかコンジット（conduit）を持って行け。曲げて切っておくんだ」って俺に言った。……それは九インチ×九インチの大きさで、透明のプラスチックの箱に詰められた小さいガラス繊維なんだ。俺の仕事はそいつを切って、先輩たちが四インチのパイプに差し込み吊るせるようにしておくことだった。もちろん、ずっと残業だった。土日もね。前にも言ったけど、相当長い時間働いた。で、一輪車二台があったんだけど、俺はそいつに目一杯積んで、貨物用エレヴェーターに突っ込んでいた。……マイクはタフだったし、公平でとても正直な奴だった。ある日、彼が俺に「その一輪車をたっぷり一杯にして欲しい」と言ったんだ。で、俺は「マイク、あとどれくらい積むんだい？」って聞いた。それから俺は二台の一輪車をエレヴェーターまで押していった。そしたらマイクは「おい、坊や、あっちが見えないくらい、てっぺんまで高く一杯に積んでくれ」って言うんだ。「もう見えないよ！」って言ったら、「大丈夫、見えるさ。左右をよく見るんだ」って。……だいたいこんな感じだった。何も質問しない。言われたことをただやるって感じだった。でも、俺たちは本当に、めちゃくちゃうまくいってたさ。(10)

先輩職人の権威は絶大で、経験も知識もまだまだ不十分な見習いはグリンのように子ども扱いされることも珍しくなかった。グリンは見習い時代、現場労働をするとともに、夜間に行われる見習いのための学校にも通っており、先輩職人がそれが終わるのを待っていて、残っている仕事を片付けるために助手として再度現場に連れていかれた経験も語っているが、現場に入って働き始めた見習いはまさに先輩たちの手足のように使われ、しごかれた。また、仕事以外でも午前午後の休憩時におけるコーヒーなどの調達、昼食の注文取りと買い出し、現場詰所の片付けなど、「使い走り」のような役割も引き受けなければならなかった。鉄骨組立工Ｅ・イアニエリが語る見習い時代の次のエピソードは、現場での見習いの地位をよく表していよう。

ある時俺はマンハッタンの高層ビルで働いてたんだけど、六階から梯子で降りて二〇杯のコーヒーと一ダースのソーダ、いくつかのケーキや何やらを段ボール箱に入れて持って帰らなくちゃならなかった。そしたら梁の上でバランスをくずして階段二つ分ほど落ちたんだ。でもラッキーなことに、厚布が積まれている上に落ちたから、湯気の立ってるコーヒー全部を浴びただけで済んだ。何人かの連中がそれを見ていて、「何やってんだ?」って叫んだ。俺が「こけてコーヒーを台無しにしちまった」って言ったら、「こいつ、ひっくり返しやがって! さっさと下へ降りて、またコーヒー持って来いよ、坊や」って言われた。俺はもう一回走って降りて、自分の金で――四ドルかそれ以上払わされた――全員分のコーヒーとソーダ、それにケーキを買ってすぐ梯子を上って戻った。先輩職人がいたけど、彼が俺に文句を言う前に、俺は「遅れてすみません」って言っておいたよ。(11)

イアニエリのエピソードは、新人が現場でどう扱われているかや、新人が先輩職人の視線に大きな注意を払っていたことをよく示している。このような現場で培われる労働者間の厳格な上下関係は、形式的な見習い制度が整備される以前から連綿と続いてきた建設労働者の労働文化であった。そのような中でもまれ、落伍せずについていけた者だけが熟練工の仲間として認められるのであり、見習いは現場に入って働くことを通じてそうした文化を受け継いでいったのである。先のグリンの証言にもあるように、厳しい先輩に鍛えられる中で相互の間に親愛の情がつくられていくのであり、尊敬の念もまた醸成されていくのである。このような現場でつくられる労働者の絆については、次節でさらに詳しく考察する。

ただし、ここで忘れてはならないのが、このような熟練工の間に見られる位階制の組織とは別系統の労働者も現場に存在したことである。これらの労働者は見習い訓練を受けていない非熟練工で、熟練工に付いて補助的な単純作業にのみ従事する労働者であった。特別な技能を持たない非熟練工が行う仕事は、鉄筋やセメント袋、レンガなど建設資材の運搬や簡単な溶接・切断などで、賃金も低く設定されていた。熟練工の助手として働く彼らの地位は建設労組の中でも一段低く、熟練工から見た彼らの役割は、もっぱらさして重要でない仕事をさせる対象と映っていた。ニューヨーク最大の事業所で、多様な熟練工が集まって働いていたブルックリン海軍造船所（Brooklyn Navy Yard, 以下ＢＮＹ）での状況を見ると、このことがよく分かる。(12) 徹底した位階制に基づく労働システムが築かれていたＢＮＹで、一九三六年から板金工見習いとして働き始め、後に二〇〇〜三〇〇人の労働者を配下に抱える監督となったＬ・スコルニックは非熟練工との関係を次のように話している。

溶接工やバーナーを使う類の連中がいたけど、俺たちはそいつらを道具と考えていた。連中は本当の職人じゃないと思ってた。あいつらは俺たちの道具。俺にとって溶接工は釘のようなものだった。バーナー工は鋸みたいなものさ。何かを焼いたり切ったりしたい時、連中が要った。道具みたいなもんさ。

スコルニックの話によれば、熟練工が高度な作業を行う一方で非熟練工は必要な時にだけ呼ばれて作業を命じられる存在で、それもいつ呼ばれるか知れないため、熟練工が作業をしたり話し合ったりしている傍らで雑魚寝をして待機させられていたという。(13)

このエピソードに示されるように、熟練工になることは、そのまま賃金や権限、作業範囲などの点で明確に非熟練工と差別化されることを意味していた。見習いは熟練工の最下位に位置する存在であるが、それでも現場で職人たちに鍛えられながら、いずれはその仲間入りを果たすことが期待でき、それを前提として相互の関係が成立していた。しかし、非熟練工はこれとは全く別系統の位置にあり、現場で働く内容もそれが持つ意味も熟練工とは異なっていた。熟練工とそうでない人々が現場でパラレルに存在しながら、実際に建造物がつくられていく過程は、そこで働く熟練工にとってはそのままごく当たり前のものとして映っていた。建設労働では、位階制に基づいた労働過程全体が、日常の労働現場に存立する基本的な秩序として熟練工の間に浸透していたのである。

2　労働者の絆と誇り——縁故主義、見習い制度、労働現場の日常

次に、前節で見たような位階的関係が構築されていた労働現場で熟練工相互の関係がどのようにつくられていたのかについて、労働者の証言や組合史料を用いながら検討していこう。

（1）エスニシティ、父子関係の支配

熟練工の就く地位に関して経験の積み重ねが持つ意味は大きかったが、それは経験さえ積めば誰もがそのまま有望な地位に就けることを意味するわけではなかった。なぜなら、熟練工になるための入口の時点で明確な選別が行われていたからである。ここではまず、建設労組内に貫徹していた縁故主義（nepotism）の存在とその影響について明らかにする。

建設労働の担い手のエスニシティは、北米大陸へ渡るヨーロッパ社会からの移民の流れと合致し、一九世紀にはアイルランド系が顕著であったが、その後世紀転換期に激増するイタリア系やポーランド系、あるいはユダヤ系など南東欧出身の新移民が目立つようになり、第二次世界大戦後もその傾向は維持されていた[14]。新天地で生活していく移民たちにとって、確実に職を得ることが極めて重要であったことは言うまでもない。移民はまず血縁や地縁を頼りに縁の深い者たちが集住しているコミュニティに足を運び、住居や職を紹介してもらった。建設労働はそうした移民にとって重要な就労先の一つとして存在し、組合は次々に渡ってくる移民たちに対して文字通り職業斡旋所としての役割を果たしていた。膨張し続ける合衆国においては建設業での求人が常に生み出されていたことが、そ

うした就労ルートをより確固なものにした。ヨーロッパから渡ってきた移民が建設業へどのように就いたかについて、父がイタリアのシチリア島出身であるレンガ工S・ランザフェイム（一九三一年生）の次の証言がその様子をよく物語っている。

親父が船を下りてまっすぐ組合に向かったかどうかはよく知らない。だけどまあ当時のことさ、親父はまっすぐ組合に行って、親父より先に来ていた地元の連中全員と会っただろう。それで、連中は親父にこう言うのさ。「おい、お前レンガ工になれよ。ニューヨークにはいっぱい仕事があるぜ」ってね。[15]

ある職業において特定の移民集団の割合が著しく目立つ現象は建設業に限られるわけではなく、またそれは同じ職業が親子で継承されることによって持続する傾向があるが、建設業の場合、父子関係が強力な軸として機能し、特定の職種が世代間で受け継がれていくことが特に顕著であった。建設労働が危険な肉体労働ゆえに元来男性によって占められてきたという事情に加え、様々な現場を渡り歩かなければならない建設労働では、組合の中で確実に技術を受け継ぎ、いかなる現場でも事故を避けて仕事を遂行することが求められた。そうした建設労働特有の事情は、より強固な信頼関係を結べる者の間でのみ現場労働を行う傾向を強化し、その基軸が父子関係だったのである。[16]だからこそ、父子関係を中心に血縁・地縁の有無がいっそう決定的な意味を持ち、労組内部に縁者や知己の者がいるかどうかで熟練工の入口である見習いになれるか否かが決まった。そして、強い縁があれば就労する際やその後も様々な便宜供与が期待できたのである。

血縁・地縁を軸にした人間関係が建設労組においていかに重要な要素として機能していたかについて複数の労働者の証言から確認してみたい。W・ブレイン（一九三六年生）の義父はBCTCの中で最も強い影響力を持つ電気工労組（ローカル3）に属する熟練工であった。その義父から見習い入りを勧められたものの、ブレインの両親は彼が一〇歳の時に離婚しており、同じく電気工であるはずの実父は行方がつかめなかった。

当時ローカル3は厳格な父―息子システムをとっていた。見習いになるには父親が息子の保証人にならなきゃいけなかった。俺は一〇年も親父とコンタクトがなかったし、どこにいるのかさえ知らなかった。義父は俺に親父を探し出して保証人になってくれるよう頼んでみたらと勧めてくれた。それで、いろいろやってついに親父を見つけた。親父は保証人になることを引き受けてくれたよ。そうして一九五六年七月二八日に見習いになったんだ。(17)

ポーランド移民三世の板金工G・アンドラッキ（一九三六年生）の場合もやはり父が板金工であった。

やがて高校を卒業する時が来た。俺は野球とアイスホッケーの名選手だった。でもそんなことはどうでもよかった。働かなきゃならない時が来たのさ。親父は卒業前に俺を組合に呼んだ――卒業式は日曜日だった。そして月曜日になると、見習い証が交付された。一九五三年の頃は誰か保証人になってくれることが絶対だった……組合に入るためにはね。俺の場合はそれが組合にいた親父だったってわけさ。(18)

鉄骨組立工のA・シモンズ（一九三七年生）も言う。

誰か中にいることはとても大きな利点だったけど、当時は全員誰か知り合いを持っていた。それは全く本当に、組合に入る唯一の方法だったんだ。親戚がいなきゃならなかった。父親か義父、兄弟か叔父がいなきゃならなかったんだ。(19)

周囲で働く労働者の誰もが内部に縁を持っているわけであるから、労働者はそうした中で生きていく処世術を学ぶことも必要であった。前出のスチームパイプ工E・グリンはその心得についても語っている。

最初の現場の日、当時一九歳だった俺に先輩が言ったんだ。「来いよ！　コーヒーをおごってやろう。」一緒にドラッグ・ストアに入ってコーヒーを飲んでたら、彼は俺の方を向いて言ったんだ。「いいこと教えてやろう。このことをしっかり覚えておけ。この仕事で話をする相手がどこの誰かなんて分からないだろう。だから言うことには気をつけるんだ。ここでは誰でも関係者がいるからな。」[20]

グリンの証言は、人間関係や仕事内容について不平や不満を不用意に漏らしたりすれば、それが思わぬ身内のルートを経て先輩や幹部などの耳に入り、手ひどい反発や冷たい処遇を受ける恐れがあったことを示しているが、このエピソードは建設労働がいかに狭い世界であったかを物語っていよう。その一方でグリンは「狭さ」によるメリットについても語っている。

みんなとてもいい感じの仲間だった。みんな歓迎してくれた。いいかい、俺たちはスチームパイプ工の息子なんだ。親父連中がそこらにいるし、人によってはじいさんだっていたさ。すごく良かったのは、違う現場に行った時だね。みんなラスト・ネームを聞いて言うんだ、「お前マイクの息子か?」って。「そうだ」って言ったら、「俺、お前の親父とフロイド・ベネットで働いたことあるぞ」とか「お前の親父と造船所で働いたぜ」「ここで一緒にな、パークチェスターさ」とか何とか言ってくるわけだ。「俺はお前の親父がこの仕事に入って来た時のことを覚えてるよ」とかね。そうやって受け入れられていくんだ。みんなとても親切なんだよ。[21]

鉄骨組立工G・ブルックス（一九二四年生）は一九四一年に高校を中退して見習いとなった。その後三年間の従軍を経て現場に復帰し、熟練工となったブルックスは、自身が見習いだった時と現在とを比較し、今の見習いプログラムでは様々なことが学べると評価しつつも、それでも昔のやり方が好きだとして、次のようにその理由を述べている。

現場では誰もが世話を焼いてくれるし、仕事のやり方を見せてくれたり、教えてくれたりする。みんなひどくからかったりするけど、面倒も見てくれるし、仕事のコツだって教えてくれた。現場ではほとんどが親父─兄弟─叔父─従兄─息子って感じでみんな家族だったんだ。お互いよく知っていたし、みんなお互いを気にかけていた。[22]

ヴェラザーノ・ナロウズ・ブリッジの建設を担った鉄骨組立工労組（ローカル361）は、その構成員の多くがアイルランド系移民やその子孫で占められていた。父がローカル361の労働者だった前出のイアニエリは幼少の頃の思い出を語る。

まだ小さかった頃、親父は仕事帰りによく他の労働者を連れてきた。彼らが話すことといったら仕事、仕事、それればっかりさ。俺や兄弟たちが子どもの時に聞いたのはそれがすべてだった。時々親父は俺たちを仕事場に連れていったんだけど、仲間の労働者は俺たちにとてもよくしてくれた。だって俺たちはエディーの息子だから。ある時、職長が俺たちのところにやって来て聞いたんだ。「エディーの息子かい？」って。「そうだよ」って答えたら、「ほら、二五セント玉、持ってけ」って言って、くれたのさ。最初はこんな風にしてこの仕事が大好きになっていったんだ。[23]

イアニエリは、続いて父の後を継ぐきっかけとなった経験を話す。

一三か一四歳の時のことだ。俺は親父と現場に行ってでっかい梯子を見てた。で、俺は親父に大声で言ったんだ。「父さん、登っていい？」って。親父は「ああ、いいとも。でも、落ちるなよ」って言った。俺は登り始めて、どんどん高い所まで行った。最初はちょっと怖かったけど、ついに頂上まで辿り着いて梁の上に立ったんだ。そこには俺ただ一人。周りのすべてのものが見えて、遠い所まで見渡せた。興奮してそこに立ってると、突然頭に思い浮かんだんだ。「これこそ俺がやりたいことなんだ！」ってね。[24]

次に示す例は上記の例とは逆に、縁者を持たなかった労働者はどういう扱いを受けていたかというものである。食料雑貨店を営む父親の口利きで高校卒業後の一九五二年に電気工の見習いになったJ・M・ケネディ（一九三四年生）の場合、約四年間の見習い訓練を受け、その後職長としての訓練を受け始めていたが、一九五九年まで正式な組合員になることを許されなかった。にもかかわらず、彼は組合費を払わされていた。その理由についてケネディは次のように言う。

その理由の一つは、組合がエリートだったということさ。ほとんど親子のエリート・クラブだった。俺は組合には全く肉親がいなかった。組合に入るのはとても困難なことだったんだ……よく独り言を言ったよ。「神様、俺が何をしました？　見習いの学校に行っているのに組合員になるのを未だに拒否されているなんて……」ってね。俺たちは二級市民だった。……本当にひどい時期だったさ。[25]

鉄筋組立工（metallic lather）のK・アレン（一九三五年生）も自分の組合における見習いの採用について次のように話す。

俺が仕事を始めた頃の一九五八年には許可生や訓練生がいた。見習い制度もあったが、特別な場合しか、見習いは必要とされなかった。見習いが必要な時は保証人——つまり親父とか息子のような——がいるかどうかによるんだよ。俺は幸運にも兄貴がいたから入れたけどね。……俺たちのところじゃ、一一年、一〇年、一五年許可生で働いてる奴がいたが、決して見習いにはなれなかったね。[26]

これらの例は建設業ではごく日常的なものであった。熟練工の存在は建設労働において圧倒的に重要な意味を持っていたが、その地位に就くには、スタート・ラインの時点で明確な選別があったのである。縁故を利用できる者のみがこの世界に入ることができ、熟練工になるための修練を積むことができた。縁者を介した就労斡旋が支配的な建設労働の狭い世界の中で、労働者は日々の労働生活を通じて交わり、結びつきあうことでますます濃密な人間関係を築いた。なお、労働者相互の関係は建設労働者の供給基盤である労働者家族が多く住むコミュニティでも強められたが、コミュニティとの関係については次章で詳しく見ていくことにする。

（2）見習い制度の運営実態

見習いに対する教育訓練方法は、先にも述べたように、プログラムを持ち、整備された制度に則って進める組合もあれば、形式を持たず、慣習的に行われてきた先輩からの現場教育だけに任せる組合もあった。いずれの場合にも、インストラクター役を務める先輩職人が何人かの見習いを担当して様々な業務にあたらせ、必要な技術が習得できるように指導した。最初に電気工労組（ローカル3）の見習い制度を例に、整った訓練プログラムによって見習いを養成していたその具体的な中身を見ていこう。

　ローカル3のように規模が大きい組合の場合、見習いの養成を全般的に司る機関として、労資双方で構成する共同見習い委員会が組織されていた。ローカル3の場合、同委員会は労資関係全般に関わる問題を扱う共同産業委員会の下におかれ、共同見習い委員会の議長は共同産業委員会から指名された者が務めた。共同見習い委員会の役割は多岐にわたり、見習いに必要な知的・肉体的最低基準の設定、見習いに対するテストの実施とその評価、年間報告の作成、州訓練局に対する各見習いの登録および訓練修了証書の発行要請などを含んでいた[27]。見習いを一人前の職人に育て上げることは先輩職人の「義務」としてローカル3の細則に明記され、見習いの行う仕事はすべて、その見習いの教育を担当する職人から与えられた[28]。見習いは常に担当職人とともに仕事にあたらなければならず、高度な技術を要し極めて危険でもある線間電圧や発電所業務への就労は禁止され、地下鉄業務も先輩なしで仕事をすることは禁じられていた。一方で、見習いには、できるだけ多くの現場で仕事ができるよう、「ローテーション」と呼ばれる、多様な技能を身につけるための技術教育が施された。その目的は「雇用者に対して、有能な電気工が産業にとっていかに重要かを示すため」(見習い訓練監督官D・スミス)とされていた。[29]

こうした訓練は四年間続き、厳しい訓練を終えた見習いは、次に〝MJ〟あるいは〝M〟メンバーと呼ばれる地位に就く。これは職人になれるかどうかを見極めるために設けられたもので、試用期間一年の身分であった。見習い「五年生」は今度はインターンとして経験の浅い見習いの間に入って技術指導を行い、自らが身につけた技術力を雇用者側および共同見習い委員会に証明しなければならなかったのである。五年生は四年間で得た知識と技術を使いこなせるかどうかが問われる最重要期間と位置づけられていた。他の建設組合でも厳しい見習い訓練が行われていたが、通常の見習い期間に加えてさらに一年の試用期間を設けているのはローカル3だけであった。五年生としての一年が終わると、彼らは「職人カード(“A” journeyman card)」を得るための試験を受け、すべての必要要件を満たしているかどうかが再チェックされ、問題なしとされると、ようやく見習いを卒業できるのであった。[30]

建設業の中でも電気関係は技術の進歩が早く、そうした部門を多く抱えていたローカル3にとって、これまでの技術を受け継ぎつつ新たなそれを習得していくことは、組合員やその家族の生活を支える上で重要なカギであった。ローカル3では毎日の現場にこそ、見習いを一人前にする理論や技術が存在しているとされていた。そうした認識は、まさに先輩職人による技術の伝承が組合の中で極めて重視されていることを示し、優れた技術を持つ職人の地位の高さを表していたのである。

しかし、整えられた制度の下で見習い育成に励んでいるローカル3であっても、やはり縁故主義は根強く機能し続けていた。例えば、ローカル3では見習い入りの必要条件として高校卒業資格を設けていたが、熟練工の息子たちの中には高校に行かない者や中退する者が少なくなかった。そこで組合は陳情の場を設けて、熟練工各々から息子が高卒の資格を持たない理由およびそれが見習い入りに際してさしたる問題にならないことなどを述べさせ、最終的には形式よりも縁故を重視して、規定要件を満たさない息子たちを組合に迎え入れていた。

一九四二年六月一二日に開かれたローカル3執行委員会と見習い委員会の共同会合の様子はそのことをよく伝えている。会合には高卒資格や年齢制限（一八～二一歳）を見習い申し込みの資格要件として定めている現行規約に不満を持つ者や、要件を満たしていない息子を抱える者など、合わせて一二人の熟練電気工が召喚され、各人が幹部の前で陳情を行った。二九年の組合員歴を持つP・ボルデスには一七歳で高校を中退した二〇歳の息子がいた。ボルデスは年齢制限には同意するが高卒資格は不要だという意見を述べた後、息子の状態を次のように説明した。

息子は三年間高校に通っていました。私の妻は病気で、私が働いている間息子に家にいるように言っていました。（出席数が足りず）高校を退学になったのは三年前の一七歳の時で今は二〇歳になります。現在は週二三ドルの賃金をもらってリネン製品工場で働いていますが、いつも電気工になってローカル3の仲間になることを望んでいました。[31]

また、四〇年の組合員歴を持ち、現在は電気工の仕事をせずに自宅にいるJ・ケニーは、高卒資格も年齢制限も必要条件であることに同意しつつ、息子の見習い入りを懇願した。一七歳になるケニーの息子は工業高校に通っていたが、卒業資格を得るためにあと一年勉強することを嫌がって通学しなくなっていた。ケニーは高校に戻るよう息子に命じたものの、息子は頑として聞き入れず、家族内でのトラブルに発展していた。そして息子は夜間に一日六ドル稼げるボーリング場のピン・ボーイの仕事に就いていた。

私は何度も息子に高校へ戻れと言いましたが、それがもとで息子は家から出ていき、今ではどこにいるか分からない状態です。もし息子が見習いになれるのであれば、間違いなく彼は組合の見習い学校に出席するでしょうし、興味を持ったらすぐに夜間高校に行って勉強を続けるだろうと確信しています。[32]

E・カーツもラファイエット高校に通う一七歳の息子がいたが、その息子は卒業資格取得にはあと一年半が必要だということが明らかになると、勉強に対して一切の興味を失っていた。高校への復帰を求めても取り合わない息子に苦悩するカーツは、組合に息子の見習い入りを懇願した。以下は委員会とのやりとりである。

議長：息子さんは今働いていますか？

カーツ：いいえ、仕事を探しているんですが、まだうまくいっていません。ブルックリン海軍造船所の見習いに申し込みましたが、現在まで回答は受け取っていません。

議長：見習いの現行ルール――職人試験に必要な単位を取得するために見習い学校に行くということについて意見を聞かせてください。

カーツ：現在のシステムを支持します。いかなる見習いも、適切な単位を得るために見習い学校に出席しないのであれば、組合員資格は無効にされるべきです。しかし、私の息子のケースは何とかしていただきたいのです。[33]

形式上の要件を満たしていなくても、組合員の息子であれば便宜が図られ、優遇措置がとられることを示すこれらの例は、見習い運営の実態がかなり恣意的な判断に依っており、あくまで優先されたのは血縁や地縁という直接的な人間関係であったことを示している。

鉄骨組立工G・ブルックスの場合も、組合員の採用がいかに恣意的に運用されていたかを示している。家計を助けるため母親の猛反対を押し切って高校を中退したブルックスは、次のように自らの経験を語る。

母さんは俺を無理やり高校に戻そうとしたけど絶対行かなかった。そしたら叔父が言ったんだ。「学校に戻りたくなけりゃ、俺と一緒に鉄骨の仕事をしろ」ってね。彼は俺を「ローマ」――実際はニューヨークなんだけど――に呼んだ。空港の格納庫で働くために俺はそこに行ったのさ。……叔父は俺を組合事務所まで連れてって、ビジネス・エージェント（引用者注：組合の要職の一つ。事業主と契約内容全般に関して交渉を行ったり、懇意な業者に必要な労働力を提供する役）に紹介した。その人は俺に高校へ戻る気はないのかって説得してきたけど無駄だった。それでこう言ったんだ。「分かった。お前この仕事をしたいんだろ、俺たちがそうさせてやるさ」ってね。……当時俺はまだ一七歳だったから、仕事をするには一八歳ってことにしなきゃいけなかったけど。[34]

形式的な見習い制度を持たない場合、その運営はさらに組合幹部の恣意によっていた。前出のレンガ工ランザフェイムは次のような証言をしている。

当時は共同見習い委員会がなかった。だからやることといえば、請負業者と一緒に、誰も入らなかった組合事務所に行って――そこはみだりに人が入れない神聖な場所（inner sanctum）のようだった――誓いを述べるのさ。……それで登録用紙に名前を書き込む。確か登録に一五ドルかかったと思う。それで、ビジネス・エージェントのドミニク・ローナーが親父に言った。「こいつはお前の責任だ。面倒みてやれ」ってね。で、エージェントはこう尋ねる。「お前、一週間にいくら稼げると思う？」……俺はまだ何も知らなかったから最初の週は無給だった。その後五〇ドル稼げるようになった。当時の見習いの給料は、六〇ドルが相場だったんだ。まあ、悪くなかったね。[35]

ランザフェイムの指導役はその場で彼の父が受け持つことになり、給与の額も幹部の胸先三寸の判断で設定されていた。以上のような証言は、建設労働の世界では、人間関係がいかに重要な意味を持っているかを明確に示している。人間関係の有無は仕事に就けるか否かを決定づけ、仕事に就けた場合でも、賃金など労働条件の決定に大きく影響する極めて重要なものだったのである。一度得た雇用は失いたくはなく、また、その職を息子ら近親者の間で引き継いでいくことができれば、生活面での安心感も大きかった。建設労組が労働条件の面で様々な成果を勝ち取って力をつけると、人間関係を軸にした見習い制度を恣意的に運用していく傾向はますます強まっていった。

(3) 労働現場でつくられる熟練工の誇りと絆

建設業における日常の労働は少人数のチームによる小さな作業単位が基本であった。各々のチームは建設プロセス全体の一部を構成しており、各単位が決められたスケジュールに則って作業を進めることで全体としての作業が進行した。したがって、どこかの単位で作業が遅れることは作業プログラム全体に影響を及ぼすため、どの作業工程でもチームを構成する全員が協力して予定通り作業を進めることが求められた。すべての作業が共同で進められる建設業で不可欠なチームワークは同時に、常に発生の危険がある事故を防ぐ上でも重要であった。共同作業で誰か一人でも決められた手順を怠って安全ルールを破れば、それは同じ現場で働く仲間を危険にさらすことになり、重大なルール違反と見なされた。そして、建設業に特有なこうした作業環境は必然的に労働者相互の結びつきを大いに強めることにつながったのである。

たとえば、作業環境の危険さで知られるトンネル建設工の場合、その環境が彼らの団結を否応なく強めた。

言葉で言い表すのは難しいけど、いったんトンネル作業に慣れちゃえばやめられないんだよ。多分ここにいる連中は世界中で最高の奴らさ。毎日何か難しいことをやってるだけなんだけど、一度トンネル作業にはまったらもう他のことはできないね。[36]

他のトンネル建設工も同様のことを述べている。

（質問：危険さは労働者の仲間意識を高めた？）明らかにそうだ。みんなお互いをよく知っていた。みんな共に成長する仲間さ。兄弟たち、息子たちだね。黒人、白人、違いは何もない。トンネルの中じゃ色の違いなんてない。誰もがお互いを必要とするんだ。そうしなくちゃならないんだよ。[37]

橋や高層ビル建設において高所での危険な作業を担う鉄骨組立工の場合も、仲間同士の信頼関係は絶大であった。E・ウォルシュ（一九五〇年生）は次のように言う。

俺たちの組合は他のどこともちょっと違うんだ。俺たちは本当にすごくお互いを頼りにし合っているし、ほとんどの時間、俺たちは誰か仲間と一緒に働いているからね。そこにはとても大きな仲間意識があるってわけだ。[38]

作業の危険さは建設現場に常に伴うものであり、事故を回避するためにお互い注意し合いながら過酷な作業環境を共に過ごすことで、建設労働者の仲間意識は大いに強められた。

先に建設労働の現場では位階制の秩序が貫徹していることを述べたが、しかし、ここで注意を要するのは、位階制の秩序は必ずしも現場における労働者相互の信頼関係を損なうものではなかったということである。職階の違いや経験年数の差はあっても、共に協力し合いながら同じ環境、同じ現場で働く建設労働者の間には、そうした違いを超えた信頼関係が少なからず存在していた。電力・電設会社として有数の規模を誇るコン・エジソン（Con Edison）の労働者からスチームパイプ工に転身したW・ユーリッチ（一九四一年生）の次の証言はそのことをよく表している。

（引用者注：コン・エジソンには）ケンカや嫉妬、中傷の類は山ほどあった。それにひきかえ建設業では、俺たちはみんな同じ身分だし、俺たちは仕事のためだけじゃなくて、無事であり続ける（stay alive）ために、お互いを必要としているのさ。[39]

大会社にありがちな官僚的体制の下で働く労働者と異なり、少人数のチームで働く建設労働者の間には、ユーリッチが言うように、お互いがお互いを必要とする環境が必然的に存在し、その中で働くことによって、労働者相互の間柄はより具体的なものとして認識されていった。そして、熟練工の中にある、同じ現場で働く労働者への職階を超えた信頼感は、ときとして熟練工と非熟練工の関係の中ですら存立することがありえたのである。だからこそ、後に建設労組の閉鎖性が公民権運動団体によって激しい非難の対象となったとき、熟練工の間には動揺が生じただけでなく、その批判が「言われなき誹謗中傷」「根拠なき理不尽な攻撃」として映ったのである。このことについては後の章で詳述する。

建設労働者が少人数でチームを組むことは作業環境上必要なことであったが、それはまた労働者の間に密な関係をつくり出した。以下の労働者の証言やエピソードは、建設労働者の日常やお互いの信頼関係をよく示している。最初に鉄筋組立工K・アレンの証言である。

俺たちの仕事はすべてナット・ボルト・システムっていうやつだ。穴を開けてL字型鋼に通す。全部きっちりできてなきゃならない。先輩二人がL字型鋼の切り方や曲げ方を教えてくれて、俺はそれを見ていた。……そういった時間が必要だったんだ。彼らはとても優秀だった。いっぱい教えてくれて、本当に楽しかったよ。……仕事ではいつもからかったり、笑ったりする時間があった。何かバカなことをやらかした奴がいつもいて、そいつらから話が聞ける。だから朝仕事に行くのは楽しみだったんだ。みんなで昼飯食いに行ったりとかね。[40]

電気工のE・クレアリー・シニア（一九〇〇年生）は、超高層ビルの先駆けであるエンパイア・ステイト・ビルの最上階にアンテナを据えつける仕事にパートナー一人とともに取り組んだ。わずか二名による作業は作業道具の手運びや強風、大量の虫などによって困難を極め、完遂までに三ヶ月を要する難工事であった。稀にみる工事を乗り切ったクレアリー・シニアはアンテナにパートナーの名前と生年月日を刻んでその勇気を称えたという[41]。

気心の知れた仲間と長くチームを組むことは、それだけチームとしてのスキルを向上させ、結果として次の仕事に就く際に実績面で有利に働いた。そして長く続いた労働者のパートナーシップは、現場だけでなく私生活にも深く影響した。スチームパイプ工のJ・トーピーは次のように言う。

俺は見習い時代、二人の男とチームを組んだ。……仕事だけじゃなくてずっとその後もパートナーとの関係が続くのは珍しいことじゃない。俺たちはそれを「結婚」って呼んでいたんだけど、よくあることさ。最初にチームを組んだ奴とずっと付き合い続けた。……俺はジャック・ロジャーズ（引用者注：最初にパートナーを組んだ一人）と別れた後、ジョン・オガーラって奴とチームを組むことになった。俺たちは俺の叔父が病気になるまで八〜九年組んだけど、その時までに俺は奴の叔父さんになっていたんだ。今もジョンは俺にとって最高の友達の一人さ。俺は奴の娘の名づけ親（Godfather）なんだよ。……毎日仕事に行って毎日同じ奴とチームを組んだ。……こいつはパートナー、つまり、妻より長く一緒に過ごしたってわけさ[42]。

かけがえのない仲間を得て日々現場で働く労働者は自身の技術に強い自信を持ち、厳しい作業環境の下にいながらも壮大な構造物をつくり上げていくこの仕事に対して大きな誇りを持っていた。大工労組の中で主にセメント関係を扱う熟練工であったM・デイリー（一九四三年生）は自らの仕事を次のように語っている。

よく働いたよ。とても充実した生活だった。たくさんのいい奴に会ったし……いつも新しい現場で働くから退屈なんてしない。いつも何か新しいものをつくってるし、違う人と会ってる。とてもいい生活なんだよ[43]。

常に新たな現場を渡り歩かねばならない建設労働者にとって、たとえそれが初めて知り合う仲間であっても、お互い協力し合いながら建設プロジェクトの一翼を担っているという実感は、常に体の中に刻まれていた。職種別組合の中で少人数のチームを組んで働く建設労働の環境は労働者の間に、そこで働く者の間でしか共有され得ない強い絆を育むことをいっそう促した。狭隘な世界の中で、建設労働者は自己の技術と肉体のみに依拠しながら、ともに働く仲間を尊敬し、相互の絆を日々の労働で常に実感し、確認し合っていたのである。

信頼できる仲間と形として残る大きな構造物をつくり上げていく過程は、様々な職種で構成される建設労働者それぞれに独自のこだわりを持たせ、仕事への深い愛情を植えつけた。板金工としてロックフェラー・センターでのネオン・サインの取りつけなど数々の困難な現場に立ち会ってきたP・コリンズ（一九五一年生）は、仕事への誇りを感じる時について次のように述べる。

(引用者注：高所での作業時には）ただ興奮するんだ。街が違ったふうに見えるんだ。……街全体が変化している。本当にすごい街さ。……俺はニューヨークを愛しているし、どこで働くかなんて気にしないさ。どこでも働いてきたし……ニューヨークを楽しんでるんだ。(44)

ノースカロナイナ州出身の黒人レンガ工Z・ウィンブッシュ（一九四九年生）は、仕事で背中を痛めコルセットを装着しながら作業をしなければならなかったが、それでも懸命に働いてきたことを誇り高く語り、いかに仕事に対して愛着を抱いてきたかを次のように述べる。

誰も俺より上手にレンガを積むことはできないって思ってた。これはプライドさ。言ってることが分かるかい？……自分のやった仕事を、離れた所から見ることができれば、とても報われるね。値段は忘れ去られても仕事の質ってものはその後もずっと残り続けるのが俺たちの仕事さ。レンガ工がやった仕事が今から四〇、五〇年後も残るんだよ。誰かがそれを見に行ってもその仕事にいくらかかったかなんて言わないよ。見ろ、素晴らしい仕事だよなとか、下手な仕事だなとか、そんなことを言うだろうね。だからとても見返りがある仕事だって言うんだよ。(45)

こうした証言にあるように、建設労働者たちは危険かつ厳しい作業環境の下にあっても、何十年にもわたってその地に存在し続ける建築物をつくり上げる仕事に対して大いなる誇りを抱き、悦びを感じていたのである。そして、それがまたニューヨークというアメリカ第一の大都市であり、世界を見渡しても追随を許さない華やかな巨大都市をつくり上げているとなれば、その誇りは否が応でも増したのである。

3　「男らしさ」の文化

建設労働者の間につくられた絆について、次に、彼らの間で共有された男性主義的な労働文化という側面から検討してみよう。そして、どのような背景でそうした文化が醸成され、共有されたのかを探り、その上でそれが労働者の絆を強化する際にいかなる役割を果たしていたのかを明らかにする。さらに、建設労働者が築き、共有していたジェンダー規範が労働生活を通じてより明確な境界として存在していたことを論じていく。

建設労働者の間に存在した絆は、彼らの中で共有された労働文化――「男らしさ」を重んじる文化によってさらに深められた。容赦ない風雨や大雪、酷寒酷暑にさらされながら作業を遂行する過酷な建設現場に女性の姿が見られるのは一九七〇年代後半まで待たなければならず、それまでは文字通り皆無であった。建設労働者は優れた技術を身につけるだけでなく、その技術をいかなる状況でもいかんなく発揮できなければ一流とは言えず、知力・体力ともにタフであり続けられることが優れた労働者の証であり、誇りとなっていたが、女性はそのようなタフさの埒外に置かれていた。

超高層ビル建設現場の身の毛もよだつような高所で梁の上を自在に歩き、クレーンの球掛け・解除のために資材と一緒にクレーンのフックの上に乗って移動するといった、危険な作業に従事する鉄骨組立工の場合、これらの仕事を平然とこなすことが自分たちの存在を文字通り「鉄の労働者（ironworker）」として示す行為であった。鉄骨組立工として数々の巨大プロジェクトに携わったE・J・カシュ（一九三三年生）の次の回想には、危険な現場で働くことへの自負が滲み出ている。

俺たちはあらゆるものにさらされる新人だった。外に出て鉄骨の連結作業をするのが待ち切れなかった。今はそんなことしたがらないけどね。……（質問者：「どんな感じ？」）俺たちはそれが大好きだった。待つことができなかったんだ。クレーンの一番高い所に座ったり、頂上の蜘蛛って呼ばれるところに登るのは素晴らしい感じなんだ。初めてそこへ行って、球を掛けて外して、それをずっとやった。……空の中にいるんだ……（引用者注：眼下の）道路を越えて投げられるって言うか……辛抱強くやり続けるのさ。慣れるまではそこに指紋を残していくんだ。……（質問者：「初めての時怖くなかった？」）いいや。俺はそれが好きだったんだ。俺はちょうどいいくらいに大きかったし……っていうかそれは太ってるってことじゃなくて、ちょうどいい大きさで、とっても身軽だったってことさ。[46]

一九七〇年五月に起こったハードハット暴動について、建設労働者が有した男性主義的文化とそれを取り巻く社会的状況の変化に焦点をあてて捉え直しを試みたフリーマンは、建設労働者の男性主義的文化が構築される背景として、こうした建設現場に着目した。その際フリーマンは特に建設現場の危険さを強調し、その下で労働者相互の信頼関係はしばしば直接的に男性的イディオム——肉体的強靭さや性的強さの自慢、スポーツの話題、後述するような、のぞき見や女性に対するからかい・買春といった共通する性的行為などを通じて構築されると主張した。危険な労働環境や少人数チームによる信頼関係は警察業務や鉱山労働などでも同じであるが、建設労働者の間で男性主義的文化に基づいた相互の信頼関係がことさらに強い理由として、フリーマンは労働者の生活スタイルの違いに言及している。鉱山労働者と建設労働者とを比較した場合、前者は労働現場と居住コミュニティが大きく重なり合い、ストライキの際には労働者の家族、とりわけ女性たちもこれを支援して大きな役割を果たすのに対し、建設労働者は職住の境界が明確に分離しており、労働現場での紛争がコミュニティにも持ち込まれ、コミュニティをも巻き込んだ形で紛争が展開することは稀だと言うのである。(47)

労働現場と居住コミュニティが分離されているというフリーマンの指摘は重要である。なぜなら、建設労働者は、双方の領域が物理的にも社会生活上も明確に分離された中で日常生活を過ごすことで、家族生活を支える大黒柱として現場で働く自分自身と、一方で帰宅後の癒しとなる家族の安寧を妻が守るという家族の在り方を自らの規範として内面化し、ジェンダー化された価値観を築き上げていたからである。

このことを示すものとして、ニューヨークの熟練工を象徴する存在であったブルックリン海軍造船所（ＢＮＹ）で働く労働者へのインタヴューは興味深い。ＢＮＹでは一九四一年一一月より造船所内で働く労働者向けの公式機関紙として『シップワーカー』が週一回発行されていたが、その中に「カメラ・クィアリー」と題された労働者へのインタヴュー・コーナーがあった。同コーナーは、ほぼ毎週六人の（女性を含む）労働者が登場し、毎回一つの質問に対し各人がコメントするというものであった。例えば、「あなたは一家の稼ぎ頭？」という質問には男性四人・女性二人の回答者全員が、男性が稼ぎ手であることを「当然」と答えている。クレーン巻き上げ工のＢ・ハーマンは「家でうまくいくには男がイニシアティヴ、リーダーシップをとることさ。妻もそれに同意するよ。……とにかく俺は女が稼ぎ手になるなんて思わない」と言い、計画局に勤務する女性事務員Ｍ・Ｌ・スティッチは「夫が一家の長であるべきだと思うわ。……家での最終責任は夫にあるし、常に彼は未来に目を向けて行動するでしょう」と話している。[48]

また、「妻は夫が仕事に行く前に起きて朝食をつくるべき？」という質問にも男性四人・女性二人が回答しているが、男性一人を除いて全員が「つくるべき」と答えている。板金工のW・キャンベルは「妻がそうしないなら他に誰がするのさ？　まずい食事を外で食べさせられるより、家でうまい食事をとって夫がその日を始めるのを妻は見とどけるべきだ」と述べ、武器局に勤務する女性事務員A・ゴールデンバーグは「絶対そうね。それは女が最低限できることだし、単なる義務じゃないのよ」と答えている。[49]これらの証言は一部の労働者によるものであることに加え、造船所内の機関紙という性格上、編集の恣意性は免れ得ないだろう。しかし、それでもなおこうした認識は当時の熟練工の価値観の一端を示しており、労働生活とコミュニティでの生活の境界認識を示していると言えよう。実際、これらの証言がなされた一九五〇年代半ば当時、BNYで働く労働者には職場周辺に住む者が多く、造船所内には女性事務員もいたわけだが、職種を厳格に分け、職場と家庭を分離して捉えてジェンダー役割を割り振る意識は強かったのである。[50]

また、ニューヨークではないが、中西部の湖畔に面した、ある郊外の街で建設労働者の家族観・女性観を含む価値規範や労働文化を考察したE・E・ルマスターズは、フリーマンが指摘するのと同様の、建設労働者の生活スタイルにおける特徴を明らかにしている。ルマスターズは、地元に住む建設労働者が仕事後や週末に集まる酒場に五年間通い、そこで彼らを観察したり会話を交わすことによって建設労働者の心性や文化、価値観を分析した。その研究によれば、建設労働者は近代的な女性より伝統的な女性を好み、より具体的には次の五つの点にあてはまる女性に惹かれるという。すなわち、①男女のそれぞれの役割を認識している、②家で子どもと過ごすことに積極的、③常に身だしなみを綺麗にしている、④性的要求に対して積極的に応える、⑤家を空けていても信頼できる、ような女性である。[51]その一方で、これら建設労働者は、危険な現場で働き続け壮大な建造物をつくり上げてきたことを大いに誇りとし、仕事への高い満足感、仲間への信頼を示すとともに、ホワイト・カラー層による労働を見下す態度を共有していた[52]。

ホワイト・カラー層と比べて学歴で見劣りすることに劣等感を抱く者も多かった建設労働者にとって、危険な現場を渡り歩き、その見返りとしてホワイト・カラー層と遜色ない賃金を得て、ミドル・クラスと同じ住宅や生活レヴェルを享受できていることによる自負は強烈であった。強靭な肉体を持ちタフな精神力を身につけ、どんな状況でも熟練技術を発揮できるという自信は、そうした能力を必要とする職に就くことはない、そして建設労働者から見れば「就くことができない」「柔弱で女性的な」高学歴者への対抗意識によっていっそう強化されていた[53]。

また建設現場では、使用する道具や建設方法に関して性的隠語によって命名されたものが多く見られ、これらの用語が内部で流通することでも性的規範が共有された。さらに、仕事上でのミスは、ホモセクシャル的な行為と結びつけられた用語で言い表されることが広く行われ、仕事上の責任を全うしない職長に対してはやはり同様の言い回しで侮蔑するケースも多く見られた。労働者同士で交わす会話では、これら粗野な隠語が多用され、このような男性主義的文化が労働者相互の仲間意識を醸成する役割を果たしたのである[54]。

フリーマンが指摘しているように、公共スペースに隣接する建設現場という環境も建設労働者独特の文化をもたらす要素となっていた。その代表的なものが「のぞき見」である。外壁の完成していない高層ビルの枠組みで働く労働者の間では双眼鏡が現場に持ち込まれ、休憩時間などに周囲のビルで働く女性や若い女性住人を探してはのぞき見を楽しむ行為が広範囲に見られたという。また、建設現場近くを通りかかった女性をからかったり、休憩時に近隣の大学の構内に入ってお気に入りの女性を探すといった行為も集団的に行われた[55]。そうした行為を鉄骨組立工カシュが次のように楽しげに回想している。

俺たちはニューヨーク印刷学校で働いていた。……通りを渡ったところにイタリアン・レストランみたいなバーがあって、その隣が電話会社だった。当時電話会社は女ばかりだった。みんな女さ。……百万人くらい女がいる感じだった。……俺たちはランチ・タイムを知ってて、その時間が近づくとよく行ったもんさ。楽しかったなあ、俺は仲間のトミー・ノーランって奴と一緒に通りに出てレストランの前まで行くんだ。女たちは俺たちの方をよくじっと見ていたよ。[56]

こうした行為を共有することで労働者同士の仲間意識が助長される一方、男性主義的性格の強い様々な行為の共有が規範化されることで、それらは新しく現場に入ってくる見習いたちに対する「テスト」ともなり、その結果によって見習いの扱いが決定されることにもつながっていた。見習いには、現場で先輩職人から技術を学ぶと同時に、労働者間で共有されてきた男性主義的な文化を受容していくことが求められた。こうした文化に臆する者は「弱虫」「ホモ」などとしていじめや排除の対象とされることから、個人的な指向の如何にかかわりなく、それらを受容し、積極的にそのことを示すことが建設労働者の社会で生き残る方策でもあった。[57]

男性主義的文化は労働者の間だけでなく、雇用の側もその助長に大きな役割を果たしていた。彼らにとって、男性主義的文化を煽ることは、労働者のやる気を促し、危険な労働もすすんでやろうとさせることで、自らにも都合よく作用するものと認識されていた。「クリスマス・プレゼント」や「ボーナス」と称して女性のヌード・カレンダーが配られることは珍しくなく、労働者の詰所や現場を囲む壁がヌード・ポスターなどで埋めつくされていることは見慣れた光景であった。[58]

厳しい環境をかいくぐり、落伍せずにそこで働き続けてきたという熟練工の自負は、現場で働く者だけに持つことが許される特別なプライドであった。「熟練工」というカテゴリーでくくられた彼らの男性中心主義的な連帯感、またそのことからもたらされる彼らの境界外にいる者に対する優越感は、見習い時代から熟練工としての経験を積んでいく過程で、つまり彼らが熟練工である限り一貫して維持され、次世代に引き継がれ、強化されていくのであった。常に危険で過酷な現場作業に立ち続け、そこで数々の技術をいかんなく発揮する熟練工としての誇りを仲間と共有することで建設労働者としての境界を築いた彼らは、同時にその外側にいる者の存在を明確に認識していた。それらは決してその中には入ってこない、彼らにとっては明らかな「他者」なのであり、しかも、建設現場は物理的にも男性しか働いていない空間であるため、境界の中にいる者と外にいる者は容易に可視化することができた。男性主義的文化が全うされていた建設現場では、女性は典型的な「他者」として捉えられ、決して内部に入りえない存在でしかなかったのである（それゆえまた、女性や同性愛者のイメージを使うことで「他者」化による排除も行われた）。だからこそ、一九七〇年代後半に始まる女性の見習い入りの受け入れをめぐって、建設労働者は激しく動揺し、強い嫌悪と抵抗を示すことになるのである。[59]

第3章　建設労働者とコミュニティ

本章では、建設労働者が日常生活を送るコミュニティに注目し、家族との生活や地域社会での暮らしを通じてつくられる彼らの生活世界を明らかにしていこう。前章で見たように、建設労働者の供給は多くを血縁・地縁によっており、その母体となっていたのが出身地やエスニシティを同じくする者が集まるコミュニティであった。ここでは、建設労働を主要な稼ぎの柱としていたコミュニティの生活が、収入面だけでなく、組合によって整備が進められた様々な制度や各種のコミュニティ活動などと具体的に結びついていたことを論じる。その際の事例として電気工労組（ローカル3）の取り組みに焦点をあて、建設労働者およびその家族と組合の関係を詳細に考察し、コミュニティ生活の実態を明らかにする。そして、建設労働者とコミュニティあるいは組合とコミュニティの関係に注意を払いながら、それらの関係の中でつくり出される建設労働者とコミュニティの生活世界を一つの境界として捉え、その意味を検討していく。

1　家族・コミュニティ生活における建設労働、組合の存在

　コミュニティが建設労働者の供給源として機能していたことは先に見たが、それは家庭内や地域の環境がそこに住む者を自ずと熟練工を目指す選択に至らせたということである。労働者の証言はそのことをよく示している。前ニューヨーク州建設労組議長で、二〇〇八年一二月末までニューヨーク建設労組（ＢＣＴＣ）議長も務めていたＥ・Ｊ・マロイ（スチームパイプ工労組出身、一九三五年生）の場合、マロイ家は親戚も含めてその多くがスチームパイプ工だった。バスケットボールが得意だったマロイは陸軍入隊後もその能力を買われて軍の特別奉仕隊チームでプレーしていたが、大学へ行ってプレーを続ける気は全くなかったとマロイは言う。

　大学なんて考えられなかったよ。俺たちの育った地域では誰もが働いていた。高校を卒業すれば、警官になるか消防士になるか組合に入るか、それとも司祭になるかだ。大学はまずありえなかった。[1]

　家族や地域の中でヘルメットをかぶって働きに出る男の大人たちを普通の光景として見ながら育った者にとって、マロイが述べたような選択はごく自然なものとして定着していた。インタヴュー当時トンネル建設工労組の副議長を務めていたＥ・マクブライドは、「何で危険だらけのトンネル建設工になりたかったの？」という問いに対して次のように答えている。

　金じゃないさ。実際、俺たちは他の建設労働者より稼いでるわけじゃないし、安全でもない。安全なんてものはないね。俺が思うに、俺たちのほとんどは単に親父の人生にそのまま続いただけだってことかな。もし同じことを全部もう一回やれってことになったら、多分同じようにすると思う。まあ、人生は一回限りだけど。[2]

電気工のE・クレアリー・シニアには息子が三人いたが、その全員が父と同じ道に入った。しかしクレアリーは特に息子たちに電気工になることを勧めてはいなかったという。

時が来たっていうか……組合に入る機会がね。……彼らは大学とかそんなところに行くつもりはなかった。外に出て職を得なきゃいけなかったんだ。だから電気工になっただけのことさ。[3]

板金工アンドラッキも当時のコミュニティにおける就職の選択の仕方について述べている。

大学に行った奴も多くいた。でも親父の後を継いだ奴も多くいたよ。親父が建設労組にいたら息子もそこに入ろうとする。親父がコン・エドで働いているなら息子もそこへ行く。親父が電話会社で働いているなら息子もそこへ。そんな奴はいっぱい知ってるさ。[4]

様々な職種に就く建設労働者の証言から分かるように、建設労働者になることは、家庭や地域内ではそれ以外にはあまり考える余地のない自然な流れのように捉えられていた。そしてその選択の中心には、家庭で主要な稼ぎ手として日々建設現場に向かう熟練工である父親の存在があった。次に示すエピソードは熟練工として十分なキャリアを積んできた父親の影響力の強さを際立たせていよう。父、兄に続いて一九五三年にスチームパイプ工の見習いになったグリンの場合、その職業に興味を持ったきっかけは一六歳の時に父と一緒に叔父の家の配管工事や風呂の設置をしたことだった。父は家では仕事の話はせず、この時が父の仕事に触れた唯一の経験だったが、父が様々な作業を直接示し、父の指示に従いながら自分も実際にパイプをカットしたことはスチームパイプ工への関心を強める結果となった。

俺の兄貴がスチームパイプ工になったんだ。助手（helper）だった。[5] 母さんは動転したよ、だって兄貴は奨学金をとってアイオナ・カレッジに行くことが決まってたからね。兄貴は助手になるためにその権利を手放したんだ。ある日、母さんは親父に言った。「あなたのしてることは大きな間違いだわ。あの子を学校に行かせて」ってね。でも兄貴はそうしなかった。助手になったのさ。……卒業式で親父は俺に言った。「お前大学に行くのか？」「行かないさ、父さん。俺は学生じゃなく、スチームパイプ工になりたいんだ。」そしたら親父は「何だ、家族の誰かは大学に行くと思ってたよ」って言った。「まったく金の無駄遣いになるよ、学生はごめんだ」って俺は答えた。……で、俺は五年間の見習いプログラムを学ぶ生徒になったのさ。後悔なんてまったくないね。(6)

息子が父の姿を見て同じ道に進むことは、白人が大多数を占めていた建設労組において圧倒的に少数であったマイノリティの間でも見られることだった。ノースカロライナ州出身の黒人レンガ工Z・ウィンブッシュは父について次のように語る。

親父は生涯ずっとレンガ工だった。だからその……俺が親父について知ってることといえば、唯一それだけさ。できるだけ昔のことで言えば……俺が二歳か三歳の頃のことだ。レンガを取り出してそれを親父のところへ持って行って積んでいくんだ。これが俺の知ってることのすべてさ。(7)

父子が同じ職業に就くことで家庭内ではその話題が共有され、父子の間で技術的な問題や現場の様子について話すことも多々あった。また、父子が同じ組合に所属することはそれだけ組合との結びつきが濃くなることを意味し、交友関係や行動範囲は組合を通じたものが多くなった。組合の中には当初から移民たちの互助組織として多くのクラブが組織されていた。これらは言葉や習慣など慣れない環境の中で不安定な生活を余儀なくされている移民労働者に対して生活上の様々な便宜を供与するだけでなく、癒しを与える貴重な場をも提供していた。クラブはエスニシティや宗派、現居住地域、職階など様々な単位で組織され、労働者は週末にクラブに集まって相互の絆を強めた。

電気工労組（ローカル3）では一九二〇年代にクラブ設立の動きが広がり、多くの労働者がクラブに参加した。当時労働者がクラブに集まった様子やその目的をクレアリー・シニアは簡潔に次のように述べている。

とことん楽しむためさ。俺たちは金曜日の夜に会合を持ったが、それ自体はたいして長くない。会合終了後にちょっとしたお楽しみをやるんだ。……ビールをたっぷり飲むんだよ。(8)

任意団体として次々に広がったクラブは次第に組合内の政治に及ぼす影響が強くなり、組合執行部を選出する際に重要な票田となった。自分たちの利益を代表する人物を組合の要職（特に雇用を取り仕切るビジネス・エージェント）に据えることは、仕事を優先的に回してもらうなどの見返りが期待できることを意味した。ただし、その見返りが指す内容は、組合内における労働者個人の扱いに関してだけでなく、さらに広範かつ多様な問題を含んでいた。電気工のW・ブレインはクラブの目的について次のように述べる。

目的は何かって？　月に一回、同じエスニックな背景を持つ仲間が集まる機会を持つのさ。パーティーを開いて金を集める。集まった連中はクラブを通じて自分たちのために使われる奨学金を払うんだ。福祉基金やクリスマス・パーティーでのごちそうだって同じだよ。自分たちのお気に入りのチャリティにお金や時間を提供するのさ。でも、それだけじゃない。そのクラブに俺のような誰か組合の幹部を特別ゲストに呼ぶんだ。そこでのスピーチや何かは別にたいしたことじゃない。重要なのは五〇〇〇人もいる組合の大会なんかと違って、一対一で組合幹部と話せるってことなんだ。……俺たちは隣人として、兄弟として、友人として話せるってわけさ。(9)

クラブが広がり、その影響力が強まると、その分それが担う役割も増えていった。労働者の家族も包含する形での取り組みが増加し、それらは労働者の実生活において必要性が高い問題に向けられていった。ブレインが述べているような福祉や大学進学のための奨学金など各種基金の運営は、後々組合が組織全体で取り組むべき課題として広がりを見せるが、まだまだ取り組みが脆弱だった第二次大戦期頃まではクラブによる取り組みがその機能を果たしている場合が頻繁にあったのである。

多くの組合員やその家族が実生活の中で困難を感じていた諸問題に組合が取り組み、次第にそれらを解決する方策を実現していくようになるにつれ、組合の存在は具体的・実体的なものとして認識され、家族やコミュニティの生活に深く染み入っていくようになった。なかでも現場で起きた事故に対する補償制度や引退後の生活をサポートする年金制度と投資信託は、欠かせないものとしてどの建設労組もそれらの充実に努めた。組合がどのような存在意義を持っているのかについて、労働者やその家族は自らの経験から学んでいったのである。インタヴュー当時トンネル建設工として三二年間のキャリアを持っていたG・グルザックは実感を込めて次のように語る。

組合がなけりゃ俺たちは死んでたな。雇用主のなかには俺たちを食いつくそうとするような連中もいた。特に市外から来た奴らはな。俺たちをまとめてくれてるのは組合さ。みんなお互いのことを注意し合ってる。若い連中は、今ある労働条件を獲得するために俺たちがやってこなけりゃならなかったことなんて知っちゃいない。昔は何もなかったんだ。今は一番うまくいってる。年金基金とか最高の条件がある。どの作業だって安全だ。俺が働き始めた頃、連中はドリル作業に一人しかつけなかった。連中は何も気にしちゃいなかった。今じゃドリル作業は二人でやるし、一人でやるってことはない。まったく違う仕事なんだよ。(10)

また、レンガ工のS・コンテーロ（一九三七年生）は次のように話す。

組合はずいぶん俺を助けてくれたよ。だって、家が買えたんだ。車もね。二人の娘だって嫁にやれた。組合ってのはまさにそういうものなのさ。つまり、何もなしでイースト・ニューヨークに来たとする。家は絶対持てなくてアパートに入る。自分の家なんて絶対持てなかった。それで俺はといえば、ロング・アイランドに家が買えた。何て言うか、その……何がどうあろうとレンガ工になるだけの価値はあったっていうことさ。(11)

イタリアのシチリア島出身の大工V・アロンジ（一九四一年生）は流産した妻を病院に迎えに行って費用を請求されたとき、二五セントで済んだエピソードを紹介して次のように言う。

組合のおかげさ。ボス（引用者注：雇用主のこと）が保険を払ってたからね。組合がボスに払わせてたのさ。助かったよ。だから、俺は医療保険とかない人のことを聞くと、よくないと思う。保険がなきゃいいことは全然ない。……俺は悪くない金を稼ぎ続けることはできた。仕事は楽じゃない。州外や市外で仕事をしてて家に帰れないしね。戻っては出かけての繰り返しさ。でも、まあ、総じていい暮らしはしてたよ。いい家もある。余裕ができたね。……今娘が大学に行ってるんだ。彼女は心理学者になりたいと思ってる。……博士号をとるには五年かかる。だから俺は彼女を助けてやらなきゃならない。たった一人の娘なんだ。俺が助けてやらなきゃならないだろ？(12)

以上のような証言は、自らの労働および組合と家族生活との関係に対する労働者の認識をよく表していよう。これまで組合とともに実直に働いてきたからこそ、労働条件が改善され、満足のいく生活を送れるようになったという思いは、日々の生活を送る過程でより具体的に実感されていったのである。

建設労働者が安定した生活を築きつつある中で、労働者やその家族がよりいっそう仲間同士の結びつきを強め、広げていくことに貢献したのが、組合が主催する各種の行事であった。組合のサイズや構成によって行事の内容や種類は異なるものの、組合員やその家族を対象にした各種セレモニーやレクリエーション活動、スポーツ・文化活動が盛んに行われていた。

ローカル3は内部に多様な職種を抱える建設労組の中でも規模の大きい組合であったが、その中で最も地位が高いのは、建設現場で電気関連の作業に従事する部局に属していた熟練電気工であった。この部局で働くには五年に及ぶ見習い訓練を経なければならなかったが、晴れて課程を修了し、職人として正式に認められる場となる卒業式は、本人だけでなく、家族にとっても一大イヴェントであった。毎年行われるローカル3の卒業式は、見習い課程の修了者と上級職人になるための訓練を終えた者とが対象となり、彼らは家族を伴って式に参加した。大勢が詰めかけるためにコロンビア大学の講堂やリンカン・センターのコンサート・ホールなど大会場を借り切って行われる式では、成績優秀者が壇上で来賓や組合幹部を前に祝福されるなどの行事が執り行われた。また、式の様子は組合機関紙で大々的に報じられ、成績優秀者が表彰される場面や幹部・来賓と歓談する風景などの写真が豊富に掲載された。盛大な式への参加や機関紙での報道によって組合員やその家族は、熟練工になることがいかに名誉なことであるのかを強く認識することができた。熟練工同士のつながりは見習い訓練の現場でつくられたが、さらに熟練工とその家族はこうした儀式を通じて組合の存在とその一員であることに誇りを持ち、お互いがつながりあっていることを実感できたのである。(13)

このような結びつきは、ローカル3の労働者をはじめ多くの建設労働者が働いていたブルックリン海軍造船所（BNY）においても見られた。BNYでは艦船ごとに起工式（keel laying）、進水式（launching）および命名式（christening）、就役式（commissioning）という一連の行事があり、海軍幹部や政府関係者が造船所に来訪して定番の役割をこなすが、なかでもメイン・イヴェントとして位置づけられていたのが進水式と就役式であった。進水式では、来賓である海軍幹部や政府幹部が祝賀スピーチなどをした後、最後に命名式が行われるのが通例であった。命名者はたいてい連邦上・下院議員または連邦政府関係者の妻や娘で、盛装した女性たちが艦船にシャンパンをかけて盛大にその完成を祝うのであった。この儀式には祝賀対象となった艦船の建造に携わった労働者が家族を連れて参加し、式の一部始終を見とどけた。政府関係者や連邦議員ら多数の来賓が参集して式が執り行われている場に出席することは、労働者にとって自らの仕事が持つ国家的意義を感じさせ、愛国者としての義務を誠実に履行しているとの思いを強めさせた。そして家族は間近で壮大な艦船を目の当たりにすることで、父や息子が従事している作業のスケールの大きさを実感したのである。それと同時に、式のメインである命名式がもっぱら女性の役割とされ、命名式をはじめ艦船の存在全体が女性化されて演出される過程は、一方でそれを建造した労働者の男性性をいっそう際立たせ、一家の長たる労働者が家族にとって欠かせない、力強く頼りがいのある稼ぎ手だということをあらためて強調するものであった。[14]

就役式もまた同じような場として機能した。一九六一年一〇月二七日、海軍の日に合わせて当時世界最大の空母コンステレーションの就役式がBNYで行われたとき、コンステレーションの乗組員と建造に関わった労働者を称えるパレードがニューヨーク市の主催で行われ、三〇〇人のBNY労働者と一二〇人のコンステレーション乗組員、海兵隊小隊および音楽隊、海軍音楽隊、陸軍軍旗衛兵で構成される人々が、ロウワー・マンハッタンのブロードウェイを歩き、市庁舎まで行進した。市庁舎では市長R・F・ワグナーの代理である会計検査官A・D・ビームがこれを出迎え、ニューヨーク市全体でこの日を「コンステレーションの日」とすることを宣言した。午後三時半からBNYで始まった就役式では、海軍幹部が次々登壇してスピーチや辞令伝達を執り行った。「骨まで沁みる寒さ」の中、式には一万一〇〇〇人を超える参加者が集まると同時に、テレビ局が式全体の様子を生中継し、艦船の姿とともに労働者が果たした「偉業」を伝えた。そして、ジェンダー化された規範に基づいた形で式が締めくくられた。式の最初から終了直前まで海軍幹部ら男性が登壇し続けた後、最後になって前年の一〇月に行われていた進水式の時に命名役を担った前連邦政府国務長官クリスチャン・ハーターの妻メアリーが再登壇し、コンステレーションに花束を贈呈することで式は終了したのである。[15] こうした就役式における一連の流れは、行事に参加する者すべてが、男女の間には各々の役割があり両者の間には明らかな境界線があることを認識できる過程そのものであった。

以上見てきたように、家族やコミュニティの安定した生活にとって組合が果たしている役割は非常に具体的な形で労働者およびその家族に認識されていた。様々な行事に参加することを通じて、家族やコミュニティは組合の有用性を認識し、その一員として働いている父や息子たちを誇らしく感じたのである。家族に安定をもたらし、国家に貢献する熟練工の姿は、日々の生活や一連の行事を通じて深く浸透し、家族やコミュニティの中で熟練工を中心とする秩序が共有されることによって独自の生活世界が形成されていったのである。

2　よりよき暮らしを求めて——教育への渇望

次に、建設労組が取り組んだ様々な施策の中でも、特に意欲的に取り組まれた教育支援活動について考察しよう。建設労組による教育支援活動の典型としては、組合員が自らのキャリア・アップのためにより高いレヴェルの教育を受けられる機会を増やそうとする取り組みと、大学進学を目指す組合員家族の息子や娘を対象とした奨学金制度の創設が挙げられる。建設労組による教育に対する一連の取り組みに注目する理由は、高い教育を渇望する組合員とその家族の具体的な要求に応じようとする組合の存在感が検証できることに加えて、こうした努力の中に、高等教育を受けなかった、あるいは受けられなかったことに対する労働者の複雑な思いが含まれており、そのことが後のハードハット暴動の背景を考える際に、より多角的な視点を提供すると思われるからである。

(1) スキル・アップへの努力

建設労働者にとって最も活力ある時代として語られる一九五〇年代から六〇年代後半に現場を占めたのは高校中退者や高卒者であった。強靭な肉体と精神力を有する優れた熟練工として壮大な建築物をつくり上げてきたという建設労働者の自負は、そこにいない人々に対する優越感となって表れたが、「そこにいない人々」とは黒人やプエルトリコ系、女性のほか、ホワイト・カラー層や大学生のことでもあった。建設労働者にとって高学歴者は自分たちと明らかに異なる存在として、一段低く見る対象であった。しかし、その一方で建設労働者は現場でもっと多くのことを学ぶ必要性を強く感じざるを得ない状況にも直面していた。熟練工としてキャリアを積んでいく中で、身につけなければならない知識は増え続け、特にブループリント（blueprint）と呼ばれる詳細かつ高度な設計図類に対する理解は必須であった。また、技術上のことだけでなく、現場を指揮する際に必要なマネジメントや労資関係・安全衛生などに関連する法制度、建設業・労組の役割およびそれらの歴史についても精通する必要に迫られていた。このような事情から、各建設労組では熟練工を対象とするキャリア・アップのためのプログラムを独自に整えていく動きが広がっていった。新しい技術や工法が導入されるたびに熟練工はこれに対応していかねばならず、建設業に関連する法律が変わればその都度参照し、具体的な変更点を知らなければならなかった。見習いから職人になっても様々なことを学ばなければならない状況は常に続いたのである。スチームパイプ工のE・グリンはスキル・アップの目的を次のように語っている。

　ランチ・タイムに角に座って女の子に口笛を鳴らしているような、頭は使わず手を使って働いているような多くの連中が技術のレヴェルを上げていくんだ。いや、頭は絶対使う。だってそういう連中はブループリントが読めて、快適で安全な作業システムをつくることができるからね。配管工、電気工、ワイヤー設置工、大工、スチームパイプ工はみんな頭を使う連中さ。……連中には家族がある。誰でも子どもは出世してほしいと思う。出世するには教育を受ける必要がある。連中はそのことを知っていた。スチームパイプ工がブループリントや冷却システムを学ぶための夜間クラスはたくさんあった。で、多くの仲間が冷却システムや高圧蒸気に関する許可証とかライセンスをとったんだ。手を使って働くってことは頭も使うってことなのさ。(16)

グリンが語るように、日進月歩で進む技術革新に対応するため新たな知識や技術を身につける機会は、たいてい作業終了後の夜間に設けられ、労働者は授業が行われる組合本部や周辺の高校・カレッジの教室まで通って必要な知識を学んだ。

(2) 労働者大学の開設

こうした各組合で実施されたスキル・アップのための各種講義と並んで積極的に取り組まれたのが、近郊の大学と連携して専門的な知識を学ぶコースの設置である。これらの講義のほとんどは正式な学位を授与しないエクステンション・プログラムであったが、かつては足を踏み入れることを想像しなかったであろう大学キャンパスの教室で、大学教員による専門の講義を受けることは労働者にとってスキル・アップにとどまらない刺激的な経験であった。一九五五年に設けられたコロンビア大学での労働者教育制度の最初の卒業生となったE・クレアリー（一九三〇年生）はその経験を次のように証言する。

一般のブルー・カラー労働者がコロンビアのでっかいホールで卒業式をするのを想像できるなんて初めてのことだった。俺は感動したし、家族もとっても感動した。式はものすごく感動的だった。雨と雪の中だったけど、家族の誰も文句はなかった。最高に誇らしかった。それは卒業する本人と家族だけじゃなくて、招待客や卒業式に出ているごく普通の労働者を見に来た誰にとってもそうだったと思うよ。(17)

ニューヨークにおける労働者を対象としたエクステンション教育の拠点は市外のイサカにあるコーネル大学内に設けられた産業労働関係学部（New York State School of Industrial Labor Relation, 以下ＩＬＲ）であった。ＩＬＲは労資関係の混乱を憂慮した州議会が労資双方に対する教育の必要性を痛感し、一九四四年に産業労働関係学を専門とする教育機関を大学に設置する決議をしたことから始まったものである。ＩＬＲは契約大学（contract university）の形をとり、それは州が運営資金を全面的に負担し、入学者の基準やカリキュラム、教員スタッフなど実際の運営はすべてコーネル側が引き受けるというものであった。労働法、労働史、労働経済、社会統計などを学ぶコースを持つＩＬＲは一九四六年から始動したが、当初はここで学ぶ約九七％の学生が労組出身でなく、労働現場に密接に関わる職に進む意志を持たない者で占められていた。また、労働者向けのコースは期間も短く、評価方式も出席回数を満たし学費の納入さえしていれば修了証が与えられるという、理念として掲げられた労働者教育とは明らかにかけ離れたものとなっていた。[18]

労働者から改善を求める声が高まると一九五八年よりコースが再編され、講義開催期間の延長や評価方式の厳格化などカレッジでの教育に準じた内容に改められた。改訂されたコースの中で労働者は高い学習意欲を見せ、それを受けて一九六八年からは公開講座として単位を与える試みが始まった。しかし、単位は与えられるものの、それは運営者であるコーネル大学が承認しコーネル大学の名前で与えられるものではなかった。

働きながら継続的に教育を受ける機会を増やしていた労働者の間には、コーネル大学内に正式な学位が取得できるコース――「労働大学（Labor College）」の創設を求める動きが急速に高まっていった。要求の声を組織化しその先頭に立ったのは、一九六八年から新しくコーネル大学で実施されていた二年間の労働者教育プログラムの第一期生たちであった。彼らは同プログラムに学ぶローカル３の中堅活動家バーナード・ローゼンバーグを議長として、一九七〇年五月に労働・リベラル・アーツ学生連盟（Labor-Liberal Arts Association）を起ち上げた。連盟はニューズレターの発行や請願署名活動を展開し、方々に対して活動への寄付金を呼びかけるなど精力的なキャンペーンを始めた。

労働者学生の動きを強力に支援したのは、中央労組会議の指導者でありローカル3のリーダーでもあったハリー・ヴァン・アースデイルであった。成績優秀ながらも高校を中退せざるを得なかった経験を持つアースデイルは、早くから労働者教育の充実を訴え、ローカル3でも独自の教育プログラムを次々と実施していた。アースデイルは州知事ロックフェラーに強く働きかけ、労働者が正式な学位をとることのできる大学の設置に対して公的なサポートを求め、ロックフェラーもこの要求に積極的に応じた。

周囲で労働大学設立の機運が高まる中、コーネル大学では当局が強い抵抗を示し、譲る姿勢を見せなかった。コーネル側が反対した第一の理由は、労働者の学習能力に対する不信・不安であった。アイヴィー・リーグの一角を占める伝統校としての強い自負を持つ者が多い大学当局側には、労働大学の設置が安易に単位を授与することにつながり、大学としての権威を落としてしまわないかという不安が少なくなかった。一九七一年九月八日を労働大学の開設日とすることだけが発表されたものの、肝心の学位付与についてコーネル側の態度は一貫して曖昧なままであった。

最終的に妥協が図られ、労働大学は一九七一年に創立されたエンパイア・ステイト・カレッジ（Empire State College, 以下ESC）内に開設されることになり、学位の付与も同カレッジ名で行われることになった。コーネル側はESC内に設けられる労働大学にこれまでILRで蓄積してきたノウハウを提供し、スタッフも派遣することで労働大学の欠かすことのできない主体として関与し続けることを表明した。労働大学の場所には、かねてよりアースデイルが申し出ていた、マンハッタンのレキシントン通り二五丁目にあるローカル3の旧本部ビルが提供されることになり、同ビルはESCに年一ドルでリースされる契約が結ばれた[19]。一九七一年九月八日、大学の開校日にはロックフェラーを筆頭とする州政府やニューヨーク州立大学の関係者、ESC総長、アースデイルら労組幹部、学生組織代表が一堂に会して全米初の学位を付与する労働大学の門出を祝った。以後ESCに設けられた労働大学は、多くの労働者が学ぶ拠点として発展し続け、BCTCをはじめとするニューヨークの労組活動家の間では、ESCで学ぶことが自らのキャリア・アップに必須の過程として定着するようになっていった。[20]

労働大学を開設するまでの歩みで明らかなのは、労働者の教育機会に対する高い欲求であり、高度なレヴェルの教育を受けることでさらに上の段階へ進みたいという向上心である。物心がついた頃から建設労働者として働く父や地域の大人たちの姿を見てきた者にとって、まずは同じように働くことが第一であり、教育への指向は淡泊なものであった。しかし、現場でたびたび新しい知識に直面し、専門的な分野に精通する必要性を痛感せざるを得なかった彼らにとって、労働大学の設置は必須のものに映ったのである。

その一方で大学側の、自分たちへの評価・扱いは総じて誠実とは感じられなかった。働きながら苦労して学ぶ自分たちと、そうでない人々との間にある階級差の感覚はこのような経験を通じても彼らの中に深く刻まれたと言えるであろう。ヴェトナム反戦運動が盛んになり、あちこちでキャンパスが封鎖され、ストライキやデモなど大学キャンパス内外での直接行動が常態化していくまさにその同じ時期に、建設労働者が自らの教育機会の拡大である労働者教育の充実に取り組んでいたことは見落としてはならない。苦労しながらようやく労働大学開設に至った当事者と、そうした苦労とは縁の薄い者たちの、同時代における対照的な行動は、否が応でも階級差やそこから生じる社会的規範・価値観の違いを感じさせる経験ともなったのである。

（3）奨学金制度の整備

キャリア・アップと並んで労働者が意欲的に取り組んでいたのが、組合員の息子や娘を対象とした大学進学のための奨学金制度の設立である。現在でこそ中央から末端組織まで多くの労組が奨学金制度を確立して高等教育進学者への支援活動を展開しているが、その先駆的存在であり現在もなお最も充実した奨学金制度を備えているのが電気工労組（ローカル3）である。労働大学設立のプロセスに関しても述べたように、ローカル3の指導者アースデイルは早くから労働者の高等教育の必要性を強調していた。そのためローカル3では奨学金制度の設立を重要課題として、地域の大学と連携しながら組合員の子どもたちの進学を支援していた。

ローカル3初の奨学金は一九四九年に三種設けられた。一つは、コーネル大学のＩＬＲに進学することを前提にしたウィリアム・Ｊ・ケリー神父記念奨学会（William J. Kelley, O. M. I. Memorial Scholarship）、それに加えてコロンビア大学やニューヨーク大学など市内各地の大学への進学を可能にした二種の奨学金である。また、一九六九年にはＭ・Ｌ・キング牧師の名を冠したマイノリティ対象の奨学金が生まれるなど、以後次々に新しい奨学金が設けられ、現在に至るまでローカル3はハワイを除くアメリカ全土の大学への進学を可能とする奨学金制度を有している。奨学金の運営は、共同産業委員会内に設けられた教育文化信託基金が担当し、労資が協力して制度の充実に努めてきた。一九四九年の開設以来二〇一四年までに、ローカル3の奨学金を受けて大学進学を果たした者は二一八〇人に達している(21)。

奨学金獲得者はすべて家族とともに一堂に会して授与式に臨んだ。式には大学関係者など来賓が多数出席して祝辞を述べ、奨学金獲得者はあちこちで来賓や組合幹部あるいは家族とともに記念写真を撮った。その様子は組合機関紙に見開きページで毎年大々的に報告され、多くの組合員に周知された。労働者家族にとって、奨学金獲得による大学進学を果たしたことはもちろん、華やかなイヴェントに招待されて普段接することがないような人々とその場を楽しむことは、この上なく誇らしいものであった。そしてまた、これらは日々の建設労働とそれをまとめている組合によって可能になったことでもあり、こうした経験を通じて建設労働者であることの誇りや組合員としての帰属意識、組合の存在意義を具体的に確認するのであった(22)。

3　労働者の生活世界とコミュニティ——「電気工の街」エレクチェスター

この節では、労働者の生活世界がコミュニティでどのように展開していたのかをローカル3の経験を通じて具体的に考察してみよう。ローカル3に焦点をあてる理由は、前述のように、ローカル3が現在までニューヨーク建設労働者を組織するBCTCの中核として存在し続け、その多様な取り組みが他の建設労組をリードし、大きな影響を与えてきたからである。ここでは特にローカル3の特徴的な取り組みである「電気工の街」エレクチェスター(Electchester)の建設とそこを中心に展開されたコミュニティ活動について考察し、エレクチェスターがローカル3に集う人々の生活の中心として機能し、建設労働者(電気工)の生活世界が形成されていったことを論じる。そして、組合を中心にローカル3に集う人々がつながり合うことによって、その生活世界が境界としても機能していたことを明らかにする。

(1)ローカル3とエレクチェスターの建設

電気が人々の生活に必須のエネルギーとなっていくにつれてローカル3の役割も大きくなり、数ある建設労組の中心として存在感を高めていった[23]。ローカル3の発展に大きく寄与したのは、後にニューヨーク労働運動の指導者としても多大な足跡を残すことになる前述のハリー・ヴァン・アースデイルである。一九〇五年にニューヨークに生まれたアースデイルは高校中退後、複数の職業を経て一九二五年から父と同じ熟練電気工になるため見習いとなった。若き組合活動家として頭角を現したアースデイルは一九三三年には早くも組合の最有力ポストであるビジネス・マネージャーに就任、数々の成果をローカル3にもたらした。例えば一九二九年に一・六五ドルであったニューヨークの建設労働者の時給が、深刻な不況を理由に一九三二年には一・二五ドルまで下げられ、他の建設労組が軒並み賃下げを受け入れる中、ローカル3だけは一九三四年の契約で時給一・七〇ドルの条件を獲得した。このとき労働時間を一日八時間から七時間にすることも実現し、二年後の一九三六年にはさらに六時間に短縮、週総労働時間は三〇時間となり、残業時の時給も従来の二倍に引き上げた。(24)

アースデイル指導下のローカル3において重大な画期をもたらしたのは一九四三年における共同産業委員会の創設である。共同産業委員会は一九三九年に設けられていた共同雇用委員会の後継団体で、共同雇用委員会は、不安定な状況にある雇用を労資の協力で安定させ、ワークシェアを活用することで失業者も均等に仕事ができるようにすることを目的としていた。また、同委員会は技術力の高い熟練労働力を確保する策として、労資共同で熟練工を養成する見習い訓練プログラムを始め、一九四一年になると、各種年金制度の運営も担った。扱う仕事の範囲が拡大するに伴い、共同雇用委員会はより包括的に任務を担う目的で一九四三年に共同産業委員会に発展的に解消される。共同産業委員会は労資各々一〇人の代表者で運営され、共同雇用委員会が担っていた役割のほか、労資交渉での合意事項の履行や業界動向の調査・研究、トラブルの仲裁、労働者の分類など、広範囲の仕事を担った。一九四〇年代から五〇年代初頭にかけてローカル3内では退職年金制度、手術や入院に対する医療保険、死亡・障害年金、保養施設利用制度、大学進学奨学金などが次々に整えられたが、共同産業委員会の設立によって労資間の協調関係はより円滑となり、ローカル3の急速な発展と福利厚生面での充実に大いに貢献することとなったのである。(25)

この共同産業委員会による最大の取り組みと言えるのが労働者住宅（ユニオン・タウン）としてのエレクチェスターの建設である。ニューヨークではすでに一九二六年に州議会で「有限配当住宅会社法（Limited Dividends Housing Companies Act）」が成立しており、これによって税金面や土地の収用、賃料の設定などに便宜がはかられたことで、労働者向けの協同組合住宅の建設にとって好条件が整えられていた。その中で労働者向け協同組合住宅建設の先駆者である被服合同労組（Amalgamated Clothing Workers）議長のエイブラハム・カザンは、一九二七年よりブロンクスに労働者向けのアパート群を建設し始めたのを皮切りに次々に大型プロジェクトを進め、労働者協同組合住宅の在り方において今日まで残る基本的な構造をつくり上げた。[26] カザンが始めた数々のプロジェクトはアースデイルに多大な影響を与えた。折しも第二次世界大戦の終了で帰還兵が増大し、またベビー・ブームもあいまって住宅不足が深刻化していた中、アースデイルはカザンからアドヴァイスを受けながら、自らが温めてきた構想を実行に移すべく、一九四九年三月七日の定期代議員総会でローカル3独自の住宅建設プロジェクトに着手することを発表した。

アースデイルが定期代議員総会で公にした具体的プランは、ニューヨーク・クイーンズのフラッシング地区に一〇三エーカーの面積を有する元ゴルフ場を購入してそこに住居を建設し、それらを安価で組合員に提供する、という意欲的なものだった。土地代は一エーカー一万二〇〇〇ドルと設定され（土地所有者との最終合意価格は一二三万八〇〇〇ドル）、初期投資には一〇〇万ドルが必要となった。経営側と度重なる交渉をくり返したアースデイルらの努力によって年金基金から二五万ドル、共同産業委員会から二〇万ドルの拠出が決まり、加えて経営側三〇万ドル、労働者側二五万ドルの直接寄付も集められることになった。[27] プロジェクトの名称は組合員から公募した結果、エレクチェスターに決定され、第一期工事は一九五〇年から翌年の完成を目指して始められた。計画では六階建てアパート三棟、三階建てアパート四棟、総戸数三八三の建設が予定され、部屋のサイズは三・五部屋、四・五部屋、五・五部屋の三タイプがあった。そして、部屋ごとの購入価格は四七五ドルで、同じく部屋ごとに管理費が毎月二六ドル課されることになっていた。[28] 合計五期にわたり一九六六年まで建設が続けられ、総計三八棟、約二五〇〇戸のユニオン・タウンが出現した。第一期の募集には組合員から一〇〇〇を超す応募が集まり、アースデイル自らもクイーンズのオゾン・パーク地区にあった自宅からエレクチェスターのアパートに引越し、親戚や他の組合員にも転居を勧めた。[29] 一九六四年には共同産業委員会などローカル3の中枢組織が入居する六階建て新本部ビルが街の中心に完成し、エレクチェスターは文字通りのユニオン・タウンとなった。

エレクチェスターの建設には、第1章で見たような組合と公権力、民間資本の関係が凝縮されていた。ローカル3指導者としてアースデイルが公権力——州、市当局や民間資本との良好な関係づくりに力を割いてきたことが、計画実現に伴う様々な問題をクリアする際の原動力となった。まず公権力との関係では、関連する法制度を利用しながら公権力のサポートを引き出すことが盛んに行われた。エレクチェスターの建設で特に懸案になっていたのは税金対策であったが、アースデイルは州住宅・コミュニティ刷新局長（Division of Housing and Community Renewal）のH・T・スティッチマンら州政府当局者との連携を強め、関係当局から税制面での減免措置を可能にする方策について具体的なアドヴァイスを得た。また、市の財政評価委員会（Board of Estimate）からは一九五〇年より不動産に対して二〇年にわたる減税措置の権利が与えられた。[30] R・F・ワグナーが市長に就任して以降、サポートはより手厚くなり、一九五四年一〇月にはローカル3が推進していた公園設置活動への協力として市公園局が管理・運営する公園がエレクチェスターに提供され、学校や消防署、警察署なども街の中心部に置かれることになった。[31] さらに一九六四年一二月には組合本部ビル内にクイーンズ公立図書館の分館が開設されるなど、公権力からのサポートは税制面から施設面まで至るところに見られた。[32]

民間資本との関係では、エレクチェスターの運営に労資が共同であたるところに大きな特徴があった。計画に関しては全面的に共同産業委員会によって進められ、特に同委員会内に設けられていた年金委員会が資金繰りや税金対策などの重要部分を担った。五期にわたって建設されたエレクチェスターの運営は、労資双方の代表者を幹部として各期に設立される住宅管理会社によって行われた。例えば一九四九年四月に州法・有限配当住宅会社法に基づいて組織された第一住宅会社の三役の顔ぶれをみると、社長にはベルモント電気会社の社長を務めていたA・L・ブッシュ（共同産業委員会および年金委員会議長）が就任し、[33] 他の二役は労組代表——財務部長アースデイル、事務局長J・P・サリヴァン（ローカル3議長）が務めており、三者とも共同産業委員会メンバーであった。こうしたことからも分かるように、エレクチェスターについては計画から運営まですべてが労資双方の共同作業で行われていたのである。

深刻な住宅不足に悩んでいた公権力にとってローカル3のプロジェクトは歓迎すべきものであり、こぞってサポートの姿勢を明確にした。スティッチマンは低価格による住宅供給と共同産業委員会に象徴される労資の協力を賞賛し、「現在までその経験は非常に満足なもの」であり、この種の計画は「ギフトやチャリティといった類ではない住宅を供給するだけでなく、相互の協力に基づいてそれらが維持され、購入者は自らのお金でもってこの計画に参加していくだろう」と評価した。[34] ニューヨーク市長のW・オドウィアーも「ニューヨーク市民はあなた方が進んで仲間のための住宅建設を行うことで示したお互いの絆を大いに賞賛します。このような人道的で先を見通したあなた方の意志と行動は、他の者に対してその道筋を示し、政府が現在の住宅危機を解決するその手助けになるでしょう」と述べ、[35] 州知事T・E・デューイはローカル3のプランが順調に進んでいることについて「大変興奮して」おり、このプロジェクトが「より良い住宅の発展につながり、建設労働者やその資材をつくり、運ぶ者の仕事を増やすだろう」として「他の者が後に続くことを期待する」とエレクチェスターの試みを高く評価した。[36] このほかに、トルーマン大統領からも共同産業委員会の取り組みがモデルになるだろうと賛辞と期待の声が寄せられた。[37]

(2) エレクチェスターのコミュニティ活動と生活世界

次に、公権力と民間の建設資本のサポートを得ながら築かれたローカル3労働者とその家族が住むコミュニティの生活世界を見ていきたい。州法が適用される共同組合住宅という性格上、エレクチェスターは住人を組合員に限ってはいなかったが、実際の住民の大多数はローカル3関係者で占められていた。[38] そのコミュニティの中心となったのは組合であった。マンハッタンから移転してきた組合本部には、年金や保険手続きを行う事務的な部署以外に、組合や住民の各種行事が行われる一二〇〇人収容の大ホール、四八レーンもあるボーリング場、理髪店、歯科・眼科医院、診療所、バー、食堂、年金クラブ用のスペースなどが入り、これ以外に図書館や銀行も入居したことで、住民が自然と組合本部に通ってくるようになっていた。さらに道路を挟んだ組合本部正面には、年金委員会が所有する大型駐車場を備えたショッピングセンターが建設され、組合員は日常的に本部やその周辺で過ごす時間が多くなっていたのである。

組合内には組合員を対象にした様々なコミュニティ活動組織がつくられ、多くの住民がこれに参加した。市から公園が寄付されたこともあって運動スペースが豊富であったエレクチェスターでは各種スポーツ活動が盛んとなり、これを統括したのが一九五六年に全米体育協会の支部として設立されたエレクチェスター体育協会であった。野球、ソフトボール、バスケットボール、バトントワリングなどのクラブが設立されて大会やリーグ戦が豊富に組まれ、ローカル3内でもリーグ戦やカップ戦が行われた。スポーツ活動だけでなく、演劇やファッション・ショー、編み物、音楽演奏などの文化活動も多く催され、住民は好みの活動を選んで時間を費やすことができた。このほかに子どもを対象としたボーイ／ガール・スカウト活動も積極的に取り組まれ、組合員は半ばこれに参加することが義務のようになっていた[39]。

労働時間の短縮によって教育やコミュニティ活動などほかのことに時間を使えるようにするというアースデイルの考えに基づいてローカル3では積極的に時短推進がはかられ、一九六二年には労資交渉によってローカル3の建設部門に属する労働者の労働時間において一日五時間・週二五時間制が実現した[40]。それ以降他の部門に属するローカル3労働者の間でも労働時間の短縮が進み、全体として時間的余裕が生まれたことがさらにコミュニティ活動を活発化させた。

こうしたコミュニティ活動で注目すべきは、それらを通じてつくられる境界の存在である。エレクチェスターでのコミュニティ生活を充実させている源はローカル3とその下で働く労働者の努力であるとの認識を住民全体で共有すべく、組合は組合員家族の女性（主に主婦層）に対する数日間の短い学習セミナーを頻繁に開催した。セミナーでは組合幹部や大学教員が講師を務め、主として労働運動の歴史やその取り組みの意義を学ぶプログラムが組まれていた。普段あまり会うことのないメンバー同士が大学の寮に宿泊して共通の時間を過ごすことは、組合と自分たちの関係を知る機会となっていた。[41] このほか、女性たちだけで構成される文化サークルやヴォランティア活動も活発に行われていた。女性たちは組合が計画する子ども向けのレクリエーション企画に積極的に加わり、ピクニックではどこに出かけたらいいのかを話し合い、下見を行ってより充実したプログラムづくりのために知恵を絞った。[42] また、組合本部のホールでファッション・ショーを開き自らモデルも務めて楽しんだり、難病患者（嚢胞性線維症）救済のための慈善団体を組織し募金を集めて寄付するといった活動も行われた。[43] 女性たちはこれらを通じて夫以外の労働者の妻たちと出会い、共通の関心や話題によって集まる場をつくることでお互いがローカル3の下にある「電気工の妻」という共通性を認識し、確かめ合ったのである。

子どもたちは小さい頃から、組合が主催するスポーツ・クラブやサマー・キャンプなどに参加して組合の存在を身近に実感していた。そして、数ある組合行事の中で子どもたちに組合や親の仕事を意識させるための重要な機会となっていたのがローカル3の執行部選挙であった。一九六〇年代の投票はマンハッタンにある第六九歩兵連隊本部で行われ、多くの組合員が家族同伴で来場した。ローカル3にとって執行部選挙は、単に組合幹部を選出するという規約上の義務ではなく、投票会場周辺にローカル3の歴史や年間活動を展示し、手がけてきた建築物や普段現場で使用している作業道具を紹介するスペースを設けるなどし、さながら巡回博物館のような一大イヴェントとして取り組まれていた。子どもたちは傍らで大人たちの投票風景を眺め、投票前後には父親から展示物についての説明を聞くことで、組合の「民主主義」や「偉大さ」を体感したのである。[44]

このほかに、レクリエーションの一環として実際にローカル3労働者が携わった建築物を訪ねるという催しがあり、特に一九六四年から始まったニューヨーク万博はその格好の対象となった。万博には各種建物の建設から維持管理、解体まで、ローカル3をはじめ数々の建設労組が関わっていた。地元ニューヨークはもちろん、全米一円、さらには諸外国からもたくさんの人々が来場するその会場を家族や仲間たちと訪れ、パヴィリオンの見学やアトラクションを楽しみつつも、同時にそうした施設を自分たちの父親がつくったということも学ぶ機会は、子どもだけでなく、熟練電気工を家族の一員としている者にとって非常に誇らしく感じられる時間となっていたのである。

女性や子どもに加え特定の対象としてコミュニティ活動の中に組み入れられていたのが、電気工を引退した元ローカル3労働者＝年金生活者であった。長年にわたって組合に貢献してきた功労者として先達へ深い敬意を払うことは、組合が力を入れて取り組む活動の一つとなっていた。組合本部には年金者のための休息・交流用スペースが確保されていただけでなく、組合創成期を支えたメンバーについては特にその貢献ぶりが称えられた。一九六一年一〇月二〇日にマジソン・スクエア・ガーデンで行われた栄誉賞授与式（Honor Scroll Night）はその象徴であった。この日、創成期メンバーとその家族が招待されて記念品が手渡されたが、そのプレゼンターは市長のR・F・ワグナーが務め、栄誉を称える演説を行った[45]。また、組合加入五〇、六〇周年など画期を迎える人々には記念行事が組まれ、ピン・バッチが贈られた。一九六八年七月八日に組合本部ホールで行われた栄誉式では、ローカル3創成期を担ったアースデイルの父（Harry Van Arsdale, Sr.）も組合加入六〇周年を迎える顕彰対象となっており、アースデイルはやはりローカル3労働者となった自身の息子トマス（Thomas Van Arsdale）とともに父の功績を称えた[46]。一九七五年にはアースデイル自らも組合加入五〇周年を迎え、同じく五〇、六〇周年を迎えた仲間一五名とともにダイヤモンドがちりばめられたピン・バッチ、一〇〇ドル小切手、金色の記念時計を受け取った[47]。先達へ敬意を払うことは父から子へ脈々と熟練電気工の職が受け継がれてきたことを認識する場でもあり、記念行事で家族や親戚一同が集まってその場を共に過ごすことで団結の固さがあらためて確認されていたと言える。こうした記念行事に加え、年金生活者に対しては組合の負担で万博ツアーを実施するといったレクリエーション行事も組まれ、引退者に対する数々の配慮は、後に続く世代にとって引退後の自らの生活を具体的に想像させるものにもなっていたのである。

レイバー・デイという労働者にとって最大の祭典に参加することを通じてもローカル3の一員であることが実感

された。数ある労組の中でもローカル3からの参加者数は顕著で、一九五九年のニューヨークにおけるレイバー・デイでアースデイルが議長を務める中央労組会議が二〇年ぶりに行ったパレードの総参加者は一一万五〇〇〇人だったが、そのうちローカル3からは一万九〇〇〇人が参加していた。[48] その事実だけでも組合の組織力を感じさせるには十分であったが、それに加えてレイバー・デイにはローカル3組合員はもちろんエレクチェスターの様々なコミュニティ組織からの参加が見られた。それらは例えば各種スポーツ・クラブ、バトントワラー団、ボーイ／ガール・スカウト、年金者クラブなどであった。また、レイバー・デイにはローカル3が設けた奨学金制度を利用して全米の大学に在籍しているローカル3奨学生も結集し、行進に参加した。これらの一団はみなローカル3の旗を掲げ、エレクチェスターやローカル3のロゴ入りTシャツやユニフォームを着用していた。年一回の労働者の祭典に結集し、五番街を練り歩いて沿道の群衆や他の参加者に対してその存在を大いにアピールすることは、ローカル3の一員であることをこの上なく感じられる時であり、組合や仲間と結びついている自らを十分認識させる場として機能した。

エレクチェスター住民がローカル3を軸に結集し、活発なコミュニティ活動を展開したのは、ローカル3の組織力・動員力によるだけではない。そこには住民自身がエレクチェスターを「電気工の街」として認知し、自身の自発性や創意工夫によってエレクチェスターを建設・維持・発展させる積極性が存在した。アースデイルはエレクチェスター建設に伴う多大なコストを捻出するに際して、組合員からの投資を広く呼びかけると同時に、建設費を賄うための一人あたり一〇〇ドルの約束手形を発行して毎月の給与から天引きする形で組合員がこれを買い取るという計画を発表した。投資に対する組合からの強い求めがあったとはいえ、多くの組合員がこの要求に積極的に応じ、天引き計画を圧倒的多数で承認した。そして、労働者たちはアースデイルが働きすぎを懸念するほど土日を利用してエレクチェスターの建設作業にヴォランティアで参加して自らの労働と技術を提供した。[49] アースデイル自身も一住民としてモップを持って自らの住まいであるアパートの玄関から最上階までの清掃作業を行い、住民とともに梯子で下水溝に下りて汚泥をさらうなど率先して自発的労働を行っていた。[50] さらに住民たちの自発性は、エレクチェスターに特徴的なコミュニティ活動――補助警察官（auxiliary police）の養成でも発揮された。補助警察官とはエレクチェスターの住民（全員が男性）がニューヨーク市警第一〇七地区による訓練を受け、同市警と協力して街の治安・警察活動を担うものであった。一九六八年九月に最初の補助警察官六二人、一二月に五一人が訓練課程を卒業し、エレクチェスター第二住宅地区に設けられた補助警察本部に詰めてパトロールなどの防犯活動を行った。[51]

以上のようなコミュニティ活動は、組合員（男性熟練工）、女性、子どもなどそれぞれ対象を特定して組織されており、これらの活動を通じてエレクチェスター住民はコミュニティにおける各々の立場や役割を理解した。それは相互の間の差異を表す境界線を具体的に見てとれるものにした。しかしその一方で、日常の中での役割や立場は異なろうとも、ともに街を良くしていくという点では一致しており、そのことがこれらの人々を「エレクチェスター住民」として緊密に結びつけていた。エレクチェスターの運営にあたる住宅会社が、「街はローカル3メンバー、経営者団体、専門家など多くの人の力で支えられている」と語っているように、エレクチェスターの運営には異なる立場の人々が関わっていたが、街を発展させ、相互に良い生活が実現できるよう協力するという点で、ここに集う人々には共通の理解が存在していたのである。[52] そしてローカル3に結集する人々は、日々の労働の積み重ねとその労働を通じてつくり上げてきた公権力や民間資本との関係があるからこそ、エレクチェスター建設のようなプロジェクトが可能となったのであり、充実したコミュニティ生活につながっているのだという想いを毎日の生活の中で感じ取っていたのである。人々にとってそれはローカル3の組合機関紙の名の通り、「エレクトリカル・ユニオン・ワールド」と呼べるものであった。

第4章　労働者の日常生活と宗教

この章では労働者の日常生活において宗教が果たす役割を考察することにしたい。具体的には、カトリックが、種々のレヴェルで運営していた教育機関を通じて労働運動の現場に強い影響力を及ぼし、組合運営やその在り方、イデオロギーといった実践面に深くコミットしていたことを見るとともに、カトリックを信仰していること、カトリック世界に生きること自体が労働者の日常生活を律する重要な要素であったことを明らかにする。

労働者の生活世界全体を考察するという本書の目的からすれば、日常生活の重要な一端を担う宗教が検討課題になることは当然であるが、ニューヨークの建設労働者の中でカトリック教徒としてのアイルランド系やイタリア系の存在が極めて顕著であったということによってその重要さはさらに増す。

独自の生活世界を有していた建設労働者が、自らと他者を分ける境界のメルクマールとして宗教的要素を強く意識していたとすれば、一九六〇年代に入って展開する境界線をめぐる激しい攻防においても、宗教的な価値観からもたらされるフラストレーションが大きく絡んでいたことが想定できるのである。したがって、ここでは建設労働者の日常的な生活世界の中で宗教がいかなる役割を果たしていたのかを明らかにするとともに、彼らが宗教教育を通じて身につけた秩序の具体的内容を浮き彫りにし、独自の境界としての宗教的世界の在り様を考察しよう。

1　イエズス会とニューヨーク労働運動——労働学校の創設とその特徴

筆者が収集した限りにおいて、ニューヨークの建設労働者とカトリックの直接的関係を示す史資料は断片的なものが多い。しかし、労働者の語りや組合資料にたびたび現れる教会やその学校などへの言及は、カトリック文化が個々の労働者や組合に具体的で深い影響を与えていたことを示している。一九九二年から二〇〇八年までニューヨーク建設労組（ＢＣＴＣ）議長を務めたスチームパイプ工労組出身のＥ・マロイが、もし建設労働者になっていなかったら警察か消防士か司祭になっていたと語っているように[1]、労働者コミュニティにおけるカトリック教会の存在は精神的なものにとどまらず、確実な生活手段の一つですらあった。実際、配管工組合（ローカル２）のように、組合によっては、見習い入りする条件の一つとして、地元司祭の推薦を規約に明文化している場合もあったほど、その影響力は現場に浸透していた。

この節ではまず、建設労働者が暮らしていたニューヨークの労働者コミュニティあるいはニューヨーク労働運動の中でカトリック教会が行っていた活動の一つとしての労働学校（Catholic Labor School）に注目し、宗教的倫理と労働倫理が結びついた独特の世界観の実態を見ながら、そうした労働学校の展開が労働者の間にいかなる影響力を有していたのかを考察してみたい。

まず、その多くがカトリック教徒であるアイルランド系やイタリア系の職種において建設業がどれくらい顕著であったかを確認しておこう。一九五〇年のセンサスによれば、ニュージャージー北東部を含むニューヨーク都市圏におけるイタリア移民一世の二四％および二世の二二％、アイルランド移民一世の二〇％および二世の一八％が建設業に就いていた。同じ数字をユダヤ移民で比べるとそれぞれ一六％、一〇％で、前二集団における建設労働者の割合の高さが目立つ。一〇年後の数字からはこの二集団における建設業への就業割合が、わずかではあるが上昇すらしていることが分かる。一九六〇年における建設労働者の割合はイタリア移民一世二六%・二世二四%、アイルランド移民一世二三%・二世一九%となっており、双方の集団にとって建設業は重要な生活手段として維持されていることが見てとれる。[2] 同じ時期のユダヤ系の場合、すでに、雇用されているユダヤ系アメリカ人の七五%はホワイト・カラー職に就き、一九四〇年代では一三・八%であった専門職の割合は、一九五七年には二〇・三%にまで上昇しており、監督的立場への就任もしくは自らビジネスを展開するユダヤ系の数字（三五%）もイタリア系・アイルランド系のそれと比べると三倍以上になっていた。[3] これらの数字はニューヨークにおける主要な白人エスニック集団の中でもイタリア系・アイルランド系の二集団にとって建設労働者になることがいかに普通のことであり、コミュニティの世代間で自然に受け継がれてきたことであるかを明確に示している。それゆえに、これら両集団を構成する人々の多くがカトリック教徒である以上、カトリック教会の存在やその活動がイタリア系・アイルランド系の労働者コミュニティを物心両面においてどのように支えてきたかを検証することは非常に重要なのである。

アメリカ労働運動の歴史において教会を中心とするカトリック勢力の果たしてきた役割は、創成期の労働騎士団からそれに続くアメリカ労働総同盟（ＡＦＬ）、さらにはそこから分裂した産業別組織会議（ＣＩＯ）に至るまで、人材から政治思想、組織文化面など多岐にわたっており、非常に顕著である。アメリカ労働運動の一大拠点であり続けてきたニューヨークの労働運動でもカトリック教会の影響については先行研究の中でたびたび強調されてきた。[4] ニューヨーク労働者階級の組織的労働運動の牽引役となってきたアイルランド系移民およびその息子たちとカトリック教会との一体的関係は労働運動の黎明期から確固としたものがあった。アイルランド系移民がＷＡＳＰ（ホワイト・アングロ＝サクソン・プロテスタント）を頂点とする主流社会から蔑まれ、一段と低い地位におかれてきた主要な根拠の一つが、これらの移民があまねくカトリック教徒であったことにあるのはもちろんだが、だからこそ、カトリック教会が非プロテスタントの集まる移民コミュニティの中心軸となり、物心両面における移民の生活を支える拠り所となっていったのは自然なことであった。

カトリック教会が労働運動により深くコミットする契機は、一八九一年の教皇レオ一三世による回勅「レールム・ノヴァルム（Rerum Novarum）」であった。この回勅が出された背景には、資本主義の展開と近代化の進行によって農村的社会関係が崩壊し、都市における労働者の窮乏化が顕著となるヨーロッパ世界の状況があった。それに加えカトリック教会にとって深刻であったのは、家族や地域社会を結びつけてきた倫理観や規範が急速に変容していることに加え、社会主義や共産主義勢力が組織・思想両面にわたってヨーロッパ全体に広がりを見せていたことであった。[5]

有無を言わさぬ勢いで変化する社会と人々の在り様に強い危機感を持ったローマ教皇が世界一円の司祭たちに向けて発した回勅は「資本と労働の権利と義務」と題され、冒頭から危機意識が露わになっていた。回勅は「世界中の諸国・国民を長きにわたって悩ませ続けてきた革命的変化という精神が、今や政治的領域を超越し、現実的な経済の領域に影響をもたらしていることは何ら不思議なことではない」という現状認識に基づきながら、教会が重視してきた秩序がことごとく失われ、結果として労働者が、飽くなき強欲さを持つ一部少数の富裕層の犠牲となっていることを指摘する。そして、国家による労働者の保護策として、適正な賃金や休日・宗教的時間の確保、労働時間短縮、児童保護等、六四項目を具体的に列挙し、国家が労働者保護のために積極的な役割を果たすことを強調するとともに、労資間においてもお互いの利益のために双方で問題を解決するためのプロセスや組織を確立することを提唱するのである。[6]

この回勅は当然、アメリカにおけるカトリック社会にも強いインパクトを与えた。当時ミネソタ州の聖トマス大学で学び、後に首都ワシントンのカトリック大学（Catholic University of America）で学位を得てそのまま同校で教職に就いたアメリカ・カトリック界の指導的神学者ジョン・A・ライアンも回勅に感化された一人だった。ライアンが一九〇六年に自身の博士論文を基に出版した『生活賃金（*A Living Wage*）』には回勅の影響がはっきりと見てとれた。ライアンは消費される以上の商品が出回っていることが経済の停滞を引き起こすとして「低消費

(underconsumption)」の経済を推奨するとともに、回勅に記されるように、国家が人々の生命や財産だけでなく、宗教的生活や活力を守ることを主張し、国家の介入は脅威以上に自由の担保になるのだとした。[7] さらに全米カトリック福祉会議の主要メンバーでもあったライアンは一九一九年に「司祭による社会再構築プログラム(Bishops' Program of Social Reconstruction)」を発表し、困難な状況にある労働者やその家族を救済するための方策として全国最低賃金の設定、失業保険や健康保険制度の確立、労働年齢の下限設定、労働組合の組織化支援などの具体策を打ち出した。[8]

「レールム・ノヴァルム」発布四〇周年にあたる一九三一年には再びローマ教皇ピウス一一世によって回勅「クアドラジェシモ・アンノ(Quadragesimo anno)」が出され、あらためて労働者とその家族が安定した生活を送れるだけの生活賃金の必要性が強調されるとともに、野放図な競争を規制し、労資の間で適正な賃金と雇用を調整することが求められた。[9] こうしたローマ教皇による回勅を受けてアメリカでもカトリック的価値観に基づいた社会秩序の再構築や宗教的倫理の維持・強化の動きが強まる中、ニューヨークでカトリック移民の生活を支え、信仰を維持・強化し、反カトリック的価値観を排撃すべく先頭に立って活動を行ったのが、一五三四年にイグナチウス・ロヨラやフランシスコ・ザビエルら六人の修道士によって結成されて以来旺盛な活動を世界中で展開してきたカトリック教会の男子修道会(Jesuit)――イエズス会(Society of Jesus)であった。

日夜危険で厳しい条件下にある建設現場や港湾地区での肉体労働をもっぱらとしていたカトリック移民労働者たちに対して、イエズス会は心身両面にわたるサポートを行っていた。なかでもニューヨークで展開していた活動として特筆すべきは、同会が運営するカトリック労働学校である。イエズス会自らがニューヨークに設立した教育機関は、一八四一年設立の聖ヨハネ大学(一九〇七年よりフォーダム大学に改称)を頂点として、二〇世紀初頭までに高等学校から下は教区学校まで各種存在していたが、このカトリック労働学校は日々働く労働者を対象としていたこと、また、彼らが仕事を終えた後に通う夜間学校であることを特徴とし、受講は無料で、受講の条件は労働組合員であることのみであった。アメリカにおけるイエズス会運営の労働学校は一九三五年頃から設立されるようになり、大都市を中心に約一五〇校が創設された。ニューヨークでは一九三六年にザビエル労働学校（Xavier Labor School）がマンハッタンのチェルシーで開校し、一九三七年にはブルックリンでもクラウン・ハイツ・カトリック労働学校（Crown Heights School of Catholic Workmen）が、またブロンクスでもフォーダム大学内にイエズス会系のアメリカ・カトリック労働組合連合の支援によって労働学校が創られた。

これら労働学校で行われる講義は共通した内容が多く、労働運動の指導者や大学教員がゲスト・スピーカーとして毎週代わる代わる教壇に立ち、労働法や弁論術など様々な講義を受け持った。各学期にいくつかの講義コースが設定され、平日の夜を使って講義が行われた。例えば一九四一年一〇月に開講したクラウン・ハイツ・カトリック労働学校の場合、通常講義コースの初回は「雇う権利、解雇する権利」というテーマで始まり、初日（七日）に組合代表者として印刷組合ビジネス・エージェントのジョン・フォウィーが意見を述べ、次の日に反対の立場を代表する経営側のハーヴィー・ソール（全米製造業者連盟）が登壇した。いずれの日にも希望者は無料で参加することができ、弁士が意見を表明した後、質問することが可能となっていた。このオープニング・ディスカッションが終了すると、ほぼ毎週のペースで同じ曜日に合計八回の講義が続き、最終日は一二月一六日で、テーマは「ナチズムと共産主義、より脅威なのはどちらか?」とされ、フォーダム大学出身で当時州の司法次官補を務めていたジョン・F・X・マゴヒー（後に連邦最高裁判事）とジョージ・A・ブレナー博士の二人が講師だった。[10]

同校では通常講義とは別に円卓会議形式のコースを運営しており、こちらの方は一〇月八日夕方が初回となっていた。講師はブルックリン・プレップ・スクール校長のジェラルド・C・トレイシーが務め、[11]テーマは「社会秩序とは何か?」であった。円卓会議は「社会秩序（social order）」をキーワードにしてやはりこの後八回の講義が続き、一二月一〇日の「社会秩序におけるカトリック教育者の役割」で締めくくられた。[12]

一方、ザビエル労働学校は、大学進学を前提とする学生を対象に一八四七年に創立されたエリート校であるザビエル高校の付属機関として一九三六年にスタートした「ザビエル社会正義研究所」の講義が始まりであった。当初受講生の中心は比較的所得の低い中産階級やホワイト・カラー層で、彼らの多くは弁論術等を学ぶことで職場での昇進や社会的上昇を目指していた。しかし、ザビエル高校でイエズス会の教義を教えていたフィリップ・ドブソンが一九三七年より同研究所のディレクターに就任すると、その様相は一変した。社会問題について説くばかりで実効性のある影響力を行使できていないカトリック教会の現状に強い不満を持っていたドブソンは、研究所に流れるアカデミックな学風を一掃し、現場の労働者がより直接的な反共闘争を担うための機関へと変えることを目指したのである。研究所の名称が「ザビエル労働学校」に改称されたのもその一環だった。[13]

研究所として創設された時からその設立目的がコミュニストと闘うことであることははっきりとしていた。学校設立の許可を求めるニューヨークの枢機卿に宛てた手紙には、「学校の目的はカトリックの社会原理の説諭によってコミュニストと闘うこと」と明記されていたからである。[14] 一九三八〜三九年の学期では二つのコースが用意され、そのうちの一つは公立学校で教壇に立つ教員向けの講義シリーズとなっており、もう一つが組合労働者向けのもので、弁論術や労働史、労資紛争の手続き、共産主義と労働組合等についての講義が行われた。[15] 講義は労働現場で具体的かつ即座に役に立つものが揃えられ、月曜日から木曜日の夜に一時間の講義を受講した労働者はそれらを現場に持ち帰り、日々実践しながらまた労働学校に通って学ぶことを繰り返し、二年間のコースを終えるのである。ザビエル労働学校が最も活発に活動していた一九四〇年代から五〇年代を通じ、年間で数千人もの卒業生が生まれていた。[16] ザビエル労働学校を含む全米のカトリックが運営する労働学校の範囲で見てみると、一九四〇年代後半までに一年で七五〇〇人の卒業生が労働現場に戻っていった。[17]

第二次世界大戦前から戦後直後にかけてのニューヨークの労働運動では港湾地区や地下鉄、海運といった基幹産業で共産主義者やその支持勢力の影響力拡大は著しく、国際港湾労組（ＩＬＡ）や地下鉄労組（ＴＷＡ）、全米海員労組（ＮＭＵ）を舞台にした激しい権力闘争はその典型となっていた。こうした状況の中でニューヨークのカトリック教会にとって長年の仇敵である共産主義者との闘いがとりわけ緊急性を帯びた重大事項であったことは明白である。

その一方で、一般の組合労働者にとっては「共産主義者との闘い」という反共主義剝き出しの抽象的なイデオロギー闘争より、近代化が急速に進む中にあっても労働者相互の絆となってきた価値観や倫理を守り、地域社会の一体性が動揺を深めないよう団結を図っていくという、日常的な関心の方が具体的で重要な意味を持っていた。講師として教壇に立つ教会側にとっても、共産主義者を排撃することに血道をあげるというよりは、連続するストライキなどによって労働現場やコミュニティの周辺が騒然とした雰囲気に包まれ、物質的にも精神的にも厳しい状況の中で夕刻に集まってくる労働者＝教区民の気持ちをつなぎ留め、コミュニティの絆を維持していくことの方が緊要な課題であったと思われる。つまり、教区民でもあるこれら労働者に対してカトリック的価値観に基づいた講義を行って、日々のきつい労働に従事する者たちの心を癒し、またカトリック的価値観を労働運動に反映させることで自信を与える活動にこそ、その主眼が置かれていたのである。[18] もちろん、それは結果的に労働現場において「反宗教勢力」としての共産主義者を排除することに結びついていた。

労働学校の講義では、カトリック的世界観と日々の労働が深く結びついており、常に相関関係があるという考えが徹底された。それは次のようなものである。――肉体労働者の多いカトリック系移民労働者の仕事は神から与えられた天職（vocation）なのであり、イエス・キリストをはじめとするキリスト者は貴方がたと同じように、例外なく汗水を流して働く人＝労働者であった。彼らも貴方がたと同じように強くもあれば弱くもある。貴方がたは神の国を守るために選ばれた人たちであり、誰も貴方がたほど栄えある仕事を持っていない。司祭だけが神のために尽くすことができるというのは誤った考えであり、貴方がたもみな私と同様に神に責任を持つ司祭なのだ――こうして、誠実な信仰と労働生活を日々送っている者であれば誰でも理想の国に達することができるという、分かりやすい論理が講義では強調された。それは、肉体労働に明け暮れる労働者の中に浸透しやすいものであっただろう。[19]

こうした信仰心と日々の労働の結びつきは、とりもなおさず労働現場での精神的支えとなり、団結の礎となっただけでなく、彼らが生活する労働者コミュニティの境界を支え、守る大きな根拠として機能したと考えられるのである。

具体的な例を見てみよう。一九三四年にアイルランド移民夫婦の息子としてブロンクスで生まれ、一九九五年から二〇〇九年まで全米の組織労働者の頂点に立つアメリカ労働総同盟・産業別組織会議（AFL-CIO）議長を務めたジョン・スウィーニーは幼少から大学（アイオナ・カレッジ）まで一貫してカトリック系の教育機関で学んできた。そのスウィーニーは、大学四年生であった一九五五年、フィリップ・カーニー（一九四〇年からザビエル労働学校のディレクターに就任し、同校が閉鎖される一九八八年まで教鞭をとった）と出会ったことをきっかけにザビエル労働学校で学び始めた。カーニーの教授によって家族、信仰、組合がカトリックの教義とどのように結びつき合っているのかを理解したというスウィーニーは、自身の経験を振り返ってカトリックと労働組合の関係を次のように語っている。

初期労働運動の頃からカトリック教会は常に、組合に参加し組織活動を行うことで自らと家族の生活を向上させようとしてきた労働者と共にあった……組織化運動やストライキがあればいつでも——コロラドの鉱山闘争からデトロイトの座り込みまで、闘う労働司祭は労働者と共に社会的正義を勝ち取る闘いの最前線に立ち続けてきた。[20]

そして彼の師であるカーニーは次のような教えを一貫して労働学校で行ってきた。

みなさん、我々はこの世界において自らの救済を行っているのです。教会で自らの魂を救済しているわけでもなければ、屈しているわけでもありません……祈ることで、それから働くこと……他者と共に働くことで、魂の救済を行っているのです。[21]

イエズス会がニューヨークに開設した労働学校で学ぶ労働者として、これまでの研究が具体的にフォーカスしてきたのは、港湾労働者や地下鉄労働者（特に前者）であった。この章の冒頭に述べたように、建設労組が組織的にこれらの労働学校と深い関係にあったことを示す直接的な史料の数は少ないものの、[22]ニューヨークの各地に労働学校が創られ、ピーク時には毎年数千名の卒業者を輩出していたことから、これらの労働学校で学び、関わっていた個々の建設労働者は決して少なくなかったと考えられる。実際、アイルランド系が長年にわたって常に労組指導部の中心に位置し、カトリック教会との関係が強い電気工労組（ローカル3）とザビエル労働学校との間には浅からぬ宗教的紐帯が存在した。ローカル3内にはカトリック会議が組織されており、同会議はローカル3とニューヨークのカトリック教会の連携機関として、奨学金制度をはじめ様々な形で協力関係を築いていた。特にザビエル労働学校の中心的教授の一人であるウィリアム・J・ケリー神父との関係は密で、ローカル3と神父は一九四九年にコーネル大学産業労働関係学部に進むローカル3の組合員の息子・娘のために、神父の名を冠した「ウィリアム・ケリー神父記念奨学金」を設立していた。そして節目の第二〇回には受章者を祝う盛大な祝賀会が行われた。[23]そのケリー神父が一九六九年八月二六日に亡くなると、ローカル3の機関紙では一面トップにその訃報を掲げ、彼の功績をたたえてその死を悼んだ。[24]このほか、カトリック教会の補助機関としてのボーイ・スカウト活動に対するローカル3の熱心さは前章でもふれたとおりであるが、労働学校を通じた直接的関係はもとより、カトリック教会と労働者の関係はコミュニティ活動など日常生活全般に及んでいたのである。

AFL-CIO初代議長ミーニーやBCTC議長ブレンナンらがニューヨークのアイルランド移民コミュニティで生まれ育ったことからも推察されるように、スウィーニーと同じような境遇にあった建設労働者は数多く存在した。[25]カトリック教会がコミュニティの中心に位置し、物心両面でコミュニティと深い関係にあったことを考慮すれば、港湾労働者や地下鉄労働者と同様に、建設労働者にとっても、カトリック文化が彼らをつなぐ重要な絆であったことは十分に想定できるのである。そしてそのことは、労働学校ではなく、各地の労働者コミュニティに存在していた教区学校によってさらに確かめることができる。

2　教区学校と労働者の精神世界

労働学校が数もその対象も極めて限定されていたのに対し、信者が集住する教区（parish）に必ずと言っていいほど存在し、幼い子どもから高校生まで様々な年代の信者を広く対象としていたのが、カトリック教会が設立・運営する教区学校（parochial schools）であった。教会の運営による学校はルター派や聖公会のようなプロテスタント系でももちろん存在したが、アイルランド系に加えて世紀転換期のイタリア移民の流入によってカトリック系の教区学校の数は一気に増えることになった。ちなみに、同時期のニューヨークにはイタリア移民と並んでロシア出身を主とするユダヤ移民の到来も顕著で、これらユダヤ移民のための学校も創られていた。しかしユダヤ系の場合、世代を超えて教区学校に通うアイルランド系やイタリア系とは異なり、世代を経るにつれ公立学校に通う傾向が強まり、教会運営の学校を移民社会の結集軸にする度合いは設置数も含めてカトリック系と比べると顕著な差があった。また、教会の理念や方針が学校の運営に反映される点でも、概してカトリック教会が運営する教区学校は直接性が最も高かった。その意味で教区内の信者による寄付で運営経費が賄われるカトリックの教区学校は教会・住民（信者）双方から「我々のもの」という意識が注がれた存在だったのである。

すでにニューヨークには一九世紀半ばより、カトリック移民たるアイルランド人の流入が急増し、地域一帯におけるその存在感はいやが上にも増していた。アイルランド移民は自身を取り巻く差別や貧困、劣悪な生活環境・労働条件といった問題に結束して取り組み、コミュニティ住民の生活改善のために州や市から様々な予算を獲得し始めていたが、教区学校への支援もその一つだった。例えば一八六九年には、アイルランド移民の間に強力な影響力を持っていた政治マシーンであるタマニー・ホールの強い要求によって、市は教区学校での無料教育実施のために二〇万ドルを超える予算を計上するなどしていた。[26]これら新参者の移民のために巨額の税金が投入される事態は、もともと存在していた反移民・反カトリック感情の拡大を加速化させることとなった。

そのような状況の中で、一八七五年に米下院において共和党のジェイムズ・ブレインが宗教学校（特にはカトリック）に対する州政府からの税金投入を禁じる提案（ブレイン・アメンドメント）を行い、これが圧倒的多数で可決されたため、カトリック教会の危機意識は一気に高まることになった。上院で提案成立に必要な三分の二の票数にわずか四票不足したため、ブレインの提案は憲法修正条項としては成立しなかった。それにもかかわらず、提案に同調する動きは各州に広がり、その後三〇年の間に三四州が州憲法にその条項を取り入れたのである。ニューヨーク州では一八九三年に共和党が州議会をコントロールする力を得たことによって、州の教育において州政府が主体となる改革が進められ、その一環として一八九四年に州憲法にこの条項が導入された。[27]

ニューヨーク州の動きに見られるように、一九世紀末からアメリカにおける公立学校制度が急速に整備・拡大されて教育の主導権が公権力にシフトし始めたことも重なり、カトリック社会の不安はこの上なく高まっていた。実際、義務教育が普及し、無料の教科書が配布され、工業や商業など実用的なコースが開設されると、苦しい生活を送る移民にとって公立学校は非常に魅力的に映ったのである。教区と物心両面で一体化し、独自の境界に守られてきたカトリック移民社会にとって、公立学校がその境界を越えてコミュニティに「侵入」してくるという「脅威」は、教会を中心としたコミュニティ秩序の根幹を揺るがすものだった。当初教会も公立学校と協力しながら自らの領域確保をはかろうとしたが、公立学校普及の勢いを止めることはできず、こうした一連の動きが、カトリック教会をして教区学校の増設・拡大に踏み切らせたのである。[28]

教区学校には小学校に就学する前段階の子どもを対象とするプレスクールから高校までがあり、年齢層に応じた学校が創られていた。どの学校でも監督官や校長はたいてい教会が指名した者が務め、標準的な教科書と共通したカリキュラムが用意された。ただし、学校の運営スタイルは、運営の責任者が誰か、どのような生徒が通うかによって幅は大きく、運営責任者の裁量で行える部分も少なくなかった[29]。

カトリック教会による教区学校は移民コミュニティの絆を維持することを大きな目的としていたことから、公立学校のように異なるエスニック集団の生徒が同じ学校に通うのとは対照的に、エスニック集団相互の間には厳格な境界が存在した。古くはアイルランド移民やカトリックを信仰するドイツ移民が通う教区学校があったが、世紀転換期にやってきたイタリアほか南東欧諸国からの移民はそれぞれ教区学校を運営した。たとえ異なるエスニック集団の教区学校が生徒数の減少に苦しんでいるなどの問題を抱えている場合でも、そこを救済すべく同じカトリック教徒として生徒を融通するような「相互乗り入れ」は極力避けられ、それどころか集団間の紛争や軋轢が表面化することも珍しくなかった[30]。

カトリック移民のコミュニティが各地に存在したニューヨークでは、先に述べたように教区学校が次々と創設され、その数は一九四五年の時点で市内五地区を合わせて六〇五校、生徒数は二七万四一八一人にもなっていた。ブルックリンだけで見てみると、約六万九〇〇〇人の生徒がカトリック系の小学校（プレスクールも含む）に通い、それはブルックリン内で就学年齢にある子どもの一九％を占めていた。同時期の調査によれば、ニューヨーク市内の白人人口の五一・五％がカトリックとされ、ブルックリンでは小学生の約四〇％がカトリック教会の運営による学校に通っていたという。これは同じブルックリンにおける公立小学校児童の四一％がユダヤ人で占められていることとは対照的な数字であった（ユダヤ人はブルックリンのあらゆる小学校に通う生徒の約三三％を占めていた）。マンハッタンおよびブロンクスに、郊外のウェストチェスターとロックランドの二郡を合わせた地域で見ると、一九五〇年で一一万七〇五九人が教区学校に通っていたが、それは同じ地域内におけるカトリックの子どもの六八％にあたり、その数字は一九五〇～六〇年の間、堅実に維持されていた。[31] これらの数字はカトリック移民のコミュニティに占める教区学校の存在感がいかに世代間で継承されていたかを示すと同時に、移民コミュニティで生きる人々にとって、教区学校に通うことが家族や隣人、地域の絆の維持・強化につながっていたことを雄弁に物語っているのである。

そもそもニューヨークなど都市部を中心に教区学校が拡大した理由は、前述のようにカトリック移民の急増による反移民感情の高まりからコミュニティを防衛することにあった。それゆえに、教区学校の運営を補うために使われてきた税金が引き上げられ、コミュニティ内に公立学校が「侵食」してくる状況が進む中、これに抵抗し、教会を中心とした教区民のコミュニティの秩序維持＝境界を守ることが教区学校における教育の大きな目的となったのは当然であった。教区学校では、敬虔な信仰心と権威に対する服従や権威的地位にある人々への尊敬の念がことさら強調され、良き市民としての倫理や行動様式を身につけさせようとする類の教育が徹底された。ブルックリンの聖アウグスティヌス高校で教壇に立っていたアロイシウス・エドワード神父は、一九四八年六月五日に行われたブルックリン教区教員会議において次のように述べている。

> 市民たるものは自らの国を愛し、社会的権威ある人々を敬い、祈り、法に従わなければなりません。そして良心的に政治的義務を果たし、自身の政治的権利を行使すべきなのです。

その一方で、エドワードらカトリックの神父かつ教員でもある人々は、公立高校や大学の教員スタッフについて「外国思想にかぶれ、破壊的意見をこの国の青年に広めようとしている」として露骨な嫌悪感を示した。[32]

基本的な教育方針については、教会内に組織された教育委員会などが作成する公式の学習指導要領に定められ、各学校ではそれらに基づいた教育が実践された。例えば、ブルックリン教区が発行した『カトリック小学校のシラバス（一九三七年九月発効）(*Syllabus for the Catholic Elementary Schools, Effective September 1937*)』では「宗教はシラバスの中で最重要科目」であるとされ、カトリックの教育において最優先されるべき目的は「生徒たちの精神に本質的な宗教の真実を絶対に消えないよう印象づけること」であり、「そうした真実とは人生の目的であり、神の存在、聖三位一体、イエス・キリストの生き様、最後の審判なのであって、愛を知り神に仕えることこそ義務なのである」と規定されていた。さらに「自由とはほど遠い消極的な神への奉仕、人生の作法への無関心、因襲に対するぞんざいさ、粗野、無精は最も苦しさを伴う隷属であることを我が生徒たちに理解させるようにする」ことも主要な目的と規定された[33]。

これらの目的を達成するために、各学年にはそれぞれの段階に適した教育目標や内容が定められていた。ニューヨーク大司教管区の教育委員会が一九三八年に発行した『小学校のための学習コース（*Course of Study Priscribed for the Elementary Schools*）』、および一九四六年発行のブルックリン教区による『改訂版規則集（*Revised Handbook of Regulations : Elementary and High Schools*）』を見ると、二年生の歴史の授業では、良き市民になるために必要な資質として「神への服従、忠誠、信頼を示すことを覚え」、八年生になると、「個人や集団からの注目を浴びるような行為を慎み、保健局や衛生局、警察や消防を敬うこと」が求められた[34]。

幼少時から地域に存在する教区学校に通っていた移民コミュニティの子どもたちは、ここでカトリック教会が施す独自の教育によって、集団内の価値観や文化を共有し、司法や秩序など権威的なものに対する服従と尊敬の精神を身につけるよう促され、家庭や地域での関係に加え、教育を通じても相互の絆を育んだ。もちろん、子どもたちが授業通りの内容をそのまま吸収するとは限らない（むしろ少ないだろう）し、また、コミュニティの子ども全員が教区学校へ通っていたわけでもない。学費など経済的な面で負担感がある教区学校に通うことが困難な家庭は多く、公立学校制度が普及するに従って、当初教区学校に通っていても途中で転校したり、幼少時のみ教区学校に通い、高等教育の段階から公立学校に行くなどのケースは頻繁に発生し、教区学校を中途退学し、そのまま学校に戻ることなく労働者として働く場合も普通にあることだった。

しかし、教区学校の経験が皆無であったり一貫していないことが、カトリック文化の浸透が薄いことを意味するわけではない。教会側はこうしたケースに対応すべく、休日を利用した教会主催のイヴェントを数多く用意して、様々な理由から教区学校に通っていない子どもとの関係が疎遠にならないよう大きな注意を払っていた。また、公立学校に勤務する教員の中にも信仰の厚いカトリック教徒が存在し、公立学校に通うカトリック教徒の生徒に対して学校とは別に宗教教育を施す場合もあった。両親がイタリア生まれの板金工M・ボンバディエーレ（一九二三年生）のエピソードはそうしたケースの典型である。

ボンバディエーレはクイーンズ・アストリアの公立小学校に通っていた三年生当時、女性教職員らが着用していた下着（シュミーズ）を集めて家に持ち帰り、洗濯しアイロンをかけて返却することで日銭を稼いでいた。そんなとき、自分の学校に勤めるマッカーシーという名の女性教師と出会い、彼が洗礼を受けていないことを知った彼女は、彼の母親のもとを訪れ、洗礼を受けることを熱心に勧め、その結果彼女は彼の名づけ親（Godmother）になったという。彼女は自宅で、公立学校に通うカトリックの生徒を集めて宗教教育を行っており、ボンバディエーレにもカトリックの教義に基づいた倫理観や人々への愛を説き、彼のような貧しい子どもたちを店に連れて行ってはブーツなど必要なものを買い与えた[35]。

このボンバディエーレの例に示されるように、一九三〇年代当時を生きたカトリック移民コミュニティの子どもたちにとって、たとえ教区学校に通っていなかったとしても地域全体でそれを補う様々な環境が日常の中にあったのである。

ニューヨーク大学が所有しているＢＣＴＣ所属の建設労働者らに対するインタヴュー史料を見ると、少なくとも四五人中九人は確実に教区学校に通っていたことが分かる。彼らがそこで受けた教育は、労働者になってからも、家庭を持ってからも、確実に日常生活の様々な局面で影響を与え続けたことは想像に難くない。さらに、それは労働者だけにとどまらず、雇用側や労働組合の代理人についてもまた同様であった。これは先に挙げたインタヴュー対象者九人の中にそうした人々が含まれることからも確認できる。ニューヨーク市配管業者連盟副代表のジョン・オドネル（一九四二年生）は小学校から教区学校に通い、大学はカトリック教会が運営するアイオナ・カレッジに進んだ[36]。また、ニューヨーク建設業協会の代理人レイモンド・マガイヤ（一九三八年生）は聖ベネディクト小学校からレジス高校、大学はやはりカトリック教会が運営するカネシウス大学に進んでいる[37]。

先に建設業界特有の労資間の距離の近さ・親密さを見たが、その要因の一つとして、労資双方やその関係者が宗教的バックボーンを同じくする者同士であったことも挙げられるであろう。それは信仰する宗教が単に同じということにとどまらず、自分たちは何者なのかという問題までを含んでいるのである。親はどこからニューヨークへやって来たのか、自分はニューヨークのどのコミュニティで生まれ育ったのか、どの学校でどんな教育を受けてきたのか、そこではいかなる倫理観や考え方を学び、結果として自分はどのような思想や文化、秩序を有しているのか等々という、非常に具体的な個人の来歴や内面の問題にまで深く関わるものなのである。だからこそ、お互いの関係の強さは、政治的・経済的な階級間の協調という実利的なもののみでつくられるのでなく、生活世界を共にする者同士の精神世界をも含む、極めて濃く、深い関係としてつくられるのである。

一九六〇年代に移民労働者のコミュニティが大きく揺れたとき、その不安の根底には、宗教を同じくし、カトリックの物心両面にわたる強い影響の中で育ってきた自身の世界が動揺したという感覚があったことは明白である。では、その揺らぎとはいかなるものだったのだろうか。本書第Ⅱ部では、建設労働者が自らの拠り所としてきた毎日の労働現場と彼らが暮らすコミュニティ周辺に訪れ、迫って来た変化を詳しく検討し、揺らぎの具体的な在り方を見ていくことにしよう。

第II部

揺らぐ境界，固執される秩序

ハードハット暴動後に開かれたニクソン支援集会で気勢を上げる建設労働者

第5章　押し寄せる変化の波

——技術革新、公民権運動、分散化

この章では、長きにわたって保持されてきた建設労働者の境界が、変化を求める様々な外的要因にさらされることにより、大きく揺らいでいく様子を描く。高い技術力を誇ってきた建設労働者であったが、建設事業のコストが上昇する中で、コスト減を目指した新しい技術の導入が進み、従来の工法は簡易化されるようになった。さらに公民権運動の高揚は見習い制度に対する強い圧力となり、これに公権力も加わって、見習い制度改革の声は高まるばかりであった。建設労働者の住むコミュニティの環境も変化を余儀なくされていた。ニューヨークでは製造業からサーヴィス産業を中心とする産業構造へのシフトが進み、ブルックリン海軍造船所が閉鎖されるなど、熟練工の存在感が薄くなるにつれ、建設労働者は強い不安を募らせていった。豊かな技術と経験に揺るぎない自信を持って生きてきた建設労働者が、自らを取り巻く外部の急速な変化に焦燥感を抱き、大きな変化にさらされ始めた状況を詳しく見ていきたい。

1　熟練技術への脅威——「オートメーション」の時代

一九五〇年代に入るとアメリカをはじめ工業国ではオートメーションの波があらゆる産業分野に押し寄せ、労働者の雇用に多大な不安をもたらしていた。一九五五年にアメリカ労働総同盟と産業別組織会議が合併して発足したAFL-CIOは早々にオートメーション問題に対応を迫られ、雇用・労働現場に与える影響について分析を急ぐと同時に、現実に起こっている変化や今後見込まれる問題に対する方策を講じることに躍起となっていた。合併翌年にはAFL-CIOリサーチ局がオートメーションの現状とその特徴を分析した結果を冊子にして労働者に公表し始め、一九五八年四月二二日には首都ワシントンで産業労働局主催によるオートメーションの労組に対する諸影響についての検討会議が開催されるなど、現状の重大さを啓発し、各地域・現場で具体的な対応策をとることが呼びかけられた。

AFL-CIOによるオートメーションについての分析は、その影響がより顕著に見られる自動車や鉄鋼などの工場やオフィス・ワークに向けられてはいるものの、労働者全般への影響について言及した部分では、他の産業に比べて熟練工の経験と高いスキルに依存してきた建設現場もその例外ではないことを容易に予想させた。AFL-CIOが発行したパンフレット『オートメーションに直面する労働者（*Labor Looks at Automation*）』では、「多くの熟練・準熟練工にとってオートメーションは彼らの旧来の技術を使い古されたものにし、仕事に対する満足感を失わせている。新しい技術はたいていある仕事を排除し、その地位を低くさせ、他の仕事の価値を高める。長期的にはすべてがうまくいくという学術的保証は、直接的な影響を受けて仕事を失って苦しんでいる労働者や家族にとっては何の役にも立たないのである」と述べられ、熟練工に深刻な影響が及んでいることを明らかにしていた。そして、多くの産業分野の労資協定の中で保護されてきた熟練工の優先的雇用や年功序列制度など数々の慣行が揺らぎ始めていることについても強い危機感を表明していた。[1] 今や建設熟練工といえども、オートメーションの進行による諸影響からは逃れようのない位置に立っていたのである。

ニューヨークでもオートメーション問題に対して敏感な反応が出ていた。とりわけニューヨークの組織労働者を率いるアースデイルはこの問題についてことあるごとに言及し、並々ならぬ関心を寄せていた。アースデイルが議長を務める中央労組会議は一九五九年の発足早々に時短・オートメーション委員会（Shorter Work Week Automation Committee）を組織して対策にあたり、アースデイル自身はコーネル大学産業労働関係学部（ＩＬＲ）をはじめとする各地での講演やＶＯＡ・ＣＢＳなど大手マスコミによるラジオ・テレビ番組に出演する中で、オートメーションに対する具体策として、労働時間短縮による雇用の維持や、導入が進む最新機械・技術へ対応するための労働者（再）教育制度の実施などを訴えた。[2] しかし、オートメーションによる雇用の喪失が、雇用の創出をはるかに上回る勢いで進み、また、全米自動車労組など他のいくつかの主要労組から支持を得られないこともあって、アースデイルが訴える対応策の効果は極めて薄いものでしかないことを示すことになった。[3]

一九六〇年一一月二九日には中央労組会議の主催で、ＡＦＬ-ＣＩＯ議長ミーニー、ニューヨーク州ＡＦＬ-ＣＩＯ議長Ｈ・Ｃ・ハノーヴァーなどを迎えて、オートメーションに直面する労働者の課題についての会議が催された。ここではそれまで経営者側が行っていた主張——オートメーションの促進が素晴らしい明日をもたらす（全米製造業者連盟）——を強く批判し、労働者に降りかかる失業や工場移転などの圧力の大きさが強調された（ハノーヴァー）。そして、オートメーションそれ自体は避けられないものであることを認めつつも、急激な変化にあえぐ労働者に対してサポートをしない政府・公権力の姿勢を強く批判した（ミーニー、ハノーヴァー）。[4]

空前の建設ブームに湧く建設労働者の現場でも徐々にその変化は浸透し始めていた。ニューヨーク建設労組（ＢＣＴＣ）の中でオートメーションの影響が論じられるようになったのは一九六三年一月の執行委員会からであるが、[5] より深刻化するのは一九六〇年代後半から七〇年代初頭にかけてで、この頃オートメーション問題は定期代議員総会や執行委員会で議題の中心になり、特に定期代議員総会では毎回のように取り上げられていた。建設現場での最大の変化はプレハブ／プレキャストと言われる新工法の導入であった。工期の短縮およびコスト・ダウンを図るこの工法は、あらゆる建設技術の部門に持ち込まれ、それまで現場で建設資材を裁断・加工・溶接していた板金工やスチームパイプ工、ビルの鉄骨枠組みを手作業で行っていた鉄骨組立工、セメントを様々な型枠に流し込んでいたセメント工らの仕事に対して深刻な影響を与え始めていたのである。ますます進むプレハブ技術の浸透に対してＢＣＴＣは、プレハブ技術を導入する企業を監視する委員会を準備して圧力を強めるとともに、[6]プレハブ工法に使われる製品が低賃金で雇われたマイノリティ労働者によって工場で製造されている事実を指摘し、「マイノリティは建設労働より賃金が低い工場でプレハブ製品づくりをすることを望んでいない」として、プレハブ化の進行は多くの労働者に不利益をもたらすことをアピールした。[7]しかしその一方でＢＣＴＣ議長のブレンナンは、プレハブ技術が多数の現場で導入されている実態について執行委員会や定期代議員総会で長い報告をせざるを得ず、事態は事後対策的に会合を重ねるしかない建設労組の悩ましい状況を浮き彫りにし、もはや建設現場でプレハブ技術の浸透を防ぐことは不可能となっていた。[8]

オートメーションの波がいかに建設労働者の脅威となっていたのかについて、板金工アンドラッキの証言はそれをよく示している。アンドラッキによれば、板金工は製図工の性質も兼ね備えており、製図工のように自らの意のままに金属を形づくることができた。そうした技術を持つ板金工は第二次世界大戦中には特に重宝され、即戦力としての熟練工を大量に欲していたブルックリン海軍造船所で働くことのできる数少ない職種の一つだったという。しかし、技術革新は誇り高い板金工の地位を脆くも打ち砕いていく。

大変な技術革新があったんだ。……俺たちは自分で金属の成分やその性質を操って組み立てていく技術を持っていた。いつも俺たちはすごい誇りを持っていた。そこに、工場でつくられた既製品が現れた。そいつはもう事前につくられて持ち込まれる。だから俺たち板金工は仕事を失うっていうんで抵抗を試みた。その製品を使うのを拒否して、俺たちにそいつをつくらせろってね。でも、俺たちはたびたびそいつのせいで仕事を失ったんだ。[9]

一般住宅の建設でもプレハブ技術は建設労働者に大きな影響を与えていた。トラックで運びこんでそのまま設置できる可動式住宅（mobile home）の登場で住宅建設は一気に簡素化されることになり、それが大工たちの仕事に与える影響は深刻に受け止められていた。一九六七年一月のＢＣＴＣ定期代議員総会で状況を報告した大工労組（ローカル257）代議員ダニエルソンは、プレハブ住宅は四八時間以内で設置／撤去が可能であることに加え、二四時間いつでも作業可能だとし、「これは我々に対する打撃となるだろう。我々は一致団結せねばならない」と強い警戒感を表明した。[10] しかも、全米自動車労組のウォルター・ルーサーとＢＣＴＣの対立が、さらに事態を悪化させた。全米自動車労組の傘下にはコーラー社など大手住宅関連設備会社で働く労働者が組織されていることに加え、従来から生産拡大主義者であったルーサーにとってオートメーションの一環であるプレハブ技術は何ら問題ないものであるため、利害が建設労組と真正面からぶつかったのである。ルーサーは積極的にプレハブ・プラント事業を支援し、可動式住宅などの新技術を住宅建設現場に持ち込むことを進めていた。ブレンナンはルーサーが「建設労働者の仕事に侵入しようとしている」と激しく非難し、[11] 可動式住宅などは「我々のためのものではない」と拒否の意志を強く表した。[12] しかし、連邦政府も新規住宅建設において可動式住宅を大いに活用することを表明したため、状況は厳しさを増すばかりであった。[13]

ビルの建設現場でも新技術の登場は熟練工の仕事を大きく変えていった。プレハブ工法の導入はすでにビル建設の工法にも変化をもたらし始め、現場で働く労働者はその波にのまれつつあった。[14] さらに、プレハブに加えて新たな技術的変化が現場に導入されることで、現場の「花形」であった鉄骨組立工による熟練労働は根本的な変化を迫られていた。それまでのビル建設現場では手作業がほとんどで、なかでも特に重要な作業が「ジャンプ」と呼ばれる起重機（guy derrick）の高さ調整であった。これは作業を行う階層が上がるごとにそれに合わせて起重機の高さも手作業で伸ばすというもので、起重機を運転する者（オペレーター）、起重機の下で高さを調整する者、安全かつ確実に起重機の高さが合わせられているかを階上で確認する者がそれぞれ連携しながら行う、時間とチームワークを要するビル建設に不可欠の作業であった。[15] また、資材を階上の現場に次々に送り込む作業も、起重機のオペレーター、資材にフックを掛ける者、階上でオペレーターに指示を出しながら誘導する者、届いた資材からフックを速やかに外す者たちの連携によって行われており、これらの作業は職長一人を含む六人チーム（raising gang）が基本単位となっていた。そして当時の作業では、起重機が一度動き出すとオペレーターと直接話すことはできず、ベル係が異なるベル音を使い分けてオペレーターに作業内容を知らせていた。[16] しかし、こうしたチーム作業も、高性能の油圧式起重機や可動式起重機、有線通信システムの整備など新技術が登場すると次第に不要になり、手作業で行われていた過程はことごとく省力化されていったのである。[17]

オートメーション技術に代表される機械化の進展（以下「オートメーション」）によって引き起こされた問題は、単純に技術革新による雇用の喪失という経済的側面にとどまらない多様な問題を含んでおり、複合的な影響を建設労働者に与えるものであった。熟練技術の重要性が低下し、それに依存する割合が現場で低くなるということは、何よりもまず、自らの持つ熟練技術に依拠しながら働いてきた建設労働者の自信と誇りを奪うには十分であった。「オートメーション」の波が建設現場を訪れ始めていた頃、ニューヨークは空前の建設ブームを迎え、建設労働者はまさに自信と誇りの絶頂時であった。当時の働きぶりについて労働者は誇らしげに振り返っている。

確かにニューヨーク、建設業界、そして俺のような人間がいる建設組合にとってはステキな好景気だった。だって、物凄い量の仕事をやるのに全然時間が少ないんだ。残業なんて制限なしだったよ。多分、俺は一日に一六時間、一週間ぶっ通しで働いていたと思う。それ以上働いている奴もいたと思うよ。何か特別な労資協定があったかどうかは知らない。あったかもしれないけど、そんなこと気にしないさ。すべては組合の結んだ契約に従って行われていたんだから、ストライキなんて全くなかったね。問題があれば後で解決する。仕事は止めさせない。ストライキのことは全く記憶にないんだ。問題はいろいろあったかもしれないし、あったことも知ってる。でも、そんなことはすぐ解決されていたし、それが誰にとっても利益になったんだ。（電気工W・ブレイン[18]）

一九六一、二年頃かな、俺は万博の仕事をやっていた。州の仕事さ。ニューヨーク州のパヴィリオン「明日の家（New York State Tent of Tomorrow）」ってのをつくってた。ケネディが殺された時、俺はそこで働いていた。屋根をつくってたんだ。プラスチックのね。フォードのパヴィリオンでもベター・リヴィングのパヴィリオンでも働いた。万博ではいろんな仕事をしたよ。大忙しさ。めちゃくちゃ楽しかった。金も相当稼いだ。素晴らしかったね。（板金工G・アンドラッキ[19]）

ロックフェラー・センターでは残業だらけだった。一週間毎日、一日一四時間働いた。しばらくして一週間一日一二時間、一〇時間って減ったけど。九ヶ月間空調設備の取りつけ作業をやらなきゃならなかった。たくさんのスチームパイプ工が住んでたっていうか、エジソン・ホテルに泊まり続けてた。他にもチェスターフィールド・ホテルとかね。（スチームパイプ工E・グリン[20]）

「オートメーション」は熟練技術の重要性を低下させ、これら自信に満ちた労働者の足元を揺るがせたが、それはまた個々の労働者だけでなく、危険な現場の中で熟練技術を発揮し、協力し合ってきた共に働く仲間との絆も揺るがせた。先に見た鉄骨組立工の話にもあるように、新技術の登場が現場における熟練工のチーム作業を不要にさせたことは、熟練工たちが現場から（少なくとも）減らされることを意味し、それはとりもなおさず、熟練工同士が築き上げてきた「危険で過酷な現場で苦楽を共にしてきた」という確固たる連帯感を切り崩すことにつながったのである。建設労働者にとって、仲間との絆は長い時間をかけて育んできたかけがえのないものであったが、新しい技術はこれまでのような労働者同士の密な関係を求めるものではなく、にべもなくそれらを切り捨てたのであった。新技術が浸透する中で熟練工が抱いた感情は焦燥感であり、ぶつけようのない怒りの累積であった。鉄骨組立工E・J・カシュが語るそれは、現場に現れた新しい技術の結果をよく言い表している。

俺たちはすべての仕事を失った。誰か他の奴が代わりをやってた。非組合員か他の組合の奴のどちらかだ。技術革新のせいさ。そいつは人間の力ってものをバッサリ切り落としたんだ。(21)

カシュの語る現場の変化は重要な事実を伝えている。熟練工がカットされていく代わりに現れた存在が、大部分が非熟練工である非組合員や他の労組員だということである。非組合員の問題については第1章でも見たように、建設労組が結成されるきっかけになった原因の一つで、全く新しいわけではないが、この非組合員の多くを占めたのが、長年にわたって熟練工（見習いを含む）から排除され続けていたマイノリティ労働者であったという事実は重視しなければならない。なぜなら、彼らこそ、自信と誇りを持って働いてきた熟練工の世界に対して外から侵入してきた「よそ者」であり、仲間との絆に手をかける容認しがたい存在として熟練工の目に映ったからである。

プレハブ技術（の導入）＝非組合員（の導入）＝マイノリティ労働者（の導入）という構図がBCTC内でできあがっていく様子は、当時の議事録からも推察できる。建設費のコスト・ダウンを進めたい事業主側は、頑強に抵抗する組合との面倒な交渉を避けてプレハブを積極的に導入し、その作業に非組合員のマイノリティ労働者を充て始めていた。一九六八年一〇月に行われたBCTCの定期代議員総会では、テキサスでの三〇階建てホテルの建設すべてにおいてプレハブ技術が用いられ、さらにその作業に非組合員があたっていることが報告され、ブレンナンは「同じことがニューヨークで起こりうる。同じ事態が我々のテリトリーでどんどん進んでいるからだ」と強い懸念と警戒感を示した。[22] 実際、この傾向は日を追うごとに強まっていき、一九六九年六月の定期代議員総会での報告によれば、非組合員＝マイノリティ労働者は総額約一〇億ドルの仕事を行うまでになり、[23] 次々に現場に姿を現す非組合員＝マイノリティ労働者の流入は、勢いを増す一方であった。

これまで続けられてきた日常的な労働生活の中に、境界外に排除されていた者がそれを破って入ってきたことは脅威であったし、その脅威を体現する存在は、人種的にも多くの仲間と異なる他者であった。熟練工から見たこの事実は、この当時大きな高まりを見せていた、建設労組は即時にマイノリティ労働者に対し見習い入りを認めよという公民権運動の主張とオーヴァーラップしていくのである。このことは、「オートメーション」の進行と同時に高揚した公民権運動の主張やそれを担う者たちの存在がどのように現場で受け止められていたかを規定する重要な要素と考えられる（この点については本章第3節で詳しく検討したい）。

2　変貌する熟練工の街——ブルックリン海軍造船所の閉鎖

「オートメーション」——技術革新の波は、ニューヨークの労働者の中心的存在であった建設労働者をはじめとする熟練工の地位を相対的に低下させた。ブレンナンは「オートメーション」の進行がもたらした結果について強い憤りとともに次のように回顧する。

新しいゲームが始まったんだ。ここには古い熟練工組合があった——印刷工のようなね。彼らは今や進歩——オートメーションに攻撃されていると気づいていた。神から与えられたその贈り物はこう言うんだ。

「さあ、もっと簡単にできますよ」ってね。まあ、確かにそいつは作業を簡単にしたかもしれなかったがね。……みんな影響されてるんだ、コンピューターを使う奴らに。奴らはオートメーションで何でもつくる。それは仕事だし、高い技術さ。でもそれが何をもたらしているのかってことだよ。自動車産業なんてみんな影響されているさ。港湾労働者もやられちまった。思い返してもみろ、労働運動はコンテナ船と一緒に入ってきたんだ。奴らは仲間の仕事をみんな奪いとってしまった。オートメーションはコンテナ船と一緒に入ってきたし、多くのことをなし遂げてきたんだ。印刷工がそうだ。彼らはよく闘ったさ。ピケを張って自分らの地位を維持するためにできることは何でもやったんだ。そう、彼らはたくさんのことをしなけりゃならなかったし、何かしらのものは得ていた。でも、獲得した多くのものを手放さなければならなくなったんだ。何が起こったっていうんだ？[24]

ブレンナンが語っているように、今や熟練工の街ニューヨークはその姿を大きく変えようとしていた。「オートメーション」の進行は熟練工の仕事を奪うと同時に、ニューヨークの産業構造の変化も促した。ブルー・カラー労働者が担う製造業の比率は低下し、代わってサーヴィス業など第三次産業の割合が急速に高まったのである。市内にあった工場は郊外やニュージャージーなどに次々と移転し、その跡にはこぎれいな小売店やデパートなど異業種が入って、街の風景は急速に変化していった。工場の移転と新産業の流入は人口の流動化を促し、旧来の住民が工場の移転とともに去っていく代わりに、新たな労働力の担い手が、かつて製造業労働者が住み働いていた地に入ってきたのである。[25] 一九四〇年代に約五〇〇万人の白人人口がニューヨークを去ったのに続き、五〇年代には一二〇万人、六〇年代には五〇万人の白人がニューヨークを離れた。労働者階級の間では市内での移動も多く、これまで手つかずだった地区に大規模集合住宅が建設されると、住環境や家賃の安さから移り住む者が続出した。これらの多くはかつて職業的同質性が保たれていたコミュニティとは異なりホワイト・カラー層とブルー・カラー層が混住していたが、新たな住居を得た住民の生活スタイルはミドル・クラス化し、組合とのつながりも次第に希薄化する傾向が強まった。ブレンナンは組合会議への出席率が低下することを郊外化と結びつけて捉えていたが、それは、エレクチェスターを建設して同質性を保ってきたローカル3でさえ、一九六〇年から、目立つようになった組合会議の欠席に対して罰金を科さねばならないほどに進行していたのである。[26]

なかでも、熟練工が暮らしてきたコミュニティ環境の変化の特徴を最も明確に示したのは、ブルックリン海軍造船所（BNY）の閉鎖である。ここでは、繁栄時のBNYの姿を振り返った上で、その閉鎖の経緯と様子を見てみよう。

豊かな海岸線と水資源を持つブルックリンのイースト・リヴァー沿岸は造船所の立地条件に極めて好都合で、ここに目をつけた米海軍はその一角を民間業者から購入し、一八〇一年よりこの地で海軍造船所の歴史が始まった。北はウィリアムズバーグ・ブリッジ、南はマンハッタン・ブリッジというブルックリンとマンハッタンを結ぶ二本の橋に挟まれたBNYは、マンハッタン南端から極めて近く、海路、陸路とも要衝に位置していた。新興国であったアメリカが列強の仲間入りを果たし、これを凌駕していく過程は数々の戦争を経ることと同義であり、それに伴ってBNYは発展し、ここで多くの艦船が建造された。キューバのハバナ沖で爆発・沈没して米西戦争のきっかけをつくった戦艦メイン号や、真珠湾攻撃で日本軍の奇襲攻撃を受けて沈没した戦艦アリゾナ、第二次世界大戦における日本の降伏文書調印式の会場となった戦艦ミズーリなど歴史的な艦船を輩出したBNYは、米海軍最大の造船所として君臨し、ニューヨークのランドマークの一つとして市民の誇りとなっていた。

とりわけ第二次世界大戦中に果たしたBNYの「国家への貢献」ぶりはその最大の根拠であった。対日戦の始まりはBNYに未曾有の状況をもたらした。対日開戦当初一万七〇〇〇人強であった労働者の数はうなぎ上りとなり、ピーク時の一九四三年には七万人を超すほどまでになった。労働者の勤務は三交代のシフト制がとられ、工場は二四時間フル稼働していた。[27] BCTCは開戦後速やかに戦時体制への全面協力を決議し、いかなる努力も惜しまないことを表明していたが、特に協力を求めていたのが海軍であり、BNYを抱えるニューヨークで必要な労働力を確保するには、造船業に関連する高い技術を持つ建設労組の協力は不可欠であった。

ＢＮＹにおける熟練工の不足はすでに、対日関係の悪化によって開戦が濃厚となる過程で深刻さを増し、造船関連の労働力を統括する米海軍造船産業監督官Ｃ・Ａ・ダンは「熟練工不足はＢＮＹの主要な問題になる」と危機感を露わにしていた。この当時ＢＮＹでは連日門前に労働者募集に応じる長蛇の列ができていたが、ダンは「これらの人たちのほとんどは必要な技術を持っていない」と指摘し、「現在の大きな問題は、我々が技術を兼ね備えた労働者、機械工、溶接工、パイプ工、リヴェット工、コーキン工（caulker）、そして電気工を確保できるかだ」として、熟練工の確保が最重要であることを訴えていた。[28]

この状況に対して各建設労組は積極的に応じた。例えば、アースデイル率いる電気工労組（ローカル3）はダンの声明が新聞に掲載された翌日にはダンへ書簡を送り、窮状を是正するため即座の協力を申し出ていた。その中でアースデイルは、「我々は米海軍の生産拡大プログラムに必要な、訓練された熟練電気工を提供することについて、喜んで全責任を負いたいと希望します。我々はあなた方が直面している『主要な問題』の解決をお手伝いできることをうれしく思います。我が組織は一万六五〇〇人のメンバーを抱えており、アメリカのどのような所でも必要とされる最高の技術を兼ね備えた電気工集団を有していることに誇りを持っています」と述べ、期待に応えられる自信の程を示した。[29] 数日後ダンはローカル3の協力に対して「現在までのところ、電気工は十分な数が確保できている」と謝意を示した。[30] その後もローカル3の積極的な協力姿勢は、通常勤務と同じ時間帯・条件での休日労働や、週七日八時間労働の申し出などによって示され、ＢＮＹ側から高い評価を受けていた。[31]

ＢＣＴＣも組織として海軍当局の要請に応える姿勢を積極的に示した。ニューヨーク戦時労働委員会の地域本部長Ａ・ローゼンバーグは、急増する労働力の需要を何とか賄うためにたびたびＢＣＴＣに対して傘下の労組による労働力の提供を求め、これに対してＢＣＴＣはニューヨーク戦時労働委員会の造船委員会メンバーとしてＢＣＴＣから合計四人を任命して諸々の調整にあたらせた。[32] Ｇ・アンドラッキの証言にもあったように、造船に関わりの深い板金工をはじめ、ボイラー、電気、パイプ、塗装、溶接などすでに広い分野で高度な専門技術を持つBCTC傘下の熟練工は特に重宝され、多くの労働者が臨時労働力としてBNYでの労働に従事して、その期待に応えたのである。[33]

確かに、アメリカが参戦して以降、BCTC労働者だけでは、圧倒的に膨張した労働力需要に応え切れず、女性やマイノリティも含む多くの人々がBNYでの労働に参加し、「国家の緊急事態」に対して「愛国者」としての義務を履行しようとした。第二次世界大戦におけるBNYの活躍と国家の危急の際にBNYで働いたという記憶は、熟練工だけでなく、臨時雇用された他の労働者や召集に応じたニューヨーク市民の中にも深く刻まれたのである。

それでもやはり、BNYでは熟練工の存在が絶対であり、熟練工中心のシステムは徹底していた。もともと造船労働においては高度な熟練技と経験が必要とされ、熟練工は大量の非熟練労働者をまとめて体系的に繰り広げられる労働を指揮する立場にあった。海運管轄下のBNYでは熟練工の職階に関して、頂点に立つグループ・マスターから最下位の見習いまでをランクづけする整ったシステムがあり、一九一二年からは連邦人事委員会（U.S. Civil Service Commission）が主催する年一回の見習い採用試験が開始され、希望者はこれに合格した後四年にわたる見習い訓練期間を経て熟練工になることができた。[34] 見習いの評価においては他の建設業の職種と同じく、先輩労働者（職人）によって詳細にチェックされ、既定の数値を獲得しないと次へ進めない厳格さであった。つまり、BNYでは、そこで働く人々の間に「国家への義務を果たす」という愛国者としての共通認識がありながらも、労働者内部には熟練工を中心としたヒエラルキーが厳然と確立されており、熟練工を頂点とする秩序が貫徹されていたのである。

第二次世界大戦中は臨時雇用として採用された女性労働者の姿が現場で見られるようになっていたが、それとてもっぱら、男性熟練工が行う仕事の補助であり、戦争の終わりが近づくにつれて労働力が削減される中、女性は第一の削減対象とされた。[35] 同じことはマイノリティ労働者にもあてはまった。もともと圧倒的に白人男性で占められていたこの職場に黒人・プエルトリコ系・フィリピン人などマイノリティ労働者が入ってくるきっかけになったのは、軍需産業における雇用差別を禁じた一九四一年六月の大統領行政命令八八〇二号であったが、ＢＮＹではさしたる効果は表れなかった。[36] こうした状況から言えることは、ＢＮＹにはニューヨークの建設労組全般に見られる典型的な特徴が存在していたということである。白人男性中心で構成されるＢＮＹの熟練工は、独自の境界を持って労働現場とコミュニティにおいて生活し、総力戦下における「愛国主義的献身」によって彼らの誇りと自負はますます強化され、その存在感はいやが上にも増したのである。

戦後ＢＮＹでの雇用数は一万人台まで急減するが、朝鮮戦争の勃発など冷戦の激化もあって艦船の受注は続いていた。一九五一年にＢＮＹが創立一五〇周年を迎えたとき、ホワイトハウスからはトルーマンによる祝福の手紙がＢＮＹ司令官Ｐ・Ｂ・ニーベッカーに寄せられ、そこでトルーマンはＢＮＹに対して「私はこれまでのあなた方の惜しみない努力をよく知っていますし、将来においてもあなた方は、また別の、多くの『よくやった！(Well done !)』という称賛を受けることになると自信をもって言うことができます」と述べていた。[37] 一五〇周年パーティーの開催後に作成された記念パンフレットには、第二次大戦後のＢＮＹの状況が楽観的に展望されていた。その認識は次のようなものであった。

今や我が国は新たな脅威に直面している。朝鮮の状況悪化が新聞のトップに出るようになって以降、七〇〇〇人を超える労働者が雇用され、今も毎日多くの人がここに入って来ている。この新たな状況に対応していくために、我々は戦時のペースで動いていかなければならないのである。[38]

二月二三日にブルックリンの第一〇六歩兵部隊本部で開かれた記念パーティーには、海軍幹部や地元名士に加え総勢一万人以上のＢＮＹ労働者が参加し、地元オーケストラの演奏や当日のメイン・イヴェントであるＢＮＹ労働者二五〇人自らが演じるミンストレル・ショーを楽しんだ。[39] 未来はこれまでと変わらず、依然として明るいかに見えたのである。

しかし、トルーマンの賛辞とは裏腹に、民間造船所と比べてより熟練技術に依存するＢＮＹの工法は時間とコストの両面で問題を抱え、特に原子力エネルギーが大型艦船の動力として導入されるようになって以降、ＢＮＹは技術・設備の上でも、膨大な人口を抱える大都市に位置する安全面でもこれに対応できず、その存在意義を失い始めていた。ＢＮＹ内で発行される公式機関紙『シップワーカー』紙上には、状況の変化に気づき始めた労働者の不安な思いが吐露されていた。先にも引用した『シップワーカー』の連載コーナーである「カメラ・クィアリー」では、「一〇年後の造船所をどう予想する？」（一九五五年一二月二三日）との質問に六人の回答者全員が「原子力時代の到来」と答え、「今日、良い教育か良い職か、どちらに価値がある？」（一九五六年二月一〇日）という質問にも六人全員が「教育」と答えていた。後者の回答理由として彼らは「（引用者注：教育は）選択の機会が豊富になる。機械はもっと訓練が必要な新しいものに変わって、今の機械工の技術は後景に追いやられている」「今いる連中より教育を受けて学位を持つ連中の給料の方が高いし、上がり続けている」などを挙げていた。オートメーション技術を中心とする新しい技術が次々に現場に入ってくる事態に直面していた熟練工は、専門的な教育を受けず叩き上げとして身につけてきた自分たちの誇るべき生き様と技術が現場で通用しなくなり、もはや「古い人間」として置き去りにされつつある現実を少なからず感じ取っていたのである。

熟練技術の重要性が薄れていくことは同時に、ＢＮＹにおける労働秩序に重大な変化が進んでいることでもあった。すでに第二次世界大戦中に、臨時労働力が（一旦）急増するとともに、人海戦術による作業全体のスピード・アップがはかられたため、労働者の中の位階的秩序に混乱が生じていたが、戦争が終わってもスピード・アップやコスト・ダウンを求める風潮はますます高まり、これと逆行するＢＮＹの熟練技術依存に対する圧力は強まる一方であった。[40] そして熟練技術の相対的重要性が薄れることはその分、そうした技術を持たない労働者の比率を高めることを意味し、労働者の人種構成の変化を促す結果となった。一九五四年のBNYにおけるマイノリティ労働者の比率は一%に過ぎなかったが、一九六四年には一七%にまで上昇し、排除されてきたマイノリティが非熟練労働者として働く姿が目立つようになってきていたのである。[41]

さらにBNYを取り巻くコミュニティ環境も大きく変化していた。戦時中の絶頂期、BNYでは煌々と明かりがともり続け、頻繁に出入りする労働者の姿が絶えなかった。BNYへ労働者を運ぶ公共輸送機関は二四時間動いており、その周辺に豊富に存在した労働者向けの食堂や居酒屋、洗濯店なども また二四時間営業であった。労働者もBNY周辺に住む者が多く、職住近接した周辺一帯のコミュニティはまさにBNYを中心に成り立っていたのである。しかし、BNYの労働者数が大幅に削減され、かつての活気が失われていくに伴って、周辺に住んでいた労働者はニューヨークの他地区やさらなる郊外へ移り、一九六四年にBNYの閉鎖が発表された頃には、ブルックリン内に住むBNY労働者は総数の半分以下となっており、BNY周辺地域に引き続き住む労働者は約一〇%にすぎず、分散化の傾向は著しいものとなっていた。[42] 他方、周辺地域の人口は一九六〇～六七年の間に一一%減少したものの、労働者人口で見ると二七%も増加した。このことは、新しく流入してきた住民の職業が労働者ではあっても、もはやBNYに関連する仕事ではないことを意味しており、地域の活気を支えてきたBNYの役割が大きく減少していることを示していた。また、住民の構成を見ると、黒人・プエルトリコ系の割合が四四%から七五%に上昇する一方、白人は五六%から二四%へと激減し、[43] ここでも周辺コミュニティの様相がわずかの間に激しい変化を遂げたことが明確に示されている。

BNYの閉鎖への道は、一九六一年にケネディ政権の国防長官にロバート・S・マクナマラが就任したことで急展開を見せた。米軍の近代化と合理化（Reduction in Force）を掲げて国内外すべての基地を対象とする整理縮小計画に着手したマクナマラは、全国一一ヶ所にあった米海軍の造船所についても調査を始めた。それまでBNYの将来に楽観的であった労働者もマクナマラの計画に強い衝撃を受け、遅ればせながら閉鎖阻止運動を展開し始めた。ＢＮＹ労働者の最大組織で，二六の職種別労組が加盟していたブルックリン金属労組（Brooklyn Metal Trades Council）は，[44] 幹部一五人で構成された対策委員会を起ち上げ，地元選出の連邦上・下院議員や州知事，市長，区長など公権力の代表者に対して矢継ぎ早に陳情活動を行って支援を求めると同時に，ＢＣＴＣや中央労組会議にも助力を仰いだ。[45] この中で最も強力にＢＮＹ労働者支援に動いたのがアースデイルであり，ＢＮＹ内に多くの組合員を抱えるローカル3であった。[46] ローカル3は第二次大戦開戦前後よりＢＮＹに深い関わりを持ってきたことに加え，一九六一年一月には，同じ国際電気工労組（ＩＢＥＷ）傘下に属し，ＢＮＹで働く電気工を組織していたローカル664と合併することで（事実上の吸収）[47]，ＢＮＹとの関係をより強めていた。アースデイルらの支援を受けたＢＮＹ労働者は陳情やデモを積極的に展開し，連邦上・下院議員や市長などを迎えた大規模反対集会をマジソン・スクエア・ガーデンで開くなど，自らの窮状を大々的に世間にアピールした。しかし，こうした努力にもかかわらず，当初は規模の縮小にとどまると思われていたＢＮＹの処遇は，一九六四年一一月一九日に海軍造船所閉鎖対象のトップとして公示されるのである。[48]

閉鎖に至る過程で露わになったのは，ＢＮＹで働き続けてきた熟練工たちの重苦しい不安感であった。当初の予想を超えてＢＮＹの閉鎖が濃厚となっていく中，熟練工は言いようのない無力感と不安，怒りに苛まれていた。電気工のＤ・ジテンズは次のように言う。

他の多くの連中と同様，俺は第二次大戦以来のヴェテランで，ここで二〇年以上働いてきた。……重要な船を建造するために政府は俺を世界中へ派遣したけど，そうした経験は俺のすごい自信になった。で，今俺は，お前の仕事は必要ない，働きたけりゃ家族を連れて遠くへ行けって言われてるわけだ。どこか遠くへ行ったとして，こんなことが繰り返されないって言えるかい？　俺と家族は今，俺たちの組合が建てた協同住宅エレクチェスターに住んでる。ここが好きだし，どこに行くつもりもない。妻と俺は子どもたちを大学に行かせようって計画してた。子どもの教育のためにどうにか貯金し続けてきたんだ。俺たちは子どもたちに社会に出て成功したいなら大学に行かなきゃいけないって言い聞かせてきた。でも今じゃそんなことは俺たちにとっても子どもたちにとっても失われた夢のようさ。[49]

BNYで三〇年以上のキャリアを持つH・ゴードンは怒りに満ちて言う。

俺は空母コンステレーションの火災事故で五〇人以上が焼け死んでいくのを見た。[50] 連中が今起こっていることを知ったら今日にも墓に集まってくるだろう。ここで働く多くの連中は一五年から二六年のキャリアがある。中には年金を受け取れる奴がいるかもしれないが、他の仕事で収入を補わなけりゃならないだろう。他の多くはリタイアするには早すぎるし、民間のどこかに移って仕事を得るには年をとりすぎている。仲間の多くは関節炎がひどいし、働いてる時の騒音で耳もよく聞こえない。溶接の時の煙を吸い込んで肺を悪くしてる奴もいる。でも、こんな献身的な連中は世界中のどこを探したっていやしない。マクナマラは国は雇用のための公共事業（WPA）をやってるんじゃない、なんて言っているけど、じゃあここは最初からずっとWPAだったって言うのかい？　俺たちは海軍の信任を得た優秀な空母をつくって来たんだぜ。[51]

C・ゴールドスタインも不安や怒りを表している。

国防長官の最終決定を聞いた時はとてもショックだった。一八年前ここで職を得た時、俺は安定が得られることを願った。この一八年間っていうもの、最高に優れていて、最高に重要な船をつくるために懸命に働いてきた。俺にとってそれは仕事以上のものだった。だって国のために何かやってるって感じてたからね。仕事の後造船に関する知識を増やすために俺は学校に通った。造船の仕事ってのは「どうやるか」を学ぶことなんだ。だから俺もそうやってやり方を学んできた。でも今じゃすべてが無駄になった。俺は今四一歳、年金をもらうには若過ぎるし、最初からもう一度何かを学ぶには年の取り過ぎだ。どこかへ移るっていうのはありえない。……家族もニューヨークが好きだし、どこにも行くつもりはない。[52]

労働者に対する救済策として、閉鎖を免れたフィラデルフィアなど他の海軍造船所や全米中の民間造船所から新規採用の募集が提示され、海軍当局による必死のキャンペーンが展開されたにもかかわらず、反応は鈍く、定員を埋めるために長い時間がかかった。[53] 先の労働者も語っているように、BNYの仕事は労働者にとって単に生計手段であっただけでなく、彼らの生活・人生そのものであった。[54] ニューヨークから比較的近いフィラデルフィア海軍造船所の雇用オファーに対するH・コスロの反応には、長年働き、住み続けてきた場所に対する強い思い入れが示されている。

市民生活、宗教生活、社会的・経済的生活、それに家族の絆が確立されてるコミュニティから追い立てられるなんて、何の楽しみがあるっていうんだ。仕事場で得てきた友人や、ニューヨークを去ることで失う多くのもののことを思うと、本当にがっかりだ。[55]

ここで人生の重要な時間を過ごし、教区民としての信仰や生活基盤や友人たちを得てきた彼らとその家族には、その地を離れて新しい暮らしを始めるということは、これまで考えたこともない、想像すらできない事態だったのである。また、熟練工の存在を考慮しないで合理化を進める国防省の姿勢に対する不信もあった。E・A・ヴィサーは言う。

俺はフィラデルフィア行きの申し出を断った。また基地閉鎖命令に直面するだろうって信じてるからね。「フライパンから火の中へ」ってのはごめんだよ。市内か州内でもっといい仕事を探すさ。[56]

しかし、その一方でもはや労働者にとってどうしようもない事態が訪れていることを認識し、オファーを受け入れる労働者もいた。

他にオファーはないんだ。政府関係や民間でもいろんな仕事を探し続けてきたんだ。何もないよりましさ。給料が低くてもね。(J・T・ファサネラ)[57]

まったく嬉しくないね。俺は自分自身を縛るようなことはしてこなかったけど、フィラデルフィアに行かざるを得ないだろう。一九六四年の一二月、俺はもともとはカリフォルニアのロングビーチなら雇用可能ってなってた(引用者注：西海岸への転職は遠すぎて見送ったと思われる)。それ以来広報に載ってるいろんな仕事に申し込んだけど、何も成果はなかった。俺は何か間違ったことをしているに違いない。(A・アゴスタ)[58]

妻はそれほどニュージャージーのチェリー・ヒルに行くことを心配していない。そこに家を建ててそこからフィラデルフィア海軍造船所に行くんだ。今の彼女の関心は、新しい友人をつくって隣人になじめるように準備することだ。俺については、仕事のことだね。でもまあ、そんな難しくないさ。だって俺は今でも海軍で働いてるんだから。(C・ピッコロ)[59]

一九六六年六月二五日、BNYは一六五年の歴史に幕を閉じた。BNYの閉鎖は、そこに働く熟練工が依拠してきた技術がもはやかつてのような重要性を失ったことの帰結でもあり、彼らが持っていたナショナルで男性的なアイデンティティ、そしてそれに基づいた価値観が動揺し、崩れ始めた大きな要因となった。閉鎖対象として公示されてからわずかの間にBNYが閉鎖へ追い込まれた事実は、強固な組織力と政治力を誇ってきたニューヨークの熟練工たちの存在がかつてのような輝きを失い、相互の間の結びつきも薄くなり始めていることを紛れもなく示していた。そして、BNYをめぐる一連の展開は、ニューヨークにおける白人男性の熟練労働者を中心とした労働者の世界が、抗い難い変化に直面し、もはやそうした世界を維持することが極めて困難であるという事態をも予示していた。ＢＮＹが閉鎖され、熟練工の姿がさらに失われていく一方で、公衆の眼前に自らをアピールしてきたのは、建設労組に対しマイノリティ労働者の受け入れを強く求める公民権運動団体であった。この後、建設労組が拠って立ってきた最大の根拠とも言える見習い制度をめぐって、公民権運動団体と公権力、ＢＣＴＣの間で激しい攻防が展開され、ニューヨーク建設労働者の焦燥感はピークへと達していくのである。

3　公民権運動の高揚と建設労働

次に、建設労組の閉鎖性が公民権運動の主要課題としてクローズ・アップされ、この問題がニューヨークを舞台に展開されていく状況を考察することにしよう。特に、一九六三年を起点として、公民権運動団体による建設現場の封鎖などの直接行動や個別の建設労組に対する訴訟の提起、市や州政府の人権機関による圧力など、建設労組への逆風が急速に強まる様子を見ながら、建設労組とそこに属する労働者が享受してきた既得権が批判され、建設労組の存立基盤が大きく揺らいでいく状況を描く。なお、一九六六年のリンジーの市長就任以降、対建設労組で最大の焦点となる見習い訓練におけるマイノリティ枠の設定——「ニューヨーク・プラン」をめぐる攻防については次章で詳しく見ることとしたい。

建設労組に対してマイノリティ労働者の見習い採用を求める運動は、公民権運動の当初からの主要課題として取り組まれ、一九五〇年代半ばには建設労組を直接批判する主張がなされていた。[60] 政治的権利を獲得することと同様に、日常生活を支える労働面で差別をやめさせることは、黒人たちマイノリティにとって重要な課題だった。建設労組批判の先鋒は一九五一年から全米黒人地位向上協会（ＮＡＡＣＰ）の労働局長を務めていたハーバート・ヒルであった。建設労組を中心とした既存の労組による差別の実態を調査し始めたヒルは、一九五九年に「見習い訓練プログラムにおける人種差別」と題したレポートを公表、建設業の見習い訓練に占める黒人の割合は一％にも達しておらず、北部でも南部でも労資双方が見習い訓練から黒人青年を排除していると糾弾した。[61]ＮＡＡＣＰ以外でも全国都市同盟（National Urban League）が、建設業界における黒人に対する雇用差別を告発するレポートを一九五七年に発表し、ＡＦＬ-ＣＩＯ副議長で黒人労働運動の代表的指導者であったＡ・Ｐ・ランドルフも、批判に対して実効的な策をとろうとしない労組側の態度を「見せかけ主義（tokenism）と漸進主義（gradualism）」だとして激しく非難した。

黒人やマイノリティにとって建設業での労働実態は境界線が明白かつ具体的で可視化されているものであった。建設現場では労働の種類によってカラー・ラインとしての境界線が明確に引かれていた。建設現場におけるマイノリティ労働者の姿は特定の仕事や職種に集中的に存在し、そのほとんどが専門技術を必要としない単純な荷役労働者やレンガ運搬夫、あるいはセメントをこねることをもっぱらとする左官助手などの非熟練労働であった。彼らは熟練工組合から排除されているため、たいていは非熟練工だけが加盟する別労組に属するか、組合には加盟しておらず、見習い訓練を受けてステップ・アップする機会は与えられなかった。ほんのわずかの黒人が熟練工として受け入れられるケースもあるにはあったが、これはランドルフが指摘したように、「人種差別をしている」という批判をかわすために熟練工組合側が意図的に行うものがほとんどで、そうした黒人熟練工でさえ、不況の時は恣意的にレイ・オフされ、正式な組合員資格を与えられているにもかかわらず、就業斡旋所で追い返されることもしばしばであった。[62]建設業がブームを謳歌している中、労働条件において熟練工との間に圧倒的な差がある不条理な状況は、マイノリティ労働者にとってもはやこれ以上受け入れがたいレヴェルに達していたのである。

公民権運動団体やそれに組織されたマイノリティたちがとった行動は建設労働者に強いプレッシャーを与えた。建設労組の閉鎖的態度を糾弾する人々は直接建設現場に現れてピケを張り、工事の進捗に対して介入する戦術を展開したのである。白人男性を中心とした熟練工の領域として確保されてきた建設現場に、これまで見られなかった人々が押し寄せ、作業を妨害し、抗議の声を浴びせかけてきたことは、建設労働者が長年堅持してきた秩序への重大な挑戦であり、現場の規律が乱される看過できない事態であった。こうした直接行動はニューヨークだけでなく、フィラデルフィア、エリザベス、ニューアーク、クリーヴランド、シンシナティ、セントルイス、オークランドなど全米各地の大都市に次々と広がっていった。

直接行動が繰り広げられる中心は公共事業による建設現場であった。これは事業の展開に介入して現場を混乱させるとともに、工期を遅らせることで、事業主である公権力に圧力をかけて即時の対応策をとらせようという狙いが込められていた。その動きはニューヨークではまず、別館が建設中であった市立のハーレム病院で起きた。この時までにニューヨークではＮＡＡＣＰや人種差別会議（ＣＯＲＥ）、全国都市同盟など六つの主要な公民権運動団体が協力して、より大規模で組織的な運動を展開するために「雇用機会の平等を求める共同委員会（Joint Committee for Equal Employment Opportunity, 以下共同委員会）」を起ち上げていた。共同委員会は一九六三年五月一五日に、ハーレム病院に対してピケを張ることを宣言し、六月一二日からその行動を開始した。一九六三年七月九日からは市庁舎とマンハッタンにある州知事オフィス前で座り込みを始め、その翌日には大規模刷新工事中であったブルックリンの州立大学付属ダウンステイト医療センターでピケを張り、マイノリティ人口が多いこの地域で白人たちが仕事を独占していることに対して糾弾の声をあげた。抗議行動は市内全域に広がり、クイーンズやマンハッタンの公共住宅建設現場などでも同様の行動がなされた[63]。

そうした最中の七月四日、共同委員会はマイノリティ労働者雇用の促進策としてより踏み込んだ独自案を明らかにし、組合外の機関で職人試験に合格したマイノリティ労働者は完全な組合員資格を得られるべきであり、各建設労組は年間見習い採用において一定の割合——市人口にマイノリティが占める割合の約二倍＝二五％をマイノリティ枠として設けることを要求した[64]。共同委員会の提案は、建設労組が保持してきた労働力の育成・供給システムに対して別ルートを設けることであり、とりわけマイノリティの見習い採用について数値化された枠をあらかじめ設ける「割当制（quota）」が打ち出されたことは、自律的な見習い採用という建設労組が拠って立ってきた存立基盤を揺るがす重大な挑戦と受け止められた。

公民権運動団体側は、建設労組に対して強権を行使しない公権力の生ぬるい姿勢を槍玉に上げ、実効的な策をとることを声高に主張した。建設労組と長年にわたり良好な関係を築いてきたワグナーやロックフェラーではあったが、一方で双方ともこれまで「リベラル派」として公民権運動に理解と共感を示してきており、自身の評判やそうした勢力との政治的つながりも考慮すべき重要な位置を占めていた。無策でいることができない状態に追い込まれた彼らはそれぞれ対応策を打ち出した。ロックフェラーは公民権特別委員会を組織しつつ、四〇億ドル相当の建設プロジェクトを促進してマイノリティ労働者の仕事を増やすことを発表し、ワグナーも自ら指名した三名によるアクション・パネルを発足させ、建設労組の現状を調査してマイノリティの雇用増加につなげることを明らかにした。そして両名ともに、建設労組の長であるブレンナンから計画に対して「協力」を取りつけたと述べ[65]、建設労組の実態調査を実施した結果、マイノリティ労働者に対する差別行為が明らかになった場合は、市や州による事業をキャンセルするとも警告した[66]。

公権力側からの圧力は、市人権委員会（City Commission of Human Rights, 以下CCHR）を通じて恒常的に行われ始めた[67]。CCHRは個々の組合に対してたびたび喚問調査を実施し、その結果を公表することで、マイノリティ受け入れに対する建設労組側の努力が著しく不十分であることをアピールした。CCHRが一九六三年に公表したレポートは、建設労組内におけるマイノリティの割合が極めて小さく、場合によっては皆無であることを明らかにした（表3参照）。例えば鉄骨組立工労組（ローカル40）は組合員数一〇五〇人のうち、一割を「インディアン」が占め、そのほかにはわずかにスペイン語を話すメンバーがいるのみで、黒人は皆無であった[68]。一九五四年以来毎年二〇人の見習いを採用し、喚問当時は二〇〇人が訓練中であったが、これまでに黒人はわずか二人から申し込み

表3　ニューヨークの各建設労組の組合員における人種構成

（単位：人）

組　合	組合員総数	黒人組合員数	黒人見習い数	備考[2]
エレヴェーター建設工労組（ローカル1）	2300	3（推測）	訓練プログラム無	a
配管工労組（ローカル1）	3000	9（非建設労働者）	訓練中2（訓練終了者無）	a
配管工／スチームパイプ工労組（ローカル2）	合計4100 A 3800（建設部門） B 300（配管修理，取替作業部門）	約16（AかBかは不明）	訓練中2か3（訓練終了者無）	b
重機操作工労組（ローカル14, 14B）	1600-1750	23-50	訓練プログラム無	a
重機操作工労組（ローカル15, A, B, C, D）	4500	約8%	教育委員会による訓練プログラムの承認待ち	a
板金工労組（ローカル28）	3300	0	0	b
鉄骨組立工労組（ローカル40）	1050	0（インディアンは10%存在）	0（待機リスト1人有，訓練終了者無）	a
鉄筋組立工労組（ローカル46）	1600-1700[1]	131（姉妹労組から送られてきた）	訓練中1（待機リスト1人有り，訓練終了者無）	a
左官・石工労組（ローカル60）	2080	300	5	b
スチームパイプ工労組（ローカル638）	合計6800 4000（建設部門） 2800（システム始動・修理部門）	 0 200	訓練中6（訓練終了者無）	a
大工労組（ローカル42）	34000	5000	ほとんど黒人組合に所属	b

注1）表中ではローカル46の組合員数の最大値が「17500」と記載されていたが，Reportの本文中では「1700」であった。本文の数値が正確と思われたため，同数値を採用した。

2）aは公聴会で行われた当事者からの証言を基に記載された数字。bは*Report of the New York State Advisory Committee to the United States Commission on Civil Rigths on Discrimination in the Building Trades*, Aug. 1, 1963から抜粋された数字。

出典）CCHR, *Bias in the Building Industry : An Interim Report to the Mayor* (Dec. 13, 1963), 39-40を基に筆者作成。

があっただけで、そのうち一人はすでに訓練を中退し、一人は承認待ちとされ、正式な訓練を受けている黒人はいなかったのである。ローカル40には組合員になるための形式的な必要条件はなかったが、実際には組合員である親戚や友人からの推薦がなければ認められなかった。AFL-CIO議長であるジョージ・ミーニーの出身組合である配管工／スチームパイプ工労組（ローカル2）では四一〇〇人の組合員のうち、わずかに一六人が非白人で（その一六人が建設労働に従事する部門に属している労働者かどうかは不明）、見習いでは「二人か三人の非白人が訓練中」ということであった。また、ローカル2の組合員になるためには「司祭か警官か裁判官のような人からの推薦がなければならない」という規定も存在していた。板金工労組（ローカル28）に至っては組合員の中にも見習いの中にも非白人は全く存在しないという状態であった。[69]

CCHRによる喚問は建設労組だけでなく、マイノリティ労働者の雇用促進に関わる当事者として市当局や請負業者に対しても行われ、CCHRはそれぞれに責任の履行を求めたが、請負業者の一部はマイノリティ労働者には必要な技能が備わっていない場合も多く、熟練工労組の就労斡旋所を通じて行われる現在の労働者調達システムが支配的である限り、業者自身の努力には限界があると反発した。CCHRはこうした主張を「熟練工労組のみに労働力を依存し続けてきた結果として差別的な状況が生み出されてきており、等しく責任がある」と強く批判し、業界ぐるみの責任と断じて退けた。[70]

CCHRの批判の焦点は建設労組へと向けられ、組合員からマイノリティ労働者を排除してきた問題点として、近親者などからの推薦制度、就労斡旋所による雇用ルートの独占、ニューヨーク外出身労働者の排除を挙げた。また、見習い訓練についても「白人独占（For White Only）」条項や「父子（Father-Son）」条項の存在、推薦制度、見習いに関する情報の制限がマイノリティ労働者の採用を妨げてきたとし、さらに、ニューヨーク市教育委員会が運営している職業学校に学び、見習い候補として十分な知識や技術を持つ生徒たちを建設労組がほとんど採用していないことを強く批判した。そして批判に挙げた点をそのまま具体的改善策として打ち出した。[71] CCHRは建設労組が保持してきた組合員採用システムや見習い運営など、建設労組の拠り所が悪弊となってマイノリティ労働者の排除を引き起こしてきたことを強調した。ＣＨＲによるこうした主張が公にされたことで、マスメディアや世論も建設労組批判を強めていった[72]。共同委員会やＣＨＲの主張は建設労組の根幹となってきたものを直接問題にしており、防戦一方に追い込まれた建設労組にとって、事態は座視できるものではなく、反撃は必須であった。

ますます強まる批判に対して、建設労組はＢＣＴＣ議長ブレンナンを先頭に巧みに反撃した。まずブレンナンは通称ブレンナン委員会と呼ばれるマイノリティ雇用対策の組織を内部に起ち上げ[73]、独自の雇用促進案を提示することで批判をかわすと同時に、引き続き組合員採用における主導権を組合側が確保することを狙った。独自に提案された内容は、二年以上ニューヨークに在住し、自らに職人や見習いとしての資格が備わっていると認識する黒人やプエルトリコ系がブレンナン委員会に申込手続きを行い、その後ブレンナン委員会が面接を通じて申込者を振り分けるというものであった。申込者は条件不足で落選するか、合格とされれば適当と思われる建設労組から身分照会を受けることになっていたが[74]、ブレンナン委員会の任務はあくまで応募者が条件を備えているかどうかを審査し、適格者と判断された人に関して各組合が身分照会を行えるようにするだけで、そこから先は個々の組合の判断に任されており、強制性を伴うものではなかった[75]。

一九六三年一二月、ブレンナン委員会はマイノリティ募集・面接の結果を発表した。それによれば、見習い訓練には一六二四人から応募があり、うち五二八人は条件不足（年齢、教育、在住歴）で面接前に落選し、一〇九六人が残った。次の面接ではそのうち四二六人が欠席し、残りの六七〇人が面接に臨んだ結果、五七三人が合格、適当な建設労組へ紹介された。職人には四九四人の応募があり、二四三人がやはり面接前に不合格となった（在住歴、建設労働未経験、職人歴不足）。その結果二四一人が残ったが、次の面接には七二人が欠席し、一七九人が試験を受けた（不合格者数や欠席者数と残った人数がともに合わないが、下記の注76にある複数の参照資料での記載に従った）。最終的に一〇九人が合格して各労組にまわされ、七〇人が不合格になった。すでに組合員資格を得て労組にまわされた者に関しては、大工労組に送られた三六人の場合、二二人が就労斡旋所に現れず、七人は職場に戻らず、一人は組合員資格を拒否、最終的に六人が働いているとした。建設労組側はこの結果をもって実際には熟練工になるための条件を備えているマイノリティ労働者は公民権運動団体が主張しているより少なく、建設労組の現状は差別の結果ではないことをアピールしようとした[76]。

ブレンナン委員会の結論に対して公民権運動団体からは即座に、「黒人コミュニティを新たな形で批判しようとする見え透いた浅はかなレポート」（共同委員会議長R・A・ヒルデブランド牧師）などと批判や失望の声が相次ぎ、建設労組に対してさらなるフラストレーションを蓄積させる結果となった[77]。あくまで旧来のシステムを固持しようとする建設労組に対して、公民権運動団体側はその枠内での改善を求めるのではなく、建設労組が持つシステムとは別の雇用ルートを構築すべく、さらなる行動を進めていった。そしてそれらの焦点は、一九三九年以来二五年ぶりの開催に向けて急ピッチで建設が進められていたニューヨーク万博に対する開会阻止行動および個別労組に対する圧力の強化にしぼられていく。

万博はニューヨークの建設ブームを象徴すると同時に、建設労組と公権力、民間資本相互の良好な関係による産物であった。万博を統括するために設立された会社のトップにはトライボロ・ブリッジ／トンネル公団総裁や市公園局長・市計画局長など数々の要職を務めていたロバート・モーゼスが就任した。就任に際して公団総裁には留まりつつも、市の役職すべてを辞したモーゼスは、多くの建設労組と協力しながら開催へ向けた準備を進めていた。万博を近年稀に見る有益な大型プロジェクトと見なしていたBCTCは、万博建設現場でのストライキを禁止する決議を行うなど万博開催に全面協力する姿勢を打ち出し、各労組にその徹底をはかっていた[78]。その一方、そこで作業に従事する建設労働者の間には他の建設現場同様、アンバランスな人種構成が現出していた[79]。共同委員会は万博での雇用全体においてマイノリティ労働者が二五％を占めることを求めると同時に、世界的な注目を浴びるこのイヴェントを利用して、パヴィリオン建設を進める各国代表に対し公正な雇用が実現されるまで建設を中止するよう申し入れることでマイノリティ労働者の現状をアピールした。連日建設現場周辺にピケが張られたため、建設スケジュールは大いに乱されていたが、公民権運動団体が求めているようなマイノリティの雇用増は進んでいなかった。

停滞する現状に不満を募らせた一部――ブルックリン人種平等会議（Brooklyn CORE）は行動をエスカレートさせ、ついには万博開催日である一九六四年四月二二日に会場へ通じる道路を多くの車で封鎖して交通の混乱を引き起こし、実力で開催を阻止することを明言した。ブルックリン人種平等会議の行動は直属の上部団体や他の公民権運動団体の合意を得られず、世論からも反発を受けて足並みが乱れたために、最終的には予定通り万博が開催され、モーゼスとアースデイルが並んでテープカットを行った。しかし、モーゼスはじめ公権力の非協力的な態度と建設労組の頑なさをあらためて痛感させられることになったマイノリティの間にはさらなる失望と憤りが広がり、ますます溝は深まったのである。

建設労組との話し合いやこれまで示されてきた手続きでは事態が進まないと認識していた公民権運動団体側は、建設労組の雇用差別を積極的にアピールし、特にCCHRなど、公権力の中でも比較的実行力を持つ機関にその行状を訴えることで差別の是正をはかろうとした。その中で大きくクローズ・アップされることになったのが建設労組内の二つの有力労組――配管工労組（ローカル2）と板金工労組（ローカル28）のケースである。

一九六四年初頭、三〇〇〇万ドルの市予算を投入してブロンクスのハンツ・ポイント地区に建設中であった広大なターミナル・マーケットにおける雇用状況の調査を行ったCCHRは、配管工事請負業者で最大手のアストロヴ配管暖房会社に対して、CCHRとの協定に基づき四人のマイノリティ労働者（三人のプエルトリコ系と一人の黒人）を雇用するよう強く要請した。この要請は建設労組にとって重大な「侵害行為」として捉えられた。ターミナル・マーケットの事業においてアストロヴとローカル2の間にはすでに協定が結ばれており、そこではユニオン・ショップ条項はなかったものの、組合は非組合員と一緒に現場で働くことを拒否できる条項が含まれ、従来通り組合員の雇用が最優先されていたからである。協定では非組合員でも熟練工としての資格があると見なされる者がいた場合、雇用可能という条項が含まれてはいたが、そうした条項が実際に機能することはなかった。しかし、CCHRがマイノリティの雇用に消極的な姿勢をとり続けるアストロヴ側をオフィスに呼び、事業のキャンセルを示唆しながら四人の雇用を強い調子で求めたという事実は、組合と請負業者の間でだけ取り結んだ雇用ルールに対し、公権力が強権をもって横槍をいれるものにほかならず、ローカル2にとって決して看過できないものだった。[80]

四月三〇日、四人のマイノリティ労働者がCCHR関係者に付き添われて現場に現れると、四一人のローカル2メンバーは、非組合員とは現場を共にすることはできず、四人の雇用は認められないとして、即座に仕事を止めてストライキに入った。CCHRは妥協策として四人に対して組合が実施している職人審査テストの受験を認めることを求めた。これは無条件で組合員資格を与えるのではなく、試験に合格して実質を備えていることが示されれば、組合員として承認するというものだった。しかし、ローカル2はこの要求を突っぱねた。ローカル2は声明の中で、CCHRが示した妥協案はマイノリティの優先的扱いに組合を従わせようとするものであり、そうした扱いは逆差別であるとともに、割当制につながると強い調子で反対理由を述べ、「今やCCHRは割当制に基づく人種統合を強制する雇用機関になった」と批判した。[81] ローカル2の対応にCCHRも態度を硬化させ、事業をキャンセルする手続きに入り、五月一一日からは組合の態度を批判する人種平等会議がローカル2の本部前でピケを張って封鎖を行い、一部のメンバーは本部ビル内に入り込んでロビーでの座り込みを始めた。緊張が高まる中で連邦政府もこの件に関わり始め、大統領ジョンソンは労働長官ウィルツに対してこの件を調査して解決策を探るよう命じた。また、効果的な対応をとれず苦境に陥っていた市長ワグナーはAFL-CIO議長ミーニーに介入を要請し、ミーニーは本部から二人の代表を送って事態の収拾にあたらせるとともに、自らもニューヨーク入りしてローカル2にCCHRの妥協案の受け入れを勧めた。

五月一五日、ワグナーはミーニー、ブレンナンとともに記者会見し、ローカル2が四人の受験を認め、妥協が成立したことを発表した。試験は慌ただしく一八日に実施され、四人のうち三人が受験した（一人は拒否）。マスコミや公民権運動関係者、ローカル2メンバーが集まって騒然とする中で行われた試験の結果はその日の夜に発表され、全員不合格となった。[82] これを受けてBCTCは「ローカル2は正しい立場をとった。……ローカル2の一致団結した立場は我々の一年前の主張——『どこに条件を兼ね備えた労働者がいるというのか？』——が正しいことを示した」と自らがとり続けてきた立場を自賛し、ローカル2議長のジャック・コーエンはブレンナンらの全面協力に謝意を述べた。[83]

ローカル2の主張は、組合が築いてきた建設労働の秩序を乱すことは誰であれ許さないとする非妥協性をあらためて浮き彫りにした。特に外からの強制力によって割当制を敷き、マイノリティ労働者を受け入れさせようというCCHRの姿勢は、組合と民間資本との協定をないがしろにし、雇用ルートを別枠で構築しようする、決して容認できないものであったがゆえに、ローカル2やBCTCは激しく反発した。市長のワグナーもCCHRの方針に対し、CCHRは強制力を使って組合の既存のルールに介入するような行為はとるべきでないとして、強い調子で非難した。[84] 最終的な結果は、またしても建設労組の強固な防塁をあからさまにするとともに、建設労組と長い友好関係にあるがゆえに言葉とは裏腹に具体的な行動が伴わないワグナー市政の限界を露呈させることとなり、公民権運動団体やマイノリティの間に失望感が深まると同時に、より強い行動の必要性をより強く認識させることになった。[85]

ローカル2と同時期にマイノリティ排除が問題となった板金工労組（ローカル28）は、建設労組の中でも最もマイノリティ排除が顕著な組合の一つであった。そのことはローカル28の上部団体である国際板金工労組（International Sheet Metal Workers Association）が、一八八八年の創立以来組合規約の中で明確に人種の境界を規定していたことに表れていた。その規定によれば、「いかなる黒人も完全なメンバーになることはできない」とされ、白人は熟練工労組へ、それ以外の人種は別組織へ振り分けられた。一九一三年に国際板金工労組の一支部として組織されたローカル28もそれに倣った同様の条項（"Caucasian only" clause）を規約の中に持ち、熟練工労組には一人のマイノリティも存在しないという状態が続いた。一九四八年に州反差別委員会（New York State Commission against Discrimination）が同条項を取り除くよう命じたことでようやく、人種の境界を確定する明文規定はなくなったものの、それ以降も同じ状況が続き、一九六四年の時点でも見習い、組合員ともにマイノリティは皆無であった。[86]

ローカル28の規定では、見習いに申し込めるのは一八歳から二三歳までの青年で、軍経験者は例外として二五歳まで認められていた。高卒資格を持っているか、それと同等の学力があれば優先的に採用され、非ヴェテランであれば少なくとも組合員一人からの推薦が必要とされていた。一九六三年に州人権委員会（州反差別委員会が一九六二年に改名。正式名称はNew York State Commission on Human Rights）が開いた公聴会において、共同見習い委員会書記でありローカル28記録部長のJ・マルハーンは見習いの九〇%が組合員の血縁者で残りの一〇%は組合員の親しい友人であると述べ、見習い申込者の選定に関しては実質的に自らの判断のみで行っていると公言したが、このことはローカル28がいかに狭隘な人間関係で成り立っているかを如実に示していると同時に、たとえ白人であっても縁のない者は多く排除されていることを意味していた。[87]ただし、そうした縁のない白人の排除という事実が後に、マイノリティ採用に抵抗するローカル28が反論に用いる大きな根拠となる。

ローカル28の実態が告発され、広く問題とされるようになったきっかけはジェイムズ・バラードという米空軍ヴェテランである二二歳の黒人労働者による訴えであった。空軍時代に板金技術を習得するなど板金工見習いとして必要な技能も知識も備えていたバラードは一九六三年三月にローカル28の見習い訓練プログラムに申し込みを行うが、ローカル28は「すでに待機者が一〇〇〇人以上いる」ことを理由にその年七月および翌年一月開始予定の訓練コースにバラードを入れることを拒否し、見習い候補者としての登録なら可能とした。これを不服とするバラードの訴えを受けた州人権委員会は一九六四年三月、ローカル28の対応は州の反差別法に違反しており、ローカル28

は創立以来七六年にわたってシステマティックに黒人を拒否し続けてきたとの判断を下した。さらに州人権委員会はローカル28に対して、見習い採用時における推薦制度を廃止すること、現在の見習い候補リストを破棄し、再度申し込みをさせた上で平等な基準で再審査することを求めた。[88]

この決定は公民権運動団体から高い評価を受ける一方、ローカル28は「彼らは全員間違っている。根拠を聞いた誰もがそのことを理解するだろう」と反発し、受け入れを拒否した。[89] 州人権委員会は問題を裁判所へ持ち込み、一九六四年八月二四日、州最高裁は同委員会の見解を全面的に支持し、ローカル28に対して見習い採用における縁故主義を廃止し、裁判所の監視の下、労資双方の代表が教育歴や試験の結果など客観的基準に基づいた採用に徹することを命じた。そしてそれに沿った形で、一九六五年三月一五日までに六五人の新しい見習いを受け入れるための新クラスを設け、その後も順次その基準に従って定期的に見習いクラスを組織することが命じられた。[90]

組合秩序に直接踏み込んできた州最高裁の決定は、ローカル28はもとより、他の建設労組も含めて激しい憤りを引き起こした。ブレンナンは州最高裁の決定を「一裁判官の意見に過ぎない」と一蹴し、多くの建設労組は、父から息子へ仕事を譲り、技術の継承を行って何が悪いのかと噛みついた。[91] ローカル28は春クラスを設けた後、深刻な失業状況ゆえに新たな見習いの受け入れが厳しくなったとして一九六五年の秋クラスの設置は困難という見解を発表した。判決を下した州裁判官マーコウィッツはローカル28の非協力的な態度を批判し、一〇月一八日までに六五人の見習いクラスを設けるように命じた。ローカル28はこの命令に対し、見習いの数を四〇人に減らすことを要求するなどしたためクラス設置の時期は遅れ、一二月一〇日、控訴を審議していた州最高裁が年内に六五人クラスを設ける下級審の判断を支持したことでようやくこの件は落ち着き、その後一一人の黒人労働者がローカル28の見習いプログラムに入った。[92]

しかし、その後もマイノリティ労働者の受け入れをめぐるローカル28と公権力の間の紛争は決して終息することはなかった。一九六六年一一月には、ローカル28が主催した見習い選抜テストでマイノリティの受験者に高得点が相次いだことをローカル28が疑問視し、テスト結果の取り消しを求める訴えを起こした。訴えによれば、高得点を記録したマイノリティ受験者の多くはテスト対策として事前に労働者防衛同盟（Workers Defense League，以下WDL）による独自のトレーニングを受けており、そうした支援は受験者の間に不平等をもたらし、不公正である、というものであった。WDLはこれまでの公民権運動団体の取り組みではマイノリティ労働者の受け入れという結果が得られていないことを理由に、他の公民権運動団体が「欺瞞的」として拒否していた建設労組による見習い試験について積極的に利用する方針をとっていた。そして、マイノリティに対して独自の訓練プログラムを実施することで試験に備えさせ、マイノリティ側に試験を受けることを奨励していた。この試験では一四七人中三二人が黒人の受験者で、その全員がWDLによる訓練を受けていた。対策は功を奏し、受験者三二人中二四人が合格者六〇人の中に入り、トップ一〇のうち九人、トップ一五のうち一二人をWDLが送り込んだ黒人が占め、そのうち一人は満点での合格を果たしていたのである[93]。

一九六七年二月の州最高裁の判決は、ローカル28の主張を「根拠が示されていない」として退け、試験の結果を全面的に支持した[94]。敗訴したローカル28はすぐに判決結果を履行しないなど抵抗を見せ、その後もローカル28と公権力の間の対立は続き、訴訟沙汰が繰り返された。そして、ニューヨークでのマイノリティ労働者の受け入れをめぐる建設労組、公民権運動団体、公権力間の攻防は、一九六六年のリンジー市政の誕生とともにさらに緊迫した様相を呈していくのである。

第6章　固執される秩序
――熟練工として

この章では、変化を求める圧力がさらに強まる中で、建設労働者が頑なに抵抗する姿に焦点をあて、特に建設労働者の強力な敵となったジョン・V・リンジー市政との攻防を詳細に考察する。公権力、民間資本との安定した関係は、アースデイルやブレンナンら労組指導者の努力で長らく維持されてきたが、リンジーの登場はもはやそのような関係を見直さざるを得ないことを示しており、連邦政府レヴェルでも建設業におけるマイノリティ雇用枠の拡大が問題となるなど、建設労組にとってはこれまでにない厳しい環境が訪れることになった。

そのような中、労組指導部は窮余の策としてニクソン政権との妥協によって苦境を脱することを模索する。従来の先行研究では、こうした動向は政治史的文脈で検証されることが多かった。すなわち、ニクソン政権と建設労組の提携関係が構築されていく画期となった一九七〇年五月のハードハット暴動から続く一連の事態が論じられる場合、ニクソン政権による「新たな多数派（New Majority）」工作――ブルー・カラー労働者の取り込み（Blue-Collar Strategy）に主眼が置かれ、労働者は政権の老練な政治戦略に呼応する受動的で保守的な存在という図式で描かれてきたのである。それに対して本章では、高まる圧力に対して頑強かつ巧みに抵抗する建設労組の動向を追いながら、特に第6節において、彼らが変化を拒んだその根拠を、これまで詳しく見てきた建設労働者の日常生活の中に求める。そうすることで、日常の営みの中で紡ぎ出されてきた秩序や価値観の持つ意味を明らかにし、いかなる状況において建設労働者が政治的保守主義や愛国主義を発現させるのかを考察してみたい。

1　高まる批判、揺れる境界――連邦政府のスタンスとフィラデルフィア・プラン

マイノリティ労働者の雇用をめぐる問題は連邦政府レヴェルでも早くから顕在化していた。そのことは、第二次世界大戦中の一九四一年六月二五日、ローズヴェルトが軍需産業の雇用において人種差別を禁じる大統領行政命令第八八〇二号を発令し、それに基づいて公正雇用委員会（Fair Employment Practices Commission）を組織したことに示されている。行政命令八八〇二号は連邦法として初めて雇用における人種差別を禁じるものであったが、この命令を生み出した背景には、雇用や失業率などの面での明白な人種間格差が存在することに対する黒人らマイノリティ労働者の強い不満があり、それらを組織化したA・P・ランドルフに代表される黒人公民権運動による圧力があったことはすでに多くの研究で明らかにされている。一向に改善されない人種間の不平等に対して即時の行動を政府に求めるべく、ランドルフらが呼びかけた一〇万人規模の「ワシントン大行進」に対して、戦時体制下で「国民の大同団結」を呼びかけていたローズヴェルトはその影響を大いに懸念し、行進の中止と引き換えにマイノリティ側の主張を汲んで行政命令を発したのである。(1)

行政命令八八〇二号は政府と契約する軍需産業すべてに対して雇用における反差別条項を明記することを規定し、雇用に関する不満の窓口となる公正雇用委員会には調査権や公聴会の開催、勧告権などを与えていたが、実効性を確保できる強制力はなく、連邦裁判所に対して違反を理由に訴訟を提起することもできなかった。実際、南部の州から選出された民主党議員たちは公聴会の開催に激しく反発して中止に追い込むなどローズヴェルト政権に強い圧力をかけたため、ローズヴェルトの姿勢はよりいっそう消極的となり、公正雇用委員会は連邦政府の独立機関

から戦時生産局の下部組織に「降格」されるなど、マイノリティに対する雇用差別の是正は明らかに停滞状況に陥った。そもそもが戦時における臨時措置的機関であった公正雇用委員会の地位は、これによってますます脆弱化していった。[2]

戦後も黒人たちマイノリティ労働者の置かれた状況に改善の兆しは見られなかった。ローズヴェルトを引き継いだトルーマン政権時代、幾度となく公正雇用委員会に対して法的に恒久的地位を与える試みが行われたが、それらはすべて南部民主党勢力を中心とした反対派の激しい抵抗に遭い、頓挫していた。しかし、黒人たちの継続的かつ精力的な闘争によって連邦政府も人種間の雇用格差の是正に対して、徐々にではあるが動き始めるようになり、差別の象徴として捉えられていた建設業でもそのような動きが見られるようになった。

それはまず、一九五三年にアイゼンハワーによる大統領行政命令（第一〇四七九号）に基づいた大統領直属の政府契約委員会（President's Committee on Government Contract）の設立に表れる。委員会の管轄は政府と契約した請負業者による事業に限定されており、差別をなくす目的を掲げてはいるものの、その権限は出発点から極めて限られていた。アイゼンハワー自身は公民権に関する分野について消極的な態度しか持ち合わせておらず、法による強制力の行使に一貫して否定的な態度をとり、「現在の状況では実現困難」な方法をとるよりも、説得などによって人々の良心に頼ることを好んだ。[3] そして、アイゼンハワーの姿勢は同委員会の委員長に指名された副大統領のニクソンにも共有されていたため、委員会のスタンスは人種や宗教に基づいた差別の告発に対してケース・バイ・ケースの原則で応じ、雇用主には説得や勧告によって改善を求めることが基本となっていた。[4] アイゼンハワーは上院の共和党の劣勢や南部の政治家の反応を恐れていたし、ニクソンはアメリカ労働総同盟・産業別組織会議（AFL-CIO）の反共政策に対する協力に満足していたので（議長のミーニーも政府契約委員会のメンバーだった）、委員会は決してマイノリティの雇用枠割当を命令したり、違反企業との契約を破棄するなどの措置はとらなかった。公民権運動団体の多くは委員会の実行力に疑問と失望を示した。一九六〇年に首都ワシントンで連邦政府が実施した建設事業において三人の黒人測桿手（rodman）が採用されたのは、委員会のマイノリティ雇用に関するわずかな成果であったが、これに対して全米黒人地位向上協会（NAACP）は、このペースでいけば、黒人にとって十分な熟練職人の訓練や雇用へのアクセスを実現するにはあと一三八年かかるだろう、と痛烈に批判した。(5)

連邦・州・その他の自治体が事業主となる新規公共工事の総額でみると、戦時でのピークは一九四二年であったが、一九五二年には早くもそのピークを上回り、一九六〇年に微減があったものの、一九六四年まで一貫してその規模は増大傾向を示していた。(6)大規模工事は増え続けているにもかかわらず、マイノリティ労働者に対する雇用差別が依然続いているという不満は、ニューヨークだけでなく全米中の大都市で鬱積していた。新たに大統領に就任したケネディは一九六一年三月の大統領行政命令一〇九二五号によって大統領雇用平等委員会（President's Committee on Equal Employment Opportunity）を設立するなどしていたが、一九六〇年代に入ってますます盛り上がる雇用差別是正を求める黒人たちの運動は一九六三年の春になると一気に大都市に広がり、連邦政府に大きなインパクトを与えた。同年六月四日、ケネディ政権は連邦政府の建設事業における差別に反対することを発表し、(7)労働長官ウィルツに対し、連邦政府が支援する見習い訓練で差別待遇のないプログラムを実施することを命じた。また、ウィルツは調査委員会を組織して、連邦政府と契約している企業のマイノリティ雇用に関する実態調査を始め、一週間後にその結果を報告した。二〇都市を調査したそれによれば、全体で黒人は九つの職種で採用されておらず、また黒人建設労働者一〇人のうち七人がもっぱら荷役に従事する非熟練労働者（laborers）ということであった。七月半ばにケネディは組合指導者たちと会ってこの結果を議論しつつ、いくつかの都市に使者を派遣した。そして七月二二日に大統領行政命令一一一一四号を発令し、大統領雇用平等委員会の権限を拡大すると同時に、政府と契約した建設事業での差別をあらためて禁じた。(8)

権限拡大の最大のポイントは、政府と契約する事業者に対して「アファーマティヴ・アクション」をとることを推奨する点であった。その際、大統領雇用平等委員会は事業者に対して、「進歩のための計画（Plan for Progress）」

を作成し、マイノリティの雇用を自主的に増やすことを促した。この計画では、政府との契約を得たい企業は政府のアドヴァイザーから助言を得ながら自社の雇用状況を調査した上でマイノリティの雇用計画を作成することになっていた。一九六一年の終わりまでに二五弱の企業が「進歩のための計画」にサインし、二年後にその数は一一五に増え、一九六五年までに三一五の企業がサインした。[9] しかし、依然としてこの委員会の立場は、あくまで促すだけで強制的な措置を発動するものではなかったため、最初からその実効性に対して各方面から疑問が示され、南部ではほとんどの企業がプランの作成について無視を決め込んだ。強まる批判の中で委員会内部でも運営方針をめぐって対立が起き、辞任者が相次ぐなど混乱を深めたため、その結果は目に見えていた。

一九六四年に雇用における差別を禁じる内容を含んだ公民権法が成立すると、それを実質的なものにするための政府機関として翌年七月に雇用機会平等委員会（Equal Employment Opportunity Committee, 以下ＥＥＯＣ）が発足した。ＥＥＯＣは差別の訴えがあればそれを調査し、問題があればその是正を試み、うまくいかない場合は訴訟を起こすことができ、これまでにない権限を有していた。そのＥＥＯＣは一九六六年、「進歩のための計画」の実態についての調査結果を明らかにした。それによれば、最初にプランにサインした企業の四分の一では、マイノリティ労働者の割合が三％を下回り、むしろサインしていない企業の方がどの職種でもその数字を上回っていた。もはや企業の自主性だけに頼り、強制力を伴わない勧告措置を続けてもほとんど効果が得られないことは明白であった。[10] 公民権運動団体の間には失望と怒りがさらに広がり、政府内でもこれまでのスタンスに対して批判の声が上がり始めた。おりしも、大都市ではマイノリティが高い失業率や劣悪な住環境に苦しみ、その不満は都市暴動の頻発となって現れていた。仕事を欲するマイノリティ労働者や公民権運動団体が政府に求めていることは、何らかの強制力を伴う措置を即時実行することであり、その態度如何が政権に対する判断基準となっていた。

連邦政府が主導的に動くことを求める声が日増しに高まる中、一九六五年九月ジョンソン大統領は新たに大統領行政命令一一二四六号を発令した。一一二四六号はケネディ時代の一〇九二五号と内容的に重なり合っていたが、二つの点で異なる特徴を持っていた。一つは、大統領雇用平等委員会に代わって、労働省の下に新たに連邦契約遵守局（Office of Federal Contract Compliance, 以下遵守局）を設けたことで、もう一つは、政府と契約する業者に対し、雇用しているマイノリティの数について定期的にレポートを作成してその提出を求めていることであった。[11]

後者は、マイノリティ側が長年にわたって求め続けてきた強制的措置に近づくもので、これに基づいてジョンソン政権はセントルイスやサンフランシスコ、クリーヴランド、そしてフィラデルフィアで行われている連邦政府の建設事業におけるマイノリティ労働者の雇用の実現を模索し始めた。セントルイスでは橋の建設を請け負う業者に対し、事前にマイノリティの雇用に関する努力の証を示すことを求め、契約はそれ次第であるという計画を発表した（セントルイス・プラン）。サンフランシスコでは湾岸鉄道建設に介入し、マイノリティ労働者に対する訓練、雇用、配置に関する具体的な努力を証明することを請負業者に義務づけた。これに対して、セントルイスでは組合がストライキで応じ、同時に訴訟を提起することで事態の長期化が引き起こされた。サンフランシスコでも計画は形式的な実行で済まされ、具体的成果は得られないでいた。[12]

さらに強力な介入が必要と感じた遵守局は、クリーヴランドでそれを試みようとした。遵守局は事前にどのような職種で何人のマイノリティ労働者が必要かを明確にした労働力表を作成することを請負業者に求めたのである（クリーヴランド・プラン）。この方式はフィラデルフィアでも継承され、当局は請負業者に対して当地の人種別人口比に応じたマイノリティ労働者の枠について明確にすることを求めた。労働長官ウィルツは、両プランはとりわけ人種間の緊張関係が高まっている都市にのみ適用されるのであって、他の都市に波及するものではないと述べてはいたが、特定の地域を対象とする具体的なプランが続けて明示されたことは建設労組に強い猜疑心を生み出した。建設労組は組織を挙げてこうした類のプランが不当である旨を訴えて反論を展開する一方、連邦政府では大統領選挙を控える中で労組を敵に回すことへの懸念が高まっていた。結局、両プランは公民権法で禁じられている割当制に該当する恐れがあるという会計検査官E・B・スタッツの判断により、クリーヴランド・プランは一九六八年五月に、フィラデルフィア・プランは一一月にそれぞれ違法とされ、消滅することになった。[13]

しかし、一連の事態は、一時的とはいえ、連邦政府がこれまでにないスタンスをとらざるを得ないほどマイノリティ側の不満が高まっていることの表れにほかならなかった。そして、ジョンソン政権が来たる選挙をにらんでマイノリティの雇用改善に対して消極的態度に転じたことで、マイノリティのフラストレーション拡大に拍車がかかった。実際、プラン消滅後にピッツバーグやシカゴ、ニューヨークなど中西部や北部の都市では再び建設現場を舞台とした公民権運動団体の直接行動が繰り返され、緊張が高まっていった。ジョンソンは公共住宅建設において地元住民＝マイノリティの雇用を最大限確保することを言明し、それらの事業を通じて建設労組が労働者の教育訓練を行うことで労組側の合意を得たと発表し、事態の緩和を試みた。しかし、この計画も高速道路や大型高層住宅など大規模な雇用と高い給与が見込まれる事業は対象外とされていたため逆に反発を呼ぶ結果となり、マイノリティの雇用をめぐる状況はますます緊張が高まり、人種関係は悪化の一途をたどっていった。[14]

2　ニューヨークでの攻防——リンジー市政と建設労組

一九六六年にジョン・Ｖ・リンジーがニューヨーク市長に就任したことは、建設労組を取り巻く環境に一大変化が起こったことを意味した。建設労組への風当たりが厳しくなり、マイノリティ受け入れの圧力が強まる中、建設労組がそれをしのぐことができていたのは盟友ワグナー市長との強い提携関係があったからこそであった。ワグナーのスタンスは決して建設労組の意向を無視することなく、何らかの措置を講ずる場合まずはブレンナンやアースデイルに事前に相談するというもので、ワグナーは必ずと言っていいほどこうした手続きをとっていた。そのことは、先に見た配管工労組（ローカル2）に対してマイノリティの雇用を促す際にワグナーがとった行動にはっきりと示されていた。ワグナーは一貫してブレンナンやアースデイルの意向を確認しながら慎重に行動し、最終的には市人権委員会（ＣＣＨＲ）の組合に対する強い関与を「越権行為」として公然と批判し、市当局の「行き過ぎ」に歯止めをかけていたのである。

しかし、建設労組がワグナーとの蜜月を謳歌している一方で、一二年にわたるワグナー市政の下ではコミュニティ環境が大きく変化し、人種間の緊張が高まっていた。郊外へ移ることで旧来のコミュニティのマジョリティであった白人人口が減少していく分、市内に次々に流入してその数を急増させていたマイノリティの間には失業が広がり、新たに流入してきた人々と当地に残った白人住民の間で暴力的衝突が絶えなかった。一九六七年夏にはハーレムやブルックリンで暴動が起き、同時期にはハドソン・リヴァーを越えた近隣ニュージャージー州のニューアークで死者二六人を出す深刻な暴動が五日間続くなど、対策は急務となっていた。リンジーは一九六五年の選挙期間中からこれらの問題の重大さを強調し、荒廃を招いた原因として、疲弊しきったワグナー市政のリーダーシップのなさとその無策ぶりを挙げ、マイノリティ住民に対して共に闘うことを訴えていた。共和党から出馬したリンジーは当初、当選の可能性が薄いと評価されていたもの、リベラル党（Liberal Party of New York）から支援を受け、民主党の支持基盤を切り崩すなど支持層を広げ、最終的にワグナーの後継者である民主党候補Ａ・ビームを破って当選を果たした。この時リンジーは黒人から四〇％、プエルトリコ系からは二五％の票を集めており、期待の高さをうかがわせた。[15]

当選後のリンジーの「公約」実行はまず、マイノリティの雇用推進を目的とした関係当局の再編に現れた。リンジーは手始めに、新たな組織としてジェイムズ・ノートンを長とする平等雇用機会契約遵守局（Equal Employment Opportunity Contract Compliance Program）を設立し、市との契約に違反した企業に対して事業の停止やキャンセルを実行できるという、従来はＣＣＨＲが有していた権限を委譲させた。そのＣＣＨＲは、ワグナー市政下で「行き過ぎ」を咎められ権限を縮小されて以降、活動が停滞気味であったが、リンジーはＣＣＨＲ委員長に、ニューヨーク州NAACP議長であり一九六三年の建設現場における直接行動で逮捕経験もあったウィリアム・ブースを指名し、引き続きCCHRが有していた調査権や提訴権を大いに活用させることを狙った。

リンジーの支持を得たCCHRはすぐさま行動を開始し、一九六三年以来開かれていなかった建設業における雇用実態を調査する公聴会を一九六六年九月六日から再開させ、翌年三月一五日に終了するまでにブレンナンら組合関係者や建設業者、公民権運動団体関係者らを召喚した。公聴会初日には自身の見解を表明するためにリンジー自らが出席し、マイノリティ雇用問題に対する並々ならぬ意欲を示した。そこでリンジーは「建設業における差別を深く懸念している」ことを表明し、市の建設事業には膨大な予算がつぎ込まれているにもかかわらず、統計によれば「熟練、非熟練を問わず、全く、本当に、ごくまれにしか黒人、プエルトリコ系という二つのマイノリティ・グループは雇用されていない」と述べ、現状に何ら変化が見られないことを強調した。そして「公正かつ十分な雇用はニューヨークの将来にとって決定的に重要であり、それがなされないのであれば、福祉や職業訓練におけるいかなる施策も、反貧困政策も社会的サーヴィスもすべてが無駄になるであろう」と警告を発した。[16]

リンジーの強い意欲は、召喚された建設労組幹部たちを当惑させた。公聴会に召喚されたブレンナンは、CCHRからマイノリティ雇用が進んでいない責任を帰せられ、鋭い追及を受けた。召喚後、中央労組会議執行委員会に出席したブレンナンは、自らに対するCCHRの「非礼な態度」に強い憤りをぶちまけ、執行委員会に対して、人種統合のために努力してきた自身の行動を訴える手紙をリンジーに送りつける決議案を提起し、執行委員会はそれを可決した。[17]

リンジーの強いイニシアティヴの下で始まった公聴会では、一九六三年以降も建設現場の状況がほとんど変化していないことが明らかになった。CCHRは公聴会を通じてエレヴェーター建設工（ローカル1）、配管工（ローカル1・2）、重機操作工（ローカル14・B&15A・B・C・D）、板金工（ローカル28）、鉄骨組立工（ローカル40）、鉄筋工（ローカル46）、スチームパイプ工（ローカル638）という建設労組の中では給料が比較的高い七種の有力熟練ていた。

工労組から証言を得ていたが、いずれにおいてもマイノリティの雇用がほとんど進んでいない実態が如実に示され

この当時ニューヨーク建設労組（BCTC）には一八種の熟練工労組が加盟し、その下には二〇万人を超える組合員が存在していたものの、この公聴会に召喚された九労組の職人総数二万八〇〇〇人の中で非白人の占める比率はわずか二％以下に過ぎなかった（一九六六〜六七年度）。個別に見ると、一九六三年の調査以来新たに職人として採用された非白人労働者の数は、例えばエレヴェーター建設工労組で七人（一九六三年で三人存在）、配管工労組（ローカル2のみ）で五人（同一六人。ただし建設部門で働く労働者か否かは不明）、鉄骨組立工で七人（同ゼロ人）、スチームパイプ工はゼロ人（同ゼロ人）という具合で、ほとんど数字に伸びは見られなかった（表4参照）。一九六四年のニューヨークにおける黒人・プエルトリコ系人口の割合が二七％を超えていたことを考えれば、これらの数字の低さは突出していた。また九のうち八労組が、組合員の採用に申し込む前提として、組合員二人からの推薦を必要条件としており、五労組ではそれが規約に明記され、三労組では申込書に推薦人記載欄が設けられていた。[18] 見習い採用の状況ではわずかに前進があったものの、それらはマイノリティの不満を緩和するには依然不十分なものにとどまっていた。九のうち三労組は見習い訓練プログラムを持っていなかったが、CCHRはいずれの組合も非白人の占める率は極度に低く、わずかに存在するそのほとんども非熟練労働者である可能性が高いことを指摘していた。プログラムを持つ組合では、鉄骨組立工の場合、調査当時の見習い数五一人の中で非白人が一四人（一九六三年の時点ではゼロ人）、スチームパイプ工で四〇人中八人（同六人。ただし全員非建設部門の見習い）、鉄筋組立工で三〇人中八人（同一人）となっており、一九六三年当時に比べてわずかに増加する傾向が見られた。しかし、そうした傾向に警戒感を強めた板金工労組の場合、先に見たように一九六六年に見習い試験に受かった六〇人中二四人を占めたマイノリティの高得点に疑問をつけて採用を保留するなど、執拗な抵抗を見せていた。[19]

こうした結果を前にCCHRは「排除のパターン、差別的性質、それらは未だ根強い」と述べ、「どのような変

表4　ニューヨークの各建設労組の組合員数における非白人熟練工の割合

（単位：人）

組　合	組合員総数	黒人およびプエルトリコ系の熟練工数	
		1963 年の人数	1964-66 年の増加人数
エレヴェーター建設工労組（ローカル 1）	2300	3	約 7
配管工労組（ローカル 1）	3000	9（非建設労働者）	15（建設部門か修理・取替部門か不明）
配管工労組（ローカル 2）	合計 4100 A 3800 B 300	16（建設部門か修理・取替部門か不明）	5
重機操作工労組（ローカル 14, 14B[1]）	1600-1750	23-50	0
重機操作工労組[2]（ローカル 15, A, B, C, D）	4700	360	47
板金工労組（ローカル 28）	3300	黒人 0，プエルトリコ系報告無（12）[3]	黒人 0，プエルトリコ系報告無
鉄骨組立工労組（ローカル 40）	1050	0	黒人 2，プエルトリコ系おそらく 5
鉄筋組立工労組（ローカル 46）	1600-1750	4	1 人見習い訓練卒業
スチームパイプ工労組（ローカル 638）	合計 6800 4000（建設部門） 2800（システム始動・修理部門）	 0 200	 0 報告無

注 1）原資料では「14A」とされているが，原資料本文では「14B」と一貫して記されているので，「14B」の誤りと思われる。

2）重機工労組（ローカル 14）は見習い訓練プログラムを持たず，もっぱら姉妹労組であるローカル 15 および 15A からの転籍で職人を確保している。ローカル 15, 15A の黒人・プエルトリコ系の人数「360」および「47」のほとんどは，ローカル 14, 14B に転籍できない，給料が低く補助的な仕事を行う注油工（oilers）や助手（helpers）である可能性が極めて高い。

3）公聴会で組合側証人は 12 人の「スペイン語を話す職人」がいると述べていた。

出典）CCHR, *Bias in the Building Industry : An Updated Report, 1963-1967*（May 31, 1967），14-15 を基に筆者作成。

化も、それが自らの機能や権限の侵害であると捉えて抵抗している」組合の態度を強く批判した[20]。そして雇用の平等を達成するための対策として実行力のある契約書作成の徹底（反差別条項、市当局への情報提供義務、違反の場合の契約解除などの明記）を挙げ、さらに契約締結前に計画書（行政命令遵守実績の明記、アファーマティヴ・アクション計画などを含む）の提出を義務づけ、その内容次第で契約の成就が左右されるとした。そして違反者に対してはその名称を公表し、事業のキャンセルやストップ、一時停止などの処分を行い、将来の契約を結ばない罰則を科すようにすることで業者・組合側にこれまでにない強い圧力をかけたのである[21]。

ＣＣＨＲは建設労組と良好な関係を続けてきた民間資本に対しても批判の矛先を向け、強いトーンでその責任を追及した。ＣＣＨＲは、民間資本が「マイノリティの雇用に対する責任に目をつぶり続け」、「組合の権利に屈服し、差別的雇用の慣行に対する法的かつ契約上の責任を放棄してきた」とし、未だに雇用ルートを組合の就労斡旋所に依存し続けており、地元のマイノリティ労働者の雇用について「全く努力していない」と断じた。そして、民間資本は「強制力の発動を例外とすれば、これまでの慣行を変えることに対して明らかに一貫して消極的である」とその態度を批判し、マイノリティ雇用が進まない責任の一端を明確に突きつけた[22]。

都市暴動の背景として、社会生活上あらゆる点に現れる人種間格差——とりわけ就業・失業面における差に強い不満を抱くマイノリティの状況を重視していたリンジーにとって、雇用差別の象徴であった建設業での是正は不可欠であった。リンジーの建設労組に対する断固たる姿勢は、より強い措置を打ち出すことでさらに露わとなった。一九六八年四月にリンジーが発令した行政命令七一号はその典型であった。この行政命令は市と契約を望む建設業者に対して、マイノリティ労働者に訓練・雇用・昇進に関して平等な機会を与えることを求めていた。さらに建設業者は市に対して事前にアファーマティヴ・アクション・プランを提出し、定期的にマイノリティの雇用数を記録することが要求されていた。これによって建設業者と組合は契約前だけでなく契約締結後も継続的にマイノリティ労働者の扱いに関して注意を払い、その努力を示さなければならず、その影響は労資双方にとって甚大であった。

行政命令発令後、市当局との会議に臨んだブレンナンらは激しい怒りを表明し、会議は大荒れとなって決裂した[23]。怒りの収まらないブレンナンはその後のリンジーとの会議で、リンジーが事前に相談もせず行政命令を発令したことを強く批判し、「再度の約束違反」だと憤った[24]。

建設労組の怒りをよそに、リンジーは一九六八年五月および一一月の二回にわたって、行政命令七一号に基づいて締結されたコンプライアンスに対する違反を理由に、ニューヨークで初の建設事業停止措置に踏み切った。事業はすべて板金工労組（ローカル28）が関わるもので、マイノリティの雇用に執拗な抵抗を示し続けていた同労組の態度が「命令違反」と判断され、合計二六件の契約が停止されたのである[25]。ワグナー市政下では、口頭でこうした措置をとる可能性が述べられたことはあっても、実際にそれが実行されることは皆無であり、以前では考えられない措置であった。これに加えてリンジーは、ニューヨークですでに建設中あるいは計画されていた大型建設事業についても、作業の進行を遅らせたり、事業に着手しないという非協力的な姿勢で臨んでいた[26]。臆することなく強硬な姿勢を打ち出すリンジーに対して、ブレンナンは「リンジーこそ、ニクソンの建設事業七五％カットに協力する第一の人物」だと批判し、激しい怒りを向けた[27]。

建設労組を取り巻く環境は、一九六三年当時に比べると大きく変化していた。ＣＣＨＲによる一九六三年の公聴会をまとめたレポートでも、就労斡旋所を拠点とする労働力供給の支配など建設労組が持つ既得権に対する批判はあったが、それを実際にどこまで制限するのかということに対して建設労組は楽観的でいられた。それはとりもなおさず背後に市長ワグナーという「最後の砦」が控えていたからであり、決して一線は超えないという認識があったからである。しかしリンジーは積極的に公権力と建設労組の関係を敵対的なものに変化させ、公聴会で民間資本を強く批判したことに示されるように、民間資本と建設労組の間に楔を打ち、離間させることも怠らなかった。だからこそ、不都合な政治環境を変えることは建設労組の喫緊の課題となっていた。

一九六三年以来五年ぶりのレイバー・パレード開催には、明らかに建設労組を中心としたニューヨーク労働運動の影響力を回復させる狙いが込められていた。アースデイルが議長を務めるニューヨーク労働運動の統括組織・中央労組会議は、一九六八年四月一八日の執行委員会で九月二日にレイバー・パレードを開催することを決定した。四月二五日付で発表された議長アースデイルと書記長M・イウシュルツの連名の声明では、このパレードが「ニューヨーク労働運動において最重要かつ最優先の課題でなければならないことは執行委員会および代議員の誰にとっても異論の余地はない」ことが言明され、各組合に対して即座にパレードを率いる議長およびそれをサポートするパレード実行委員会を組織し、決定次第そのリストを中央労組会議に送るよう求めていた。[28] ＢＣＴＣもこれに呼応し、議長ブレンナンはＢＣＴＣがその動員力を示さなければならないと述べ、最大限の協力をするよう訴える通知を各組合に発送することを発表した。執行委員Ｅ・クレアリー（ローカル3選出）もＢＣＴＣの突出した動員力を示すことの重要性を訴えた。[29]

中央労組会議ではすぐにパレード実行委員会が組織され、委員会は六月六日にパレードの内容を検討、公民権運動、青年問題、[30] 労働運動における女性の役割の三つをテーマに設定した。[31] これらのテーマからも分かるように、労組側には自らに向けられた批判が極めて不当なものであることを世論にアピールする狙いがあった。労働運動は長年にわたって公民権の獲得やマイノリティ・女性の権利拡大について努力してきたということを、この機会に大々的に宣伝しようという意図が明確に表れていたのである。つまりこのパレードは、外部に対して自己の存在とその正当性をアピールするとともに、動揺する組織労働者内部の団結を図っていくためのものであった。中央労組会議は機関紙『レイバー・クロニクル』の臨時号『レイバー・デイ特別号』を作成し、一九六三年に行われた直近のパレード写真を大量掲載するなどして前景気を煽った。[32] 労組側としては、このパレードで勢いをつけ、一一月に控える大統領選挙では民主党の現副大統領Ｈ・ハンフリーを支持して勝利し、さらには翌年の市長選挙で宿敵リンジーを葬り去ることで、何とか劣勢傾向にある政治環境を好転させたいという思惑があり、パレードにかける思いは並々ならぬものがあった。

五年ぶりに開かれた労働者のパレードはニューヨーク州知事ロックフェラーの開会宣言で始まり、パレードの先頭にはAFL-CIO議長ミーニーが立って、およそ一五万人が五番街を行進した。パレードには大統領候補ハンフリーも参加していたことから、中央労組会議は大統領選挙のキャンペーンもかねて機関紙上で大幅に紙面を割き、復活したパレードの様子を大いに宣伝した。[33]

しかし、こうした努力にもかかわらず、一一月の大統領選挙では共和党のニクソンが勝利をおさめた。追い込まれた中央労組会議は翌年のニューヨーク市長選挙で必勝を期すべく、すでにニューヨーク市政を離れてスペイン大使を務めていたR・F・ワグナーを民主党候補として担ぎ上げ、キャンペーンを展開し始めた。[34]しかし、ワグナーは予備選挙の段階であえなく敗れ去り、中央労組会議は次善策として予備選挙に勝利したM・A・プロカシーノへの支持を表明した。[35]BCTCも総力を挙げて市長選挙必勝の取り組みを行った。ブレンナンは今回の選挙での勝利が、停滞している多くの建設事業を再始動させることになるがゆえに、必ず勝たなければならないことを組合員に強調し、「勝つために可能なすべてのことを行う」と宣言した。具体的な行動としてブレンナンは組合員に「組合会議、仕事場、バー、学校、教会その他あらゆるところで」投票のことを話し、「市内に住んでいない組合員は市内在住の友人や親戚にコンタクトをとってプロカシーノら三人の候補が勝てるよう協力を要請する」ことを求めた。[36]そして中央労組会議やBCTC本部にあるキャンペーン資料を仲間にどんどん送り、仕事場や組合ホールにポスターを掲示することも指示し、「どうか、どうか、三人の候補のために今すぐ隊列に並んで欲しい。忘れないで、投票日は一一月四日！　必ず、P、S、Bに投票するように」（強調は原文のまま。英語の文字は候補者三人の名前の頭文字）と念を押した。[37]しかし、結果は厳しい現実を突きつけた。中央労組会議とBCTCは総力を挙げて選挙戦に臨んだにもかかわらず、プロカシーノらは本選挙で現職リンジーの前に敗れ去ったのである。[38]

州知事ロックフェラーとのパイプは依然残ってはいたものの、重要な選挙で敗北を重ねたことは、中央労組会議とBCTCの政治的影響力が著しい凋落傾向にあるという事実をはからずも露呈する結果となった。同時に、エスニックな紐帯に基盤をおいてきた民主党の政治マシーン戦略が破綻に瀕し、迷走を深めていることをも示していた。建設労組の相対的な地位の低下は、こうした民主党の凋落と呼応していたのである。

大統領選挙に敗れた後の一九六八年一二月に開かれた中央労組会議執行委員会においてアースデイルは、現在のニューヨークを「労働者リンチ（Lynch labor）」の雰囲気が覆っているとして強い懸念を表明し、反労働者の宣伝や行動に抗していくためのキャンペーンが不可欠であることを強調していた。(39) アースデイルの不安は労働者の周囲が敵対的雰囲気に満ちていることを率直に言い表すとともに、その言葉には、誠実に働いてきたことを自負する労働者に対して不当な扱い――「リンチが行われている」という、深刻な当惑ぶりが如実に表れていた。

3　改訂フィラデルフィア・プランの登場とニューヨーク・プランをめぐる攻防

ジョンソン政権末期からニクソンが大統領選挙に勝利した頃にかけて、高騰し続ける建設費が連邦や各地方政府の財政を圧迫し続けているという批判が各方面で強まっていた。マスコミはその原因を建設労組に求めて批判を展開した。それらの論調は、建設労組が就労斡旋所を使って労働力の供給をコントロールし、そのためにマイノリティが雇用から排除され、実際に必要な労働力の確保が阻害されているというもので、これまで民間資本が頼りにしてきた就労斡旋所を通じた雇用システムに対して批判の矛先が向けられていた。また、雇用の斡旋を独占している建設労組に属する組合労働者はデイヴィス＝ベーコン法など親労働者的法制度に守られて相対的に高い賃金を得ているために建設コストが高騰しているのだという批判も行われていた。(40)

さらに、良好な関係を維持してきた民間資本側もここに来て建設ブームに追いつかない労働力の供給と、その一方で上昇する賃金に不満を高めていた。ジョンソン政権の商務長官で大手建設企業経営者でもあったW・ブロウントは建設業者の間に渦巻くこうした不満を代弁し、一九六八年五月にはあらゆるレヴェルで労組との交渉を見直すことを提起し、「決着をつける時（showdown）が来た」と宣言した。就労斡旋所による労働力の一元管理の廃止を志向するブロウントは続いて同年一一月に、全米中の大手総合建設業者を一堂に集めた商務省主催による「建設問題全国会議」を開催することを発表した。この会議の目的は労資関係を見直し、建設コストをいかに削減するかというもので、連邦政府も民間資本も建設労組に圧力をかけていく姿勢を露わにしていた。二日間にわたって行われた会議では、不利な状況下にある人々やマイノリティの雇用を積極的に進め、組合とは別ルートによるシステムを構築して労働力の柔軟な調達を行うことが決議され、労働力の供給を組合に依存することに象徴された労資の蜜月関係を根本的に見直す姿勢が明確にされた。[41] 翌年、同会議を契機として全米の建設業者は建設業者反インフレーション会議（Construction User's Anti Inflation Roundtable）を組織し、同会議はその後建設労組に対する圧力団体として強い影響力を持つようになっていくのである。[42]

建設労組包囲網が築かれる中で大統領に就任したニクソンは、こうした動きと連動する形で、連邦政府にとっても頭の痛い問題であった建設費の高騰——それに伴うインフレーションを抑える対策を取り始めた。一九六九年二月にニクソンは労働長官G・P・シュルツと住宅都市開発長官G・W・ロムニーに対して、建設労組による制限的な雇用システムの影響を分析すると同時に建設労組の差別問題に取り組むことを命じた。その後各々から大統領へ報告書が出され、住宅都市開発省は「人種差別によって熟練労働力の不足と建設コストの高騰が引き起こされて」いると述べ、「強制力のある法や行政命令などで差別を禁じ、アファーマティヴ・アクションを実施する」ことを勧告した。ニクソン政権誕生以前から経済学者としてインフレの原因を建設労組による賃上げ要求に帰していたシュルツ率いる労働省も、市場の硬直化と高い賃金の相関関係を再確認し、建設業が直面している問題は差別をめぐる問題であると指摘した。[43]

このような状況の中で、ジョンソン政権時にお蔵入りしたフィラデルフィア・プランが復活する。同プランの再生を主導したのは労働省であった。シュルツは公民権の拡大に対して積極的な考えを共有する部下の黒人労働次官A・A・フレッチャーに命じて具体案の作成にあたらせ、その結果一九六九年六月に改訂フィラデルフィア・プランが発表された。フィラデルフィアをモデル・ケースに選定するこのプランは、五〇万ドルを超える事業において連邦政府と契約する建設業者に対して、マイノリティ雇用の面で誠意を示すことを求めていたが、その最大の特徴は明確な目標と期限を設定したことであった。その後、その規定に従って地元業者とプランの具体案づくりが進められた結果、連邦契約遵守局は五年以内にフィラデルフィアの熟練労働者におけるマイノリティの割合を二〇%に引き上げることを目標にし、とりわけマイノリティ労働者が著しく少なく、特権的とされる六つの建設労組に対して、地域に在住する黒人労働者を四%採用することを要求した。そして、こうした数値目標に対して信頼を得られるような努力を示せなかった業者は仕事を失う可能性が高まるとしたのである。さらにフレッチャーは、同プランがフィラデルフィアにとどまらず、同様の状況にある他の都市にも適用されることを明確にし、フィラデルフィア以外の都市の建設業者に対してマイノリティ雇用プランの作成を促した。(44)

フィラデルフィア・プランに続いてニクソン政権による組合包囲の政策は次々と打ち出された。一九六九年九月には、連邦政府建設事業の新規建設計画全体の七五%も削減するという大ナタを振るい、その一方でマイノリティの雇用推進によって労働力を確保する方針を公にした。また同月下旬には、連邦政府による建設事業がインフレにつながらないよう規制する目的で建設問題に関する閣僚委員会（Cabinet Committee on Construction）を組織した。構成メンバーには建設労組への圧力強化に積極的な労働、住宅都市開発、商務、運輸の四長官、および郵便公社総裁、経済諮問会議議長が含まれていたが、同委員会の実効性に対して業界側から疑問の声が上がると、同月二二日には労組、企業代表、政府代表の三者同数で構成される建設産業団体交渉委員会（Construction Industry Collective Bargaining Committee）が起ち上げられた。同委員会の目的は、訓練実施による労働力の有効活用や、雇用の安定、三者間で起こる紛争について新たな解決手段を創出することであった。(45)これらはいずれも、建設労組がこれまで維持してきた既得権やシステムを切り崩すことを狙ったものであり、建設労組はますます窮地に立たされた。

公民権の拡大に対して積極的な貢献をした実績がなく、元来保守的傾向が強いニクソンがフィラデルフィア・プランを押し出し、マイノリティ雇用の拡大をジョンソン政権時以上に推し進めた背景に関しては、スグルーが指摘するように、これを説明する単一かつ有力な根拠はなく、これまで先行研究によって様々な論証が試みられてきた。[46] それらの中には、悪化するインフレの抑止対策という経済的背景を重視するものや、支持基盤の脆弱なニクソン政権が新たな支持勢力を獲得すべく、民主党支持勢力として重要な存在であった労働者と公民権運動団体という二大勢力の間に楔を打ち込むことでその基盤を切り崩す、といった政治的側面を重視するものがあった。[47] これらの先行研究について検討することは本書の主題とは外れるため細部に立ち入ることはしないが、以下の点だけを述べておくことで当時の人種をめぐる状況の深刻さを強調しておきたい。それは、建設労働における不平等な人種関係に示される、未だ変わらぬ黒人やプエルトリコ系などマイノリティの劣悪な生活状況である。ニクソンが政権に就いた時点で一三〇〇万人の建設労働者に占める黒人はわずか一〇万人で、その八〇%が最も賃金の低い職種におかれていた。また、一三万人の見習いのうち黒人はたった五〇〇〇人に過ぎず、黒人たちの我慢は限界に来ていた。[48] 各地域で独自の発展を遂げて飛躍的に高揚した公民権運動は、遅々たる歩みしか見せないリベラリズムの漸進性を明らかにし、そうした現状に対するフラストレーションを高めていた。各地で地元住民たるマイノリティによる多様で積極的な直接行動が展開され、それらは地方政治はもちろん、全国的な政治にも影響するほどの力を持つようになっていた。[49] そのような状況を目の当たりにしたニクソンが、アイゼンハワー政権の副大統領を務めた当時のようなマイノリティ政策に消極的なスタンスを、一九六八年の大統領選挙に勝利するまでの間に大きく変化させたことは当然の成り行きであったと言えるのではないだろうか。

防戦一方に立たされた建設労組は改訂フィラデルフィア・プランに対してすぐさま批判と反論を行った。一九六九年九月二二日のAFL-CIO建設局（BCTD）第五五回大会で発表された声明は改訂フィラデルフィア・プランに対して次のような点で批判をしていた。

①ＢＣＴＤは一九六七年の大会で、黒人やマイノリティ集団の雇用を援助するアファーマティヴ・アクションを支持する決議を行っている。

②一九六三年以来見習い制度拡大計画（Apprenticeship Outreach Program）を進めており、実際に雇用面をはじめ大幅な改善が見られる。

③マイノリティ雇用においては、他業種の方がひどい状況にある。

④見習い制度を簡略化して採用基準を緩和することは技術のレヴェルを下げることにつながり、我々が進める見習い制度拡大計画を通じてこそその水準が保たれる。

そして結論として、声明は以下のように結んでいた。

我々はフィラデルフィア・プランに反対し続けなければならない。我々が以前に反対していた「フィラデルフィア・プラン」は連邦会計検査官によって法に反するとされ、政府はこれを取り下げたのだ。そして今度の「改訂フィラデルフィア・プラン」は、どんなにうまく取り繕おうとも割当制でしかなく、我々は断固としてこれに反対するものである。……我々は政府が活動家の圧力に屈したり、拙速に行動を起こすことによって十分かつ誠実な手続きが無視されることは起こりえないと確信している。[50]

公権力・民間資本側からの圧力、世論の強い批判にさらされ、建設労組の立場は極めて苦しい状況に陥ったものの、労組指導部は老獪かつ巧みな反撃を行い始めた。もはやジョンソン政権時のように、フィラデルフィア・プランを撤回させることは困難な政治環境にあると認識していた彼らは、プランの撤回実現を諦め、次善策としてマイノリティの雇用を、連邦政府の強制的命令ではなく、地方が自主的に立てたプランに基づいて実施していくホームタウン・プラン方式を構築することに主眼を置いた。この頃までに連邦政府はフィラデルフィア・プランを他の都市にも強制的に適用するのでなく、各都市それぞれで自主的なマイノリティ雇用計画――ホームタウン・プランを策定することを推奨し始めており、ニューヨークでもマイノリティ雇用の具体案を示すことを促していた。労働省が示したところによれば、各地域で関係当事者が自主的にプランを作成して労働省に提出し、それを労働省が吟味した上で問題がなければ正式な案として承認を与え、プラン実施のための財政支援を行うというものであった。[51] 連邦政府のスタンスが変化したことを敏感にとらえたＢＣＴＣは、反対一辺倒の姿勢から、一定数のマイノリティを受け入れ、現場で職業訓練を施す計画――ニューヨーク・プランを示すことで先手を打ち、マイノリティ雇用計画の主導権を組合が引き続き維持することに努力を傾注していくようになる。[52] 建設労組にとって、守るべきは組合員採用に関する組合の権限であった。自らが維持してきた領域に対する外部からの干渉を最小限に抑えることは何よりも重要であり、包囲網が築かれた状況で既存の秩序維持をはかるには、ホームタウン・プラン方式を利用することが最適だったのである。

そのための手立てとなったのが、一九六九年五月におけるニューヨーク建設業都市問題委員会（Board of Urban Affairs for the New York Building Construction Industry, 以下ＢＵＡ）の設立であった。この委員会は総合建設業連盟（General Contractors Association）およびニューヨーク建設業協会（ＢＴＥＡ）という二大業界団体とともに構成される非営利組織で、労資各々から選出された六名ずつの理事が運営にあたり、ニューヨークの建設業におけるマイノリティの雇用計画や契約遵守事項の内容などの策定を統一的かつ独占的に取り扱うことを目的としていた。これまでこうした問題については個別組合で対応し、そのほとんどは全面拒否や提訴戦術など真っ向から対決する姿勢が露わだったが、ＢＵＡの設立によって係争案件を労資が一括して担い、マイノリティの受け入れを前提とする方向へと動き始めたことは大きな変化であった。ただし、ここで注意すべきは、ニューヨークの場合、他の都市でホームタウン・プラン作成を行う組織と異なり、ＢＵＡの構成メンバーには問題の当事者であるマイノリティが含まれていなかったことである。つまり、マイノリティの受け入れを前提としつつも、BUAが第一に追求することは、明らかにマイノリティ雇用に関する権限を今まで通り組合側が確保しておくことだったのである。

ブレンナンやドナルド・ロジャーズ（ブレンナン委員会を率いた重機操作工労組（ローカル15）のビジネス・エージェント）が中心となったBUAでは早速独自の計画づくりが始められた。一九六九年一〇月二一日に行われたBCTCの定期代議員総会では、この時までに一三二の訓練プログラムやアファーマティヴ・アクションが策定されていることが報告され、なかには配管工労組のように独自のプログラムをすでに実施し始めているケースもあった。[53]ブレンナンとロジャーズはBUAを通じて作成した独自案を「ニューヨーク・プラン」と名づけ、それを連邦政府に示して財政支援を得るつもりであることをリンジーに通知して、主導権を握る意志を明らかにした。労組に機先を制されることを警戒するリンジー側は、新たな行政命令の発令をちらつかせながら、同時に市が主催する職業訓練プログラムを実施するなどしてこの動きに対抗したため、結果として現場に混乱がもたらされ、合意はなかなか得られなかった。ブレンナンは、わずか六ヶ月の訓練期間で職人資格を与えるプログラムや、地域住民を対象に行われているプログラムの乱立に強い不満を示し、そのような状態は、建設労組が維持してきた見習い制度を破壊すると批判した。そして、全市で単一のプログラムだけを実施することを要求した。[54]双方が歩み寄りを見せず、膠着状態が続くことに対して公民権運動団体や関係当局から続々と不満が出始めると、一九七〇年一二月九日、連邦政府労働長官シュルツはニューヨークを含む一八都市に対して、有効なホームタウン・プランをつくることができないのであれば、フィラデルフィア・プラン形式のものを上から与えることになると警告した。[55]

そうした中、一九七〇年一月からBUA、市当局、州労働省の間でプランづくりを目的とした会議が始まるが、会議は基本的な問題をめぐってことごとく対立し、最初から停滞状況に陥った。会議には唯一のマイノリティ代表として労働者防衛同盟（WDL）の訓練プログラム・ディレクターであるE・グリーンが参加していたが、グリーンはどの職種に何人のマイノリティをいつまでに採用するのかという基本線を明確にしないBUA案に不満を表した。また、この会議に対しては、マイノリティからの参加が乏しすぎるという批判が当初からあり、それを憂慮していた市当局代表のG・デイヴィスが市長代理としてマイノリティ代表を参加させるよう提案したため、建設労組の怒りを買うことになった。デイヴィスが挙げた市長代理候補の中には、いずれも建設労組批判の先鋒であるNAACPの労働局長H・ヒルやハーレムの黒人コミュニティの状況改善に取り組む「ハーレム・ファイトバック」の代表J・ホートンが含まれており、両者と鋭く対立し合ってきた建設労組はデイヴィス案を断固拒絶した。[56]

そして最大の対立点となったのは、訓練プログラム全体における一年間のマイノリティ受け入れ人数であった。市当局側は四〇〇〇人を求めていたのに対し、建設労組が提案した人数は八〇〇人から一〇〇〇人で、大きな隔りがあった。建設労組側の人数は、たとえ全員が訓練後に職人資格を与えられたとしても、それは建設労組全体に占めるマイノリティ労働者のわずか一%増にしかならないものだったが、「公正な解決策と思われるものしか同意できない」と言うブレンナンは、「市側が提案した数字でやっていける建設業者は皆無であろう」と突き放した。[57]市当局とBCTCの溝はますます深まる一方、四月二〇日に行われたBCTC執行委員会では妥協なき姿勢が露わにされた。執行委員会は「我々はマイノリティの雇用と訓練に関して引き続き公正な解決策を追求する」として、「組合を破壊するいかなる者も容赦しない」ことを宣言し、市当局に対しては停滞している公共事業の進展に尽力することを求めた。[58]マイノリティ雇用プランを作成するために始まった関係者による話し合いは、市当局とBCTCの対立によって早くも機能停止に陥ったのである。

4　拡がる混乱、激化する対立——ヴェトナム戦争とニューヨーク

ニクソン政権にとって人種問題と並ぶ大きな課題であったのがヴェトナム戦争である。すでにヴェトナム戦争はアメリカ社会において、人種問題とともに最も世論の関心をひきつける対象となっていただけでなく、一九六七年一〇月にはアメリカ史上初めて、世論調査において対外戦争に対する反対意見（四六％）が賛成意見（四四％）を上回る事態に至っていた。[59] ヴェトナムに派遣される米兵の数は増加の一途をたどり、一九六九年初頭の時点でその数は五四万人を超えていた。同時に戦闘による米兵の死者も一九六八年だけで一万四五九二人、その前後の年もそれぞれ九〇〇〇人を超え、米海兵隊がヴェトナムに上陸してアメリカ政府による本格的なヴェトナムへの介入が始まった一九六五年から六九年末までの米兵の死者は累計すると四万人近くに達した。[60]

大統領選挙キャンペーン中にニクソンがヴェトナム政策で打ち出したテーマは「名誉ある平和（peace with honor）」であった。それは、反戦派が求めていた南ヴェトナムからの米軍の即時撤退ではなく、派遣米軍の規模を段階的に縮小しながら軍事的役割を南ヴェトナム軍に負担させつつ（Vietnamization）、その間に北ヴェトナムとの交渉を進め、アメリカにとって有利な条件——南ヴェトナムが単独で共産主義勢力から自らを守ることができるようにすること——を引き出すという内容であった。しかし、この計画を首尾よく進められないニクソン政権に対し、一九六九年一〇月一五日に全国一斉に行われた反戦行動（モラトリアム）では、二〇〇以上の都市で合計二〇〇万人もの参加者が集まり、ニューヨークとワシントンでそれぞれ二五万人が反戦集会に結集したのをはじめ、シカゴ、ミネアポリス、ソルトレイクシティなど全米で様々な反戦行動が行われ、ニクソン政権に大きなプレッシャーを与えた。抜き差しならない圧力を感じたニクソンは、ヴェトナム政策に関して何らかの意志表示をせざるを得なくなっていた。[61]

このような状況の中、一一月三日にニクソンはアメリカ国民向けのテレビ演説でヴェトナム政策――「名誉ある平和」に対して支持を訴える演説を行い、その最後でこう呼びかけた。

今夜、私はあなた方に――私の仲間である多くの沈黙した多数（great silent majority）の方々に、私を支持してくださるよう求めます。私は我々が名誉ある平和を勝ち取ることができるやり方で戦争を終わらせることを誓います。あなた方のサポートがあればあるほど、その誓いを履行することができるのです。我々が今ここで分裂すればするほど、敵はパリで交渉に応じなくなるでしょう。平和のために団結しようではありませんか。敗北に抗して団結しましょう。なぜなら、我々は理解しているからです。北ヴェトナムは決して我々を打ち負かすことはできないし、恥をかかせることもできないということを。それをできるのは唯一、アメリカ国民だけなのです。[62]

演説への反応は顕著であった。翌朝にはホワイトハウスに五万通以上の電報と三万通以上の手紙が届き、それはホワイトハウス始まって以来の記録であり、内容もほとんどがニクソンを支持するものであった。ギャラップ社の世論調査では七七％が演説を支持し、議会でも下院議員三〇〇人（民主党一一九人、共和党一八一人）がニクソンのヴェトナム政策を支持する決議を提出、上院でも五八人（民主党二一人、共和党三七人）の議員が同様の議案に署名した。ニクソン政権の支持率は就任以来最高の六八％に達した。[63]

ニクソンは大統領選挙キャンペーン期間中から「法と秩序の回復」を前面に押し出し、対立候補の一人であったG・ウォレスほどあからさまではないにしろ、都市暴動の続発や犯罪の急激な増加など人種に絡めた社会不安を強調して白人層をターゲットに強いアピールを行っていた。ニクソンの選挙戦略は功を奏し、ウォレスが制した五州を除く南部州すべてで勝利し、北部においても旧来民主党支持層――宗教ではカトリック、エスニシティ・階級的にはアイルランド系、イタリア系、ポーランド系の白人労働者層から新たな支持を獲得し、民主党の支持基盤の切り崩しに成功していた。[64] 一一月三日の演説に対する顕著な反応に自信を得たニクソン政権は、さらなる民主党切り崩しを進めて自らの支持層を獲得すべく、白人労働者階級へ焦点を絞ったアプローチをより強化していくのである。[65]

混迷を深め、錯綜するアメリカ社会の状況はニューヨークにおいても目立っていた。そのことは、一九六九年一一月のニューヨーク市長選挙におけるリンジーの再選が象徴していた。最終的には全体で四一％の票を得て再選を果たしたリンジーであったが、その中身は四年前と比べると異なった特徴を見せていた。とりわけ目を引いたのは、前回の当選時に大きな貢献を果たしたマイノリティ票のさらなる伸びであり、今回の選挙では黒人の八五％、プエルトリコ系の六五％がリンジーに投票し、学校の脱集中化――コミュニティに学校管理の権限を委譲する取り組みや公共住宅建設の分散化、そして建設労組への圧力などに代表される、四年間のマイノリティに配慮した政策が支持を広げたことを証明していた。[66] その一方で、一九六六年以来、リンジー市政は黒人などマイノリティに重きを置く政策ばかりを優先してきたとして、白人労働者階級の間にリンジーへの不満が急速に高まっていた。[67]

ここで重要なのは、人種をめぐる問題は決して雇用面に限られることではなく、生活の様々な局面に押し寄せてきており、それらが複合的に入り混じった「脅威」として白人労働者階級に重くのしかかっていたことである。リンジー市政下における公立学校での人種統合や、それを実現するためのバス通学（busing）、マイノリティのための積極的な公営住宅建設などは、既存のコミュニティ・地域での生活の中で実感される強権的な波であり、無理やり変化を押しつけてくる目に見える圧力であった。雇用面でリンジー市政の圧力に直面してきた建設労働者にとって、公教育やコミュニティの生活空間の中で行使される強権は雇用に対するそれと同じものに映っていた。だからこそ、次々と繰り出されコミュニティを覆っていく変革の網が彼らをより不安にさせ、防衛的姿勢を強めさせていったのである。

建設労組がこうした「社会不安」にも敏感に反応し、取り組みを強化していた背景には、様々な方向から自らの領域に浸透してくる「脅威」に対する強い不安と警戒心があった。一九六八年三月に中央労組会議が全国諮問委員会（National Advisory Commission）に対して、頻発する都市の騒乱に十分な対策をとるよう要請していたことや、[68] ＢＴＣ執行委員会が、リンジー市政が力を入れて取り組んでいた学校の脱集中化を問題視し、「建設労組に重大な害を与えるもの」と強く批判していたことなどは、まさにそうした心情を示すものにほかならなかった。[69]

この当時、公教育をめぐるコミュニティでの紛争の中では、とりわけブルックリンのオーシャン・ヒル＝ブラウンズヴィル地区で繰り広げられたものが市政上大きな問題に発展していた。同地区では、リンジー市政やフォード財団がバックアップする形で実験的な教育実践が試みられており、黒人やプエルトリコ系が大多数を占める地元住民によって選出された教育委員会が学校の管理運営権を有していた。さらなる権限拡大を志向する教育委員会・コミュニティ側は、教員の採用・解雇に関して現行システムである市人事委員会による試験制度ではなく、地元が教員の雇用・解雇権を持つことを求めた。ユダヤ系を中心とする統一教員労組（ＵＦＴ）はこれに激しく反対し、連続的にストライキを打つなど対立が激化した。[70] 公教育をめぐる主導権争いは、当時のニューヨークのコミュニティにおける人種間の緊張関係を典型的に示すものであったが、ニューヨークの労組の中で特にリベラル左派の色が濃い統一教員労組に対して中央労組会議もＢＴＣも即座に全面支援を表明し、サポートし続けたことは、コミュニティに貫かれていた既存の秩序が失われていくことへの強い不安を表すものでもあっただろう。

これらに加えてリンジーへの評価をより論争的にしたのが、ヴェトナム戦争に対するスタンスであった。リンジーはニューヨーク市長に就任する以前から、連邦政府のヴェトナム戦争政策を批判し、国際機関の設立による停戦の模索を提言するなどしていた。[71] ヴェトナム戦争に対するこうした「ハト派」的な姿勢は市長就任後も継続されたが、リンジーが再選を目指して共和党の予備選挙の指名レースで敗れた原因の一つには、彼が連邦政府の政策を支持せずに戦争反対の声をあからさまに表明していたことがあった。全米中がこの戦争をめぐって分裂し、かつてない規模で反戦運動が展開されているとき、ニューヨークでもこの問題はリンジーの再選に大きく影響するほど沸騰していたのである。

実際、ニューヨークでは反戦運動の拠点として世論の注目を集める運動が巻き起こっていた。知識人や文化人、学生など反戦運動の主力を担う部分が集中していたこの都市で、市長が反戦側に立ったことは、こうした運動の在り方を快く思わない層に複雑な感情を抱かせた。特に労働者階級は真っ先にヴェトナムに送られ、不人気な戦争を前線で戦わなければならない米軍兵士の供給源となっており、イエール大学卒のエリートで、WASPとしての特徴を兼ね備えていたリンジーの反戦パフォーマンスは嫌悪すべき要素に満ちていた。ヴェトナム戦争に対する米軍の関与がエスカレートしていく渦中にリンジーが公にしていた反戦志向は、同時期にリンジーが実施していたマイノリティ政策ともあいまって、著しくバランスを欠く、不公平なものとして多くの労働者階級の目に映ったのである。

建設労組ではBCTC議長ブレンナンをはじめ、メンバーの多くが第二次世界大戦や朝鮮戦争への従軍経験を持ち、ヴェトナム戦争にも多数の組合員が現役兵士として参加していた。学生のように徴兵猶予の特権を持たず、徴兵からの逃避・忌避などの行動をとることが困難な彼らにとって、建造物を破壊したり、キャンパスを占拠してそこを「解放区」と称するような学生の反戦活動に対する反発は、ことのほか強かった。加えて、ニューヨークにおいてキャンパスのリノヴェーションなど大学が発注する建設事業は少なくなく、キャンパスを拠点に反戦運動を展開していた学生らの行動によって、大学での建設事業が滞るという直接的な問題も発生していた[72]。大学キャンパスを含む様々な建設現場で働いている日中に目の当たりにする学生らによる街頭デモや集会などの光景は、自らは日々の労働に従事せざるを得ないという現実とあまりにもかけ離れた社会的格差を労働者たちに突きつけた。こうしたギャップは建設労働者の中に学生らの反戦行動は「金持ちの息子や娘」による勝手気ままな「戯れ」でしかないという思いをますます強めさせた。

一九六七年三月にニューヨークのリヴァーサイド・メモリアル教会においてM・L・キング牧師がヴェトナム

戦争に反対する立場を表明したことは反戦運動や公民権運動内部に大きな反響を呼んだ[73]。そうした中、同年五月に「ヴェトナムにいる息子たちを支持しよう（Support Our Boy's in Vietnam）」というスローガンの下、ヴェトナムで戦う兵士たちへの全国的な連帯行動が政府主導で企画された。ニューヨークでは七万人の参加者を集め、その多くは、BCTC傘下の建設労組に加え、国際港湾労組（ILA）、ティームスター（Teamsters）、映画技術者労組などの労働組合員で占められていた。そのほかにミニットマンや在郷軍人会という保守派の民間組織もこれに加わっていた。五番街を行進する労働者たちのパレードは七時間に及び、ILA議長のT・グリーソンがその先頭に立った。彼らが掲げるスローガンやシュプレヒコールは反戦運動を担う者たちへの憎悪に満ちていた。「我が祖国は正しいのか、それとも間違っているのか」「我が国旗ではなく、ハノイを燃やせ」「反戦を叫ぶ者、徴兵カードを燃やす者を叩きのめせ」——パレード参加者には沿道で平和の意志を表す見物人に殴りかかる者も出るなど、鬱積した不満が渦巻いていた[74]。

建設労組に対するマイノリティ労働者を見習いとして採用せよという圧力はヴェトナム反戦世論の盛り上がりと並行する形で強まっていたが、労働者の不満は、マイノリティ雇用のための圧力を強める関係当局だけでなく、ヴェトナム反戦運動を担う者たちへもその矛先が向けられ始めていた。一九六九年に入って、ニクソン政権がフィラデルフィア・プランの再生を企図し始めると、労働者による激しい抵抗が再び大都市圏に広がり始めた。ピッツバーグでは四五〇〇人の建設労働者が、黒人との交渉は続ける一方で地域の建設事業を閉鎖する決定を行った市長J・M・バーに抗議するため、市庁舎に押しかけた。彼らはアメリカ国旗を振りかざし、「一九七二年（引用者注：大統領選挙のこと）ウォレス支持」「我々は多数派だ」といったスローガンも掲げていた。また、シカゴでは二〇〇〇人以上の建設労働者が、差別を行っているとされる建設労組が召喚されている公聴会の建物周辺に結集し、見物人をなじり、警官と取っ組み合いを演じ、公聴会会場に現れたジェシー・ジャクソン牧師とその妻に詰め寄った。参加者の一人は「俺はずっと見習いの順番を待たなきゃならなかったんだ。なのに、何で黒人だっていうだけで連中が特別扱いされなきゃならないんだ?」と憤った。参加者の一部はこの後、サン・タイムズ・デイリー・ニューズ社の建物内に押し入り、「我々に真実を!」と叫んだ。他の者は、偶然同日に裁判があった八人の反戦活動家の支援グループを挑発し、侮蔑の言葉を投げかけた。今や彼らにとっては、行政当局、マイノリティ、反戦活動家が一体となった敵として映っていたのである。[75]

その一方で、大学では学生たちのラディカルな行動がますますエスカレートし、労働者たちの憎悪をさらに強めていた。ニューヨークでそれが典型的に現れたのが、一九六八年四月にコロンビア大学で起きた大学占拠事件であろう。事件のきっかけは、大学当局がハーレムの黒人地区に隣接する場所に体育館の建設を計画したことと大学当局による軍の活動への協力が明るみになったことだった。体育館は、市が所有する公園の一部を大学にリースして建てられる予定で、一階部分が地域住民に開放され、残りの階上部分を大学関係者が使用するという計画であった。この計画はしかし、地域住民と大学関係者の入口が別々であることや、使用できる面積比が地域住民一二%に対して大学関係者八八%と著しい差があることが人種差別にあたるとして、コミュニティ団体などから批判の声があがった。ラディカルなコロンビア大学の学生の間ではこの計画を、体育館と人種差別を掛け合わせた「ジム・クロウ(Gym Crow)」という言葉で呼ぶなど批判が拡がっていた。[76] 一方、大学の軍に対する協力の露顕とは、一九一六年以来行われてきた予備役訓練課程がヴェトナム反戦運動高揚の中で批判の標的になったことである。コロンビア大学では海軍と協力して大学内でコースを実施し、卒業式もキャンパス内で行っていた。学生たちがこの卒業式に押しかけて抗議すると、警官隊が学内に導入されて騒ぎに発展し、ついには予備役訓練課程の卒業式が中止に追い込まれた。[77] さらにエスカレートした学生たちの抗議は、総長室を含む大学の五つの建物の占拠に至り、授業もストップさせた。大学内の予備役訓練課程事務所を襲撃した学生たちは、占拠した建物の窓から「解放区(Liberated Area)」の垂れ幕を吊るし、壁には「第二、第三の、さらなるコロンビアを!」と落書きした。[78]

学生たちの占拠は結局、大学当局がニューヨーク市警を学内に導入して強制排除を実行し、七〇〇名の逮捕者と一二〇名の負傷者を出すことで終息するが、学生たちがとった行動の数々——大学の建物の破壊、文書破棄、保守的教員の拘束、占拠した建物内での自由な振る舞い（そこで結婚式等も実施された）、一つのベッドに複数の男女が入るベッド・インなどは、あらためて労働者の憤激を買い、保守層だけでなく旧来の左翼層にすら反感を買った。こうした学生たちの行為は、労働者たちにとってもはや限度を超えた「やりたい放題」でしかなく、決して放置できないものとして捉えられたのである。[79]

5　ハードハット暴動とニューヨーク・プランの結末

マイノリティの雇用やコミュニティ環境への取り組みでことごとく対立を繰り返してきたリンジー市政と建設労組の間に決定的な変化をもたらしたのは、ニクソン政権によるカンボジア侵攻に伴って激化した反戦運動とそれによる悲劇であった。ニクソンは侵攻作戦の目的について、カンボジアが北ヴェトナム正規軍や南ヴェトナム解放民族戦線の拠点になっているため、ここに兵を進めることで戦局を好転させ、北ヴェトナム政府・解放戦線側との交渉を有利に進めることと説明した。しかし、それはますます戦争を長引かせるという世論の激しい反発を招き、停滞していた反戦運動も再び活発化した。各地で抗議行動が一斉に始まり、学生たちの抗議によってコロンビア大学を含む多くの大学が閉鎖に追い込まれた。[80]そうした中で一九七〇年五月四日、オハイオ州のケント州立大学の学生四名がキャンパス内で州兵に射殺されるという痛ましい事件が起きた。

このケント大生射殺事件の衝撃は大きく、瞬く間に全米中の大学で抗議行動が起こった。[81]全米学生連盟は五月七日に声明を発表し、全米で三五〇もの大学がストライキ状態にあることを報告した。騒乱状態となった大学ではキャンパス内の予備役訓練課程の建物に対する放火事件も発生し、大学当局は次々にキャンパスの閉鎖決定を行った。[82] 史上例のない規模で拡がった学生の抗議は、事件発生後二日間で八〇以上の大学がキャンパス閉鎖の決定を行い、五月四日から八日までの間に一日平均一〇〇のデモが行われるほどで、五月の最初の二週間では、私立大学の八九%、公立大学の七六%で何らかの抗議行動が発生し、キャンパスの秩序維持のために少なくとも二四回の州兵導入が要求された。[83]

ニューヨークでもケント大生射殺事件に対する抗議行動がすぐさま開始された。市内全域の大学で建物の占拠やデモ、キャンパス内の予備役訓練課程事務所の焼き討ちが起こり、街頭に出た学生たちの座り込みによる高速道路封鎖などの直接行動が展開され、警察当局との衝突が繰り返された。[84] 抗議の声は高校にも広がり、多くの高校生が大学生のデモやピケの隊列に加わった。[85] そうした中、市長のリンジーもケント大生二名を市庁舎に招いて会談し、深い追悼の意を表明するとともに、五月八日を「沈思の日」とすることでニューヨーク市民に対してケント大での出来事について厳粛に思いをはせることを求めた。[86]

八日当日には市庁舎に半旗が掲げられ、ニューヨーク大学やニューヨーク市大ハンター・カレッジを中心とする学生たちが、射殺されたケント大生への弔意を表しニクソンへの抗議を示すため、早朝七時半から市庁舎近辺に集結し始めた。正午を過ぎて五分くらい経ったとき、そこにヘルメットを被り、「アメリカ全面支持！（All the way U.S.A.）」「アメリカを愛するのか、見捨てるのか（Love it or leave it）」などと叫びながら、バールやパイプなどを手にした二〇〇人以上の建設労働者が現れ、学生たちを襲撃し始めた。労働者は、逃げ惑う学生たちを追いまわして次々に暴行を加え、負傷した学生たちが運び込まれたトリニティ教会にも侵入して、教会に掲げてあった赤十字の旗を引きちぎった。また、近くのペース大学に平和を示すサインを見つけると、ガラスを破ってキャンパスに侵入し、学生に暴行を加えた。さらに半旗が掲げられていた市庁舎になだれ込むと、一人の郵便労働者が屋上のポールから半旗を引き摺り下ろし、代わりにアメリカ国旗を最上部に掲げた。続いて労働者たちはヘルメットを脱いで「星条旗」を歌い始め、周りにいた警官たちにも「ヘルメットをとれ！」と要求した。[87]

労働者の怒りは学生だけでなく周囲の人々にも及んだ。市職員のS・ハーマン（女性）の次の証言は、怒りに燃える労働者の様子をよく表している。

そのとき私は鉄バサミを持った一人の労働者が、すでに三人の労働者にひどく殴られている学生の方へ向かっていくのを見ました。私は彼に向かって「やめて！」と叫んで、彼のジャケットをつかんでやめさせようとしたんです。彼は私に向かって叫びました。「俺の服から手を離さねえか、クソ女！」。そして続けてこう言ったのです。「平等に扱って欲しいんだったら、そうしてやるさ！」。三人の男たちは私の体をこぶしで殴り、眼鏡が壊されました。私は息ができなくなり、肋骨を折られたと思いました。[88]

リンジーの補佐であるD・エヴァンズも「子どもじみたことはやめなさい」と建設労働者を止めようとしたが、逆に「子どもじみたって、どういう意味だ？」と罵られ、顎を殴りつけられた。民主党ニューヨーク州上院議員候補のM・バークナップも「この赤野郎を殺しちまえ！」と叫ぶ複数の労働者に取り囲まれて殴る蹴るの暴行を受け、右目をふさがれ、全身あざだらけになるほどひどい怪我を負った。一連の襲撃で七〇人の負傷者が出たのに対し、逮捕者はわずか六人でしかなかった。[89]

事件の翌日、リンジーは「昨日ダウンタウンで平和的に抗議していた人々は建設労働者の襲撃によって妨害された。建設労働者は無理やり、合法的なデモを破壊し、学生を殴打し、やりたい放題に財産の破壊を行った。昨日の暴力はおぞましいものであった。それは長引く戦争によって生み出された緊張と分裂の必然的産物だなどという言い訳は決して通用しない」と述べて労働者の行為を厳しく糾弾すると同時に、現場にいながら毅然たる対応を示さなかった警察当局を労働者以上に強く批判する声明を発表した。リンジーは、警察が「明らかにことを軽く考えていた」として責任を追及し、新たに組織する中立委員会による調査を行うなど四点の措置をとることを発表した。[90]

しかし、襲撃事件後も建設労働者によるリンジー批判の動きはやむことなく、建設労働者や港湾労働者、それにホワイト・カラー労働者も加わって連日街頭ではデモや集会が繰り広げられた。彼らは「赤ネズミのリンジー、嘘つきリンジー」などリンジーを罵倒するスローガンを叫びながら、数千人規模でデモを繰り返した。八日の襲撃事件ほどの暴力行為こそ発生しなかったが、彼らはピース・サインを掲げる見物人を見つけるとたびたび殴りかかり、学生たちには「心配するな。お前らみたいなホモは徴兵しないさ」と悪罵を投げつけ、警察とも小競り合いを引き起こして逮捕者を出すなどしていた。[91] BCTC議長ブレンナンは八日の労働者の行為について「組合は一切関知していない。彼らは自分自身で行動したのだ。彼らはアメリカの国旗に唾を吐きかけて冒瀆する者たちや、暴力を振るう反戦デモにうんざりしたからこそ行動したのだ」と述べ、襲撃事件を擁護した。また、建設労働者の隊列に港湾労働者が加わったことを問われた国際港湾労組議長のグリーソンも「俺たちは一切関知してない。自分らでやってることさ」と答え、労働者の自主的な判断であることを強調した。[92]

一三日に行われたBCTC特別執行委員会においてブレンナンは、五月二〇日正午より市庁舎前でニクソンの政策を全面的に支持するデモを行うことを提起し、全会一致で決議された。[93] 執行委員会の決定は一九日の代議員総会でも検討された。総会はまず、組合員T・スピランスを含むヴェトナムで戦死したすべての同志への黙禱で始まった。ブレンナンはデモの目的を「すべての人々に我が旗と我が国について我々が思い抱いていることを知らしめること」と説明し、自らが三〇年前に経験した共産主義者との闘いについてふれながら「私はあなた方すべてが旗を掲げ、人々と一緒に行進することを願う。ただし、暴力はなし、だ。市と国に対して我々が人々とともにあることを示そうではないか」と二〇日の行動の最後の呼びかけを行った。[94]「旗を汚す者を決して許さず、旗と国を愛していることを示すために我々は集まる」――マスコミのインタヴューを受けるなど、ブレンナンらBCTC幹部は組合内だけでなく、再三公の場で行動の目的を宣伝し、積極的なアピールに努めた。

二〇日に行われたBCTCの行動には一〇万人を超える参加者が集まった。軍楽隊を先頭に行進した労働者たちにブレンナンはこう宣言した。「歴史は今日ここでつくられているのです。なぜなら、我々がヴェトナムにいる息子たちを支持し、ニクソン大統領を支持しているからです」。労働者の行動は、窮地に陥っていたニクソン政権を大いに励ました。ニクソンの側近たちは、この機をとらえて労働者を味方につけるための戦略を速やかに実行することをニクソンに強く進言した。ニクソンは、行動があったその日の夕方にブレンナンに電話を入れ、一時間以上にわたって感謝の気持ちを述べ、二六日にブレンナンらこの日の行動の指導者を中心とした労働運動指導者をホワイトハウスへ招待することを伝えた。二六日当日、ブレンナンやグリーソンら労組指導者二三人はホワイトハウスでニクソンと四七分間歓談し、ニクソンにアメリカの国旗をかたどったネクタイ・ピンをつけてやり、「最高指揮官（Commander in Chief）」と書かれたブルーのヘルメットをプレゼントした。そして四つの星が描かれているもう一つのヘルメットをヴェトナム派遣アメリカ軍司令官のC・W・エイブラムズに手渡した。[95]

翌月行われた代議員総会において五月二〇日の行動を総括したブレンナンは「我々はヒトラーを支持しないが、学生は（引用者注：ヒトラーを）支持している」と再び学生を批判し、七月四日のアメリカ建国記念日にワシントンでさらなる行動を行うことを報告した。[96]執行委員会で発表された集会では、エンターテイナーのボブ・ホープが議長、G・ミーニーが共同議長について、一一時より牧師のビリー・グラハムの話で始まり、一二時に参加者全員にアメリカ国旗が配られて各参加者がそれを地面に立てることになっていた。そして夜七時にホープが「アメリカン・サリュート」を歌い、九時から花火が打ち上げられてフィナーレを迎えるというものであった。[97]

七月四日の建国記念集会は三五万人の参加者を集め、盛大に行われた。集会当時カリフォルニア州サクラメントに滞在していたニクソンは参加者にメッセージを寄せ、「我々アメリカ人が進歩し続ける国民であることを世界中の人々は知っています。合衆国は進歩や希望の象徴であり、秩序正しい成長の象徴なのです。しかし、我々にはこの祝日を名誉ある日とするためになすべきことがあります。今日の誇るべき思い出を持ち帰るだけでなく、自由で強く繁栄に満ちた国家を生み出したその精神、七月四日の生きた精神もまた持ち帰ることを希望します」と訴えた。[98]

ここに来て労働者とニクソン政権の距離は大幅に縮まっていた。建設労働者はニクソンとの距離が近くなったことで、それがマイノリティ雇用の動向に反映することを期待した。その一方でリンジーとの対立はさらに鮮明になった。五月一九日に発表した声明でリンジーは連邦政府のヴェトナム政策をあらためて批判するとともに、自らが考える愛国主義について次のように語った。

愛国主義は必ずしもアメリカを支持することではないし、政府の政策を支持することでもありません。戦争が国家の財産や精神を蝕んでいるとき、愛国主義は我々がそれを終わらせることを求めています。この戦争に平和的に反対する我々の行動こそ、国を愛する行動であり、そこにアメリカの伝統の強さがあるのです。……我々は共にアメリカ国旗の下に生き、「すべての人に自由と正義を」と誓っています。……旗はアメリカ人の間にある問題ではありません。問題は戦争、戦争とそれが国民に対してやっていることなのです。[99]

リンジーの声明は明らかに、国旗が冒瀆されていることに強い憤りを示す建設労働者の反対行動を意識して語られたものであった。自らが真の愛国者であることを示そうと現れ出た建設労働者に向けられたこの声明は案の定、彼らの神経を逆なでした。リンジーは建設労組が懸念していた新たな行政命令の発令に踏み切り、七月一五日に行政命令二〇号を発表した。この行政命令は、市が関与する建設事業を請け負うすべての業者に対して、どの職種においても一人の訓練者に対して四人の職人をあてがうことを求めていた。[100] しかし、九月から再開された建設労組、市当局、州政府間の話し合いは、またしてもマイノリティ労働者の一年間の受け入れ人数をめぐって対立し、建設労組は行政命令二〇号が求める数字について現状では非現実的なものと批判し、従来通り受け入れ数八〇〇人という数字から妥協しようとしなかった。

一二月一〇日に三者がそろってニューヨーク・プランの合意を発表したとき、その内容は建設労組の明らかな勝利を示していた。訓練プログラムのマイノリティ受け入れ総数は年間最大八〇〇人とされ、受け入れられたマイノリティがたとえ訓練を受けても組合員になれる保証は与えられなかった。いかなる目標達成の期限も設定されることはなく、組合や企業はマイノリティ雇用の義務を果たしていると見なされただけで、連邦政府のマイノリティ雇用ガイドラインを遵守していることになった。プランの実行を担当する一〇名の運営委員会の構成は、建設労資代表七名、マイノリティのコミュニティ代表三名となっており、明らかに公平性を欠いていた。運営委員会はマイノリティ雇用計画を事前に審査し、不適切と思われるものについては契約を拒否する権利を与えられていたが、委員会の主導権が最初から建設労資に握られていることは、事実上のフリー・パスを意味した。[101]

今回合意されたプランは、一九六九年秋にブレンナンらが中心となっていた労資合同組織ニューヨーク建設業都市問題委員会（ＢＵＡ）が作成した独自案と比べてもさらに後退する内容であったが、リンジーは「弱点もあるが、我が国一番の計画だろう」とコメントし、従来の立場から大きな譲歩を行ったことを自ら吐露した。[102] この合意に対しては即座に公民権運動団体から一斉に非難の声が挙げられたが、リンジーの譲歩はさらに続き、一九七一年一月一八日には行政命令三一号を発表、この命令によって建設業者・労組はプランに参加するサインをするだけで市、州、連邦が示したアファーマティヴ・アクションのガイドラインを遵守していることになると定められた。[103] また、リンジー側が譲歩に譲歩を重ねた結果であるにもかかわらず、ＢＣＴＣに加盟する四つの有力労組は早々にプランへ参加するためのサインを拒否していた。四労組はいずれも技術や賃金が他の労組よりも高く、影響力が大きい板金工労組（ローカル28）、スチームパイプ工労組（ローカル638）、配管工労組（ローカル2）、電気工労組（ローカル3）であり、拒否の理由としてすでに組合自身の努力で人種統合は進んでおり、雇用も着々と行っていることを挙げ、外部からの強制を断固拒否する姿勢を見せた。[104]

一九六六年八月に発令された行政命令二八号に基づき、関係当局が統合されて起ち上げられていた人的資源局（Human Resources Administration）の一機関――労働能力発展部（Manpower and Development Agency）の責任者Ｊ・Ｒ・エラーゾは、「四労組の不参加はプランの効果を失わせる」と懸念を表明し、「こういう状況を招いた直接的要因は、このような組合が参加している事業の契約を取り消さない雇用機会平等契約遵守局の無能力にある」として、決然たる態度をとらない関係当局を厳しく批判した。[105] また、市人権委員会（ＣＣＨＲ）は、「失敗の原因の一つは組合の強大な政治力であり、もう一つは、組合がすべての改善策に対して、組合に反対するために人権が多用されているという誇大妄想にとり憑かれた対応をしていることである。……組合内の差別をなくそうとする長期的取り組みに対する妨害物は、いかなる取り組みも反組合策だと見なす誤った考えである。こうした誤解が我々当局に反対して労働者コミュニティを団結させ、強力な政治的圧力をかける動因となっている」と分析し、労組およびその下に結集する労働者の頑強な抵抗力を強調した。[106]

強い姿勢で建設労組に挑み、マイノリティ排除の障壁除去を試みてきたリンジーも、この時までに厳しい政治環境に追い込まれていた。華々しいリンジーのパフォーマンスは大統領選挙で強力なライヴァルになり得るとしてニクソン政権に強い警戒感を呼び起こしていたし、州知事ロックフェラーとの関係は一九七〇年一一月の州知事選挙における支持をめぐって決定的に冷え切っていた。また、同年一〇月に『ニューヨーク・タイムズ』紙が明らかにした世論調査結果でも、六〇%のニューヨーク市民がリンジー不支持の立場にあることが明らかになっていた。[107] 他方、ＢＣＴＣは相変わらずロックフェラーとは良好な関係を保ち、マイノリティ雇用に関しても共同戦線を築いてリンジーに対抗していたことに加え、ニクソンとの連携に踏み切って政治的防塁の強化を怠りなく進めていた。リンジーの政治的孤立は顕著であり、ニューヨーク・プランの成立にこぎつけたことで、建設労組は自らの領域の防衛に成功したことを示した。

その後、ニクソン政権とＢＣＴＣの関係はさらに深いものになっていった。それはニューヨーク・プラン発表後にＢＣＴＣを取り巻く環境がさらに悪化したことから導かれたもので、その一つはデイヴィス＝ベーコン法の一時停止措置であった。相変わらずインフレ問題から脱け出せないでいた中で、ニクソン政権内部や経済界では建設労組の高賃金がインフレを促しているという不満が依然として強く、ニクソンもさらなる手を打たなければならない状況にあった。一九七一年二月、ニクソンは建設労組に高賃金を保障する源となっていたデイヴィス＝ベーコン法を一時停止する措置をとることで、政権内や周囲にくすぶる不満の声に応える選択を行った。建設労組にとって同法の存在は組合の勢力維持と組合員の生活保障の上で大きな意味を持っており、同法の一時停止はマイノリティ雇用計画の強制とともに最も警戒していたものであった。ブレンナンは組合員に対して、すぐに大統領や地元選出の上下院議員へこの措置に断固反対する手紙を送ることを求め、一時停止措置撤回のためにできることすべてを今後も継続的に行っていく決意をニクソンにアピールした。[108]

さらにプランの合意発表以降、公民権運動団体に加えてマスコミによる建設労組批判がいっそう強まっていたことや、リンジー市政に根強く残るマイノリティ雇用積極推進派の言動もブレンナンらＢＣＴＣ幹部のフラストレーションを増幅させていた。『ニューヨーク・タイムズ』紙は、プラン合意直後からその実効性について疑問を表明していたし、世界貿易センタービルの建設現場が白人労働者のみで担われている様子を写真付きで報道するなど、建設労組にとって「不公正な嫌がらせ」を続けていた。[109]メディアによる批判強化を憂慮するブレンナンは「非難されるべきところに対してそれを向けよう」と呼びかけ、「我々が訓練プログラムに関してニューヨークで行っていることを伝える全面広告」の必要性を訴えた。[110]また、リンジー市政に残るマイノリティ雇用積極推進派は、ニューヨーク・プランはあくまで行政命令七一号と同二〇号を補完するものであって、それらに取って代わるものではないことを再三強調し、三月九日および二三日の二回にわたって連邦人権委員会・ニューヨーク州諮問委員会が主催した公聴会でも、同様の立場を表明した。[111]こうした主張は、ＢＣＴＣから激しい反発を招いていたリンジーの従来の提案に市当局が回帰し、それを軸にプランを進めようとしていることを意味しており、ようやく合意にこぎつけたＢＣＴＣとしては断じて看過できない主張であった。また、これと同時にリンジー側は、ニューヨーク・プランが連邦政府承認による正式なプランとして実行されることを阻止するために、許認可権を持つ労働省傘下の機関である連邦契約遵守局（ＯＦＣＣ）に特使を送り、プランの不備を訴えて承認を与えないよう働きかけていた。実際、遵守局は合意内容に強い不満を示しており、公聴会ではニューヨーク・プランは端緒にすぎず、未だ多くの不十分さを抱えており、現在のままでは連邦の示すホームタウン・プランのガイドラインを満たしたことにはならないと指摘していた。また、遵守局長官J・ウィルクスも、連邦労働省次官L・シルバーマンの側近J・アーヴィングに送った手紙の中で同様の主張を展開し、「不備だらけのプランを承認すれば一貫性がなくなる」として、決して承認すべきでないことを訴えた。[112] ニューヨーク・プランの行方は未だ不透明であり、全く予断を許さない事態を打開することが急務だと感じたブレンナンは、ロジャーズとともにワシントンへ足を運び、ニクソン政権と交渉を行って対策を模索した。

交渉を終えたブレンナンはその結果について執行委員会で報告し、今後は各労組と企業側との間ですでに作成済みのマイノリティ雇用計画に対する介入はないだろうとの見通しを語った。また、こうした保証を取りつけた代わりに、組合員には来るべき選挙において自らに有利となる議員の支援を全力で行うことを求めた。[113] その後はブレンナンが報告した通りの結果が続いた。一九七一年八月一一日に遵守局はブレンナンに対しニューヨーク・プランを正式に承認する決定を伝えた。一九七二年の大統領選挙ではニクソンが大差で再選を果たしたが、勝利の背景の一つには新たな支持勢力としてニクソン側についた建設労働者の存在があったことは明らかであった。そして、ニクソンは新政権の労働長官にBCTC議長ブレンナンを指名したのである。ニクソンはブレンナンをワシントンに呼び、今回の使命はブレンナンを「男」と見込んでのことで、これまでのようなインテリ（egg-head）を指名したのではないことを伝え、決してお飾り（window dressing）でもないと言明した。ブレンナンもまたこれに応じ、お飾りとして利用されることは拒否すると述べた。[114] ヴェトナム政策から再選に至る過程で労働者の協力を得たニクソンと、自らの境界を守りリンジーの思惑を粉砕した建設労組との関係は、これをもって新たな段階へと進んだのである。

第一次ニクソン政権下の連邦政府労働省は、次官補フレッチャーを中心にフィラデルフィア・プランの旗振り役として建設労組に圧力をかけ続け、マイノリティ雇用に積極的な立場をとってきたことを考えれば、ブレンナンのホワイトハウス入りは完全な立場の変更を意味していた。牽引役であったフレッチャーはすでに一九七一年一二月に辞任しており、その約一年後にブレンナンが長官に指名されたことで、その後労働省がマイノリティの雇用にいかなる立場を打ち出すかを推測するのは容易なことであった。

連邦政府によるニューヨーク・プランの正式承認後に示されたニューヨークでのマイノリティ雇用計画の状況は、極めて不十分でしかなかった。一九七二年八月の時点で、プランによって受け入れられた訓練中のマイノリティの数は多く見積もってもわずか五三七人でしかなく、職人資格を付与されたマイノリティはわずか三四人でしかなかった。当初から「少なすぎる」として批判を浴び続けていた訓練コースへの「一年間最大受け入れ数八〇〇人」にすら遠く及ばないこの結果は、マイノリティや公民権運動団体の間で不満を高め、再び建設現場に対する直接行動が増え始めた。プランの実施状況を直接監督する連邦政府労働省のニューヨーク支局からも、連邦政府は規定通りニューヨーク・プランの会計検査を行い、ＢＣＴＣが求める同プランの次年度への延長承認も行うべきでないとする意見が出たが、大統領選挙が終了した直後、ロックフェラーとＢＵＡの間でプランの次年度更新が発表された[115]。

一九七三年一月一二日、リンジーはニューヨーク・プランの結果に「深く失望した」として、正式に市がプランから離脱することを発表した。副市長Ｅ・Ｋ・ハミルトンは、プランによって採用されたマイノリティの見習い数がわずか五三七人であっても、それはどの都市よりも高いとしながら、しかしその結果は「明らかに受け入れられるものではない」と言明し、ニューヨーク・プランは自発性に依拠したホームタウン・プランであって、連邦政府の強制力が伴っていないことが問題だと批判した。リンジーはニューヨーク・プランに代わる独自案を示し、連邦政府に対しては、連邦の事業においてマイノリティの雇用に関する厳格な目標とタイムテーブルを設定するフィラデルフィア型のプランを適用すること、州および市に対しては、双方の事業を請け負う業者にマイノリティ採用に関するアファーマティヴ・アクション計画を提出させることを求めた。そして、これらすべてを速やかに実現するために、連邦・州・市すべての議会で立法措置をとることを要求した。[116] リンジーがプランから突然離脱し代替案を一方的に発表したことは、共にプランに合意していたBUAと州知事ロックフェラーを激怒させた。ロックフェラーはリンジーへ送った書簡の中で、ニューヨーク・プランの失敗を認めつつもその原因を市の非協力的な姿勢に求め、「市は目的を達成することに対して何ら興味を示さず、行動することもなかった」とリンジーを強く批判し、「州は今後ともプランの目的達成のためBUAと相互に緊密に協力するつもりである」と通告した。[117]

四月に入ってリンジーは新たに作成したマイノリティ雇用計画を発表した。計画は市の事業を請け負うすべての業者に対して、事前にマイノリティ雇用に関する明確な目標と期限を定めた計画の提出を求めており、一九七六年までに建設業におけるマイノリティ雇用者数を全体の二五%、一九七八年までに二六%に引き上げることを掲げていた。[118] この計画案は、これまでリンジーが行ってきた主張をさらに上回る意欲的なものだった。しかし、州労働省はこの法案に対して冷淡な反応を示し、あくまでニューヨーク・プランに関連する法を優先することを宣言した。[119] そして、連邦政府労働長官に就任していたブレンナンは、「労働省は連邦政府が承認したホームタウン・プランに行き過ぎがあれば、それを禁止することができる」という指針を示したのに続いて、市がニューヨーク・プランに復帰するまでニューヨークにおける連邦による建設事業への拠出を凍結することを発表した。ブレンナンの措置が連邦裁判所によって退けられると、次に舞台は法廷へと移った。建設業者が、リンジーにはマイノリティの雇用について明確な目標を課す権限はないという理由で市を州裁判所に訴えたのである。三年間にわたって争われた裁判の結果は、業者側の主張を認めたものだった。すなわち判決は、目標や期限の設定は優先的雇用にあたり、リンジーは法的合意のないまま目標の設定において行き過ぎた権限を振るったとして、リンジーの新たな計画を違法とするものだった。[120]

この判決によって、ニューヨークの建設業におけるマイノリティの雇用をめぐる攻防は、建設労組が引き続き主導権を確保することが明らかとなり、リンジーにとっては決定的な敗北となった。一九七〇年代初頭のニューヨークは未曾有の財政危機や都市問題の深刻化に悩まされていくようになり、建設労組の激しい抵抗に遭ったこともあいまって、もはや市当局が建設業におけるマイノリティ雇用の推進に割くことのできる余力は、この時点でほとんど残されていなかったのである。

6　ニューヨーク・プランと建設労働者の論理――秩序、境界への固執

本章ではここまで、第二次世界大戦中から一九七〇年代半ばにかけて公権力と建設労組の間で展開されたマイノリティの雇用をめぐる攻防の経過を詳細に検証してきた。この節では、こうした攻防の中で建設労組が行ってきた主張の特徴にあらためて焦点をあてる。先行研究の多くは、マイノリティの雇用をめぐる攻防を考察する際、たいてい建設労組の著しい閉鎖性と頑強な抵抗ぶりを強調し、建設労組と公権力――連邦・州・市の関係当局――の攻防に見出される各々の政治的な思惑を強調してきた。それに対して本書では、建設労組の主張の根拠となった彼らの生活世界やその中で築き上げてきた秩序や規範の強さに注目してきた。ここでは、既得権を伴う独自の生活世界を守ろうとする建設労働者の志向性が、政治的緊張関係が高まる中で、どのように愛国主義と結びつき、政治的保守主義として現れていくのかを見定めておきたい。

一連の攻防の中で建設労組が最も固執してきた点は、公権力や民間資本との関係を通じてつくり上げ、維持してきた既存の秩序を守ることであった。とりわけ今後も建設労組が相対的に有利な地位を確保するためには、労働力の育成・供給システムにおいて建設労組の主導的役割を確保することが絶対的に譲れない線であった。それは具体的には、組合員の採用や地位の扱い、見習い訓練や職人になるためのプロセスを組合が責任を持って取り仕切り、

他の介入は認めないことを意味していた。その目的を達成するために建設労組が、マイノリティへの開放を求める声に対して行った反論は、ほぼ一貫した内容が繰り返されていた。それは本章第3節で見たような、フィラデルフィア・プランに対するAFL-CIO建設局（BCTD）による反論——①建設労組はアファーマティヴ・アクションを支持している、②これまでも独自にマイノリティの雇用に関して努力を行ってきた、③マイノリティ雇用においては、他の業種の方が劣悪、④見習いの採用基準を緩和することは技術のレヴェルを下げる、という四点に凝縮される。建設労組がこうした主張をするたびに反論がなされ、その結果、建設労組の主張がいかに根拠を欠き、独善的であるかが公に暴露されることとなり、ますます彼らの頑迷固陋ぶりが際立たせられてきた。

にもかかわらず、建設労組はこの類の主張を取り下げず、むしろますますトーンを上げる傾向にあった。建設労組の努力不足を示す数的根拠が列挙された反論に比して、頑なに同じ主張を繰り返す建設労組の姿は、ほかから見れば頑迷であるだけでなく、明らかに開き直った態度として受け止められた。だからこそ、マイノリティが彼らに抱くイメージは「人種差別主義」そのものであり、強いフラストレーションが蓄積されていったのである。では、なぜ、建設労組側は単純とも思える主張を繰り返し続けたのであろうか。

①〜③にあるような、差別を行っているという批判に反論する主張は、その裏返しとして建設労組では人種に関係なく労働者を平等に扱ってきたし、自身もそのような価値観で労働してきたという強い自負に支えられたものであった。建設労組に対する主な批判の一つは、マイノリティ排除の最大要因——建設労組における父子関係を中心とした血縁・地縁による組合員採用の存在であったが、第2章で考察したように、内部にいる者からすれば、こうした関係を重視するのは当然のことであり、子どもが親に続いて同じ道を歩むのは「自然な選択」と捉えられていた。だからこそ、マイノリティの雇用計画がどのような形をとろうとも、それらは、建設労組で続けられてきた慣例を無視し、強制力によって途中からの割り込みを認めさせようとする不当なやり方以外の何ものでもなかった。コミュニティの中で近しいものの間で行われてきた建設熟練職の融通は、生計手段を確保することのほか、親子の

絆を確認し、地域の一員であることを示す秩序の一つだった。スチームパイプ工Ｅ・グリンの次の回想はそうした秩序を侵害されたという心情を如実に示している。

そんなことを目の当たりにすれば一〇〇％フレンドリーにやっていけるわけがない。もし、俺の息子が待機リストにいたとして――組合は常に父子関係で動いていたからね――で、俺の息子がはじき出されて、要するに棚上げされるってことだけど、それで誰かほかの連中に息子がつくポジションが与えられたら……俺は取り乱してたと思うよ。……組合がつくられた一九一四年には祖父たちがいた。……それから親父たちが次に来た。それで、その次に彼らは息子を入れたいって思うだろ。そこに、ほかの連中が割って入るんだ。……俺が組合に入ったのは親父に入れてくれって頼んだからだ。親父はそうしてくれたよ。申込書を書いたのは一七歳の時だ。思い返してみれば、みんな親父が行くところへ行っていたね。刑事なら刑事に、消防士なら消防士に、配管工なら配管工、っていう風に。みんなそうなるのは、そこが足がかりがあるところだからさ。[121]

グリンの回想は決して彼一人のものではない。実際に建設労組の待機リストには血縁・地縁の薄い白人労働者の存在があり、景気の状況次第では強い関係を持つ者であっても予定通り組合に入れない場合も発生していた。景気の変動に左右される建設労働では組合員の採用は著しく不安定であり、身内ですら確実ではないという現実に対して、マイノリティの採用枠だけを強制的に設けるべきとする外部の声は、建設労働者がおかれてきた事情を考慮しない、高慢なものと受け止められたのである。そこには入口の時点で熟練工になるためのアクセスが著しく制限されているマイノリティの状況に対して考慮を払う余地は主観的には存在しない。彼らの中では、自らの世界の中で維持されてきた習慣だけが基準となっており、それらは決して差別と言われる筋合いのものではないと考えられていたのである。

また、組合幹部が血縁者で引き継がれていることに象徴される、血縁者による組合支配という批判についても、労働者にとっては実情に通じない表面的な批判として捉えられる向きがあった。建設労働の中で常に重視されることは、危険な労働環境の中で仕事を全うする熱意や忠実さ、技術の高さ、仲間への献身などであり、それらの多くは実際の現場で評価されるものがほとんどであると考えられた。血縁者を優遇しているからといって、その全員が現場での厳しさを経ないまま安易かつ無条件に幹部として登用されるわけでなく、同じ環境の中で鍛えられ、正当な評価を得た結果であるというのが労働者の主張であった。鉄骨組立工E・カシュはいくつかのエピソードを紹介し、建設労働で重視される基準を語っている。

当時、とりわけニューファンドランドから来たアイリッシュがたくさんいたし、ノルウェー人やインディアンもいた。ナショナリティが何だろうと、若い連中はみんな同じように扱われた。……連中はみんな誇り高くて、その名をダメにしたり汚したりするような奴は必要なかった。インディアンの子がいて、そいつはいい仕事をせず、酔っ払ってて、次の日は仕事をサボったとする。で、みんなは言う。「何だお前？　家へ帰れ。待機リストに戻れ。ここではもう働けないぜ」ってね。それで終わりさ。そいつはそれで終わっちゃう。誰でも同じだ。……俺もいとこたちに同じようにした。俺の兄弟の息子にボビーってのがいて、いい労働者だし、よく働くいい子だった。見習い訓練も全部やり通していた。で、奴は独身だったから月曜の朝は仕事に来たがらなかった（引用者注：休日の遊び疲れのためと思われる）。……俺は奴に言った。「いいか、休みたけりゃ仕事が終わってからにしろ。お前には仕事があるんだ。その仕事が六ヶ月とか九ヶ月とか二ヶ月だろうが、仕事を終わらせてから休め。お前が働いていないかどうかなんて誰も気にしちゃいない。でも、仕事がある以上、あいつは頼りにならない、どっかへ行っちまってるなんて評判をとるんじゃないぞ」ってね。それで奴は何か分かったようだね。(122)

カシュの主張は、仕事に対する価値観をよく表しており、現場で一人の労働者として仲間から信頼されるに足る姿を示すことができるかどうかが重要な評価基準だったことが示されている。あくまで仕事の上でのパフォーマンスが評価されるという考え方は、建設労働の中で広く浸透していた。なぜなら、現場では高い技術を持つ労働者がチームを組んで働き、その結果統制された労働能力を発揮することで危険を減らすとともに、請負業者や事業主にもアピールできたのであり、そうした実績を積むことで次回の仕事を得られやすくすることができたからである。もちろん、組合にとって仕事の減少につながり、直接的な打撃になりえた。したがって、実際に現場で「使える」労働者であるかどうかが重要な意味を持っていたことは、建設労働者のおかれている状況からすれば当然のことであったのだ。

このことは、どの建設労組も現場でのパフォーマンスのみを評価対象として幹部の登用を行っていたことを意味するわけではない。縁故採用に比重をおいた結果、従来のような組合運営を行うことができなくなって組合の組織力に支障が出るといった問題もたしかに起きており、実際には縁故と現場評価が入り混じった状態であったと言えるだろう。ただ、ここで重要なのは実態がどうであったかということ以上に、働いている労働者の主観的な意識としていかなる価値観が浸透していたのかということである。

実際に現場で働く際に重要になるのは、チームとしてうまくパフォーマンスを発揮できるかどうかであって、それは与えられた仕事をそつなくこなすことと同時に、事故を防ぐ上でも不可欠な要素であった。同じ現場にいれば、労働者の価値観としては、相手がどんな人種、ナショナリティであっても、お互い協力し合うに足る労働者であるかどうかが関心事になったのである。彼らからすれば、組合員になるための入口で著しいアクセスの制限があることが問題なのではなく、労働者として働いている現場で仕事ができる仲間であることが重要なのであり、その仲間がたまたまアイルランド系やイタリア系、あるいは極めて稀なケースだが、マイノリティであるだけのことだと考えられていたのである。もちろん、前述のように「白人条項」を持つ組合があった以上、これもまた主観的な意識の問題である。

電気工労組（ローカル3）は一九六二年にその廃止を宣言するまで、もっぱら父子関係を軸とした組合員採用を続けてきた。ローカル3には「良い組合員の息子には見習いを選抜する際に優先権が与えられるべき」という認識があり、マイノリティ採用が少ないという批判に対しては、「それは意識的差別ではない。組合に黒人はいるし、彼らの息子は見習い入りの資格を有している」と主張した。[123] こうした主張はローカル3だけでなく、他の多くの建設労組も共有する考えであった。誰もが見習いになれるのでなく、要件を満たしている者がそうなるべきであり、黒人たちマイノリティにはその要件が欠けているだけだというのである。見習いの採用はあくまで組合のルールに従って進める必要があり、誰もが見習い委員会によって課される同一の試験を受けなければならず、外から別のルールを押しつけて特定の者だけを特別扱いするのは認められない、ということである。

こうした主張は入口でのマイノリティ排除や縁故重視によるアクセスの制限などを考慮しておらず、その意味で明らかに合理性を欠いていたが、建設労働者の固執する価値観や規範は自らの世界を離れた合理性で構築されるわけではなく、それらはあくまで自分たちが営々と築き上げてきた日常からつくられるものであった。公権力や公民権運動団体との論争の中で浮かび上がった頑なな主張には、「普遍的な」合理性だけでは導き得ない、自らが営んできた日常の秩序にこだわる人々の姿が投影されていたのである。外からは明確な差別と見なされても、彼らにとってはそれが「自然なルール」であり、自らの生活を支えてきた当為のシステムなのであった。

建設労組の主張④も、建設労働者の日常生活を支える熟練工としての労働が脅威にさらされていることに対する強い危機感を反映していた。建設労働者にとって熟練技術の持つ意味は非常に大きく、それは日々の生活を支える拠り所となっていただけでなく、いかに困難な現場であってもそれをいかんなく発揮できることが、彼らの誇りにつながっていた。数年間に及ぶ厳しい見習い訓練を仲間と共に経てきた苦労があるからこそ、どの現場にでも対応できる能力が身についていると考えられたのであり、各組合が培ってきた独自の養成方法を外部からの介入によって変更させられるのは到底承服できないことだったのである。

改訂フィラデルフィア・プランが発表されたとき、ＢＣＴＤ議長Ｃ・Ｊ・ハガティは「フィラデルフィア・プランだろうが何だろうが我々は一〇〇％割当制に反対しなければならないし、我々の基準を下げることに対しても同様である。我々は高い技術を持った熟練労働者であり、それなしで必要な仕事を行うのは不可能である。我が組合員は適切な訓練を受け、鍛えてきたからこそ、そうした技術を持っているのである」と述べ、ＡＦＬ-ＣＩＯ議長ミーニーも「何があろうとも基準を下げるようなことがあってはならない」と断固たる意志を表明したが、これらはまさに建設労組とは何者の集まりであるかをよく示していた[124]。

建設労組にとって技術の低下は自身の存立基盤を揺るがすだけでなく、現場での安全衛生環境の悪化につながる不安もあった。それは、オートメーション技術を中心とする機械化の進展によってもなくなるものではなく、むしろそれに伴って未熟な技術しか持ち合わせない労働者が安易に生み出され、大量に現場に入ってくることで事故が増加することが懸念された。

事故は建設現場に常に付きまとう問題であり、仲間が傷つき、命が失われる事故をできるだけ少なくしていくというのは、どの建設労組にとっても重点課題の一つだった。ＢＣＴＣでは各労組から代表者を選び、ＢＴＥＡと共同で安全委員会を組織しており、ＢＣＴＣ書記長のＴ・トビンが安全委員会副委員長に就いていた。安全委員会は組合員を対象とした複数の安全講習会を定期的に実施するなどの対策を行い、事故を防ぐための技術習得と意識の向上をはかっていた。各組合も事故防止のための安全講習の受講を組合員の必修課題にしていた。レンガ工労組共同見習い訓練センターのコーディネーターを務めていたＳ・コンテーロは組合の関心事を次のように明確に語っている。

すべて安全問題だった。組合＝安全ということさ。同じことだ。建設業じゃこのことは絶対変わらない。どうしてかって、基本的に俺たちにとって最も大きい問題は安全だからさ。……安全問題は何かって？　足場（scaffolds）だよ。足場で安全が確保されるんだ。労働安全衛生局（ＯＳＨＡ）が現場に来るけど、彼らは（引用者注：安全が確保されていないことで）訴えることもできた。ヘルメット、ゴーグルはつけてるのかってね。電気のこぎりでカッティングする時はグローヴだっている。とにかくすごくたくさんのことが必要だった。足場は中でも最重要だ。足場や梯子なんかから多くの仲間が落ちていたからね。足場を組む連中にはやり方を知らない奴もいたからな。今じゃ、ちゃんと教育されるようになってる。見習い学校では真っ先に足場づくりを教えて、俺たちがそれを現場でチェックするんだ。長い時間がかかることなんだよ。(125)

電気工のW・ブレインも次のように言う。

俺たちは安全についてめちゃくちゃ強調してる。安全講習もやってるし、パンフレットもつくってる。安全奨励ポスターだってどこの現場でも貼ってるよ。ヘルメットをかぶれ、必要な安全装備をつけろっていつもうるさく言ってるさ。俺たちは正規の職人を安全監督官って呼ばれる重要な任務につけてるんだ。安全はそいつの責任になる。給料は出ない。でも、仕事中に周りを注意し、事故の危険性がないか常に注意するのは安全監督官の役目になっているんだ。問題のある奴を見つけたら、そいつを呼んで適切な措置をとる。それは安全監督官の権限なんだ。俺たちはとても一生懸命やってるよ。多分、他の職種と比較すれば、俺たちのところは安全な方だろう。(126)

それにもかかわらず、事故は起き続けていた。一九六八年六月一八日のＢＣＴＣ定期代議員総会でトビンはスタテン・アイランドの現場で三人のセメント工が死亡、マンハッタン五二丁目の郵便局の現場でも一人の組合員が死亡していることを報告した。三人のセメント工は足場が不十分な組み方だったために亡くなっていた。[127]また、一九七〇年度の労災に関して見ると、例年にはない状況が報告がされた。それによれば、一九七〇年一一月の時点で二八人がすでに労災で死亡しており、一二月に入ると火災によってさらに三名が死亡、一九七〇年一年間の労災死者数は総計三一人にものぼった。[128]あまりの死者数の多さにブレンナンはすべての組合員と職長に対して、安全でない現場での仕事があればすぐにビジネス・エージェントに報告して是正を求め、それでも改善されなければ、安全委員会開催の権限を持つ書記長トビンを呼ぶよう訴えた。[129]ブレンナンは一九七〇年度の死者数は「甚大（terrible）だ」と述べ、企業側に安全問題担当のチームを雇うことを求めた。一方、労働者の中には事故を防ぐヘルメットやゴーグルの装着を拒否する者もいることが報告されるなど、事態の改善は思うように進んでいなかった。[130]さらに、この当時は事故死以外にも、様々な問題が労働者の健康を蝕んでおり、とりわけアスベストによる粉塵で肺が冒される問題があった。一九七〇年四月、ニューヨークにおいて全米で初めてアスベストを規制する暫定措置の実施がようやく決定されるが、それまでに受けているアスベスト被害は深刻であることがＢＣＴＣ執行委員会で報告された。[131]

高い給料を受け取り、雇用を独占しているとして建設労働者には「特権者（establishment）」との批判が浴びせられていたが、建設労働の現場は、死と常に隣り合わせの、極めて危険な世界であることに変わりはなかった。建設労働者にとって、程度の違いはあれ、現場での負傷経験は日常的な出来事であり、深刻な怪我や死亡事故に遭遇する場合も多かった。また、自身の親や兄弟が負傷事故に遭うケースや、死亡してしまう場合も珍しくなかった。[132]だからこそ、日夜厳しい環境の下、黙々と働いて「世界に誇る偉大な都市ニューヨーク」を築いてきたという自負を持つ建設労働者にとって、自らに向けられた批判は、著しくバランスを欠く、甚だ不当なものに思えたのである。

誠実に働き、ささやかな暮らしを築いてきたにもかかわらず、突如公権力と公民権運動団体が一体となってマイノリティの雇用を叫び、強制的に新しいルールを押しつけてきているという意識は建設労働者にとってぬぐい去りがたいものであった。かくして建設労組は、自分たちはスケープゴートにされた被害者で、逆差別の憂き目に遭っているという論法を頻繁に繰り返すことになったのである。

そのような中で労働者の耳に盛んに届くようになったヴェトナム戦争を戦う兵士へ向けられた激しい批判は、彼らの不満をさらに刺激した。これまで一貫して兵士の供給源となり従軍経験を有する者も多い建設労働者と米軍兵士との結びつきは階級的な共通性としてだけでなく、日常の中に具体的に存在していた。訓練中の見習いから徴兵者が出ることや、逆に兵役を終えて見習いに復帰するケースは常に起こっていたし、組合も従軍中の組合員との結びつきを確認する取り組みを積極的に行っていた。

電気工労組（ローカル3）の場合、ヴェトナム戦争が激しくなっていた間、機関紙『エレクトリカル・ユニオン・ワールド』上には従軍中のローカル3出身兵士の数をカウントするコーナーが設けられ、新規入隊者がいる場合はその名前が掲載された。組合は遠く離れた地で従軍する組合員兵士に一〇ドル小切手と機関紙を同封して郵送し、それらを受け取った兵士は組合に感謝の手紙を書き、その手紙はやはり機関紙に毎回掲載されていた。また、現役組合員や組合員の息子である兵士の勲功や戦死記事も頻繁に掲載され、具体名が出されることで、それがどこの職場で働く誰であるかを読む者に伝えていた。こうした記事の掲載は、組合を離れている労働者兵士と、送り出している組合との間で相互の絆を確認し合う作業であり、それだけ米軍兵士は建設労働者にとって具体的な顔が見える存在だったのである。

一九七〇年五月二〇日に市庁舎前で行われたニクソン支援集会に結集した労働者の声は、自らが生きてきた生活世界の秩序が乱されていることへの危機感やヴェトナムに送られた米軍兵士との具体的なつながりから来る彼ら自身の錯綜した想いを表している。クイーンズから来たクレーン操作工のR・ローバーは次のように言う。

こういった行動をする時が来たんだ。誰もが増長してつけ上がってる。親が責任を放棄して事態はどんどん悪くなってる。それが今ここで起こっていることさ。議員とかその類の連中がアメリカを支持しないなら，何を期待する？　もっと悪くなるだろう。リンジーがさっさと去ればいいんだろうけど……指導者が間違っているとき，人々に何を期待するんだ？[133]

ニュージャージー州プリンストンに住み，ティッシュマン建設会社の職長として世界貿易センター（WTC）の建設現場で働くR・ロマノ（四〇歳）も同様に言う。

デモをやってる今の子どもらは調子に乗り過ぎだ。連中が完全に間違っているとは思わないし，なかには正しいこともある。けど，デモは暴力的である必要はない。あいつらはずっと甘やかされ続けてきたんだ。誰かが奴らを止めなきゃいけない。そうしなきゃ国は破滅するさ。こうした抗議っていうのは家族の問題だと俺は思う。大学生や高校生が不満を持ってるんだったら，大切な家族として何とかしないと。親がやらなきゃいけないんだ。（質問：親子で意見が合わなかったら？）まあ，古いやり方だけど，手を上げるってことさ。親父は俺を殴るのはやめなかった。もし俺が何か嫌だって言ったら親父は俺を叩いた。俺はそのやり方がいいって学んだね。そうでなきゃいけないんだよ。[134]

二人の証言は，何よりもまず自分の子どもと同じ世代の若者との間にできた価値観や振る舞いのギャップに憤り，自身が過ごしてきたしかるべき家族関係の回復とその価値の重要性を率直に主張している。これらの証言は，決して彼ら二人のものではなく，デモに参加し，あるいは参加していない者も含め，独自の生活世界で生きてきた多くの建設労働者の心情を表しているものだろう。秩序を守り，慎ましく暮らし，権威あるものを敬うことを家族や地域での生活，そしてカトリック教会による教育を通じて身につけてきた男たちにとって，激しい抗議活動を展開する学生たちはまさにロマノが言うように「甘やかされ続ける金持ち坊やたち」でしかなかった。自らの世界がひどく傷つけられているという思いが、義務を果たすべき親が何もしない結果、子どもが好き放題振る舞っているという怒りとして、世代間に生じている相違に即して示されていたのである。

こうした世代間に生じている相違に加え、同世代の間で生じている大きな相違に即して心情が表現されることもあった。それが電気工R・マッサーロ（二五歳）による次の証言である。彼は戦場へ派遣されている仲間への想いを語る。

ここは俺の国だ。最大限支持するよ。俺にはあっちで殺されてる友達がいっぱいいる。だから戦争に反対してる奴らを支持しない。俺は今1-Aリストになってる。学校に行ってるから組合が俺を兵役から外してくれてるんだ。けど、いつだって召集に応じるさ。俺の組合には見習い訓練のための徴兵猶予があるんだけど、俺は一〇〇％この国のために尽くす気がある。アメリカがこの戦争を正しいとするなら、それは正しいのさ。戦争の目的のために向こうに行けってことなら、それでいいんだ。[135]

同世代であっても、マッサーロと学生たちとの間には明白な階級的相違があった。徴兵が避けられず、それに粛々と応じている労働者階級とは対照的に、徴兵猶予の特権がある学生たち――自分たちが危険な建設現場で働き、仲間が戦場で命をかけて戦っている時に、普段は安全で快適なキャンパスで過ごし、時に街頭に繰り出して思いのままに自らの主張を叫ぶ学生たちは、年齢こそ近くはあっても明らかに異なる存在であった。親が建設労働者で、自分と似たような家庭の多いコミュニティで育った建設労働者からすれば、大学に通う者との間には明白な境界線がはっきりと見てとれたのである。

第二次大戦ヴェテランの板金工W・バテンホフ（四三歳）の次の証言は、世代間の相違や階級格差に対する苛立ちが入り混じった形となっている。彼は秩序が踏みにじられていることに対して強い憤りと、湧き上がる「愛国者」としての感情が交錯する複雑な心境を吐露した。

もう本当にうんざりだ。でも俺たちは国のために正しいことをしてるんだから、またそれを示すのさ。だって、ニクソンは俺たちの大統領だ。俺たちは彼を支持していることを示すべきなんだ。俺たちはニクソンに同意していないかもしれない。でも、支持しなけりゃならない。俺は学生に反対するわけじゃない。連中には抗議する権利がある。……でも、旗を燃やすことだけは我慢できない。大学を閉鎖することもね。行きたい奴はどうすりゃいい？　何もかもなくなる前に止めなきゃいけないんだ。俺はあの行動（引用者注：ハードハット暴動のこと）に参加した。あの時のことを誇りに思う奴なんて俺たちの中にはいない。でも俺たちはそこにそれ以上じっとしてることができなかった。連中はヴェトコンの旗を振ってたんだ。国旗に唾を吐きかけてる奴もいた。あれは自然な行動だったんだ。……勘違いしないでくれ。俺たちが戦争を支持しているなんて思わないでくれ。誰も支持なんかしてない。一〇歳の息子が言ったんだ、「パパ、一八歳になったら僕は戦争に行かなきゃならないの？」ってね。俺は息子に「パパは望んでないよ」って言った。俺は本当に戦争を支持しない、信じてくれ。でも俺たちはニクソンを選んだし、彼を支持すべきなんだ。このままじゃアメリカは二流国になる。今ヴェトナムから撤退すれば二度と一流国にはなれないさ。俺が思うのはそれだけさ。[136]

建設労働者や建設労組にとっては、たとえ仲間が従軍していなくても、米軍との結びつきは多々あった。ヴェトナム戦争中に限っても、現地での基地や兵舎の建設には建設労働者が従事していたし、アメリカ本土では組合員に対して頻繁に献血の呼びかけが行われ、集められた血液を米軍に届ける活動なども軍や兵士の存在を身近に感じさせるものであった。[137]そんな身近な存在である米軍兵士たちが、どのような厳しい状況があろうとも、「良き市民」「愛国者」として義務を果たし続けているという思いは、いかなる現場でもそこで求められる仕事をこなし続けているという自己像と重なり合った。それに対し、建設労働者から見た学生たちは放漫な金持ちの息子・娘であり、徴兵から逃げ、「反戦」や「反差別」などを好き勝手に叫んでいると映った。建設労働を取り巻く秩序が切り崩されようとしている中で、法や秩序を乱し、仲間である兵士を攻撃する反戦派は許されざる者たちであると考えられた。

本章の冒頭でも触れたように、ハードハット暴動の要因に関する先行研究では、ニクソン政権のブルー・カラー戦略が功を奏したことを強調する傾向が極めて強い。しかし、ニューヨークに生きる建設労働者の日常の中では、ブルー・カラー戦略以前からの、自らの領域が狭められているという不満や不安が相当蓄積されていたのであり、このことは決して見逃すべきではない。[138] そうした不満・不安を反戦派に向ける動機は、すでに彼らの中に十分醸成されていたし、ニクソン政権支持を表明する行動の中で、今まで建設労働者として謙虚に働き、徴兵に代表されるように、アメリカ国民としての義務も誠実に果たしてきたという自らの来歴の承認を求めることは、独自の境界を築いてその中に生きてきた彼らにとって、追い詰められ、変化を迫られた上で行き着いた「自然な」帰結であった。[139]

第7章　守られる境界、守るべき境界

この章では、前章で見た建設労組とリンジー政権の攻防のその後を追う。ニクソン政権との連携により、リンジー側の要求を退け、見習い制度の運営における主導権の維持に成功した建設労組であるが、依然彼らを取り巻く状況は厳しいままであった。米国経済全体が停滞状況に陥り、第二次大戦後から一九六〇年代にかけて好調が続いていた建設業もその勢いを失っていた。政権や経営側から建設コスト切り下げの声がいっそう高まる中、建設労働者の世界にはまた新たな、これまでにない変化が訪れようとしていた。それが建設現場への女性労働者の進出である。一九七〇年代後半より、女性労働者の見習い採用枠の拡大を求める声が日増しに大きくなり、ニューヨークではその問題が市政レヴェルでも取り上げられるようになっていった。ここでは、一九七〇年代半ば以降の建設労組の動揺について述べた上で、市人権委員会（ＣＣＨＲ）、女性団体・女性労働者、建設労組の間で展開された女性労働者の受け入れとその処遇をめぐる攻防を見ていくことにしたい。そして、建設労働者が抵抗し続け、自らを正当化した論理を分析することで、彼らの守ろうとした境界を前章に続いて再検討し、その境界がどのように変化したのかを明らかにしていこう。

1　進む建設労組の影響力低下

マイノリティの雇用計画をめぐる攻防において，何とか自らの下に主導権を保持することに成功した建設労組であるが，その「勝利」も長くは続かなかった。ニクソン政権は建設労組との連携によって民主党の支持基盤を切り崩して自陣に加えていくという政治的意図を持っており，そのためには公共事業への財政支出を増やしたいところであったが，すでにジョンソン政権による「偉大な社会」政策の結果，財政赤字が膨らんでおり，それが簡単に許される状況ではなかった。そのため就任直後にはいったん財政支出を抑制したものの，不景気となり失業率が増大したため，再び財政支出を増やし，財政赤字を拡大させることになる。この後，いわゆるニクソン・ショックも含めて政策の模索ないし迷走が続くのは周知の通りである。しかし，表5を見れば分かるように，公共事業の総額や，そのうちの連邦関連事業は，就任直後の一九七〇年を除いて，一貫して増えており，ニクソンの配慮がうかがえると言えるかもしれない。ただし，この間，アメリカ経済はずっとインフレが続いていたため[1]，実質での伸びはほとんどなく，全建設事業における新規建設事業の金額の推移を見ると，建設業界，したがって建設労働者も楽ではなかったことが分かる。しかし，それでもニクソン時代はまだよかった。

民間資本はニクソン時代を通じて建設労組を弱体化させようとしていたが，それはニクソン後の一九七〇年代後半も継続され，とりわけ非組合員労働者の割合を増やすことで賃金上昇を抑制しようとする動きが活発化した。その前提に機械化の進展やマイノリティの地位向上などがあったことは前述の通りだが，これに世界的な景気の後退が加わったことで（場所によっては地域的な景気後退も），建設労組は未だかつてない厳しい環境に置かれ，それは建設労組の求心力に深刻な影響を与えることになったのである。

ニクソン政権時に業界団体がインフレ対策として組織していた建設業者反インフレーション会議（ＣＵＡＩＲ）

表5　官民を総合した新規建設事業の推移（1960-76年）

（単位：十億ドル）

年	全建設事業	民間建設事業			公共事業		
		総額	住宅関連事業	非住宅関連事業	総額	連邦関連事業	州・その他関連事業
1960	54.7	38.9	23.0	15.9	15.9	3.6	12.2
1961	56.4	39.3	23.1	16.2	17.1	3.9	13.3
1962	60.2	42.3	25.2	17.2	17.9	3.9	14.0
1963	64.8	45.5	27.9	17.6	19.4	4.0	15.4
1964	72.6	52.4	30.5	21.8	20.2	3.7	16.5
1965	78.5	56.6	30.2	26.3	21.9	3.9	18.0
1966	81.8	58.0	28.6	29.4	23.8	3.8	20.0
1967	83.5	58.1	28.7	29.4	25.4	3.3	22.1
1968	93.2	65.7	34.2	31.6	27.4	3.2	24.2
1969	100.5	72.7	37.2	35.5	27.8	3.2	24.6
1970	101.3	73.4	35.9	37.5	27.9	3.1	24.8
1971	117.9	88.2	48.5	39.7	29.7	3.8	25.9
1972	133.9	103.9	60.7	43.2	30.0	4.2	25.8
1973	147.4	115.0	65.1	49.9	32.3	4.7	27.6
1974	147.8	109.6	56.0	53.7	38.1	5.1	33.0
1975	144.4	102.7	51.6	51.2	41.7	6.1	35.6
1976	163.1	122.2	68.3	54.0	40.9	6.8	34.1

出典）*Economic Report of the President : 1990*, 352を基に筆者作成。

は、こうした状況をふまえ、反建設労組の先鋒として強い圧力をかけてきていた。同会議は、建設労組がこれまで交渉で勝ち取ってきた様々な権利を奪ったりルールを変更することで建設労組の交渉力を弱める動きを強化するとともに、労働市場の開放（open shop）を唱えて積極的に非組合員の現場への導入を進めることで労働者間の競争を煽り、労働条件の引き下げを狙った。こうした戦略は各地で功を奏し、建設労組が保持してきた既存の権利を譲り渡す動きが見られるようになった。ミシガンで行われていたシェル石油の天然ガス・プラント設備工事で、一九七六年にシェル側は非組合員と組合員との間に競争を持ち込むことを宣言、最終的に雇用に関してシェル側が全権を得て、土曜労働（天候などで平日の労働が中止された場合の代替）における賃金割増や交通費の支給、コーヒー・ブレイクなど、それまで当たり前のように実施されてきた制度をすべて廃止に持ち込んだ。また、フロリダでもやはり化学工場の建設で交わされた労資間の協約で北フロリダ建設労組（North Florida Building and Construction Trades Council）側は譲歩を余儀なくされた。北フロリダ建設労組は七組合一〇〇〇人の完全雇用と引き換えに二年間の賃金上昇凍結、時間外労働単価倍増および交通費支給の廃止を承認し、スト権も放棄した[2]。こうした動きはさらに拡大し、一九七八年五月には全米建設業連盟と南部一一州八組合すべてに共通する単一の協約が結ばれた。その中では、残業時における賃金の増額範囲の減少、移動交通費、休憩時間、コーヒー・ブレイク、その他非労働時間全般への支払い廃止が決定され、さらに企業側に建設方法や適切な道具の選定権を認めており、これまで建設労組が維持してきた権利の主要な部分のほとんどを譲り渡す内容であった。この協約ではストライキやピケ、ロックアウトなどの争議行為全般も禁止され、まさに建設労組側の全面的な譲歩を示していた[3]。

一九七六年二月にＡＦＬ-ＣＩＯ建設局（ＢＣＴＤ）のあるスタッフが「五年前（引用者注：ニクソンの時代）我々は新興成金だった。……でも今ではすべてが変わってしまった。今じゃ我々は行儀よく振る舞おうとしているんだ」と嘆いていたが[4]、その嘆きは建設労組の急速な衰退ぶりをよく示すものであった。今や建設労組は現場において日常的に非組合員との熾烈な競争を強いられるようになっていた。この頃までに、高騰する一方だった建設コストはそのペースを緩めるようになっており、それは、コスト・ダウンの目玉である非組合員労働者の進出がそれだけ拡大したことを意味していた。ある労働経済学者は「デラウェアより南はほとんど非組合員ばかりが働いている。場所によっては組合員と仕事をする業者を見つけることさえできないだろう」と述べ、国際板金工労組議長Ｅ・カーロウは「俺たちが変わらないなら、それでさよならさ」と危機意識を露わにした。商務省の試算では、一九七七年の新規建設事業額は一六八〇億ドルであったが、そのうち非組合員によって担われた事業類は四〇～六〇％を占めると見なされ、なかでも新規事業額の半分近くを占める住宅建設では非組合員による事業額が八〇～八五％になると見積もられた。組合員労働者に支払われる賃金よりも二〇～二五％安い非組合員労働者の雇用は、経営側にとってこの上なく魅力的であり、その需要は急激に増加していたのである[5]。雇用の確保が最優先となる厳しい状況の中、建設労組は賃金引き上げ要求を抑制せざるを得ない状態に追い込まれた。ＢＣＴＤ議長ロバート・Ａ・ジョージンは、建設労組に属する組合員労働者の中には組合員証や組合から支給された靴を隠して非組合員という形で働くケースも見られることに言及し、そのわけは、そうすることが彼らにとって仕事を得られる唯一の手段だからだと述べたが[6]、建設労組のトップ指導者が語るこの事実は、建設労働者のおかれた状況の厳しさを明確に示していた。

実際、建設労組の衰退傾向は著しく、全米規模で見た場合、組合に属する建設労働者数は急速に減少し、一九七〇年から九〇年初頭までの間で五〇%も減った。その一方で同期間の建設労働全体の実質賃金は二五%の減少となっており、これは明らかに、低賃金で雇われる非組合員労働の増加がもたらした結果であった[7]。建設業における失業率は一九七五年五月には二一・八%に達し、政府が統計をとり始めた一九五〇年以来最悪の数字を記録した[8]。建設労組がこだわり続けてきた労働条件の死守も、非組合員との熾烈な競争にさらされれば、維持することは困難であった。

ニューヨーク市について言えば、一九七〇年代半ばには未曾有の財政危機に陥っており、その影響はニューヨークの労働者全体に行き渡っていた。一九六九年から七七年の間にニューヨークで失われた仕事は六〇万件を超え、それは一六%もの下げ幅を示すものであった。とりわけ製造業における打撃は深刻で、工場労働全体での雇用数は三五%の低下を記録し、出版・印刷業で二五%、被服業で三分の一、食品・飲料水製造業で約五〇%と軒並み大幅な雇用カットを強いられていた[9]。建設業を取り巻く状況はさらに厳しいものになっていた。一九五〇年代と六〇年代のニューヨークは、商業ビル建設が空前の規模で行われた時代にあたり、新しく建てられた約二〇〇の主要なビルは六七〇〇万平方フィートのオフィス・スペースを提供し、その規模はニューヨークに次ぐ九大都市のそれをすべて合わせたものの二倍になるほどであった[10]。しかし、今やそれらオフィス・スペースは明らかに供給過剰状態となり、加えて建設ブームを象徴する一つであった好調な新規住宅建設も著しくペース・ダウンするなど、ニューヨークで建設関連の仕事全般が激減し、組合員数の急激な落ち込みが始まっていた。ニューヨークの建設労組では、一九七〇年から九〇年初頭までに一〇万人の組合員減少を記録し、それに代わって非組合員による仕事の割合が劇的に増加していったのである。[11]

組合別に見ても、おかれている状況の厳しさが今までにないほどのものであることは明白であった。一九七八年の電気工（ローカル3）の失業率は五〇％に迫る勢いであったし、一九七七年末のニューヨークにおけるレンガ工の失業率は八五％まで上昇し、組合は時給の一ドルカットと付加給付の大幅削減に同意せざるを得ない状態に追い込まれた。[12] 建設労組の中核としてその組織力と影響力を体現しニューヨークの建設ブームを大いに享受してきたローカル3の幹部A・ダンジェロによる証言は、勢いを失った組合がどのように変わったのかをよく示している。ダンジェロは、ローカル3および中央労組会議のリーダー職をハリー・ヴァン・アースデイルから引き継いだ息子トマス・ヴァン・アースデイルのリーダーシップと父のそれを比較しながら、次のように嘆いた。

親父と比較するのはフェアじゃないけど……親父は唯一、頭抜けていたからね。……トム（引用者注：トマスのこと）に関わる仕事をした連中はトムの弱さを認識していたと思う。……トムは今ですら、組合のリーダーとしてアクティヴに行動する必要性も、知事や市長、権力者たちと懇意になる必要性も全く分かっちゃいない。そういう連中が街を支配しているんだし、街の成長に不可欠な部分なのに。[13]

憤懣やるかたないダンジェロの言葉は、建設労組が失ったものを直截に言い表していた。ワグナーやロックフェラーとの間に築かれていた市・州当局とのパイプはすでに過去のものとなり、今では財政危機をめぐって市当局と労組の間には鋭い緊張・対立関係が生じていた。[14] かつて建設労組が強大な組織力を有し、組合員とその家族の生活を支えることができた背景には、長年にわたって維持してきた公権力との太いパイプがあったのであり、権力との結びつきが希薄になったことが、組合の窮状――労働者とその家族の苦境につながったのである。

このように、建設業を覆う不況と経営側の攻勢によって建設労組のおかれている立場はいっそう厳しさを増していたが、問題は外部の環境にのみあるわけではなかった。それまで建設労組を支えてきた内部の結束や組織力に揺らぎが隠せなくなっているのは、自らが拠り所にしてきた秩序自体が変化してきたこともその大きな要因であった。それを象徴するのが、ダンジェロが不満をぶつけるトマス・ヴァン・アースデイルその人の来歴である。トマスが父ハリーと同様に電気工として労組に加わった一九四六年当時、彼は海軍予備役であったが、その前年である一九四五年にトマスは、英語圏最古の工業大学としての伝統を有する私立レンセアー工業大学を卒業し、電気工学の学位を得ていた。一九四六年から五年間の見習い期間を経て本格的に現場で働くようになった点では熟練電気工としての一般的なコースを歩んでいるが、見習い入りする前の彼の経歴は明らかにそれまでの多くの電気工とは異なっていた。

高等教育の必要性については、第3章第2節で見た通り、すでに多くの建設熟練工が感じていたことであった。大学に行かずに苦労して熟練工になるよりも、自分の子どもには高等教育を受けさせてより良い未来を享受させたい——現場で様々な困難に直面し始めていた彼らだからこそ、教育の必要性はいっそう実感できた。反戦運動の主体である学生を毛嫌いし罵倒した建設労働者ではあっても、その内実は複雑であったと言えるだろう。いずれにせよ、息子たちがトマスのように大学を出た後、現場労働者として父と同じ職場に現れたとしても、もはや彼らは自らと同じ境遇から熟練工になったのではなく、秩序や考え方、物事の価値観、労働文化などをそっくりそのまま忠実に受け継いでいるとは言えなかったのである。したがって、ニューヨークの建設労組全体が影響力を失い始めた原因は、トマスの指導力不足という個人の能力の問題にのみ帰せられるわけではない。外部からの圧力はもちろんであるが、彼をはじめ建設労働に就く者、特に幹部候補生たちの中に、父とは違う環境で育ち学んできた者が増え、異なるルートから現場に入って来ることで組織文化の変容が進み、組織としての一体感が失われ始めていたということの方が、より深刻な要因になっていたと考えられるのである。(15)

2　煩悶する建設労組――自壊と変革の狭間で

　このように建設労組の安堵は長く続かず、特に一九七〇年代半ば以降、様々な既得権を奪われていった。ひとたび公権力からの積極的なサポートがなくなり、建設労組を弱体化させるための攻勢が始まれば、民間資本の容赦はなく、その傾向は八〇年代に入ってレーガン共和党政権の誕生によってさらに強まった。レーガン政権の下で雇用カットや労働力の流動化が進み、これに対抗できずにいた労働組合の影響力はいっそう後退し、加入率は一九八〇年の二三％から八六年には一七・五％にまで低下、同時期の総組合員数でも二〇一〇万人から一七〇〇万人へと過去半世紀では最大の減少数を記録した。こうした低落傾向はすでにこの時までに進んでいた産業構造の変化とも関連があった。一九七〇年から八六年の間に製造業労働者の数は二三八〇万人から二四九〇万人へとわずかに増えたにすぎなかったが、サーヴィス産業では四七三〇万人から七五二〇万人へと激増しており、もともと組織労働者の拠点になっていた製造業が停滞する一方で、拡大するサーヴィス産業の多くは労組を持たず、低賃金労働力に依存する傾向が強かったからである。[16]

　このような状況の中で最も大きな打撃を受けた一つが建設労組であった。一九七三年から八四年に行われた建設事業の中で、組合所属の労働者が担う割合（金額ベース）は五〇％から三〇％へと低下し、その傾向は特に住宅関連事業で顕著に表れ、一九八〇年代初頭までに組合労働者が雇用されるケースは最大でも一〇％程度でしかない状態まで落ち込み、その他すべては非組合員労働で実施された。建設労組の組織率も四〇％から二三％に低落、[17]一九九〇年までには二〇％を切るに至った。[18]組合員だけを雇用し続けてきた企業側は交渉力の低下した建設労組の足下を見透かし、非組合員労働者と天秤にかけることで組合側に労働条件での譲歩を迫り、応じなければ交渉や契約を破棄して非組合員への乗り換えを容赦なく進めたのである。こうした組合員と非組合員双方を相手に、あたかも入札にかけるかのごとく安い方を雇用する企業は「ダブルブレスティング」と呼ばれ、一九八四年の時点で全米トップ一〇の建設企業のうち八企業がこの方式を採用していた。[19]

非組合員とコスト面での競争を強いられ、雇用面でいっそう不利な立場に立たされた建設労組は個別に見ても軒並み組合員数を減らすこととなった。一九六〇年から九五年の間で見てみると全米で建設労働者全体は四五％増加しているのに対し、同じ期間で全米のボイラー設置工労組が六一％減（一〇万八〇〇〇人から四万二〇〇〇人）、大工労組が四六％減（七〇万人から三七万八〇〇〇人）という数字が象徴するように、ほとんどの建設労組は大幅に組合員を失っていた。[20]一九七〇年代から八〇年代を通じた時代は、建設労組が公権力の助力を得られず民間資本の攻勢にさらされ続け多くの既得権を失って大幅に組合員数を減らしていくとともに、いわば建設労働・建設業界の非組合化が進んだ時代だったのである。

もちろん、建設労組は変わりゆく状況を前に茫然自失としていたわけではない。かつてのような権勢が失われ、組合員数の急速な減少と比例して非組合員労働者の進出が拡大する事態は明白であり、建設労組幹部とてそのことを直視せざるを得なかった。[21] ＢＣＴＤに加盟する労組の中核である国際電気工労組（ＩＢＥＷ）が一九八七年に、組織を挙げて組合員の獲得を目指す方針を発表し、新たな方向を模索し始めたのはその現れであった。彼らの論理は全く複雑なものではなかった。このまま組合員の減少が続けば建設労組はジリ貧になるだけであり（というよりすでにそうなっており）、非組合員労働者に対するアプローチを進めることでこの苦境からの脱却を図る、というものである。労働組合一般で考えれば通常の組織拡大路線に過ぎないように見える電気工労組の動きはしかし、建設労組にとっては重大な変化を内部にもたらしかねない大胆な行動であった。なぜなら建設労組の組織基盤は血縁・地縁を軸に組合員を確保することに置かれており、むしろ組合員の加入に著しい制限をかけて建設労働の境界を厳格に守ることに力が注がれてきたからである。だからこそ、建設労組自らが、内部にいかなる縁も持たない者たちに近づいて組合加入を進めるという、電気工労組が打ち出した方針は、これまで頑なに守ってきた組合秩序に根本的な影響を及ぼしかねないとして労組内部に大きな動揺を与えた。[22]

しかし現状は、そうした動揺すら乗り越えていかざるを得ない状態にあった。国際電気工労組議長Ｊ・Ｊ・バリー自身が認めているように、一九八九年に全米一円には五〇万人もの電気工が働いていたが、労組員はもはやそのうちの三割にも届いていなかった。[23] 非組合員を使う企業の仕事はしないことを方針としてきた電気工労組は敢えてその現場に赴いて非組合員に接触し、保険や給与、安全面、技術力の向上など組合に入ることの優位性を説くとともに、企業に対しても技術力の高い優秀な熟練工と協力することが事故や現場でのトラブルを防ぎ、工期の短縮も実現できるため、長期的には費用面も含めて安定した事業を遂行できることをアピールした。ソルティングと言われるオーガナイザーの現場投入による組織拡大方針によって一定の成果を得始めた電気工労組の新しい取り組みは、その後「組合員の獲得と教育・訓練（Construction Oraganizing Education Traning, 通称ＣＯＭＥＴ）」という正式名が与えられ、電気工以外でも塗装工、アスベスト工、配管工、屋根職人、板金工等各労組で取り入れられ、地域で独自にアレンジされながら広がっていった。[24] 一九九〇年代初頭までにはＢＣＴＤに加盟する一五種の建設労組すべてがＣＯＭＥＴを採用するに至り、全米の建設労組全体で非組合員を組織しようとするまでに発展していった。[25]

ただし、非組合員を組織対象に位置づけたからといって、それが即座に根本的な変化を建設労組内部に引き起こしたわけではなかった。実際、各建設労組は内部の動揺に十分配慮し、組織秩序に急速な変化が及ばないよう幹部から一般組合員までを対象とする各種レクチャーを行って反応を確かめながら慎重に対策を進めた。また、組織の指導部体制においては、これまでの慣習——血縁・地縁に頼るパターンに大きな変化は起こっていなかった。しかしながら、たとえ組織拡大による影響が顕著に表れていなかったとしても、それは建設労働者が維持してきた境界に直接関わることであり、必要に応じてこれまでとは背景の異なる人々に接触し、迎え入れることも辞さない方針は組織内部の労働者相互の関係に何らかの変化をもたらす可能性を否定できないものであった。民間資本の持続的な攻勢はそれほどまでに建設労組を新たな局面に追いやり、現状のままでいることを許さなかったのである。

かつての勢いを失った建設労組が変革を迫られ、それを模索していたこの一九八〇年代から九〇年代初頭にかけての時代は、レーガン、ブッシュの共和党政権が一二年続いた時代でもあった。この共和党長期政権を支えた一つの根拠として挙げられるのがニューディール以来民主党の重要な票田となってきた組織労働者——とりわけ白人労働者が大統領選挙をはじめ、投票行動において共和党支持へ大きく流れた「レーガン・デモクラット」とも称される現象である。投票結果のデータ分析やレーガンが巧みに操ったレトリックの検証、郊外へ移動した白人コミュニティの考察、キリスト教右派という新宗教勢力への注目などから白人労働者階級の保守化を分析し、これらの新たな現象との関連を論じる先行研究は数多く[26]、またそれらの中に特徴的に見られる視点として、ニクソン政権の新たな支持基盤であった「沈黙した多数派（Silent Majority）」からの連続性として保守化の流れを捉えていることが挙げられる。前章では先行研究で実証が不足していた、労働者の生活世界から「保守化」の内実を解き明かすことを試みたが、ここにおいても同様な観点からこの時代の保守化との関係を考えておきたい。

ＡＦＬ－ＣＩＯの中核部分として、強烈な反共主義とそれに基づく政権の外交政策を支持するＢＣＴＤの政治的保守主義は相変わらず維持されていたが、ニクソン辞任後のフォード共和党政権との関係は決して良好ではなかった。特に企業側の活動を規制することを狙った法案がことごとく成立せず、期待を裏切る結果が続いたことがフォード政権へのフラストレーションを増幅させていった。典型的な例は同情スト法案（Common Situs Picketing Bill）の挫折であった。当初「労資関係の問題解決に役立つ」としてこの法案を支持していたフォードが「私の見込みは根拠のないものだった」と述べてその立場を一八〇度変更し拒否権を発動したため[27]、議会を通過していた法案は退けられ、ＢＣＴＤを大いに失望させた。

一九七六年の大統領選挙でフォードを僅差で破って政権に就いたカーターも同法案に対して積極的な支持はせず、「議会で法案が通過すればサインする」というスタンスを崩さなかった。ただし、法案が審議されていた当時の議会は両院とも民主党が多数を占めていたことから、ＢＣＴＤは法案の成立を楽観視していた。にもかかわらず法案は議会で不成立に終わり、続いて企業側に対するコンプライアンスの強化や罰金の値上げを盛り込んだ全国労働関係法も同様の結果となった。結局のところ、ニクソン後の政権では、組合はさしたる成果を得られなかっただけでなく、それどころかますます厳しい立場に追いやられたのである。それは同時に、かつてエスニックな紐帯に基盤をおいて選挙を展開してきた民主党が政治マシーンへの極度な依存から脱却し、新たな支持基盤の獲得を模索していたことでもあった。もはや民主党にとっても建設労働者に配慮する必要性は薄れていたと言えよう。

頼りにならない民主党政権にＢＣＴＤの怒りは露骨に表れ、議長のＲ・ジョージンは「カーターの下で何かうまくいったことなど何もない」と言い放つ一方で、レーガンが打ち出した経済政策に対しては「チャンス」と期待感を表明し、投票行動でも、地滑り的勝利で政権が成立した直後も、ＢＣＴＤは、ＡＦＬ-ＣＩＯに加盟する労組の中では国際港湾労組（ＩＬＡ）と並んでレーガン政権と最も緊密な共同歩調をとった。[28]しかし、レーガンの経済政策が企業の自由な活動を促すことに向けられているのは明白であり、両者の協調関係はすぐに破綻を迎えた。政権誕生からわずか一年余りの一九八二年四月、ワシントンで行われたＢＣＴＤの年次大会に出席したレーガン、労働長官レイモンド・ドノヴァン、共和党上院全国委員長リチャード・リチャーズは揃って、全米一円から集まった五〇〇〇人の建設労組代議員たちによるブーイングを受けたのである。[29]翌年、政権への理解を求めるためＡＦＬ-ＣＩＯの政策立案会議に出席したドノヴァンは、三三人中三一人から面会を拒否されるなど冷たい扱いを受けつつも、時間が経てば労働者に必ず恩恵が回ってくることを訴えた。それに対してＢＣＴＤ議長ジョージンは「多くの労働者はレーガンを選べば経済が良くなると信じていた。しかし今や失業状態にある彼らを、一九八〇年よりも暮らしが良いなどと信じさせる方策があるとは思えない」と突き放した。[30]

レーガン政権期における建設労働者の投票行動の詳細について現時点で筆者は把握できていない。しかし、これまで述べたように、建設労組と連邦政府の関係は緊張と対立が目立ち、「レーガン・デモクラット」現象に象徴されるような、共和党保守政権一辺倒にあるとは決して言えないだろう。こうした緊張と対立を招来した要因は、何よりもまず企業の自由な活動に重点を置く連邦政府の経済政策が建設組合労働者の生活をいっそう苦しめたことによる。

連邦レヴェルの政治（特に外交面）やイデオロギー面で見えてくるＢＣＴＤの公式な立場は反共主義に象徴される保守主義であったが、新自由主義的経済政策によるアメリカ経済の立て直しが進められる中、地域の組合支部やそこでの現場が直面していたことは日常生活を脅かす組合の影響力低下とそれによる雇用不安の深化であった。電気工労組が窮余の策として始めた積極的な組織拡大キャンペーンはまさにその危機感を如実に示していた。そしてまた、電気工労組の手法を取り入れる他の職種の労組が増えたことで、全米レヴェルの建設労組指導部――ＢＣＴＤの立場ですら、変化せざるを得なくなったのである。

3　熟練工を目指して――女性たちの闘いとその波紋

次に、いったん一九七〇年代後半まで時代を遡って、本章でここまで述べてきたニクソン後の展開の中で生じていた「新たな動き」について見ていくことにしたい。その「新たな動き」とは、一九六〇年代から七〇年代初頭にかけて展開されたマイノリティの雇用をめぐる紛争時には見られなかった女性労働者・女性運動団体による、建設労組に対する見習い入りの要求であった。相互に鋭く対立しつつも、建設労働を担う者は等しく「男性」であるという共通項があった建設労組とマイノリティ労働者の間に、それとは異質の存在が新たに立ち現れ、現場への介入を試み始めたことは、上述したような建設労組の弱体化とあいまって、建設労働者が拠って立ってきた秩序をさらに揺るがし、彼らと外部の者を隔てていた境界をいっそう不安定な状態へと導くのである。

S・キンロック・スウルが指摘しているように、一九六〇年代に大きく高揚した建設業におけるマイノリティ労働者の雇用を求める運動は、賛否両派を含めてすべての労働者が等しくこれに包含されていたわけではなかった。建設労働はもっぱら男性のものという認識は建設労組、公民権運動団体、公権力すべてに共通する認識であり、そのことはリンジーの腹心として建設労組と渡り合ったジェイムズ・マクナマラが、スウルによるインタヴューの中で「当時は女性を組合に入れるなんてことは誰も考えていなかった」と証言していることからもうかがえる。[31]一九六四年の公民権法は女性やマイノリティに対する雇用差別を禁じていたし、ジョンソン政権の下で発令された行政命令一一三七五号も、連邦政府が出資する建設事業で雇用を求める女性に対する差別を禁じていたが、実際上は建設業における女性の雇用を促進するための措置は全くとられていなかった。

しかし、男女平等を求め、自らの権利獲得と向上を目指す女性たちは様々な領域で活発な運動を展開し始めていた。そしてその動きは労働現場にも波及し、「男性の聖域」と見なされてきた職種に対する女性の進出を求める声は急速な拡大を見せていった。建設労働はまさに男女差別の典型と見なされ、女性団体は特に建設労働にフォーカスした運動に力を入れ始めたのである。

一九七六年には女性に対するアファーマティヴ・アクションを発展させていないことを理由に、複数の女性運動団体が共同で連邦政府労働省を提訴した。これに応える形で一九七八年四月、カーターはジョンソン時代に発令された大統領行政命令一一二四六号を拡大させ、一万ドルを超える連邦政府の建設事業に携わる建設業者について女性労働者の雇用計画に数値目標を設定するアファーマティヴ・アクションを発表した。カーター政権の数値目標では、この計画によって建設労働者に占める女性の割合を即座に三・一％にまで増やし、続いて今後三年間で六・九％まで引き上げることを掲げていた。カーターの計画は、建設業における女性の雇用を求める運動の大きな後ろ盾となった。さらにこれに続いて連邦政府労働省は、見習い訓練における新たなアファーマティヴ・アクション計画を打ち出した。この計画では、各見習い訓練における女性の割合を五分の一から四分の一の間にまで増やすとしており、最終的に二〇〇〇年を過ぎる頃までに建設業に占める女性労働者の割合を四分の一程度にまで引き上げ、建設業をもはや女性にとっての非伝統的職業ではないと言える状態にまで変えてしまうことを唱えていた。[32]

公権力が建設業における女性の雇用についてこうした政策を行い始めた背景には、建設労働者への道を開くことを求める女性たちの高まる声があった。[33] ニューヨークでも建設業への就業を求める女性たちは様々な女性運動団体と連携して各建設労組に働きかけ、見習い入りを果たそうとする動きが拡がりを見せていた。このような取り組みを支えた女性運動団体は、様々なレヴェルから生まれていたが、まずは一九七八年に組織された「女性電気工（Women Electricians）」や「女性大工（Lady Carpenter）」を典型とする、ある職種で見習い入りを果たした女性労働者が、同じ職種に就いた者と連携するために結成した自主的な連絡組織があった。また、自身も大工であったメアリー・ガーヴィンは、一九七八年にカリフォルニアで起ち上げられた「女性のための非伝統的職業への雇用（Non-traditional Employment for Women）」に倣って、ニューヨークでも同様の組織をつくった。「女性見習いプロジェクト（Women in Apprenticeship Project，以下ＷＡＰ）」と名づけられたこの組織は、州政府労働省から運営資金の提供を受けるとともに、一九七三年に連邦議会で成立した包括的雇用訓練法の適用を受けて運営資金を賄った。日常的に取り組む主要な活動は、建設労働者を目指す女性からの相談の受付や、積極的に女性をリクルートして建設労働へ送り込むことであった。[34] このＷＡＰのほかに公的資金の提供を受ける団体として「ハーレム・ファイトバック」や「リクルート・トレーニング・プログラム」のような既存のコミュニティ団体があり、こうした団体は貧困対策の一環として女性の雇用問題に取り組んだ。やはり公的資金の提供を受けた「オール・クラフト」は、大工労働者であったジョイス・ハートウェルによって一九七七年に組織され、熟練工を希望する女性に対する訓練や組合への送り込みに力を入れた。[35] また、あらゆる分野における女性の雇用促進に取り組む「働く女性協会（Working Women's Institute, Inc.）」のような民間団体も存在し、女性の建設労働就労をめぐって多様な取り組みが行われるようになった。

一九七九年から活動をスタートさせたWAPでは、堅実な収入が得られる建設熟練工になることがいかに女性にとって魅力的であるかを宣伝し、「あなたは六歳の子を持ち上げられますか？　食品雑貨や濡れた洗濯物は？　家具の位置を再調整できますか？　それなら、あなたは2×12の道具箱を扱えます」といった分かりやすい文句を記載したリーフレットを配布するなど、建設業はたいていの女性にとって就労可能な職業であることをアピールした。また、見習い入りをするためには、組合が実施する見習い選抜試験の情報を入手することが必要だったが、こうした情報は公示期間が極めて短く、外部の者には入手困難だったため、それらの情報を一括して把握し、見習い入りを希望する女性たちにワークショップを開くことで、受験に必要な要件などの情報を提供した。そのほかに、かつて板金工労組が声を上げて非難した、見習い試験を突破するための受験対策も実施するなど、多岐にわたる女性支援を行った[36]。

一九八二年一〇月、連邦議会で包括的雇用訓練法に代わる法律として職業訓練パートナーシップ法が成立すると、それを機にWAPは「女性のための非伝統的職業への雇用（NEW）」の一機関となった。NEWの基本的スタンスは、公権力からの財政的支援を受けながら、裁判や実力闘争ではなく、建設労組や建設業者と協力して女性に対する必要な各種訓練を施すことにあった。そうした方針は時に女性運動団体としての役割を制限することになったが、マイノリティやその中にとりわけ多いシングル・マザーといった、低収入あるいは公的支援を受けている女性を中心とするNEWの支援活動によって、多くの女性が建設労働の現場へ進んだ[37]。また、働く女性協会では、女性が働く現場で多発するセクシャル・ハラスメントへの対策に特に力を入れて取り組み、どのような行為がハラスメントにあたるのかについての啓発や、それらに遭遇した場合の訴訟手続き、証拠の保全方法などの普及活動を精力的に行った[38]。

建設労組に挑む女性たちを支援する取り組みが拡がるにつれて課題となったのは、異なる職種で見習い訓練をする女性たちの孤立を防ぎ、見習い訓練中に遭遇する数々のトラブルに対してその対処を引き受け、支援することであった。実際、女性が建設熟練工になる過程においては、入口での困難よりも入口を通過してからの苦労の方が遥かに上回っていた。一九七九年に結成された職種横断的な女性建設労働者のネットワーク組織である「統一女性熟練工（United Tradeswomen, 以下ＵＴ）」は、まさにそうした事情から生まれたものだった。結成にあたって中心的な役割を担ったのは、すでに同年から活動を始めていたＷＡＰのオリジナル・スタッフとしてリクルートや相談に携わってきたロイス・ロスであった。ロスはＷＡＰでの活動を始めてすぐに、孤立した女性建設労働者をまとめ、エモーショナルな支援を行う草の根組織の必要性を感じ、見習い入りを果たした旧知の女性たちを自宅に招いて会合を重ね、参加メンバーを増やしていった[39]。

多様な組合に属し、建設熟練工を目指す女性たちが中心となって組織されたＵＴは、組織運営を担う調整委員会をつくり、中心メンバーが委員となってより活発な活動を展開し、メンバーの拡大を目指した。その後ＵＴはニューヨーク各地区に支部をつくり、ニューズレターを発行して各現場で女性が直面している状況を伝えた。一九八〇年一一月に発行されたＵＴのニューズレターでは、ＵＴがいかなる団体であり、どのような問題に取り組むのかを明確に宣言していた。

ＵＴはニューヨークで働く女性ブルー・カラー労働者の支援組織であり、行動する組織である。我々は以下のことに取り組み、女性が苦労して勝ち取ってきた仕事が維持できるように奮闘する所存である。①エモーショナルな支援、仕事に関連する情報、女性ブルー・カラー労働者特有の問題に対する対処方法の提供、②女性が働いている組合における女性委員会や女性会議の組織化、③現行または今後のアファーマティヴ・アクションおよび反性差別法の効果的実施[40]。

女性運動の高まりによって連邦政府はじめ公権力が女性の建設労働就労に関して積極的姿勢を見せ始めたことは、この問題に取り組む団体との間に多くの結びつきを生み出した。そしてそうした結合が、女性たちの見習い入りに大きな影響を与えることになった。パイオニアとして各職種への見習い入りを果たした女性たちの証言は、公権力のサポートと女性の雇用促進に取り組む団体との連携が、彼女たちの選択に大きく寄与したことを示している。一九七八年に、熟練電気工を目指す四人の女性が初めてローカル3で見習い入りを果たしたが、この四人は全員見習いに申し込む前からそれを支援する女性運動団体で技術訓練を行い、心構えなどの啓発を受けていた[41]。その四人のうちの一人であるC・ロング（一九五五年生）は次のように言う。

私はたまたまセイント・マークス・プレイスにあるオール・クラフトのことを聞いた。で、そこに行ったら包括的雇用訓練法の給付金が一ヶ月もらえることになった。それから電気、配管、大工、キャビネット作製の四分野の訓練を受けた。四つのうち、自分には電気が合ってるなって思った。ちょうど、州政府労働省の資金で実施されてる包括的雇用訓練法の訓練——それは女性にとって非伝統的な職業のために行われる訓練なんだけど——をもっと受けないかって話があったから、そうしたわけ。空調・冷却部門と自動メカニックの二部門があって空調・冷却部門を選んだ。アペックス技術学校で九ヶ月訓練を受けて修了。……それから私は電気工労組が一九七八年六月に見習いの拡大募集を行うって知らされた。私に知らせてくれたのはメアリー・ガーヴィンで、彼女はその時WAPの資金繰りを何とかしようとしてた。彼女は旧知である私たちのような女性や、電気工の仕事に興味を持っててそれを勧めたことがある女性を組織してた。それから私たちは泊まり込みを始めた（引用者注：見習いを申し込むために長蛇の列に並んで徹夜する必要があった）。水曜日の九時に現地に行って共同産業委員会のあるフラッシングの通りで寝たんだ（引用者注：共同産業委員会はローカル3本部ビルに入っており、見習い訓練を統括する共同見習い委員会は共同産業委員会傘下の組織だった）。確か六泊か五泊したね[42]。

また、ロングは別のインタヴューでも次のように答えている。

政治的には、その頃女性たちはニューヨーク市警に入ってた（引用者注：一九七八年に市警初の女性警視正が誕生し、同年より市警が女性警察官を増員することを決定した一連の動きを指している）。そんな時代が来て、本当に私はちょうどいい時にちょうどいい場所にいたっていうことね。私は包括的雇用訓練法のパイロット・プロジェクトに入って、空調・冷却の訓練を受けた。その訓練で、ある程度の自信がついた。一九七八年から三年の間、多くの組合が初めて見習い訓練をオープンにし始めた。当時のニューヨークの経済でいうと、建設業はどん底だった。誰もが仕事がない状態を強いられてた。で、そこから脱け出し始める時がやって来て、組合が見習いを採用するようになっていったってわけ。[43]

ロスとともにＵＴの中心人物としてその活動を牽引したＩ・ソロウェイ（一九五四年生）も、自身が大工労組の見習い入りを果たす際に、包括的雇用訓練法による訓練を受けたことの影響を挙げている。ソロウェイは祖父と父が建設会社を経営し、ニューヨークで事業を展開していたが、自身は「プリンセス」であり、「建設道具に触ろうともしなかった」ような少女で、一九七二年から四年間はセントルイスのアートスクールに通っていた。卒業後、現場労働に興味を持った彼女は屋根職人などを経験してからニューヨークに戻ってきた。

ニューヨークに戻ってからはアンティーク・ショップで家具の磨き落としなんかをやってた。そしたら、包括的雇用訓練法の訓練がそこらじゅうにあって、私はボートをつくる訓練を六ヶ月受けた。本当に面白かった。それからシティ・アイランドにある艇庫で一年間働いた。基本的には単純労働でスクラップ・メタルをカットしたりして、最終的にはレース用のボートをつくってた。アメリカズ・カップなんかに出る船ね。時給は四ドルくらいだった。……とにかく、そんなことを経て組合の見習い訓練に入ったんだ。[44]

ソロウェイは別のインタヴューで、彼女が様々な仕事を経験しているとき、建設労組が見習い拡大を打ち出し、その中でWAPのガーヴィンが「今こそ女性が稼いでいろいろ学べる最高のチャンス」と主張していることに強く惹かれたと語っている。また、ロングに続いてローカル3の見習いになり、UTの中心メンバーとなったE・ルダーマンも、当初は高卒資格がないので見習い入りができないと考えていたが、ハーレムのコミュニティ団体リクルート・トレーニング・プログラムが実施する訓練を通じて高卒資格（GED）を取得できたため見習い入りが可能になった[45]。これらの例は、公権力の施策と草の根団体の活発な運動とが結合して、個々の女性たちの行動を促したことをよく表している。そして、同様の事例はニューヨークにとどまらず、全米各地で起きており、包括的雇用訓練法から財政支援を受けた、女性労働者のための組織が全米中で誕生していた[46]。

また、公権力と草の根団体の連携は裁判所への提訴という形でも機能した。裁判はこれまでも黒人やプエルトリコ系らマイノリティ労働者の差別撤廃のための主要な手段として用いられてきたが、女性運動団体の場合もこれを大いに活用し、ニューヨークでは多くの組合が訴えられて弁解を余儀なくされた[47]。

公権力と草の根団体が結びついて自らの領域へ迫り、それを「侵食」してくることは、マイノリティ労働者の時と同じように建設組合の労働者を動揺させた。女性はこれまで現場で働くことが皆無であり、ヘルパーや助手という非熟練工として以前から現場にいたマイノリティの男性労働者とは大きく異なる存在であった。それゆえに、女性が与えたインパクトは——見習い入りを果たした数は、それ以前に見習い入りしていた黒人たちに比べて圧倒的に少ないものの——大きかったのである。これまでは現場でからかいの対象であり、労働現場に張られたポルノ写真や持ち込まれた同種の雑誌を通じて「鑑賞」の対象だった女性が、肩を並べて同じ仕事をする熟練工として扱われ、現場に姿を見せ始めたことは、驚き、焦燥、憤り等々、複雑で混淆した感情を男性熟練工の間に生んだのである。そしてそうした複雑な感情は、現場に現れた女性見習いに対する様々な行為として表面化していく。

4 「侵された境界」——労働現場での境界線をめぐって

パイオニアとして熟練建設工を目指す女性たちが直面した問題は、同僚の男性労働者から受ける嫌がらせ、罵声や侮蔑、無視、あるいは肉体的な暴力など様々な差別行為であった。そしてそのような行為は、見習い以前の段階である包括的雇用訓練法による訓練期間から始まっていた。ロングは屋根作業の講習中に同僚の男性受講生から体を寄せられてキスされるなどの侮辱行為を受けたことで監督官に訴えたが、答えは「そいつはただ調子に乗ってるだけさ」というもので、「屋根仕事をちゃんとやろうとしている時にそんなことするなんておかしいでしょ」とさらに抗議しても、監督官はそんな問題に関わりたくはない、という立場だった[48]。ロングの例は、同じ建設熟練工を目指す立場にある者同士でも、少数者である女性は同僚男性受講生から特異な存在とされて侮辱の対象にされやすいことを示しており、これまで建設労働から排除されてきた者——多くはマイノリティ——が受ける講習でも、建設労働の男性主義的文化は広く存在していたと見るべきであろう。

見習いを目指す女性たちは申し込みのために組合事務所へ向かったが、電気工労組（ローカル3）の場合、建設労働の中でも給料が高く仕事が多い人気職ということもあって女性やマイノリティだけでなく、それ以上に多くの白人男性が長蛇の列をつくった。そこに並んだロングは様々な侮辱的言辞に直面した。

私たちはとても目立ってた。女性がそこにいるのは普通じゃなかった。だから私たちの存在は多くのマスコミや地域住民、私たちのことをただ見に来たりする電気工たちの関心を惹きつけた。ほとんどの電気工は「お前らの来るところじゃない。そんなことをすべきじゃない。こいつはしんどい仕事、男の仕事なんだ」とかそんなことを言ってたね[49]。

こうした苦労を経て、ロングは一九七八年よりローカル3の見習いとなった。しかし、女性にとっての試練は見習い入り後の方が遥かに厳しいものだった。パイオニアとして現場入りした女性見習いを待ち受けていたのは、どの職種でも例外なく直面する男性建設工からの様々な差別的行為であった。これらの行為は個人によるものから集団的に組織されたものまで幅広く、行為の種類も性的に侮辱し悪罵を投げつけるものから、現場での存在の無視や道具の取り上げなど作業上で行われる嫌がらせ、あるいは執拗に身体に触れるといった肉体的なものまで、広範囲に及んだ。女性見習いが一様に驚いたことは、ある程度予想されていたこととはいえ、実際の現場において女性の姿が見受けられない孤立という事実であった。女性のための特別な配慮など皆無だった当時の女性見習いの不安感は相当なものであった。一九七九年から電気工見習いとなってローカル3の現場に出たE・ルダーマンは次のように言う。

女性たちはみんな追い込まれてた。……感情面でもね。私たちは現場でみんな孤立してたし、何日も他の女性を見ないで過ごした。誰かと話すのって本当に大変だった。仕事であったこととか……つまらないことのように見えるけど。だからみんないつも他に女性がいないかって思ってたね。[50]

同じく一九七九年から鉄製品取付工の見習いとなったJ・ブラックウェルダーも同様に語っている。

建設労働に就いたとき本当に考えてなかったのは、男たちに完全に取り囲まれて、現場に全く他の女性がいないのがどんな感じかってこと。私はそれを考えてなかった。実際、そのことは相当私に影響した。男たちに取り囲まれるってのは……その……どう言っていいか分からないね。言うべきことがあり過ぎてね。[51]

一九八〇年から見習訓練をスタートさせた大工のB・トゥリーズは初めて現場入りした時のことを次のように語る。

私はローズヴェルト・アイランドの大きな現場に行った。高架の小さな運搬車に乗ってね。男たちは地下鉄建設をやってたけど、私はよく分かってなかった。職長が来て握手してきた。私が思ったのは、彼はすぐには私を殺さないみたいってこと。あっち側に空っぽの建物があった。それを見て考えた。この辺に立ってるのはあれだけ。あの中で働くに違いないってね。で、私は職長に聞いたの。あそこで働くんでしょ？って。彼はただ笑ってた。それから私たちは暗くて小さい穴の中に入った。地下だった。あまり明るくない明かりしかなく、全然不十分って感じだった。そこらじゅう水だらけで、スリップして土手のところまで滑り落ちるんじゃないかって、怖かった。私は自分のことを強くて自立した人間だと思ってた。こんな状況になってただ本当に怖かった。梯子で降りるのが怖くって彼に一番安全な降り方を聞いたんだ。私は彼が私のことを笑ってるんじゃないかって見たけど、彼はただどうやればいいかを教えてくれただけだった。[52]

工業高校で行われていた女性向けの六ヶ月訓練を受講後、一九八三年から重機操作工見習い（ローカル30）となったY・メイティンの次の話は、初めて女性を迎えることになった現場の雰囲気をよく表している。メイティンは初めて現場に出られて意気込んでいた。

私はこの仕事を得てとてもハッピーだった。今まで得てきた収入よりももっと、一年で三〇〇〇ドルも多く稼げるようになるわけだから。面倒見なきゃいけない子どもがいたからなおさらね。で、現場に出て男たちがいたのを覚えてる。彼らのところにまっすぐ行って……私ってなんて馬鹿な女の子だったんだろう！　今考えるととっても笑える。連中のところに行って「ハロー」って挨拶して名前を言って、連中に聞いたんだ、「あなたの名前は？」って。それからある一人の男のところに行って同じことをした。そしたら、彼は私をじっと睨んで、握手もしなかった。それで私はその場に突っ立ってるしかなかった。突然現実がわっと現れて、私の顔をひどく叩いた。これがこれから起ころうとしている現実かって。これが私の現場での初日。[53]

一九七九年にローカル3の見習いになった電気工のM・ヘルナンデスも現場での出来事を率直に語っている。

私は小さくて赤い道具箱を持ってた。まるで赤頭巾ちゃんが仕事に来たみたいだった。とっても面白いんだけど，だってオール・クラフトでは，男たちは女性を試そうとするから，出しゃばっちゃだめだって教えられてたし。あなたたちはただそこでその日の仕事をして，いろいろ覚えに来てるってことを男たちに分からせるのよって。で，私は現場がどこか分からなくて遅刻して走ってた。ビルに入って電気工の事務所はどこって聞いたんだ。男たちは，こいつ一体ここで何やるんだって感じで私を見てた。彼らは私が来るってことを聞いてたけど，そんなこと現実にありえない，絶対起こりっこないって思ってた。で，道具箱を持った小さな女がいたってわけね。仕事は七割方終わってた。壁も窓も取りつけられてて，内部は大体終わってた。私が事務所に着いてドアを開けたとき，職長が机に座ってた。六〇歳位の完全なシルヴァー・グレイのね。彼は私を見て言った。「やあ，お譲ちゃん，どうかしたかい？　お父さんが家に道具箱を忘れてったか？」って。彼は真剣だったし，皮肉でもなかった。組合はただ私を現場に送って彼には何も伝えてなかった。彼がどうするか様子を見ようってことね。私は当時二二歳だったけど一五か一六歳に見えた。で，私は言った。「仕事に来たんです。私は見習いです」ってね。[54]

見習い入りを果たしても，孤立無援の中で連日の嫌がらせを受け，ドロップ・アウトする女性は多かった。一九八五年に配管工（ローカル2）見習いとなったE・ワード（一九五四年生）は市人権委員会（CCHR）の公聴会で次のように証言した。

私は何とか嫌がらせの中を生き残ってきました。私の経験は建設現場で働く他の女性がしてきたことと同じようなものです。建設業で働く女性たちはとても聡明で，肉体的能力もあり，決断力があります。でも，そこには常に女性を仕事から遠ざけ、女性が働くことをあきらめる状況をつくりだそうとする一部の男たちの強い意志があるのです。嫌がらせは精神的なもの、感情的なもの、肉体的なもの……私は常にいじめやからかいを受けてきました。それが私の生活です。毎日毎日お前はそこにいちゃいけないって、いろいろな言い方で言われるんです。この業界から女性がドロップ・アウトしてしまうのは仕事のせいじゃなくて、嫌がらせのためです。女性がこの業界にいられないほど、嫌がらせはますます増えています。一人この仕事に残っている女性として言わなければならないことは、九九・九％の時間、すべての仕事で私はずっと一人だったってことです。四〇階建てビルの中で私はたった一人の女性だとしましょう。嫌がらせが始まり、最終的に女性は臆病になって、消耗し切って、正気を保つために縮み上がって、周囲に注意を払っていることに疲れ果てて、辞めていくのです。[55]

現場に出た見習いは多くのことを覚えなければならず、どの職種でも先輩職人が教育係となってペアを組み、作業に関するいろいろな技術や道具の扱い方、作業手順、現場でのルールなどを教えるのが一般的であった。しかし、同僚男性が示した態度は敵意の剝き出し、相手を見下す侮辱的態度、存在そのものの無視といった類が多く、女性見習いが現場に現れたことにあからさまな嫌悪感を示し、放逐することを狙う者も少なくなかった。電気工ルダーマンはある職人とペアで働くことを命じられたが、その職人は彼女に対し、「俺が引退前にできることがあるとすれば、お前を辞めさせることとさ」と言い放ったという。[56] 彼女たちはペアになった男性職人を外に連れ出してビールをおごるなど苦労や工夫を重ねて付き合い方を身につけ、熟練技を聞き出していった。[57] しかし、あくまでそれはペアを組んだ男性職人個人のパーソナリティ次第でもあり、仕事上必須である技術の習得に困難をきたすことは頻繁にあった。

また、女性見習いには仕事を紹介しない、単純な仕事ばかり与え、経験年数の少ない男性見習いを優遇する、あるいは逆に、できないことが分かっている最も難しい仕事を与えて屈辱感を味あわせるなどの嫌がらせも多かった。前述の重機操作工メイティンは三年間の見習い期間が終わりに近づいた一九八六年、一人の職長の下で、同じ経験年数を持つもう一人の女性見習いと半分の経験年数しかない男性見習い一人とともにラガーディア空港で働いていた。年数を重ねたことで受験資格を得た彼女たち二人は冷却装置取扱資格の試験を受けようとするが、ここでトラブルが発生する。

彼（引用者注：職長のこと）はひどく腐敗してた。彼がしてきたことと言えば、私たちが次の段階へ進もうとすることや、一人前の重機操作工になるのを邪魔すること。……いつも彼は「お前ら使えないなあ」って言ってた。彼は望むことは何でもできたし、それで私たちは仕事がなくなった。私たちに対してとてつもない権力を持ってたね。……私たちは見習いを終えなきゃいけなくって、冷却装置取扱資格が必要だった。三年間の経験が必要で二人とも持ってた。仲間の男は半分の年数しかなくて何の資格も持ってなかった。で、みんな申し込んだ。彼は試験前日に受験が認められたんだけど……彼はOKで私たちには知らせさえ来なかった。……私たちのファイルの中に「あなたたちは準備不足のため受験は認められません」って書いた手紙が入ってた。あまりにひどい性差別だった。……「私たちは十分な訓練を受けてこなかった」っていうわけ。[58]

敵対的な者と現場を共にすることは深刻なトラブルを呼び込み、それらはしばしば性的侮辱に発展した。大工見習いのI・ソロウェイのものは典型的なそれだった。

ある出来事に私は仰天した。そのことで私はその問題に取り組み続けなくちゃって思ったんだけど。六ヶ月毎日来続けて一日休みが取れた。戻って来てみると詰所はポルノ写真だらけ。本当に吐き気がするようなやつがね。私は職長とうまくいってなかったんだけど、彼の兄弟（his brother）が仕事の時間中、まる一日使ってそれをやったことが分かった。相当ショックだった。だって、六ヶ月ずっと働いてきたけど、ポルノグラフィーは問題になってなかったし。だからこれは恐ろしく個人的なものだって感じた。全く、どこにも目が向けられないんだから！　男たちがベンチに座ってたけど、彼らもいい感じに思ってないことが分かった。……でも誰も何も言わないだろうってことも分かってた。私は外で職長と怒鳴り合いをした。……私が彼とうまくいかなくなった第一の理由は、私が彼にみんなの前で「私は見習いで動物じゃない。私のことを呼びたいなら名前があるから」って言ったからね。彼はよく黒人を黒んぼって呼んでたし、私のことも「お嬢ちゃん」って呼んでたに違いない。彼は激怒してはっきりと私にそう言ったね。それがあって私は現場から外されたけど、この件の仕返しだなんて全然思わなかった。他の仕事に送られて二日後にはレイ・オフされたけど。[59]

性的嫌がらせは常態化し、現場を取り囲む壁に女性労働者を侮蔑する卑猥な落書きや絵が実名入りで所狭しと書かれていることは日常茶飯事だった。ロングは自分に対するものも含めてそうした類の絵や言葉は現場に氾濫していたことを語っており、それらに対して「私の知る限り雇用主は何もしなかった」し、「現場監督や職長も一切何もしなかった」という。また、彼女は、見習い時代に組んだ職人の男から三ヶ月間卑猥な態度や話をされ続ける経験をしていたことや、女性の同僚がパートナーの男性労働者にキスを強要されるなどの事件があったことも証言している。[60] 男性労働者の側では、現場に来た女性見習いに対して様々な嫌がらせをしかけ、その反応次第で女性の人物評価を見定めることがしばしば行われていた。女性が反発すれば「ウザい女（bad girl）」であり、逆に男性労働者とともに性的ジョークやからかいなどを共有し、とりたててそうした類のことを問題にしない女性は「いい女(good girl)」と恣意的に分けられていた。[61]

孤立無援の状況下であったが、女性はこうした嫌がらせや侮辱に声を上げ、現場を変える行動を起こしていった。女性が現場に出るようになっても全く設置されていなかった女性用更衣室やシャワー、トイレを求めることは、余計なストレスを軽減する上で重要な取り組みであった[62]。そして女性労働者の誰もが日常的に直面し続けてきた性的嫌がらせに対しては特に集中的な取り組みがなされ、少しずつ改善へと進んだ。そこに至る過程では、現場レヴェルで断固たる異議を表明する女性の姿が必ず見受けられた。電気工のヘルナンデスは次のように回想している。

私がこの仕事に就いた頃、壁という壁はポルノだらけだった。ある現場でのことを覚えているんだけど、そこに来て一週間のことだった。私は三五人分のコーヒーの注文をとった。ただの見習いだったから。ランチの注文もとって、午後のコーヒーの注文もとった。……私に技術を学ぶ時間がどれくらいあったと思う？　自分の詰所だってなかったし。で、職長が私に男たちのロッカーを片付けろって言ってきた。私は一週間ずっとポルノだらけの詰所で連中とロッカーを共有してた。で、「分かった。きれいにする」って言ってやった。それから午前中に男たちのコーヒーを持って帰って来て、下に降りて一つ残らずポルノ雑誌とか写真とか全部を引きちぎってゴミにしてやった。全部引き裂いて二度と壁に張れないようにね。午後私がランチから戻ってくると、男たちがうじゃうじゃ集まって、私をリンチしようと待ち構えていた。連中は「何やってんだお前？　何様のつもりだ？」とか何とか言ってた。職長が連中に落ち着けって言って……私に「メリンダ、何でこんなことしでかしたんだ？」って聞いてきた。私は言った。「詰所を片付けろって言ったでしょ。だから不潔なものはみんな片付けたのよ」ってね[63]。

ローカル3に入った見習い女性たちは組合集会で顔を合わせる中で、各人が日常的に直面している嫌がらせやいじめなどの情報を提供し合い、孤立した状況を変えていく必要性を共有していった。出身階級や人種も違った彼女たちの間には様々に異なる点もあったが、女性電気工の置かれている状況を改善し、自らと組合の教育のために「女性電気工」を起ち上げ、組合執行部に抗議文や質問書を出すなど、顕著だった性的嫌がらせへの対処を開始し、徐々に現場を変えていった。[64]

また、「女性電気工」の中心メンバーは、一九七八年から第一期の見習いになった女性が担っていたが、これらの女性は見習い入り以前から女性運動団体でフェミニズム思想に触れ、ローカル3内での取り組みを女性運動の一環として意識的に位置づける傾向が見られた。しかし、彼女たちの後から見習い入りした世代の間では女性としての地位云々よりも、収入アップなど経済的動機からこの道を選んだ者が多かった。それゆえに、こうした女性は、見習いとして受ける訓練における男性との格差について強い関心を持っていた。つまり、身につける技術が早ければ早いほど、多ければ多いほど自らの収入にとっては有利であるため、可能な限りそれを追求したい彼女たちは、性的な嫌がらせには個人的に対応し、それよりも枢要な問題である教育や訓練のあり方に対して改善を要求することを優先していた。[65]

見習いとして、圧倒的多数の男性労働者の中で働き始めた女性たちが直面した問題は極めて深刻で困難なものであったが、彼女たちは個別に声を上げてその場で明確な抗議の意志を示すとともに、同じ境遇にある仲間と手を携え、組織をつくり、問題を司法の場に持ち込むなど、組合内外で可能な手段を行使して現場の改善に取り組んだ。女性に対して見習い訓練への申し込みが開放されたことで建設業における女性労働者の数がただちに飛躍的に増えることはなかったが、それでも彼女たちが現場に現れたという物理的な事実だけでも、それまでそこにその存在を確認することがなかった男性建設労働者に与えた影響は様々な面で非常に大きかったのである。

5　建設労働の論理——秩序への固執と変化の兆し

危険な労働環境の中で自らの強靭な肉体とタフな精神力によって熟練技を発揮してきたという男性建設労働者の

間で共有されてきた自負は、女性見習いが彼らと同じ仕事をし始めたことで大いに揺らぐことになった。建設労働者の日常的な労働生活の中では、女性はあくまでもそれらを共有できない存在であったはずにもかかわらず、その境界線が破られたことは彼らのジェンダー規範に触れることになったのだった。女性が現場で働くという事実だけでも、それは彼女たちの自己主張として捉えられた。あるイタリア系男性熟練電気工の次の証言は女性の「侵犯」に対する神経質で過敏な反応を表している。

現場に来て壁から写真を剝がし始めるなんてことはやっちゃいけない。俺はそんな環境を変えることができるって考えていた一人の女性労働者と一緒に働いた。自分が女性だってことを強く意識していても、この世界でそんなことはやれないいんだ。もし女性が現場で楽な仕事を得れば問題だし、しんどい仕事を得ても問題だ。もし男連中が現場にポルノ写真を掲げたら男たちはそれを剝がさなきゃならない。女性がそこにいるから男は変わらなきゃって感じる。[66]

鉄骨組立工G・ブルックスは苛立ちを隠さない。

しかし女性は悩みの種だった。なぜって、彼女たちが現場に来て最初に言うことっていったら、どこで着替えるの？ってことだからさ。連中は更衣室を要求するし、何て言うか、専用のバスルームとか全部そうなんだよな。連中はこう言うんだ。「バスルームはどこに行けばいいの？」って。みんな同じ場所に行くんだよ。家にいる時みたいに何でもそろえるなんてできっこない。……女性は仕事を奪いに来てるんだ。俺は現場の職長だ。女性に梁を取りに行って向こうまで運んで来いって言う。で、彼女は振り向いて俺に歌を歌ってダンスして重すぎて運べないって言うのさ。ふざけんな、運べよって。俺は彼女のために梁を運んでやるさ。よく分からないけど、現場ではみんなマッチョになろうとするし、女性を助けてやろうとする。でもその間、彼女はみんなの体力を奪ってるってわけさ。仕事ができるのなら文句はない。できるんだったらな。鉄を取りに行ってそこら辺に運ぶんだ。それができるのはごくわずかだ。文句言わずに鉄と一緒に歩き回る。それが仕事だ。でも、もし、振り返って自分の仕事をやってくれって言ったらどうだ？　以前俺たちはそんな態度とか何かを話してた。女性は現場で午後四時半からスカートをはくから、自分がいつも女性として扱われるってことを分かってるのさ。(67)

鉄骨組立工として働き続けてきたウォルシュ兄弟も長く守られてきた秩序に対する強いこだわりを語る。R・ウォルシュは鉄骨組立工の仕事に女性が存在することを認めつつも次のように語る。

スーザン・ベントリーってのが彼女の名前だ。いい娘さ。そんな大きくないし強くもないけど彼女は仕事をこなすよ。実際、自分の仕事をやって仲間たちと外で働いてる。……俺は彼女たちができないなんて言わない。けど、この仕事は本当に危険がいっぱいなんだ。……（インタヴュアー：「道具や技術の変化があったけど」）それでも変わらないのは梁の太ささ。(68)

E・ウォルシュは組合が維持してきた見習いの選抜試験の重要性を語る。

例えば誰かがこれはフェアじゃない、って思ったとしても、これは俺たちが全員に課す試験なんだ。男だろうが女だろうが、人種や肌の色や信条が何だろうが、みんな体力試験や筆記試験を受けるんだよ。(69)

このように語った後、E・ウォルシュは州の仕事であるイースト・リヴァーの橋の工事で問題が起こっている、と指摘する。

今問題になってるのは、そこに女性がいないってことだ。で、契約では五％の女性がいなきゃならないってことになってる。いなけりゃ何が起こるかってことさ。何て言うか、（引用者注：現場のことを）何も知らない、学校でさえ学んでこなかったような連中を現場に派遣して欲しいかい？　これはフェアじゃない。……だから俺はそのことを女性団体に通知してるんだよ。俺たちは独自の試験を課すし、そういうのを持ってるんだってね。[70]

ここに引いた証言は、現場を支配するのは男で、その流儀が守られなければならないとする危機感を核にしたダブル・バインドを示している。一方で、女性が現場で男性労働者と同じ振る舞いをし、平然とその場にいようとするのであれば、それはこれまで守られてきた男性建設労働者の日常を乱す、排除されなければならないものであった。しかし逆に、男性の仕事を同じようにできないのであれば、現場に来るべきでない存在と見なす根拠にされた。つまり、あくまで現場で維持されてきた秩序は今後も保たれるべきであって、男性労働者の間で担われてきた危険でハードな仕事や男性主義的な労働文化は女性が倣うべきものではないという認識が核にあったのである。[71]

しかし、女性が男性労働者と伍して働く姿は、前節で見たような見習い女性個人や女性運動団体による抗議とともに、建設現場で技術革新が進むことによって、男性労働者が女性の現場入りを拒絶する根拠を失わせていった。抵抗しようのない技術の進歩は、熟練技の必要性をいっそう低下させ、それまで男にしかできないと思われていた技術や力技も、実際にはそうではないと示すことになっていった。[72] また、女性の建設現場入りを支援する女性運動団体も、五マイル走や筋力トレーニングなどの肉体訓練を現場に入って働くことを希望する女性たちに実施しており、それらは女性自身が持っていた肉体的な劣等感を解消し、自信につながる役目を果たしていた。[73]「熟練技を持つタフな男の集団」という男性建設熟練工の誇りは、女性が次第にそれらを身につけ、現場で自分たちと同じように能力を発揮することによって脅威にさらされた。「女にもできる」というイメージが拡がることに焦燥感を持つ男性熟練工は少なくなかった。

男性建設労働者の危機感や当惑、憤懣は、一九九〇年代初めの市人権委員会（ＣＣＨＲ）による公聴会の中で露わになった。この公聴会は依然として進まない建設労働現場におけるマイノリティや女性の雇用実態を調査する目的で行われたものであったが、それは黒人などマイノリティ男性だけでなく、新たに見習い対象とされたにもかかわらず、やむことのない嫌がらせを受け続け、雇用数が全く上がらない女性たちの不満が背景になっていたことは明らかである。[74]実際、一九九三年のＣＣＨＲの報告によれば、一九六〇〜七〇年代を通して獲得されてきた建設業におけるマイノリティの雇用が、市内でのマイノリティ人口の増加もあって一九八〇年代には停滞し、いくつかの組合では後退すらしていたが、それでも、ＣＣＨＲに内部資料を提出した九労組におけるマイノリティ労働者の占める割合は一九％に達しており、これに対して、女性はわずか一％のみであった。[75]

前述のように、一九九〇年代初頭に至るまでに建設組合の凋落傾向は著しく、一九六〇年代には一八職種二五万人の規模を誇っていたＢＣＴＣも、ＣＣＨＲの公聴会当時にはその構成員が約一〇万人になり、組織力が低下したことをはっきり示していた。[76]そして、それとともに建設労働の非組合化が進んでいたのであり、前述のマイノリティ労働者や女性労働者の数はそのことを前提に考える必要がある。つまり、マイノリティ労働者は非組合員労働者として建設現場にはさらに多くの人数がいたのに対し、女性労働者の方には（現場に出ない事務職は別として）そうした雇用形態はなく、組合員になることが建設労働者へのほぼ唯一の就業ルートであったということである。他方、ＢＣＴＣの傘下にある組織労働者の間では、一九八〇年代を通して労働条件の悪化や失業の脅威が重苦しくのしかかっていたところへ女性労働者の待遇改善やさらなる雇用要求が加わったことで、いっそうの不安や困惑、怒りが渦巻いていたのである。

ＣＣＨＲは一九八九年から建設業における雇用実態調査を始め、一九九〇年三月一二日から一九九二年一一月一三日にかけて合計一四回の公聴会を開いた。開催期間が二年半にも及んだのは、ＣＣＨＲの召喚に応じず、期日に現れないいくつかの建設労組の頑なな態度によるものであった。公聴会では、各建設労組に属する女性四七人、男性三三人、合計八〇人の見習いあるいは見習い期間を終えた労働者が証言に立った。[77] その他、五〇人以上の支援団体関係者・専門家、一三労組の指導者および見習い委員会責任者、いくつかの企業代表、多数の州・市当局の関係者も証言を行っており、公聴会の規模や調査範囲はこれまでにないものであった。[78] 公聴会で得られた結果は、特に女性の建設労組への進出が極めて鈍いことを明白に示していた（表6、7参照）。

にもかかわらず、いずれの労組もマイノリティや女性の採用に努力していると述べる一方、現場で様々な要求をする女性労働者への不満を露骨に表明するケースも見られた。父の後を継いで電気工労組（ローカル3）の指導者となり、同じく中央労組会議の議長職も引き継いでニューヨーク労働運動のトップ指導者を務めていたトマス・ヴァン・アースデイルは、召喚された公聴会で次のように述べた。

電設工事は危険でハードな仕事です。重い物を持ち上げて運ぶ、巻きケーブルを引っ張って動かす、梯子や建造中の建物を登る、というようなことがある。地下鉄、トンネル、エレヴェーター通路等の現場で働く。産業プラントでなら化学物質に遭うこともある。現場から現場を渡り歩く。変則的な時間で働き、短い通告で残業も求められる。……多くの女性がこの業界で働こうとしないのは容易に分かることです。一部の女性が、ニューヨークではずっと伝統になっているポルノグラフィーとかそういう類のものにさらされることを理由に仕事を続けられないというのはおかしなことです。それを性的嫌がらせのように言うのはフェアじゃない。それによって個人がこの仕事で成功することを妨げられているとは思いません。……ポルノグラフィーは建設業では普通のことでしょう。[79]

このように述べた後、アースデイルはこう結論づけた。

表6　各建設労組の組合員数における人種・性別ごとの職人数の割合

（単位：%）

組　合	白人	ALANA	男性	女性	組合員数（人）
大工労組地域連合（NYC Dist. Council of Carpenters）	不明	不明	不明	不明	22000
電気工労組（ローカル 3）	81.8	18.2	99.3	0.7	8363
板金工労組（ローカル 28）	83.6	16.4	不明	不明	4131
重機操作工労組（ローカル 15）	85.2	14.8	99.4	0.6	3209
スチームパイプ工労組（ローカル 638）	74.6	25.4	98.9	1.1	3174
エレヴェーター建設工労組（ローカル 1）	79.9	20.1	97.0	3.0	2600
配管工労組（ローカル 2）	不明	不明	99.6	0.4	2339
鉄製品取付工労組（ローカル 580）	69.0	31.0	98.9	1.1	1440
配管工労組（ローカル 1）	不明	不明	不明	不明	1000
鉄骨組立工労組（ローカル 361）	82.2	17.8	不明	不明	997
鉄骨組立工労組（ローカル 40）	80.9	19.1	99.7	0.3	974
重機操作工労組（ローカル 14）	90.7	9.3	99.8	0.2	818
合計（概算数値）	81.0	19.0	99.0	1.0	52005

注）ローカル 40, 361, 580 の数字は 1992 年のもの，それ以外は 1990 年のもの。ALANA は「黒人，ラテン・アメリカ系（ヒスパニック），ネイティヴ・アメリカン（インディアン）」を指す。

出典）CCHR, *Building Barriers : A Report on Discrimination against Women and People of Color in New York City's Construction Trades* (New York : Dec. 20, 1993), 5 を基に筆者作成。

表7　各建設労組における1990年の人種・性別ごとの見習い入り人数の割合

（単位：%）

組　合	白人	ALANA	男性	女性	見習い数（人）
大工労組地域連合（NYC Dist. Council of Carpenters）	71.7	28.3	96.1	3.9	3607
電気工労組（ローカル3）	83.6	16.4	97.3	2.7	2169
板金工労組（ローカル28）	26.2	73.8	不明	不明	495
配管工労組（ローカル2）	77.1	22.9	96.9	3.1	293
スチームパイプ工労組（ローカル638）	81.2	18.8	92.5	7.5	239
配管工労組（ローカル1）	81.9	18.1	100.0	0	160
鉄骨組立工労組（ローカル40/361）	69.9	30.1	98.6	1.4	139
鉄製品取付工労組（ローカル580）	50.0	50.0	不明	不明	90
重機操作工労組（ローカル15）	55.0	45.0	70.0	30.0	20
合計	72.4	27.6	96.6	3.4	7212

注）数字はすべて共同見習い委員会より提出されたもの。

出典）CCHR, *Building Barriers : A Report on Discrimination against Women and People of Color in New York City's Construction Trades* (New York : Dec. 20, 1993), 12 を基に筆者作成。

　我々は性的・人種的嫌がらせに関する対策の必要性についてずっと考えてきていますが，現在までそれを実施しなければならなかったことはありません。(80)

内部に「女性電気工」という組織が存在するほど女性労働者への嫌がらせが顕著であり，この公聴会でもC・ロングらローカル3労働者から数々の嫌がらせ行為が証言されていたにもかかわらず，それらを認めようとしないアースデイルの発言は，公聴会で問題が取り上げられ，組合トップ指導者が召喚されるという事態に至ってもなお，今までの男性中心主義的秩序を頑なに守ろうとする建設労働者の態度を象徴しており，現場での実態が女性にとっていかに厳しいものであるかを容易に想像させた。同じく配管工労組（ローカル1）議長兼見習い訓練監督J・サントロは自信を持って次のように語った。

　我が組合の訓練プログラムでは，いかなる

レヴェルにおいても女性への嫌がらせは全く見られません。もし我々の仲間が女性に何か言っているとしても、私は全く知りません。いかなる女性もマイノリティも我々にとって問題になったことはないのです。何か言葉で罵倒されたり何か言われたなら、いつでも私にコンタクトをとるように言っています。我が組合には性的嫌がらせに対処する方法を詳しく説明している指針はありませんし、そうした問題を扱うための手続きもありません。それに関するどんなトレーニングもしていませんし、不満対処委員会が組合にあるかどうか全く知りません。[81]

こうした開き直りとも思える自信に満ちた態度が示される一方で、建設労働の境界を越え始めた女性の存在を認知し、積極的にそれに対応していこうとする姿勢も見られた。召喚された組合の中で最も女性の割合が高かったエレヴェーター建設工労組（ローカル1）の議長兼ビジネス・マネージャーであるJ・グリーンは次のように述べた。

我が組合には現場で嫌がらせが発生している状況が――特に女性がこの仕事に入ってきた時に――ありました。労働者は現場で女性を尊敬すべきであって、冗談やその類のことに夢中になってはなりません。我が組合では攻撃的な言葉を使ったり、女性の前で小便する男性労働者が問題となってきました。現場の施設は清潔にしなければなりません。それは契約上の義務ではありませんが、使えるようにするのは企業側の義務です。現場に女性がいれば、彼女たちが詰所を使えるように片付けなければなりません。我々は形式上のルールは持っていませんが、それらを実施する上でいかなる問題もありません。我々は嫌がらせのような問題を報告する機会を労働者に提供している現場監督と毎週会合を持っています。[82]

鉄骨組立工労組（ローカル40）のビジネス・マネージャー兼財政部長J・R・マレットの証言でも、嫌がらせの類に対応する制度が整えられてきていることが明らかにされた。マレットによれば、現場で性的嫌がらせやパートナーとのトラブルのような問題を抱えた労働者は、現場監督のところへ言いに行くよう指示されており、もし満足な対応が得られなければ、幹部を呼んでビジネス・マネージャーに話すことが可能となっているという。またマレットは、ローカル40の現場では男女別の風呂や更衣室も整えられていることや、地位や扱いに関する不満についても執行委員会で取り上げるシステムができており、組合が不満への対応力を十分備えていると述べた[83]。

こうした証言は、現場レヴェルでの女性への対応が、排除や嫌がらせ一辺倒ではなく、積極的ではないとしても、男女相互の関係を取り結ぼうとする動きがあったことを示すものであった。女性が現場に存在する限り、男性労働者は彼女たちを排除することばかりでは現場の仕事を円滑に機能させることはできなかった。実際、嫌がらせを受けてきた女性の見習いも、同じ証言の中で、積極的に熟練技を教えてくれる男性パートナーが存在したことや、嫌がらせに対して憤りを露わにした男性労働者のことなどを語っており、男性労働者の中にも様々な反応があったことを紹介している[84]。

さらに注目すべきは、見習いとして働き始めた女性労働者が現場で男性の同僚と様々な関係を取り結んでいく中で、建設労働の文化を享受し、自らも積極的にそれらを身につけていったことである。彼女たちの多くが建設労働者になる動機として、熟練技を身につけることでものをつくりだしていく労働に強い魅力を感じていたことを挙げている。例えば鉄製品取付工見習いになったJ・ブラックウェルダーの場合、その職を選択した動機として自分の手によって建築物をつくっていくことへの魅力を挙げている。

> 自分で何かつくって、その結果を自分で見て、友達にも見せることができるんだから、それに惹かれたわけ。見て！　これ私がつくったんだよってね。そこには確かに私を惹きつけるものがあった。給料もいいしね。最初給料は見習いの時には差し引かれるけど、最終的には上がっていくから。給料、福利厚生、週末の休み、残

業代……どれも全部バラ色に見えた。経験的には全くその通りってわけにはいかなかったけど、経済的にはいい感じだった。それに……私は何か高級なものをつくるとかオフィスで紙を手渡したりなんていう仕事には興味なかったし。(85)

C・ロングも同じように技術を身につけて働くことへの魅力を語っている。

私はずっとオフィスで働いてて、伝統的な女性の仕事っていうのをやってきてた。そういう仕事は好きじゃなかった。給料が低すぎたから。極端に低い給料に我慢し続けるなんてくだらないって考えてた。稼いだ給料はだいたい元のところへ戻っていくでしょ。だってオフィスでちゃんとした感じに見えるように服を買ったりするわけだから。お金は絶対残らない。それがオフィス・ワークが嫌いだった理由の一つ。それに私ができそうな仕事でも、大学の学位がなかったし。で、私は考え始めた。……一〇万ドルの家に住んでる人だって、何か壊れたり、配線のやり直しとか何かあったら電気工に来てもらって修理する必要がある。だからそうなろうって決めたわけ。みんな電気を扱うのは怖いから、技術のある私はいいお金が稼げる。私は怖くないからみんな私にお金を払う。ほんと、私は電気ってすごいって思ってる。だから私は安全に電気を使うやり方を学んできたわけね。(86)

そして彼女たちは現場に入って実際に労働者としての経験を積んでいく中で、この仕事に対しての魅力をますます感じるようになり、男性労働者と同様に建設熟練工としての誇りを強めていった。見習い経験を積む過程で数々の辛酸を嘗める経験をしてきたロングはそれでも次のように話した。

私はとても進歩的な諸手当や賃金、労働時間があって、労働条件や労働者に関心を持つことで知られているこの強い組合の電気工であることにとても誇りを持ってる。本当にうれしいし、そのことに大きな誇りと喜びを感じてる。……だから、職人カード（引用者注：見習いを終えた者に交付される職人証のこと）を自分のポケットに入れて職人になることがとても待ち遠しい。(87)

他の多くの仕事よりとてもたくさん個人的な自由がある。給料もいいし、労働時間もいい。ホワイト・カラーの仕事とは正反対の平等な権利もたくさんね。私は自分の感情を表に出せることが好きなんだ。ある梯子から別の梯子に移るとき、大声を出しながらそうするのが好きだね。(88)

パイオニアとして見習い入りし、大工職人の職場代表となったI・ソロウェイも言う。

他方で、男性建設労働者が共有してきた文化を女性たちが享受し、身につけていったことは、女性自身にも身心ともにタフでマッチョであることを至上とする傾向を強めた。ソロウェイが語るエピソードは女性の中でそうした文化が広まっていたことをよく示している。彼女は自身が男性の仕事をしていることでどんどん自信が膨らみ、ついには自分がどれほど強いか確かめてみたくなったという。実際、彼女は地域の腕相撲大会に参加して建設労働は関係のない一般女性たちと対戦し、自分の腕力を確認しようとしたのである。自信に満ちていた彼女はしかし無敵ではなく、そこで現実に帰ることとなった。そして彼女は建設現場で働いている女性は決して強くも何ともなく、「調子に乗っている女性建設労働者」に――彼女によれば、多くの女性建設労働者は男性の建設労働者と同じように、一般の女性を「弱虫（wusses）」と見下していた――真実を悟らせる必要を感じた。そこで彼女は「UTの資金集め」のために「女性建設労働者VS一般女性腕相撲大会」を企画したのである。それは彼女によれば「強さについての深い教訓を女性自身に教えるためのもの」であった。しかし、このユニークな企画はUTの「ゴリゴリのフェミニストたち」（ソロウェイ談）から強い異議が出たため頓挫する。彼女たちはソロウェイの企画を「ソフトコア・ポルノの一歩手前のもの」と断じ、ソロウェイを「性差別主義者」として批判したのである。(89)ちなみに、こうした内部の対立が積み重なり拡大したことでＵＴの混乱は深刻化し、一九七九年に結成されたＵＴは結局、一九八四年までには組織的な体をなさない崩壊状態に至る。

男性文化に女性建設労働者自身が染まっていくことは、ソロウェイの例で示されるように、多様な背景を持つ女性が集まっていた女性運動団体に混乱をもたらし、分裂を引き起こすこともあった。しかし、それは男性の側でも同じことが言えた。境界を越えて関係を結び始めた者同士が創り始めた関係は触媒となって双方の陣営から様々な反応を誘発したのである。それは積極的な面も消極的な面も存在する複雑な反応であった。その中で重要なことは、それまでもっぱら白人男性の間で共有されてきた建設労働者としての誇りは、今や、そのカテゴリーに含まれなかった人々が境界線を越えて現場で共に働くようになったことで、一部の者による独占物ではなくなったということである。一度現場でチームを組めば、そこでは相互の安全に気を遣いながら与えられた仕事を工期内に仕上げていくために協力関係が生まれ、強化されていく。その相手が人種的・性的に異なっていたとしても、相互の間に関係が結ばれ（結ばざるを得ず）、それが広がっていくのである。広がって以降の関係がどのように変化していくかは諸々の権力関係や政治・社会情勢にも大きく左右されるだろうが、境界を越えて相互にいろいろな影響が出始めたこと――これが重要なのであり、何らかの関係を取り結び始めたことが、境界の変化に対して様々な可能性を与えたのである。

6　ジェンダーの境界、人種の境界

前節の後半に述べた現場でつくられる新たな「関係」を考える際、留意しなければならないことは、これまで建設現場では他者としてしか認知されてこなかった者が、同僚になったことの意味である。それは、白人男性熟練工

を頂点とする狭隘な世界に存在してきた独自の労働文化や秩序が、外部から加わってきた者たちにも共有されると同時に、新たな文化や秩序が形成される可能性をもたらすということである。これまで見てきたように、建設熟練工が有してきた秩序や価値観、規律は、主に労働生活を根拠として形成されつつ、日常生活――コミュニティの中でも機能することによって白人男性熟練工を中心とした生活世界の形成にもつながっていた。本書で詳しく見てきた電気工（ローカル3）とエレクチェスター、ブルックリン海軍造船所（ＢＮＹ）の熟練工と周辺コミュニティの関係は、まさにそうしたものの典型であった。黒人・プエルトリコ系などのマイノリティは大部分、熟練工から排除されてはいたものの、熟練工の労働をサポートする非熟練部門に従事することで現場では明確な境界がつくられ、その意味では熟練工から隔絶されることによってその存在が認知されていた。それに対して、女性は建設労働に就くことはない、建設労働の世界の外側に隔絶されている明らかに異なる存在であった。その女性たちが建設現場に労働者として出現したことは、すでに揺れ動いていた建設労働の秩序に大きなインパクトを与えると同時に、さらなる秩序の変更を迫り、新たな秩序形成の契機となり得たと考えられるのである。

実際、建設労働者になった女性たちは一九八〇年代を通じて経験を重ねていく中で、様々な方法を用い、男性労働者とは異なった立場から組合を積極的に変えていこうとするアプローチをとることもあった。現場に入った女性労働者の多くは、予想以上に厳しい現場環境に疲弊し、彼女たちをサポートすべきはずの組合の敵対や無関心といった対応に失望したが、それでもなお、組合の存在や果たすべき役割について積極的な意義を自分たちなりに認めていたし、認めざるを得なかった。女性たちは、組合内部で自らが受けた不当な扱いに対して個々人が異議を唱えるだけでなく、組織間の壁を越えてＵＴのような横断的な組織に結集することで、建設労働における不公正を取り除く努力を継続した。それらは現場に女性専用施設をつくるという基本的な問題から、性的嫌がらせの根絶を目指すもの、一九八〇年代末頃からは妊娠した女性労働者へのサポートや育児休暇を求める動きも出てくるなど実に多岐にわたっていた。こうした努力の一つ一つは小さなものではあっても、それらの積み重ねは確実に既存の秩序を変え、現場を共にする個々の男性労働者の認識に影響を与え、そうした個々の認識の変化を通じて全体にもその影響が及んでいったのである。個々の女性建設労働者が語る経験の中にはそのことを明瞭に示すものもある。重機操作工Y・メイティンは仕事の合間に見習い学校に通っていたことで残業代を削られたことを問題にし、その不当性を組合に認めさせたが、それに対し同僚の男性労働者が彼女を批判したときのことを次のように述べている。

彼は私が怒りを感じていたことを批判してこう言ったんだ。「俺も学校に行ってて、問題なくすべての仕事をこなしたぜ。一体何だってんだ、イヴォンヌ？」って。で、彼に言ったんだよ。「あんたには料理をつくって、掃除して、子どもの面倒を見て、昼ご飯をつくって、洗濯して、あんたが勉強してる間、子どもが邪魔しないように見てくれる奥さんがいるでしょ。私はそれを全部一人でやらないといけないんだ（引用者注：プエルトリコ系であるメイティンは一人息子がいるシングル・マザーでもあった）。もし私にそんな奥さんがいたら、（引用者注：普段子どもの相手をしてあげられていないという自分の）罪深さを自覚することもないし、学校だって仕事だって楽勝だね。余ったエネルギーをあんたたちから悩まされないことに使えるしね！」って。彼は「えーっ、そんなこと思いもしなかったよ」って答えてた。(90)

その後メイティンは現場責任者となって、一九九八年からはジョージ・ワシントン・ブリッジで機械を単独で操作するほどの責任ある地位に就き、数年後にはJFK空港で働くようになる。UTの活動家でもあった彼女は組合に対する思いや自身のスタンスをこう述べる。

とてもいい感じだった。私にそう感じさせたのは、私が自分のやっていることを信じてたから。私は組合を信じてるし、権利があることも信じてる。私の断固とした態度や、自分のそうしたやり方への理解を支えた最大の力は、実はＵＴの女性たちとの経験なんだ。他の女性が話したことや、彼女たちが組合について何か分かり始めて、それに対して何かやろうとしたりしたことね。実際、自分の組合からはほとんど学ばなかったし。ＵＴと一緒に他の女性の話……組合の責任についてといった話を聞くことで学んだわけ。そうやって学んだんだ。……怖い組織だけど、それでも組合のことを信じてる。組合や組合の原則のことを本当に強く信じてる。だから、本当に現場責任者になったことはとても力強い経験だったね。[91]

ＵＴの創設メンバーでもある鉄製製品取付工Ｊ・ブラックウェルダーは女性労働者だけでなく、他に不当な扱いを受けている労働者との連携を始めていた。その中でＵＴの役割を自覚した彼女は次のように言う。

私は女性と同じような経験を持つマイノリティ労働者と手を携えていく気持ちを大きくしていった。それから私は黒人やヒスパニック系の男女、白人女性の集会に参加した。私たちは自分たちが、より良い仕事が得られて、年収が高く、現場では快適に過ごせる職場代表や職長になれるネットワークの外にいると感じてる。そういうところからはだいぶ切り離されているように感じてる。だから、私たちのグループ（引用者注：ＵＴ）は、勝ち取った成果を伝えたり行き渡らせたりしながら、誰が選ばれても組合幹部や他の組合員と一緒に働く、特別な任務を帯びた一般組合員の組織ってとこね。[92]

大工のＩ・ソロウェイもユニークな言い方で語っている。

いくつかの点で全員男ばかりの中で唯一女性であることがとってもすごいことになる場合がある。男たちの間で女性であることは、すべての女性を代表しているような感じがするのね。それで、たくさんの思想を提示していくチャンスができるわけ。……私は議論を楽しんでいるし、そういう機会を増やすことを考えるのが好き。いつも男たちにこう言うんだ。「あんたたち、私と働けてラッキーだね。いつも全員一致じゃとても退屈でしょ」ってね。[93]

これらの証言に示されるように、建設現場に入った女性たちは、労働生活の中で不当に感じたことに対して声を上げつつ、普段労働を共にする男たちと仕事上での協力や、何気ない会話、あるいは口論などを通じて関係を取り結んでいた。そして、所属組合とは別に、UTや他のマイノリティたちとの関わりから組合に改善を求める取り組みなどを行うことで、結果として、既存の秩序に対して新たな方向から変化を促すアプローチを行ったのである。もちろん、これらの取り組みは頑強な抵抗に遭い、頓挫したものも数多いだろう。また、苦労してようやく建設労働者となったものの、現場環境の厳しさに加え、家庭の問題、病気・怪我、あるいは学業や他の職業に新たな可能性を見出したために現場を去る女性も多かった。しかし、様々な背景を持った女性たちが建設現場へ入り、これまで労働生活の中で関係することがなかった者同士が相互に関係し始めることによって、頑なに守られてきた境界が多少なりとも変化を余儀なくされたことは明らかである。

鉄骨組立工T・ハンフリー（一九四七年生、男性）はインタヴューの際、現場で働く同じ組合に属する一人の女性労働者の写真を指さしながら次のように語った。

彼女は引退した組合員の娘さ。男がやる仕事は何でもやる、とても女っぽい娘だ。でも、良い労働者だし……とてもタフさ。俺はとにかく男と女を区別するのは好きじゃないんだ。なぜ一人の女性が高い所へ登りたがり、汚れたがるのか……外の天気は顔や肌を傷めつける。天気は変わるしね。……みんなやりたいことを何だってやればいいのさ。そいつ次第っていうか……それをやりたい奴がそれをやることができるってことさ。仕事が十分こなせるんだったら外に出て働けばいい。彼女はずっとそうしてきた。……物事は変わってきてるんだ。……俺は数多くのいろんな奴と働いてきたけど、肌の色がどうかとか気にしないね。白だろうが黒だろうが紫だろうが何だっていい。仕事するんなら気にならないよ。何て言うか、使える奴なら役に立つってことさ。[94]

ハンフリーの語りは変わりゆく建設労働現場（の少なくとも一部）を反映したものと言えよう。女性の進出は量的には極めて不十分ながらも、建設現場を取り囲む内外の環境の変化と相俟って建設労働者の世界に変化をもたらしていたのである。今や建設労働は非組合員の占める率が上昇の一途にあり、組合が旧態依然とした体質を保持したまま、かつてのような権勢を取り戻すことはもはや夢想でしかない状況が、明らかに現出していた。女性の進出＝境界を越えて外部から新たなものが現場に参入し始めたとき、建設労組あるいは個々の建設労働者は、自らの厳しい行く末を睨みつつ、かつて外部にいた者たちとこれからいかなる関係を結ぶべきなのか、それによって現状をどう打開し得るのかという、重要な分岐点にさしかかってもいたのである。その意味で、一九九〇年から九二年にかけてのCCHRの公聴会（これ自体、マイノリティや女性たちが変革を迫ってきた結果であった）は、一つの画期であったと言えるかもしれない。たしかに、公聴会の場では、組合のトップや幹部の中に開き直りにも近い頑なな態度が見られた。しかし、すでにそうではない組合も現れていたし、この時期は建設労組全体が組織率を上げるために非組合員の取り込みに努め始めていた。そうした中、組合としても女性労働者に対していっそう柔軟に対応する必要に迫られていたと考えられるのである。それを象徴するのが、BCTDが一九九三年に女性建設労働者でニューヨークの大工労組の見習い訓練の補助監督として活躍していたメアリー・E・ボイドをワシントンの本部スタッフの一員として採用したことであろう。一人の女性が本部スタッフに入ったことが事態を大きく動かすわけではなく、公権力に対する口実づくりの可能性もなくはなかったが、少なくともある程度は変わらなければならない、変わらざるを得ない、という認識が建設労組全体に浸透し始めていたのではないだろうか。

ところで、女性労働者を迎え入れるという時点での分岐点と、リンジーとの激烈な攻防時のような、マイノリティ男性労働者を迎え入れるか否かの分岐点とを比べると、建設労組の反応や抵抗の規模に大きな違いがあることに気づく。このことは、建設労組の境界がいかなるものであるかを考えるための、様々な検討材料を与えてくれる。まず建設労働者の世界から見たマイノリティ労働者（まずは男性で占められる）と女性労働者の間にある差は重要である。女性はそもそも現場に皆無であったのに対し、マイノリティの場合は非熟練工として現場で少なからず確認されていた存在であった。現場で働く部門や持ち合わせる技術に違いがあり、そこには厳格な境界線があったが、一方で建設労働という大きな枠の中にマイノリティは存在していた。現場や職種によって異なるものの、非熟練工の数は熟練工に劣らず、普通に働く光景が見られていた。そのためかえって、黒人が一斉に声を上げ、線を越えて自らの領域に入ることを求めた公民権運動は、いつ自分の職場でも線の外側にいるマイノリティが入ってくるか分からないというリアルな焦りと脅威を感じさせたのである。

一方、女性たちは現場労働者になること自体想定されていない人々であった。想定外の人々が現場労働者として「仲間入り」を主張し始めたことは驚愕すべきことであり、「男の聖域」で働く者たちのプライドを刺激し、当惑させたことはもちろんである。しかしその声はマイノリティに比べれば未だリアルな脅威ではなかった点で大きな相違があった。前から現場にいる者とそうでない者、量的にも侮れない数が控えている集団と現実的な力をいまだ不十分にしか結集できていない集団に対する目線は自ずと異なった。加えて、もともと有していた優越感——物理的な力の差、それに裏打ちされた技術力や精神的タフさというマッチョな自信——は、最初から上からの目線に立って彼女たち自身やその運動を捉えていた。そしてそうした目線はロングの証言にもあるように、マイノリティ男性労働者に少なからず共有されていたことも忘れてはならない。その意味では、建設労働者の境界線におけるジェンダー規範の重要性は、人種にかかわらず広く認知されているものであったと言えよう。

また、運動を展開する側の女性たちの方が自らの主張や方針を確固たるものとしてまとめられない問題点を抱えていたことも、建設労組側の反応の差異を生んだ要因の一つと考えられる。先に見たように、「女性電気工」では高学歴でフェミニズム思想の薫陶を受けた人々と経済的理由から建設労働の世界に入ることを希望した人との間には埋めがたい相違があった。人権や階級はもちろん、レズビアンに代表されるセクシュアリティの面で大きな違いを内部に抱えていた「女性電気工」は、ローカル3執行部による分裂工作もあって内部対立を深め、一九九九年には解散する。これは一九八四年に崩壊に至ったUTの場合でも同様に見られることだった。マンハッタン・チェルシー地区で生まれ、その後両親の故郷プエルトリコで大学一年まで過ごし、生後二週間の息子とともに再びニューヨークへ戻ったY・メイティンは一一年間事務員として働きながらシングル・マザーとして息子を育て、その後より良い収入を求めて建設労働の世界へ入った。UTのメンバーとして活動していた彼女はUTが抱えていた問題を率直に吐露する。

UTの問題の一つは、肌の色が違う女性たちは自分たちの本当の声が代表されてないって感じてたこと。自分たちは指導部の一員にはなることができないってね。指導部はだいたい白人。珍しいことじゃない。分かる?……個人的にはUTの活動は楽しかったし、いい経験だった。でも私は新人だし若かったから……それがすべて。このことに不満を持つ人がたくさんいたのを知っている。みんな自分らの意見は届いてないって感じてた。何年もこのことを聞き続けたし、UTだけじゃない。他の小さいところだって同じ。ずっとこのことを聞いてきたね。(95)

メイティンの指摘する女性労働者内に存在した人種問題は、階級や教育歴など多方面にわたる問題を含んでおり、それらを解決するためのプロセスや扱い方は容易ではなかった。とりわけ運動が起ち上がってしばらくの創成期には試行錯誤が繰り返されたこともあり、運動方針をめぐる運動団体内部の混乱は建設労組側の対応に、精神的な面だけでなく、(百戦錬磨である彼らに）実践的な面でも大いに余裕を与えたのである。

以上見たような建設労組、女性運動団体双方の特有の事情が、岐路にさしかかっていた建設労組の対応に違いを生んだ要因として考えられるであろう。しかし、ここであらためて強調しておかなければならないことは、やはり建設労組が置かれていた客観的事情の違いである。リンジーとの攻防時，建設労組は未だ強い政治力と組織力を保持しており，それらをフル稼働させたからこそ，最大の危機を何とか乗り越えることができた。しかし，これまで排除してきた非組合員——マイノリティ労働者をも組織対象と考えてアプローチを開始し，同じ頃に現場労働者として想定したことがなかった女性たちが見習い入りを求めて動き始めた段階での建設労組は，以前とは異なり相当程度その力を削がれていた。守勢に回る時代が長く続いたことで，その抵抗力も，反撃する際の論理も，かつてのような頑なさで一貫させることはできなかったし，それでは通用しなくなっていた。そのことを否応なく感じていたからこそ，女性の見習い入りに対する抵抗は自ずとトーン・ダウンし，自ら秩序の変化をもある程度覚悟せねばならなくなっていたのである。

終　章

本書では、二〇世紀ニューヨークの建設労働者を事例に、人々の間を分け隔てる境界がどのようにつくり出され、機能し、変容していくかを、労働生活やコミュニティとの関わりなど日常の営みの中から捉えることを試みてきた。また、それがどのような場合に政治的保守主義や愛国主義として扱われることになったのかも検討してきた。ここで、本書の議論を振り返って、その方法論的意義や論点・問題点をまとめ、その上で、冒頭で触れた九・一一事件とそれ以降の建設労働者にあらためて立ち戻って考察することで結びとしたい。

1　「当為としての秩序」と権力——本書のまとめ

本書では、二〇世紀のニューヨークにおける建設労働者の労働現場とコミュニティでの生活に焦点をあて、主にインタヴューや組合関係の史資料を用いてその世界を明らかにしてきた。こうした手法をとったのは、人間が社会的関係を結ぶ中で様々な価値観や意識を形成していくとき、そのプロセスは、まずその地に暮らし、働く日常性の中にあると考えたからである。しかし、日常生活はそれ自体として他から独立したところに存在するわけではなく、働くことにおいても、コミュニティで毎日を暮らすことにおいても、ローカルあるいは国内外の政治や経済的状況と密接に結びついている。したがって、労働現場での様子やコミュニティでの生活を具体的に明らかにするだけでなく、それらの様子や変化を、必要に応じて大きな歴史的状況と結びつける形で捉え、その意味を考えていく必要があった。本書で最も焦点をあてたのは、建設労働者がハードハット暴動という形で前面に出たヴェトナム戦争であるが、公民権運動やフェミニズムの勃興、あるいは景気の動向や経済政策など、内外の政治・経済や社会的状況に大きな影響を受けながら建設労働者の世界が動揺し、変化してきたことも論じてきた。

その中であらためて強調しておきたいのは、日常の中でつくり出される「当為としての秩序」の重要性である。自らの生活を取り巻く外部の状況の変化にさらされつつも、日々働く中で自身の生活を支え、維持・向上させることに腐心してきた労働者にとって、その中で紡ぎ出してきた価値観や規律は、物質的にも精神的にも自己の存立基盤になるものとして機能していた。建設労働者が労働現場の中で結ぶ関係からつくり出すそれらはとりわけ重要なものとして維持され、働く者同士の絆を強化するだけでなく、コミュニティ生活の中でも大きな意味を持った。どれも日常生活を安寧に成り立たせる上で不可欠であったし、長らく維持され、引き継がれてきたものでもあった。そうした日常世界の秩序が、外部において何らかの変化——技術革新、公民権運動の高揚、対外戦争と徴兵、それらに対する反戦・徴兵忌避運動、女性運動の広がり、資本の圧力強化等——が生じることで乱されたとき、人々は違和感や不安、憤りを感じ、ある時には、それらが高揚して突発的・一時的に噴出することもあれば、またある時には、組織化され集団的に表明されることもあった。

先行研究では建設労働者の政治的保守性が再三指摘・叙述されてきたが、その根強い保守性の根拠が具体的にどこにあるのかについての考察ははなはだ不十分であった。本書で言う「当為としての秩序」とは、まさにこの点に光を当てるものであり、およそ観念的なものではなく、人々の日常生活の中に明確な根拠を持つものである。それらは日々の暮らしを支えるものだからこそ、人々はそれを変化させようとするものに敏感に反応し、他から見ればその反応は極めて不合理で都合よく解釈されたものに基づくとしか見えないとしても、頑なにそれらを守り抜くとに固執する。本書で考察した建設労働者の行動は、まさにそのようなものであっただろう。

フリーマンが指摘するように、ニューヨークの白人労働者階級ではエスニックな紐帯と職種ごとで分けられた組合が重なり合い、特に建設労働者の間では職域をめぐる対立や誰が仕事にありつくかをめぐる争いが深刻なレヴェルに至ることもしばしばであった。この点は、建設労働者を一括りに「保守的白人熟練工」と論じることがいかに単純であるかを示す重要な事実であり、その日常世界の秩序を一枚岩のものとして捉えないよう注意しなければならない。しかしその一方で、おしなべて熟練工が白人男性で固定され、黒人やプエルトリコ系が非熟練労働者として境界外にいることもまた事実であり、「当為としての秩序」を構成していた。ローディガーの研究以降注目されるようになったホワイトネス（白人性）について中條や貴堂はその特徴を「無徴」な存在であると指摘していたが、一九七〇年代までのニューヨークの建設労働者にとって、熟練工が白人であることは意識するまでもない当然の事実であり、血縁・地縁を軸とする身近な関係によってつくられた狭隘な生活世界を維持するために、そうでなくてはならないと無意識に前提された要素であった。それが貴堂らの言う「無徴」ということでもあるだろう。[1]アネセンらが批判するホワイトネス研究の「曖昧さ」に対して、本書の主張がどこまで明確な回答となり得たかは読者の判断を仰ぐしかないが、少なくとも、「根強く残る保守性」——それらは人種主義や男性主義的ジェンダー規範など多様な側面をもつ——の根拠と実体は、すべからく当為の秩序として日常生活全体の中に根ざしているということを強調しておきたい。

また、本書が注目したこの点は、決してアメリカ史にとどまらない、歴史学が共通して直面している課題でもある、人と人との間を分け隔てる境界の歴史性を問い、そこから新たな関係構築を展望していく手がかりになるものとしても考えられるのではないだろうか。なぜ、歴史の中において人と人との間を隔てる境界線が様々な形で存続するのか——そのことを問うていくにあたっては、公権力によって編み出される法制度や政策による分断を見るだけでなく、人々自らが「異なる者」という意識をつくり出すメカニズムやそこに依拠する理由を、日常生活の中から探ることが必要だと本書は考えた。それを探ることによって境界線の複雑な在り方がいっそう明瞭に見えてきたとすれば、本書の方法論は、より広い場面における探究の一助となるのではないだろうか。

日常生活の中で形成される意識をすべて合理的に説明しつくすことはまず不可能であろう。しかし、その意味は、そうした意識が合理性を全く欠いているということではない。むしろ、日常生活の中でこそ形成される合理性、日常生活の秩序を貫き支える合理性といったものがあるのではないか。そしてそれは、「あるべき理念」や「正論」という、日常世界の範囲・次元を越えた「普遍的な」合理性によっては決して屈服させることはできない。そうした「普遍的な」観点からは「不合理」とも見える秩序が、人々の毎日の暮らしに根付きながらそれを律し、また世代間で脈々と継承されてきたのである。たとえそれらが境界の外にいる者たちからすれば、著しく奇異に見え、改善を要求すべきものであったとしても、その秩序に従って自らの生活世界という境界をつくり、その中で暮らしてきた人々にとっては最大の拠り所なのである。だからこそ、その歴史性を問い、日常の中で「異なる者」がつくり出される具体的な根拠を生活世界全体の中から探ることは、境界内にいる人と外にいる人の差異を生み出す仕組みを浮かび上がらせることになる。そしてその差異を生み出す仕組みを明らかにすることで、そこから新たに人と人との関係を結び直す契機を考えることもまたできるのである。

日常世界を描き出すことで境界の存在を浮き彫りにする本書の方法論がどこまで有効であるかは今後さらに検証する必要がある。本書では特に日常世界を明らかにするためインタヴュー史料を多用したが、それが抱える限界もあるだろう。そうした課題が今後に残りつつも、本書で行った、日々を生きる人々の具体的な姿を歴史の中で浮かび上がらせ、人々が日常的に抱く関心や、その意味・役割について考えていくこと——歴史をつくるファクターとしてそれらを捉え、考察していくことが重要な作業である点は、揺るがないだろう。見習い採用の要求に対する頑なな態度や、ハードハット暴動という、建設労働者の目に見えやすい保守的なリアクションだけではなく、むしろそうした行動をとった人々の日常に迫ることによって、なぜ、いかなる背景があってその時に保守的な行動をとったかを明らかにすることが本書の目的であり、そのために建設労働者の生活世界全体を具体的に考察することで、これまで触れられてこなかった「保守」の側の複雑な実態が抽出できたのではないだろうか。

働き、家族を養い、日々を生きることは人々にとって当為の営みであり、それらが生活世界の境界外にいる外部勢力（と見なされたもの）によって「理不尽にも」揺さぶられたとき、緊張が高まり、ハードハット暴動の場合、目に見えやすいリアクションとしての暴力が誘発された。建設労働者はあらためて、自分が生きてきた世界を見つめ直し、それを守るために行動を起こした。そのとき彼らが向かった先は、生活世界の中でつくり上げてきた諸関係の中でも、自分たちが何者であるかを肯定的に承認してくれるであろう公権力——それも急速に敵対的姿勢を強めてきた市当局ではなく、より大きな権力としての連邦国家であり、その国家を代表していた共和党ニクソン政権であった。そして、生活を守ろうとする彼らの保守性は、具体的な政治情勢の中から編み出されたニクソンの政治戦略と呼応し、政治的保守主義として現出したのである。

近年、権力構造への分析を欠く脱政治化した社会史研究への批判が高まっていることに対して、いかなる形でこの批判に応えていくかについても、本書が冒頭で掲げた重要な課題であった。本書では、建設労働者の日常生活の中に、公権力がどのように関わり、根を張っているのかを検証し、さらに公権力に対して建設労働者がいかなるスタンスをとってきたのかにも注目してきた。

本書で明らかにしたことは、公権力と建設労働の密接な結びつき——相互依存的関係の存在であった。公権力は雇用機会を提供する最大のスポンサーというだけでなく、労働者の生活を支え、安全を保障するための法律や制度を整える上でも、非常に重要な役割を果たしていた。常に変動する景気の影響を直接的に受け、負傷・死亡事故の絶えない労働環境におかれている建設労働者とその家族の命や生活は、労働組合を通じてそれらを守る努力が継続されてきたが、それは組合を通して公権力や民間資本との間で絶え間ない交渉を繰り返すことによって果たされてきたのである。逆に言えば、個々の労働者やその家族が建設労組に結集し、依拠する理由、そして労組がとる方針に肯定的な立場を示してきた理由は、それらを通じて得られた交渉の具体的な結果が、実際の生活に反映しているからこそであった。交渉がもたらす具体的な成果の一つ一つは大きな歴史的観点に立てば取るに足らない瑣末なものでしかないかもしれない。しかし、ローカルな地において建設労働という狭隘な世界の中で日々を生きる人たちにとって、その瑣末な一つ一つが大きな問題であり、日常の中で最大の関心を向けるものなのである。こうした日常生活の中に反映され、機能している具体的な権力に注意を払うことが、国家やその権力を相対化する議論に対して、より重要な見地を提供するものと考える。歴史学の立場から「国民国家を超える」こととは、具体的にいかなる状態のことなのかを問うことは、人々の実際上の生活の中にある権力との関係を見なければ、観念的・楽観的な議論に終始し、有効な議論は展開できないだろう。

決して単純ではない公権力との関係を現実の生活の中から具体的に見出すことで、歴史学が権力というものと向かい合い、そこから新たな議論の方向性や可能性を模索すること——本書をその契機としたいというのが、筆者が抱いた希望である。

2　九・一一——世界貿易センタービルの倒壊と建設労働者の「愛国主義的」行動

最後に、冒頭でふれた九・一一およびそれ以降の建設労働者のことに立ち返ってみたい。二〇〇一年九月一一日以降のアメリカ国内では愛国主義が燃え上がり、多くの人々が星条旗を掲げて「ゴッド・ブレス・アメリカ」を歌った。その中でアフガニスタン、次いでイラクへと軍隊を送ったアメリカ政府の対応は、強力な国家の存在を目の当たりにさせる機会となった。と同時に、九月一一日以降の事態は、本書で取り上げた建設労働者がまたもや社会の前面に出てくる機会ともなった。最初に注目される要因となったのは、この事件の犠牲者の中に少なからぬ建設労働者が含まれていたことであった。世界貿易センター（ＷＴＣ）のビル群の崩壊では約三〇〇〇人の犠牲者が生まれたが、少なくともその五分の一である約六〇〇人は組合に所属している労働者であり、さらにその中にＷＴＣで働く建設労働者が含まれていたのである。[2]電気工労組（ローカル３）の場合、旅客機が突入したとき多くの組合員がＷＴＣで働いており、九月一一日の事件で一六人の命が失われた。[3]

また、ＷＴＣ崩壊直後からいち早く遺体捜索や瓦礫撤去作業に建設労働者が加わったことも、社会的な注目を浴びるもう一つの要因となった。甚大な生命が失われ、全米がショックに包まれているとき、未だくすぶる煙に包まれながら、途方もない量の瓦礫を片づけ、行方不明者を探して黙々と働く姿が伝えられたことで、建設労働者の「勇気」や「献身性」が共感を呼んだのである。さらにこうした作業の後も、今なおグラウンド・ゼロの地で継続している新たな建設事業に多くの労働者が従事しており、絶え間なくこの地を訪れる人々の目に、あるいはたびたび行われる現場からのテレビ中継によってより多くの人々の目に、そこで働く建設労働者の姿が映り、それらを含む一帯の光景が「未曾有の困難」から「再建・復興」へと進むアメリカのシンボルの一部となったのである。

事件での大きな犠牲とビル崩壊直後からの積極的な行動は、救援作業に携わった消防士や警察官と並んで、ことあるごとに公の場で称賛・顕彰の対象となり、国家への忠誠心や自己犠牲精神の象徴として強調された。実際、事件が発生すると、ニューヨーク各地で他の建設事業に従事していた建設労働者はすぐに作業を中断し、大挙して事件現場に押し寄せた。それらの労働者がそのまま遺体捜索や残骸撤去作業に連日没頭したため、当時ちょっとした建設ブームが訪れていたニューヨークの他の現場ではその期間作業を中断せざるを得なくなり、事業者が大いに困惑するほどであった。[4]事件から一年後に開かれた追悼集会で、市長Ｍ・ブルームバーグは「すべてのアメリカ人、とりわけ組織労働者は九・一一のヒーローでした」と感謝の意を述べ、ニューヨーク・ヤンキースのオーナーであるＧ・スタインブレナーや、州知事Ｇ・Ｅ・パタキが次々に労働者への賛辞を述べた。集会に出席してスピーチに立ったニューヨーク建設労組（ＢＣＴＣ）議長Ｅ・Ｊ・マロイはグラウンド・ゼロからの再建が進んでいることに言及し「この地が以前と同じものになることはないでしょう。しかし、以前のものを下回るような場所になってはならないのです」と述べて、建設労働者が取り組んでいる再建事業の意義を強調してみせた。[5]

一六人の組合員を失ったローカル3は、事件が起きたその年の一二月四日、仲間の死を悼む追悼集会をマジソン・スクエア・ガーデンで開催した。事件で亡くなった二一歳から五九歳までの男性労働者一六人の顔写真とともに、故人の組合歴や家族構成などのプロフィールが書かれたパンフレットが作成され、国歌斉唱や海兵隊軍楽隊による追悼演奏、ローカル3議長や中央労組会議議長、業界団体代表による弔辞など、一連の儀式がしめやかに執り行われた。[6]

九・一一直後から続いた建設労働者の行動は興味深い論点を提示している。それは建設労働者がこの事件を機に積極的に示した「愛国主義的」行動の意味である。もちろん、事件当時は建設労働者のみならず、多くのアメリカ人が愛国主義に染まった。しかし、建設労働者が示したそれは、建設労働者特有の根拠に基づいた側面も多分に持ち合わせていたように思える。もともとＷＴＣは現在地の大規模な再開発事業としてニューヨーク／ニュージャージー港湾局が事業主体となって建設が始まったもので、ローカル3はじめＢＣＴＣ傘下にある数多くの建設労働者が事業に参加し、完成後もこの巨大ビル群の維持・管理やリノヴェーションに携わってきた。脆くも崩れ去ったＷＴＣの現場に大挙して建設労働者が現れたのは、未曾有の事態に直面して何かしなければという危機感だけではなかったであろう。自分自身や仲間、所属組合、あるいはもっと広く言えば、建設労働者全体がＷＴＣに深く関わってきたという事実が、彼らを現場へ駆り立てる強い動因として働いたことは想像に難くない。

自ら関わった建造物への建設労働者の特別な思い入れは鉄骨組立工Ｅ・ウォルシュの証言からも十分感じることができる。橋やＷＴＣのような高層ビル建設工事では、そうした作業をもっぱらとする鉄骨組立工の間で伝統的な行事があった。それは、建築物の枠組みが最高到達点まで完成すると、その頂にアメリカ国旗を飾る落成式

(topping out ceremony) を催すというものであった（完成までの全体工事はまだ継続される）。ウォルシュによれば、この落成式の起源はロックフェラー・センターの建設に遡るものだという。彼はその意味と次第を次のように語る。

　誇りを示すものさ。ほとんどは鉄骨組立工のそれだね。でも式には全員が参加する。たいていはディヴェロッパーか事業主、それと請負業者の代表かな。素晴らしい日さ。……俺たちは一日八時間働くけど、二時とか三時あたりに式のためにちょっと時間をとるんだ。仕事場をパーティーに変えてね。食べものやソーダを持ち込むんだけど、それ以上はない。それで演壇（引用者注：演壇とは最高地点を完成させる際に用いられる梁のこと）か何かそんなところにみんなの名前をサインして写真を撮る。誇らしい気持ちだね。「おい、いいか！　俺たちがこれをつくったんだぜ。これは俺たちのものなんだ」って感じだね。[7]

　鉄骨組立工の働く姿をノンフィクション的スタイルで著したジム・ラセンバーガーの著書『ハイ・スティール』には興味深いエピソードが紹介されている。一九六六年から七二年まで完成に七年を要したＷＴＣ（サウス・タワーは一九七三年の完成）の工事で、労働者の多くはたいてい二〜三年の期間働いた。当時すでに超高層ビルの人気は衰え、「金の無駄」として世論から厳しい批判を受けていたが、建設労働者はＷＴＣを自身の手で建てた巨大建築物として深く愛した。自らが率いる作業チームが落成式を担当することは、職長にとって大いに名誉なことであり、一九七〇年一二月二三日午前一一時三〇分よりＷＴＣノース・タワー一一〇階で行われた落成式では、ジャック・ドイル率いる作業チームがこの栄誉を担って式を執り行った。ドイルは経験豊かな熟練工で、通算七年にわたってＷＴＣサイトでの作業に従事することになる。[8]

　旅客機の突入によってビルが倒壊した直後から鉄骨組立工は、ニューヨーク市内はもちろん市外からも加わって約三〇〇人が現場に結集し、瓦礫の撤去と遺体の捜索作業に従事した。この当時鉄骨組立工労組（ローカル40）の議長に就任していたドイルも現場に現れて状況を視察するとともに、作業に従事する労働者の間をまわって激励した。瓦礫を見てまわったドイルは「この手で俺はこれら全部に触ったんだ。ほら、まだ立ってるものだってある。俺たちは本当にいい仕事をしたんだなあって思うね」と語ったという。(9)

九・一一から五周年を迎える二〇〇六年九月五日午後九時（東部および太平洋時間。中部時間では午後八時スタート）、ニューヨークを本社とするテレビ局スパイクＴＶ（現在はスパイクに改称）は、ＷＴＣサイトで瓦礫を撤去し遺体の発見に尽力したローカル40に所属する労働者を取り上げたドキュメンタリー番組『メタル・オブ・アナー（Metal of Honor）』を全国放送した。番組の中には、ＷＴＣの建設に参加した経験を持ち、崩壊現場に駆けつけて救出・撤去作業にあたった労働者の姿があった。彼らは、大きくて重い鋼を流麗に積み上げ組み立てていく自らの仕事に揺るぎない誇りを持つがゆえに、やはりＷＴＣに特別な思い入れを持っていた。番組中、ある鉄骨組立工が「これは俺たちの鉄だった。俺たちのものだったんだ」と語ったように、危険かつ劣悪な作業環境であるにもかかわらず崩壊現場で黙々と必要な仕事をこなす彼らの行為は、ＷＴＣをはじめ高層ビル建設になくてはならない熟練工として、どのような現場でも働いてきたという自信と誇りに支えられたものであっただろう。(10)

ＷＴＣサイトに押し寄せた建設労働者は、ドイルのように直接ＷＴＣの建設作業に従事した経験を持つ者もいれば、自分は別の場所で働きつつもＷＴＣ建設に関わった仲間や先輩あるいは親・兄弟を持つ建設労働者も少なくなかった。結集した建設労働者それぞれに、ＷＴＣサイトに急行するよう駆り立てた強い思いがあり、剝き出しの梁や瓦礫崩落などのために負傷者が続出する困難な状況の中で働き続けることで、彼らは建設労働者としての自己をさらに強く感じた。(11)「自分たち」の労働によってつくり上げた建設物は、それがいかなるものであれ誇らしく感じられるという自負は、本書で見たように多くの建設労働者が語ってきたことである。それゆえに、それが崩落した事態は、建設労働者に大きな危機感をもたらしたはずである。ドキュメンタリー番組の中で、鉄骨組立工たちは想定外の事態――「プレッツェルのように」曲がってしまった梁――に強いショックを受け、ビルに加えられた力がいかに巨大なものだったかは建設労働者でなければ分からないと語っていた。その姿は、まさに建設労働者ならではの衝撃の大きさを物語っていた。
建設労働者の「愛国主義的」行動に関して、さらに注意しておかなければならないのは、九・一一の現場で続く一連の事業は建設労働者に貴重な雇用機会を提供し続けており、ここで働くことは実際の生活上でも重要な意味を持っているということである。事件直後の現場で働く労働者は三〇〇〇人を数えていたが、それでも仕事に就けていない組合員は存在し、完全雇用を実現するには至っていない、と語るＢＣＴＣ議長マロイの言葉（事件から間もない九月二八日に報道された）は、ＷＴＣサイトでの労働を現実主義的に捉えていたことを示している。[12]
また、市長ルドルフ・ジュリアーニが、市の監督下で瓦礫の解体・撤去作業に従事する企業および労働者の代表と開いた会合において、新たにサンフランシスコを本拠とするベクテル社を市に代わる事業責任者として委託する意向を伝えた時の反応も、この仕事が実際に経済的に重要な意味を持つものとして認識されていたことを示している。マロイは市と契約して事業を展開していた四企業とともに、ジュリアーニの提案に異議の声を挙げ、「九月一三日以来ここにいる企業は賞賛に値する仕事を行ってきた。私にはこの段階で体制を変更するその理由と論理が分からない」と反発した。そして「これはワシントンから、ベクテル社が属している連合組織を通じてプッシュされたに違いない。ベクテル社はホワイトハウスと極めて親密な関係にあるからだ」と政権批判を展開した。[13]
マロイのこの行動は、これまでアースデイルやブレンナンが示してきたような、労組を率いる指導者としての態度をそのまま受け継いだものと言える。すでにＷＴＣサイトで事業を展開していた四社は市の計画建設局と長らく仕事をしてきた間柄にあり、ＷＴＣの事業でも各々が二五〇万ドルを市から受け取る計画になっていた。地元の民間資本および公権力たる市当局と連携することで仕事を得てきた建設労組にとって、地元とは関係の薄い巨大ゼネコンが介入することでその関係に変化が生じることは安定的な雇用確保の面で著しい影響を及ぼしかねず、看過できないものであった。マロイがジュリアーニの提案に示した反発は、組合員労働者の日常生活の防衛を第一に置くBCTC指導者のそれにほかならなかった。したがって、九・一一を機に建設労働者が示した「愛国主義的」行動を検討する場合、公権力や民間資本との具体的なつながりが実生活にもたらす側面も見落とすべきではない。

3 世界貿易センター再建の現場から見えるもの

その後、瓦礫撤去作業に携わった建設労働者をめぐる状況はより複雑な状況を呈している。WTC崩壊当初より、建設資材に含まれていた大量のアスベストや鉛、水銀などの有毒物質が飛散したことによる健康被害の可能性が指摘されていたが、二〇〇六年一月にニューヨーク市警のジェイムズ・ザドローガが死亡したことによって事態はいっそう深刻なものとなった。非喫煙者で喘息の既往歴もなく、九・一一以前は極めて健康であったザドローガはWTC崩壊後四五〇時間に及ぶ救援活動に参加して以降体調を崩し、三四歳の若さで呼吸器系疾患により急死したのである。ザドローガの早過ぎる死の原因は、WTCサイトでの作業で大量の有害物質にさらされたことにあるという当局の発表は大きな衝撃を与え、適切な対応を怠ってきた市当局や撤去作業業者、連邦環境保護庁（EPA）への怒りが一気に高まった。[14]

ザドローガの死に先立つ二〇〇四年九月、WTC崩壊直後から救援活動を開始した消防隊や警官ら緊急部隊員（first responder）や、作業以降深刻な健康不安を抱えていた建設労働者は、マスクを配布するなど必要な安全対策をとらなかった請負業者、市当局、ニューヨーク／ニュージャージー港湾局、EPAを相手に正当な補償を求めて連邦地裁へ提訴していた。ザドローガの死から九ヶ月を経た二〇〇六年一〇月、連邦地裁判事A・K・ヘラースタインが、当局の責任はないとし訴えを認めないよう求めていた市の主張を退け、裁判に応じるよう命令したことで、原告の数はさらに増加し、最終的には一万人を超える規模にまで達した。[15] こうした動きに、WTC近郊で働いていた建設労働者以外のホワイト・カラー層も含む様々な職種の労働者や周辺住民、近隣の大学に通う教員・学生らも不安をいっそう募らせ、次々に健康被害の実態やそれに対する懸念を訴える動きが拡大していった。

一万人超の原告団を率いる代理人の一人デイヴィッド・ワービーは、建設労働者を「愛国市民」として顕彰してきた公権力に対する原告の複雑な憤りを明確に代弁した。

裁判に関わろうとする者なんて誰もいなかった。なぜなら、撤去作業やＥＰＡに何か言おうものなら、それは反愛国的ってなるからだ。ここに至るまでに長い時間がかかった。以前は九・一一のために咳き込んだりすると名誉の証だなんて言ったもんだ。でも今はすべてが政府による甚大な災厄ってことをみんな分かっている。

こう語るワービーは、ＥＰＡの責任者Ｃ・Ｔ・ホイットマンや市長ジュリアーニの名が記念碑に刻まれてはならないとし、さらにはジュリアーニが公職に就くのを禁じることまで求めた[16]。

ジュリアーニはＷＴＣ崩壊の二日後から大気の状態について再三安全性を強調し、その後も避難していたニューヨーク市民に自分の場所へ戻るよう勧奨するなど、一貫して被害を最小限に見せようとする動きが目立っていた。また、ＷＴＣ崩壊の三日後から大気のサンプリングを開始していたＥＰＡも「呼吸や飲料水は安全」と述べていたこともあり、国民の健康を守るべき当局の不適切で誠意のない対応は、人々の不信をさらに強めた[17]。市健康局がＷＴＣ崩壊に伴う健康状況を追跡調査するため、二〇〇二年から健康に不安のある人は自主的に市に登録するよう呼びかけたことに対し、登録者が続々と現れ、調査対象が毎年増大していることは、人々の不信と不安を何よりも能弁に物語っている[18]。

裁判が始まってからも、ジュリアーニの後継市長ブルームバーグはザドローガの死についてＷＴＣにおける作業との因果関係に公然と疑義を表明し、「彼は科学的にはヒーローではなかった」と発言したことで激しい反発を買い、発言撤回に追い込まれた[19]。また、市当局も一貫して健康被害との因果関係を否定し続けるなど、補償をめぐる事態は混迷し続けた[20]。そのような中、ニューヨークおよびニュージャージー選出の地元連邦議員が中心となって包括的補償法の成立に向けた取り組みを強化し、共和党議員の抵抗で原案が一度議会で退けられたものの、二〇一〇年一二月、ザドローガの名を冠した包括的補償法「ジェイムズ・ザドローガ九・一一健康補償法」がようやく連邦議会で成立した。翌年一月二日にオバマがこれに署名して同法は七月一日から施行され、事態は一つの画期を迎えた。

*

ＷＴＣの再建は現在進行形であり、現段階で何らかの結論を出せるものではない。二〇一〇年夏、ＷＴＣサイトから二ブロック離れた地点にイスラームのコミュニティセンターが建設されるという計画をめぐって、ニューヨークはもちろん、全米レヴェルで激しい論争に発展したことはまだ記憶に新しい。オバマをはじめ、二〇一一年より州知事に就いたアンドルー・クオモや市長ブルームバーグら公権力の長は建設に問題がないとする立場を明確に表明し、寛容な精神を説いた一方[21]、建設労働者の中にはこれに猛然と反対する動きが起こった。ブロンクス生まれでブルックリンに在住する建設労働者アンディ・サリヴァンは、“The 9/11 Hard Hat Pledge” と題したブログを立ち上げ、建設労働者は決してモスクの建設現場で働かないようにと呼びかけ、反対派の集会に出席して直接呼びかけたりテレビにも出演するなど精力的な反対運動を行った[22]。建設労働者の中にはヘルメットに「イスラム進入禁止」を表すステッカーを張って作業する者が現れ、そのヘルメットをかぶって反対派の集会で発言し、デモに出る者も少なからず出現した。この問題に対してＢＣＴＣは組織として公のアクションを起こさず、一貫して沈黙を守ったが、ニューヨーク建設業協会（ＢＴＥＡ）議長Ｌ・コレッティは「組合員たちがなぜそこ（引用者注：モスク建設現場）で働きたがらないのかは理解できる。業者・組合双方にとってこれはとても難しいジレンマだ。なぜなら我々は高いレヴェルの失業状態にあるからだ。しかし同時に組合員たちにとってここは聖なる場所なのである」と述べ、建設業界や建設労組の思いを代弁した。[23]こうした言動に示されるように、「モスク建設反対」の意見は建設業者・労働者双方の間に一定の拡がりを見せた。

その一方で、反対派の動きを憂慮し、建設支持を訴える行動がニューヨークで繰り返し行われたことも事実である。建設労働者がこの中に加わっていたかは確認できていないものの、少なくとも建設労働者の中に大掛かりな組織的反対行動が組まれなかったとは言えるだろう。

そもそも、今や建設労働者の組織率低下は著しく、非組合員の姿がますます目立つようになっている。筆者がインタヴューしたあるBCTCのオーガナイザーは、ニューヨークで当面する最大の課題はこうした非組合員の組織化であると明言し、その中にはヒスパニック系など白人以外の人々の割合が圧倒的に多いと語っていた。かつて排除の対象にしてきた境界外にいる人々を積極的な組織対象とする状況は、一九九〇年代以降変わっていない。

ニューヨークにおける建設労働者に占める白人の割合は二〇〇九年の四八％から二〇一〇年には四〇％に低下し、労働者数でも前年比三・八％減（一二万四五〇〇人。二〇一〇年の数、以降同じ）であった。同期間でヒスパニック系の数字を見ると、労働者数では前年比五％減（八万七〇〇〇人）、全体に占める割合は三六％で、同様にアジア系を見れば前年比一二％増（二万一二〇〇人）、黒人は二％増（三万一六〇〇〇人）で全体に対する割合は一四％となっていた。さらに注目すべきは、二〇一〇年のセンサスによればニューヨークの建設現場で働くあらゆる労働者のうち四五％がアメリカ市民ではないというのである。[24]また、ニューヨーク建設会議の最新の報告書でも、建設労働者の四八％を移民が占めているとされている。[25]

かつて忌み嫌った存在を積極的に受け入れていく姿勢を示すことは、BCTCがウェブサイトにおいて一九七八年の創立以来女性の建設熟練工への就業を支援してきた「女性のための非伝統的職業への雇用（NEW）」との連携をアピールしたり、[26]BCTC前議長E・マロイが二〇一二年五月死去した際に現議長G・ラバーベラが発表した声明の中で、マロイの功績としてマイノリティや女性の組織化による建設労組の多様化を挙げていることにも表れている。[27] 公権力による女性の建設労働への就労支援も顕著である。二〇〇五年三月、市長ブルームバーグが「建設機会委員会（Commission on Construction Opportunity）」を設立すると、市とＮＥＷ共同のキャンペーン "We are Looking for a Few Good Women" が始まり、三ヶ月の間に二〇〇〇人以上の女性とコンタクトをとる成果を挙げている。二〇〇六年にはニューヨークの各種建設労組で女性見習いの枠を一〇%に上げる目標が設定され、州労働省はＮＥＷの訓練を受けて修了した者については直接組合に行ける制度を承認するなど、[28] 優れた技術を備えた女性が建設労組により入りやすい状況がつくられつつあり、建設ブームという追い風も加わって実際にその効果が出始めているという。[29]

＊

二〇一二年六月一四日、再建事業が進行するＷＴＣサイトにオバマ大統領夫妻、ニューヨーク州知事アンドルー・クオモ、ニュージャージー州知事クリス・クリスティー、ニューヨーク市長マイケル・ブルームバーグが訪れ、落成が近づくワン・ワールド・トレード・センターに据えられる最後の梁にサインするセレモニーに臨んだ。巨大なアメリカ国旗を背景に、自身のサインとともに「記憶し、再建し、より強くなって戻ってくる！（We remember We rebuild We come back stronger !）」と記したオバマは、振り返って背後で見守っていたヘルメット姿の建設労働者と次々に握手と抱擁を交わした。オバマらのサインが記された梁は八月二日に現場労働者たちのサインも加えられて最上階の一〇四階まで吊り上げられ、据えつけられた。翌年五月一〇日に頂上アンテナが設置されたことでワン・ワールド・トレード・センターの高さは一七七六フィート（約五四一メートル）に達し、再び「高さ全米ナンバーワン」の座に返りついた。

ＷＴＣサイト一帯では九・一一以前と同様に合計七棟のビルを建てる壮大な事業が今も続けられている。第七

黒人女性の建設労働者を抱擁するオバマ大統領

ビルはすでに完成し、第四ビルは二〇一二年六月二五日に落成式を終え、二〇一三年一一月一三日にオープンした。そして、最高の高さを誇るＷＴＣの新たな象徴たる第一ビル（ワン・ワールド・トレード・センター）も、二〇一四年一一月三日にオープンした。今後、他のビルの建設も着々と進められてオープンが相次いでいくだろう。建設に携わる労働者は、九・一一によっていったん更地となったこの場所が目を見張る最新の高層ビル群に変わっていく過程で、「世界一のビル、世界一の都市ニューヨークとともに生きる建設労働者」という誇りを取り戻すのだろうか。いや、「取り戻す」という表現は正確ではない。なぜならば、以前この地に巨大ビル群が出現したとき、その建設に携わった労働者の中心は白人男性であったが、現在の事業では彼ら以外にも黒人やヒスパニック、アジア系や女性という、過去にはこの現場で目につかなかった人々が多く参加しているからである。実際、ワン・ワールド・トレード・センターの最後の梁に署名した後オバマが抱擁した建設労働者の一人が黒人女性であったことは象徴的であろう（各種メディアを通して報道されていることからしても、政治的配慮があったことは言うまでもない）。もちろん、ＷＴＣサイトで働く建設労働者の中にはアメリカ国籍を持たない人々も相当数含まれているだろう。であるとするならば、「アメリカの再建」を象徴し、大きなショックと悲しみを乗り越えて「力強く前に進むアメリカ」を体現する事業に携わるこれら多様な人々の中に醸成される誇りや秩序は今後いかなるものとなっていくのだろうか。

あとがき

そもそも研究の発端になったのは、ヴェトナム反戦運動のデモ隊を襲撃したヘルメット（ハードハット）姿の男たちに興味を持ったからだった。ハードハット暴動と呼ばれるこの事件に関する研究の多くが労働者を没主体的にしか叙述していないことに対する不満がその後研究を深めていく動力となったのだが、考えてみればその不満は自分自身の経験に由来するところが大きかったのかもしれない。学部生時代から卒業後大学院に入学するまでの間（厳密に言えば入学後もだが）、数多くの仕事を経験してきた私が現場を共にした人々から聞いてきた話は、自分の来歴や身の上話、職場関係や世間で起きていることへの不満など多岐にわたり、日々働かねばならない彼ら彼女らが抱く思いは、殊のほか複雑で、それぞれの話にそれ相応の根拠が感じられるものだった。日常を生きる人々が持つ独自の生活世界や価値観への関心は、研究生活に至るこのような長い回り道の過程において私の中に築かれていたのだろう。

そして、訪れる度に姿を変え、変化し続けるニューヨークにあっても、常に変わることなく目にするのは働く人たちであった。そこでは、どこかで必ず足場が組まれ、ヘルメットをかぶった労働者が昼夜を問わず、季節を問わず働いていた。経済や文化の中心地として華々しいイメージのあるニューヨークではあるが、夏は暑く厳寒の季節が長いこの地は、建設労働者にとって全く優しい街ではない。そんな厳しい条件の中で日夜働き、暮らす人々の実態に迫ることなしに、この地で起きた政治的出来事を論じるのはどう考えても不十分ではないか――こうしたこだわりを持ちながら一次史料を追い求め、組合本部や文書館に通った。本書で用いた方法論やその展開がどの程度妥当性を持つものであるかは、今後の批判や評価に委ねるしかないが、自らのこだわりをとにもかくにも全うできたことを思えば、通常の研究者コースから外れた道草も、多少は役に立つところがあったのだろう。

ニューヨークには、今回取り上げた建設業以外にも実に様々な業種の人々が働き、暮らしている。やはりそれぞれに独自の日常があり、生活世界が存在するはずである。ガースルが言うように、「働くニューヨーク」という、特定の地域とそこに生きる人々に目を向けることが、歴史を全体的に描く歴史研究の土台となると信じ、今後もさらに研究を発展させていきたいと思う。

本書を書き上げるまでに、多方面から計り知れないサポートを得た。曲折を経て大学院に入ることを志した私を迎え入れて下さったのは貴堂嘉之・中野聡両先生である。稚拙な問題意識を育てていただいたのは両ゼミでのご指導の賜物と感じている。なかでも貴堂先生には特別な謝意を申し上げたい。一橋大学に赴任されたばかりの先生には、アポイントも取らず研究室に押しかけてきた非常識な門外漢を鷹揚に受け入れていただいた。以来大学院時代はもちろん、本書を書く過程で何度も叱咤激励していただいた。どれだけ感謝してもし切れない。早く研究者としてお返しせねばと思っていたが、本書がそのささやかな一つになれば幸いである。

大学院では多くの知己と知的刺激を得ることができた。いちいちお名前は挙げないが、感謝したい。

また、博士課程修了後、様々な教育の場を与えて下さった先生方には厚く御礼申し上げたい。博士課程を終えて職に就けない苦労は今も深刻な問題であり続けているが、幼い子供を抱えた身にとってはなおさらであった。そのような時にほうぼうからお声をかけていただいたことはどれほどありがたかったか。なかでも立教大学の生井英考先生には格別のお世話になった。若輩者に過ぎない私を立教・生井ゼミの立ち上げにお誘いいただき、ゼミの運営に携わらせていただいた経験と苦労は貴重な財産となっている。先生には現在の職場に就く際にも強く背中を押していただいた。あの時のプッシュがなかったらどうなっていたかと思うと、本当にありがたい限りである。

ニューヨークでも多くの人のお世話になった。朝から晩まで通いつめたニューヨーク大学タミメント図書館では、いつも無理難題の閲覧請求ばかりしていた。困り果てつつもしょうがないねと寛大に応対していただいたスタッフ、とりわけゲイル・マルムグリーン先生には感謝せねばならない。未整理のまま膨大に保管されている宝物のような史料を見たくてしつこく粘る私を、限られたスタッフしか入れない特別なオフ・サイトの建物内に入れていただき、好きな史料を勝手にコピーしていいからもう自分でやってくれとおっしゃったのはあきれ果ててのことだと思うが、本当にご迷惑をおかけした（そのオフ・サイトのシェルフにノートを忘れてしまい、帰国後に送ってもらったという余談つきだが）。

リサーチでは無謀さに加え時間的制約から、アポイントをとらず史料収集に向かうことが少なくなかった。電気工労組（ローカル3）本部では突然やってきた見知らぬ日本人を史料室に招き入れ好きに仕事をさせてくれた。アーキヴィストのアダム・フィールド氏はどんな要求にも快く応じ、雑談相手にもなってくれた。また、女性建設労働者の支援に携わってきた闘士ジェーン・レイター氏には著書執筆中であったにもかかわらず、自身がインタヴューした貴重な史料の数々を躊躇なく提供していただいた。やはりアポなしで訪れた中央労組会議本部では、いきなりやってきたにもかかわらず規約や議事録はないのかと騒ぐ私に、事務仕事をしていた年配の女性が「これは私のバイブルだよ」と言ってボロボロになった彼女の規約集をコピーさせてくれた。上記の方々以外にニューヨークで出会った多くの人から厚意を受けることができ、ハードでひもじくも、充実したリサーチが行えた。すべての人のお名前を挙げることはできないが、感謝申し上げたい。

リサーチ中に偶然会った松原宏之さんは、滞在費が少しでも安くなるからと、ご家族で住まわれていたアパートの一室を提供して下さった。また、現在の職場でお世話になっている安井教浩先生にも、特別なルートを使って格安の宿を紹介していただいた。リサーチに伴う費用が常に頭を悩ませる問題であった私にとって、お二人のお気遣いはとてもうれしいものであった。

名古屋大学出版会の橘宗吾さん、三原大地さんにも特別な謝意を申し上げたい。橘さんには本書が形になるまで最も長くお付き合いいただき、その御苦労はいかばかりだったかと思う。とにもかくにも本書が刊行できたのは、橘さんに最後までお付き合いいただけたからである。次々と突きつけられる要求はどれもハードルが高く、何度も頭を抱えて書き直しを試みたものの、全く不十分にしか応えられなかった。結果として多大な面倒を強いることになり、こんなに苦労させたケースはないのではないかと思うほど大変なご迷惑をおかけした。今後さらなる精進をはかるとお約束することで、どうかこの度はお赦しいただきたい。三原さんには校正や図版の選定において多大な御迷惑をおかけした。細かく、正確なお仕事によって本人が気づかない誤りや齟齬を大いに正していただいた。もちろん本書におけるミスの責任は全て私にある。

史料収集を進めるにあたって、一橋大学大学院社会学研究科からは何度も助成金をいただいた。大変ありがたい支援となった。また、今回の出版に際しては第二五回名古屋大学出版会学術図書刊行助成をいただける僥倖に恵まれた。本当に俵一枚という状況だったと思うが、査読の先生に対するとともに関係各位に深く御礼申し上げたい。

最後に、病床の父に単著の刊行を知らせることができたのはこの上ない喜びである。親不孝の限りを尽くしてきたが、少しは免じてくれるだろうか。最も迷惑をかけたのが妻と息子であることは明らかである。本当に、よく我慢してくれたと思う。どうもありがとう。

二〇一五年五月

著　者

索　引

ア　行

カ　行

サ　行

マ　行

ヤ・ラ・ワ行

図表一覧

参考文献

【主要一次史料】（下記の名称は調査当時のもの）

Tamiment Library & Robert F. Wagner Labor Archives, New York University

Building and Construction Trades Council of Greater New York. Minutes of the Executive Board Meeting.

Building and Construction Trades Council of Greater New York. Minutes of the Regular Membership Meeting.

Building Trades Employers Association Records.

Building Trades Oral History Project.

Compressed Air and Free Air, Shaft, Tunnel, Foundation, Caisson, Subway, Cofferdam, Sewer Construction Workers, of New York and New Jersey States and Vicinity Records.

George Andrucki Papers.

Gender Relations in the Building Trades Oral History Collection.

International Association of Bridge, Structural, Ornamental Ironworkers, Local 197 Records.

Local 3 of the International Brotherhood of Electrical Workers. Minutes of Executive Board and Regular Membership Meeting.

New York City Central Labor Council, AFL-CIO. *Labor Chronicle*.

New York City Central Labor Council Oral History Collection.

New York City Central Labor Council Records.

New York State AFL-CIO Oral History Collection.

New York State AFL-CIO Records.

New Yorkers at Work Oral History Collection.

United Association of Journeymen and Apprentices of the Plumbing and Pipe Fitting Industry, Local 2 Records.

United Tradeswomen Records.

Joint Industry Board of the Electrical Industry Archives (Local 3 Archives), Flushing, New York

Local 3 of the International Brotherhood of Electrical Workers, Local 3. *Electrical Union World*.

Miscellaneous (pamphlets, minutes, photographs, interviews, reports etc.).

Mina Rees Library, City University of New York

Papers of the Nixon White House.

Rockefeller Archive Center, Sleepy Hollow, New York

Nelson A. Rockefeller Gubernatorial Office Records.

New York City Municipal Archives
John V. Lindsay Papers.

National Archives and Records Administraion——Northeast Region, New York, New York
Third Naval Districts Records of Naval Districts and Shore Establishments, Record Group 181.

Brooklyn Historical Society
Brooklyn Navy Yard Oral History Project.
Evelyn Rudon Papers.
Nathan Doctors Collection.
Solomon Brodsky Collection.
Victor Lampel Papers.

New York Historical Society
Brooklyn Navy Yard Material.
Collection of Material Relating to Brooklyn Navy Yard.
New York Naval Shipyard. *The Shipworker.*

Humanities and Social Science Library（Research Library of New York Public Library）
AFL-CIO. Building and Construction Trades Department. *Building and Construction Trades Bulletin.*
Brooklyn Navy Yard Development Corporation. *Brooklyn Navy Yard : Visitor Map*（Brooklyn : Ares Printing & Packaging, 2004）.

公刊された一次史料
City of New York Commission on Human Rights. *Bias in the Building Industry : An Interim Report to the Mayor*. New York : Dec. 13, 1963.
———. *The Annual Report for 1964*. NewYork, 1964.
———. *Bias in the Building Industry : An Updated Report, 1963–1967*. New York : May 31, 1967.
Council of Economic Advisers, *Economic Report of the President Transmitted to the Congress January 1965*. Together with the Annual Report of the Council of Economic Advisers. Washington, D.C. : United States Government Printing Office, 1965.
———. *Economic Report of the President Transmitted to the Congress, February 1990*. Together with the Annual Report of the Council of Economic Advisers. Washington D.C. : United States Government Printing Office, 1990.
Institute for Urban Studies, Fordham University and Tippetts-Abbett-McCarthy-Stratton Engineers and Architects. *The Brooklyn Navy Yard : A Plan for Redevelopment*. New York, 1968.
Marshall, F. Ray and Vernon M. Briggs. *The Negro and Apprenticeship*. Baltimore : Johns Hopkins University Press, 1967.
———. *Equal Apprenticeship Opportunities : The Nature of the Issue and the New York Experience*. Ann Arbor and Washington, D.C. : Institute of Labors and Industrial Relations, University of Michigan-Wayen State University and The National Manpower Policy Task Force, 1968.

New York City Commission on Human Rights. *Building Barriers : A Report on Discrimination against Women and People of Color in New York City's Construction Trades*. NewYork : Dec., 1993.

————. *Annual Report for 1964*. New York, 1964.

————. *2001 Annual Report*. New York, 2001.

New York City Health Department, *World Trade Center Health Registry 2012 Annual Report*. New York : n.d.

New York State Commission against Dsicrimination, Division of Research. *Apprentices, Skilled Craftsmen and the Negro : An Analysis*. New York : New York State Commission against Discrimination, 1960.

Nontraditional Employment for Women, *2008 Equity Leadership Awards Luncheon*.

新聞・雑誌

Brooklyn Daily Eagle.

Discover Magazine.

Long Island Press.

Nation.

New York Daily News.

New York Observer.

New York Times.

New York World-Telegram.

Time.

Wall Street Journal.

【主要二次文献（英語）】

研究書

American Public Works Association. *History of Public Works in the United States, 1776-1976*. Chicago : American Public Works Association, 1976.

Applebaum, Herbert A. *Construction Workers, U.S.A.* Westport : Greenwood Press, 1999.

Appy, Christian G. *Working-Class War : American Combat Soldiers and Vietnam*. Chapel Hill : University of North Carolina Press, 1993.

Ballon, Hilary and Kenneth T. Jackson, eds. *Robert Moses and the Modern City : The Transformation of New York*. New York : W. W. Norton & Company, 2007.

Bates, Toby Glenn. *The Reagan Rhetoric : History and Memory in 1980s America*. Dekalb : Northern Illinois University Press, 2011.

Bernhardt, Debra E. and Rachel Bernstein. *Ordinary People, Extraordinary Lives : A Pictorial History of Working People in New York City*. New York and London : New York University Press, 2000.

Binder, Frederick M. and David M. Reimers. *All the Nations under Heaven : An Ethnic and Racial History of New York City*. New York : Columbia University Press, 1995.

Biondi, Martha. *To Stand and Fight : The Struggle for Civil Rights in Postwar New York City*.

Cambridge and London : Harvard University Press, 2003.

Bodnar, John E. *Remaking America : Public Memory, Commemoration, and Patriotism in the Twentieth Century*. Princeton : Princeton University Press, 1992. 邦訳『鎮魂と祝祭のアメリカ――歴史の記憶と愛国主義』野村達朗，藤本博，木村英憲，和田光弘，久田由佳子訳（青木書店，1997 年）。

————, ed. *Bonds of Affection : Americans Define Their Patriotism*. Princeton : Princeton University Press, 1996.

Brody, David. *Workers in Industrial America : Essays on the Twentieth Century Struggle*. New York : Oxford University Press, 1980.

Cannato, Vincent J. *The Ungovernable City : John Lindsay and His Struggle to Save New York*. New York : Basic Books, 2001.

Caro, Robert A. *The Power Broker : Robert Moses and the Fall of New York*. New York : Vintage, 1975.

Cohen, Lizabeth. *Making a New Deal : Industrial Workers in Chicago, 1919–1939*. Cambridge and New York : Cambridge University Press, 1990.

Cowie, Jefferson. *Stayin' Alive : The 1970s and the Last Days of Working Class*. New York : New Press, 2010.

Delaney, Paul E. *Sandhogs : A History of the Tunnel Workers of New York*. New York : Longfield Press, 1983.

Derrick, Peter. *Tunneling to the Future : The Story of the Great Subway Expansion that Saved New York*. New York and London : New York University Press, 2001.

Dubofsky, Melvyn. *When Workers Organize : New York City in the Progressive Era*. Amherst : University of Massachusetts Press, 1968.

————. *The State and Labor in Modern America*. Chapel Hill : University of North Carolina Press, 1994.

Eisenberg, Susan. *We'll Call You If We Need You : Experiences of Women Working Construction*. Ithaca and London : Cornell University Press, 1998.

Fink, Leon. *Workingmen's Democracy : The Knights of Labor and American Politics*. Urbana : University of Illinois Press, 1983.

————. *In Search of Working Class : Essays in American Labor History and Political Culture*. Urbana : University of Illinois Press, 1994.

Foner, Philip S. *U.S. Labor and the Vietnam War*. New York : International Publisher, 1989.

Fraser, Steve and Gary Gerstel, eds. *The Rise and Fall of the New Deal Order, 1930–1980*. Princeton : Princeton University Press, 1989.

Freeman, Joshua B. *Working-Class New York : Life and Labor Since World War II*. New York : New Press, 2000.

————. *In Transit : The Transport Workers Union in New York City, 1933–1966*. New York : Oxford University Press, 1989.

Frisch, Michael H. and Daniel J. Walkowitz, eds. *Working-Class America : Essays on Labor, Community, and American Society*. Urbana : University of Illinois Press, 1983.

Gerstle, Gary. *American Crucible : Race and Nation in the Twentieth Century*. Princeton : Princeton University Press, 2001.

———. *Working-Class Americanism : The Politics of Labor in a Textile City, 1914–1960*, 1st Princeton ed., with a new preface. Princeton : Princeton University Press, 2002.

Goldberg, David and Trevor Griffey, eds. *Black Power at Work : Community Control, Affirmative Action, and the Construction Industry*. Ithaca and London : Cornell University Press, 2010.

Greenburg, Stanley B. *Middle Class Dreams : The Politics and Power of the New American Majority*, revised and updated ed. New Haven : Yale University Press, 1996.

Gutman, Herbert G. *Work, Culture, and Society in Industrializing America : Essays in American Working-Class and Social History*. New York : Random House, 1976. 邦訳『金ぴか時代のアメリカ』大下尚一，野村達朗，長田豊臣，竹田有訳（平凡社，1986 年）。

Hill, Herbert and James E. Jones. *Race in America : The Struggle for Equality*. Madison : University of Wisconsin Press, 1985.

Jackson, Kenneth T. *Crabgrass Frontier : The Suburbanization of the United States*. New York : Oxford University Press, 1985.

Jeffreys-Jones, Rhodri. *Peace Now ! : American Society and the Ending of the Vietnam War*. New Haven : Yale University Press, 1999.

Kazin, Michael. *Barons of Labor : The San Francisco Building Trades and Union Power in the Progressive Era*. Urbana : University of Illinois Press, 1987.

———. *The Populist Persuasion : An American History*, revised ed. Ithaca and London : Cornell University Press, 1998.

Kazin, Michael and Joseph A. McCartin, eds. *Americanism : New Perspectives on the History of an Ideal*. Chapel Hill : University of North Carolina Press, 2006.

Kimball, Jeffrey. *Nixon's Vietnam War*. Lawrence : University Press of Kansas, 1998.

Kruse, Kevin M. *White Flight : Atlanta and the Making of Modern Conservatism*. Princeton : Princeton University Press, 2007.

Kutler, Stanley I, ed. in chief. *Encyclopedia of the Vietnam War*. New York : Charles Scribner's Sons, 1996.

Latour, Jane. *Sisters in the Brotherhoods : Working Women Organizing for Equality in New York City*. New York : Palgrave Macmillan, 2008.

LeMasters, E. E. *Blue-Collar Aristocrats : Life-Style at a Working-Class Tavern*. Madison : University of Wisconsin Press, 1975.

Levison, Andrew. *The Working-Class Majority*. New York : Penguin Books, 1974.

Levy, Peter B. *The New Left and Labor in the 1960s*. Urbana : University of Illinois Press, 1994.

Lichtenstein, Nelson. *Labor's War at Home : The CIO in World War II*. Cambridge and New York : Cambridge University Press, 1982.

———. *State of Union : A Century of American Labor*. Princeton : Princeton University Press, 2002.

Linder, Marc. *Wars of Attrition : Vietnam, the Business Roundtable, and the Decline of Construction Unions*, 2nd revised ed. Iowa City : Fanpihua Press, 2000.

MacLean, Nancy. *Freedom is not Enough : The Opening of the American Workplace*. Cambridge and London : Harvard University Press, 2006.

McGirr, Lisa. *Suburban Warriors : The Origins of the New American Right*. Princeton : Princeton University Press, 2001.

Moccio, Francine Anne. *Live Wire : Women and Brotherhood in the Electrical Industry*. Philadelphia : Temple University Press, 2009.

Montgomery, David. *Workers' Control in America : Studies in the History of Work, Technology, and Labor Struggles*. Cambridge and New York : Cambridge University Press, 1979.

———. *The Fall of the House of Labor : The Workplace, the State, and American Labor Activism, 1865-1925*. Cambridge and New York : Cambridge University Press, 1987.

Moody, Kim. *An Injury to All : The Decline of American Unionism*. London and New York : Verso, 1988.

Nelson, Bruce. *Divided We Stand : American Workers and the Struggle for Black Equality*. Princeton : Princeton University Press, 2001.

Palladino, Grace. *Dreams of Dignity, Workers of Vision : A History of the International Brotherhood of Electrical Workers*. Washington, D.C. : International Brotherhood of Electrical Workers, 1991.

———. *Skilled Hands, Strong Spirits : A Century of Building Trades History*. Ithaca and London : Cornell University Press, 2005.

Podair, Jerald E. *The Strike That Changed New York : Blacks, Whites, and the Ocean Hill-Brownsville Crisis*. New Haven : Yale University Press, 2002.

Rasenberger, Jim. *High Steel : The Daring Men Who Built the World's Greatest Skyline*. New York : Harper Collins, 2004.

Rieder, Jonathan. *Canarsie : The Jews and Italians of Brooklyn against Liberalism*. Cambridge and London : Harvard University Press, 1985.

Roediger, David R. *The Wages of Whiteness : Race and the Making of the American Working Class*. London and New York : Verso, 1991. 邦訳『アメリカにおける白人意識の構築——労働者階級の形成と人種』小原豊志，竹中興慈，井川眞砂，落合明子訳（明石書店，2006年）。

———. *Working Toward Whiteness : How America's Immigrants Became White*. New York : Basic Books, 2005.

Ruffini, Gene. *Harry Van Arsdale, Jr. : Labor's Champion*. New York and London : M. E. Sharpe, 2003.

Saxton, Alexander. *The Rise and Fall of the White Republic : Class Politics and Mass Culture in Nineteenth-Century America*. London and New York : Verso, 1990.

Sexton, Patricia Cayo and Brendan Sexton. *Blue Collars and Hard Hats : The Working Class and the Future of American Politics*. New York : Vintage Books, 1971.

Shapiro, Howard, Jay Shapiro, and Lawrence Shapiro. *Cranes and Derricks*, 3rd ed. New York : McGraw-Hill Professional, 1999.

Small, Melvin. *The Presidency of Richard Nixon*. Lawrence : University Press of Kansas, 1999.

———. *Antiwarriors : The Vietnam War and the Battle for America's Hearts and Minds*. Wilmington : Scholarly Resources, 2002.

Stein, Judith. *Running Steel, Running America : Race, Economic Policy, and the Decline of Liberalism*. Chapel Hill : University of North Carolina Press, 1998.

Sugrue, Thomas J. *The Origins of the Urban Crisis : Race and Inequality in Postwar Detroit*. Princeton : Princeton University Press, 1996. 邦訳『アメリカの都市危機と「アンダークラ

ス」——自動車都市デトロイトの戦後史』川島正樹訳（明石書店，2002 年）。
Talese, Gay. *The Bridge*, with preface and afterward. New York : Walker & Company, 2003.
Taylor, Clarence, ed. *Civil Rights in New York City : From World War II to the Giuliani Era*. New York : Fordham University Press, 2011.
Weir, Robert and James P. Hanlan. *Workers in America : A Historical Encyclopedia*, revised ed., vol. 2. Santa Barbara : ABC-CLIO, 2013.
Wehrle, Edmund F. *Between a River and a Mountain : The AFL-CIO and the Vietnam War*. Ann Arbor : University of Michigan Press, 2005.
Wilentz, Sean. *Chants Democratic : New York City and the Rise of the American Working Class, 1788–1850*, 20th Anniversary ed. New York : Oxford University Press, 2004. 邦訳『民衆支配の讃歌——ニューヨーク市とアメリカ労働者階級の形成 1788–1850』上下，安武秀岳監訳，鵜月裕典，森脇由美子訳（木鐸社，2001 年）。
———. *The Age of Reagan : A History, 1974–2008*. New York : Harper Perennial, 2009.
Zieger, Robert H. *For Jobs and Freedom : Race and Labor in America since 1865*. Lexington : University Press of Kentucky, 2007.
Zieger, Robert H. and Gilbert J. Gall. *American Workers, American Unions : The Twentieth Century*, 3rd ed. Baltimore : Johns Hopkins University Press, 2002.
Zeitz, Joshua M. *White Ethnic New York : Jews, Catholics, and the Shaping of Postwar Politics*. Chapel Hill : University of North Carolina Press, 2007.

論　文

Arnesen, Eric. "Following the Color Line of Labor : Black Workers and the Labor Movement before 1930." *Radical History Review* 55 (Winter 1993) : 53–87.
———. "Up from Exclusion : Black and White Workers, Race, and the State of Labor History." *Reviews in American History* 26, no. 1 (March 1998) : 146–174.
———. "Whiteness and the Historians' Imagination." *International Labor and Working-Class History* 60 (Fall 2001) : 3–32.
———. "Passion and Politics : Race and the Writing of Working-Class History." *Journal of the Historical Society* 6, no. 3 (September 2006) : 323–356.
Banks, Nancy. "The New Majority and the Preservation of the Racial Status Quo : Richard Nixon, the New York City Building Trades and the New York Plan for Training," paper for 2004 Spring Conference, May 7, 2004 : 1–22.
Barrett, James R. "Whiteness Studies : Anything Here for Historians of the Working Class?" *International Labor and Working-Class History* 60 (Fall 2001) : 33–42.
Brody, David. "The Old Labor History and the New : In Search of an American Working Class." *Labor History* 20, no. 1 (December 1979) : 111–126.
Cowie, Jefferson. "Nixon's Class Struggle : Romancing the New Right Worker, 1969–1973." *Labor History* 43, no. 3 (August 2002) : 257–283.
Erlich, Mark. "Who Will Build the Future ?" *Labor Reserch Review* 1, no. 12, 1988 : 1–19.
Erlich, Mark and Jeff Grabelsky. "Standing Crossroads : The Building Trades in the Twenty-First Century." *Labor History* 46, no. 4 (November 2005) : 421–445.
Eskenazi, Mark Glenn. "Retirement Benefits in an Unstable Employment Era : Harry Van Arsdale

and the First American Pensions." *Regional Labor Review* 7, no. 2 (Spring/Summer 2005), 25-34.

Fahey, Joseph J. "The Making of a Catholic Labor Leader: The Story of John J. Sweeney," *America* 195, no. 5 (Aug. 28-Sept. 4, 2006): 16-18.

Fink, Leon. "What is to Be Done— In Labor History ?" *Labor History* 43, no. 4 (November 2002): 419-424.

Freeman, Joshua B. "Hardhats: Construction Workers, Manliness, and the 1970 Pro-War Demonstrations." *Journal of Social History* 26, no. 4 (Summer 1993): 725-744.

———. "The Persistence and Demise of Ethnic Union Locals in New York City after World War II." *Journal of American Ethnic History* 26, no. 3 (Spring 2007): 5-22.

Gerstle, Gary. "Working-Class Racism: Broaden the Forcus." *International Labor and Working-Class History* 44 (Fall 1993): 33-40.

———. "The Working Class Goes to War." *Mid-America: An Historical Review* 75, no. 3 (October 1993): 303-322.

———. "Race and the Myth of the Liberal Consensus." *Journal of American History* 82, no. 2 (September 1995): 579-586.

Greene, Janet Wells. "The Making of a 'Practical Radical': An Interview with Debra E. Bernhardt." *Radical History Review* 81 (Fall 2001): 137-151.

———. "Sources for the Story of the Building and Construction Industry." *Labor History* 46, no. 4 (November 2005): 495-511.

Hill, Herbert. "The Problem of Race in American Labor History." *Reviews in American History* 24, no. 2 (June 1996): 189-208.

Kolchin, Peter. "Whiteness Studies: The New History of Race in America." *Journal of American History* 89, no. 1 (June 2002): 154-173.

Kotlowski, Dean. "Richard Nixon and the Origins of Affirmative Action." *Historian* 60, no. 3 (Spring 1998): 523-541.

Latour, Jane. "Live ! from New York: Women Construction Workers in Their Own Words." *Labor History* 42, no. 2 (May 2001): 179-189.

Lazerson, Marvin. "Understanding American Catholic Educational History." *History of Education Quarterly* 17, no. 3 (Autumn 1977): 297-317.

Lichtenstein, Nelson. "The Making of the Postwar Working Class: Cultural Pluralism and Social Structure in World War II." *Historian* 51, no. 1 (November 1988): 42-63.

McShane, Joseph M. "'The Church Is not for the Cells and the Caves': The Working Class Spirituality of the Jesuit Priests." *U.S. Catholic Historian* 9, no. 3 (Summer 1990): 289-304.

Nelson, Bruce. "Class, Race and Democracy in the CIO: The 'New' Labor History Meets the 'Wages of Whiteness'." *International Review of Social History* 41, no. 3 (December 1996): 351-374.

———. "Working-Class Agency and Racial Inequality." *International Review of Social History* 41, no. 3 (December 1996): 407-420.

O'Brien, David. "American Catholics and Organized Labor in the 1930's." *Catholic Historical Review* 52, no. 3 (October 1966): 323-349.

Podair, Jerald E. "'White' Values, 'Black' Values: The Ocean Hill-Brownsville Controversy and

New York City Culture, 1965–1975." *Radical History Review* 59 (Spring 1994) : 36–59.

————. "The Ocean Hill-Brownsville Crisis : NewYork's *Antigone*." conference paper on New York City History, City University of New York, Oct. 6, 2001 : 1–18.

Roediger, David. "Race and the Working-Class Past in the Unites States : Multiple Identities and the Future of Labor History." *International Review of Social History* 38, supplement S1 (April 1993) : 127–143.

Ross, Philip. "Origin of the Hiring Hall in Construction." *Industrial Relations : A Journal of Economy & Soceity* 11, no. 3 (October 1972) : 366–379.

Schmiesing, Kevin. "John A. Ryan, Virgil Michel, and the Problem of Clerical Politics." *Journal of Church and State* 45, no. 1 (Winter 2003) : 113–129.

Sparr, Arnold. "Looking for Rosie : Women Defense Workers in the Brooklyn Navy Yard, 1942–1946." *New York History* 81, no. 3 (July 2000) : 313–340.

Stein, Judith. "Race and Class Consciousness Revisited." *Reviews in American History* 19, no. 4 (December 1991) : 551–560.

————. "Whiteness and United States History : An Assessment." *International Labor and Working-Class History* 60 (Fall 2001) : 1–2.

————. "Race, Labor, and the Historians." *Reviews in American History* 36, no. 3 (September 2008) : 405–413.

Sugrue, Thomas J. "Crabgrass-Roots Politics : Race, Rights, and the Reaction against Liberalism in the Urban North, 1940–1964." *Journal of American History* 82, no. 2 (September 1995) : 551–578.

————. "Affirmative Action from Below : Civil Rights, the Building Trades, and the Politics of Racial Equality in the Urban North, 1945–1969." *Journal of American History* 91, no. 1 (June 2004) : 145–173.

Turner, James Morton. "Digging Tunnels, Building an Identity : Sandhogs in New York City, 1874–1906." *New York History* 80, no. 1 (January 1999) : 29–70.

Waldinger, Roger and Thomas Bailey. "The Continuing Significance of Race : Racial Conflict and Racial Discrimination in Construction." *Politics and Society* 19, no. 3 (January 1991) : 291–323.

Walkowitz, Danny. "Debra E. Bernhardt : Activist, Archivist, Historian." *Radical History Review* 81 (Fall 2001) : 133–135.

Wehrle, Edmund F. "'No More Pressing Task than Organization in Southeast Asia' : The AFL-CIO Approaches the Vietnam War, 1947–64." *Labor History* 42, no. 3 (August 2001) : 277–295.

————. "Labor's Longest War : Trade Unionists and the Vietnam War Conflict." *Labor Heritage* 11, no. 4 (Winter/Spring 2002) : 50–65.

————. "'Partisan for the Hard Hats' : Charles Colson, George Meany, and the Failed Blue-Collar Strategy." *Labor Studies in the Working-Class History of the Americas* 5, no. 3 (Fall 2008) : 45–66.

Zuckerman, George D. "The Sheet Metal Workers' Case : A Case History of Discrimination in the Building Trades." *Labor Law Journal* (July 1969) : 416–427.

報告書・修士論文・博士論文

Banks, Nancy A. "'The Last Bastion of Discrimination' : The New York City Building Trades and the Struggle over Affirmative Action, 1961-1976." Ph. D. diss., Columbia University, 2006.

Botein, Hilary Anne. "'Solid Testimony of Labor's Present Status' : Unions and Housing in Postwar New York City." Ph. D. diss., Columbia University, 2005.

Carlson, Lynda Tepfer. "The Closing of the Brooklyn Navy Yard : A Case Study in Group Politics." Ph. D. diss., University of Illinois, Urbana-Champaign 1974.

Daniel, John. "Catholic Social Justice in Depression Era America : A Comparative Study of the Jesuit Labor Schools and the Catholic Worker." Honor Thesis of Division of Undergraduate Studies of 2012, Florida State University, 2012.

Kornhauser, Anne. "Craft Unionism and Racial Equality : The Failed Promise of Local 3 of the International Brotherhood of Electrical Workers in Civil Rights Era." Master's thesis, Columbia University, 1993.

Moccio, Francine Anne. "Contradicting Male Power and Privilege : Class, Race and Gender Relations in the Building Trades." Ph. D. diss., New School for Social Research, 1992.

Park, Valerie Anastasia. "United Tradeswomen : The Nuts and Bolts of Women's Grassroots Activism in New York City Construction Industry, 1979-1984." Master's thesis, Sarah Lawrence College, 2001.

Margery Read, "The Blaine Amendment and the Legislation It Engendered : Nativism and Civil Religion in Late Nineteenth Century." Ph. D. diss., University of Maine, 2004.

Purnell, Brian. "A Movement Grows in Brooklyn : The Brooklyn Chapter of the Congress of Racial Equality (CORE) and the Northern Civil Rights Movement During the Early 1960s." Ph. D. diss., New York Univeristy, 2006.

Rosenberg, Bernard. "An Examination of the Development of the First Accredited Labor College in the United States." Ph. D. diss., Rutgers University, 1989.

Santiago, George. "Power and Affiliation within a Local Trade Union : Local 3 of the International Brotherhood of Electrical Workers." Ph. D. diss., City University of New York, 1987.

Sewell, Stacy Kinlock. "Contracting Racial Equality : Affirmative Action Policy and Practice in the United States, 1945-1970." Ph. D. diss., Rutgers University, 1999.

Zeits, Joshua Michael. "'White Ethnic New York' : Jews and Catholics in Post-War Gotham, 1945-1970." Ph. D. diss., Brown University, 2002.

DVD（ドキュメンタリー）

"Metal of Honor : The Untold Story of Ironworkers of 9/ 11," directed by Rachel Maguire, Naja Production, 2006.

"Sandhogs : The Greatest Tunnel Ever Built." directed by Edward Rosenstein, History Channel, 2008.

【日本語文献】

有賀夏紀「アメリカ史研究の変容」有賀夏紀，紀平英作，油井大三郎編『アメリカ史研究入門』（山川出版社，2009 年）。

大森一輝『アフリカ系アメリカ人という困難——奴隷解放後の黒人知識人と「人種」』(彩流社, 2014年)。

川島正樹『アメリカ市民権運動の歴史——連鎖する地域闘争と合衆国社会』(名古屋大学出版会, 2008年)。

————編『アメリカニズムと「人種」』(名古屋大学出版会, 2005年)。

貴堂嘉之『アメリカ合衆国と中国人移民——歴史のなかの「移民国家」アメリカ』(名古屋大学出版会, 2012年)。

————「南北戦争・再建期の記憶とアメリカ・ナショナリズム研究——トマス・ナスト政治諷刺画リスト(1) 1859-1870」『人文研究』(千葉大学) 第29号 (2000年): 151-186頁。

————「「人種」とは何か——アメリカのなかのアジアから考える」三宅明正, 山田賢編『歴史の中の差別——「三国人」問題とは何か』(日本経済評論社, 2001年)。

————「移民史研究の現在」『歴史評論』625号 (2002年): 17-30頁。

————「〈アメリカ人〉の境界と「帰化不能外国人」——再建期の国民化と中国人問題」油井大三郎, 遠藤泰生編『浸透するアメリカ, 拒まれるアメリカ』(東京大学出版会, 2003年)。

建設業を考える会『にっぽん建設業物語——近代日本建設業史』(講談社, 1992年)。

竹田有『アメリカ労働民衆の世界——労働史と都市史の交差するところ』(ミネルヴァ書房, 2010年)。

辻内鏡人『現代アメリカの政治文化——多文化主義とポストコロニアリズムの交錯』(ミネルヴァ書房, 2001年)。

土木工業協会, 電力建設業会編『日本土木建設業史』(技報社, 1971年)。

中條献『歴史のなかの人種——アメリカが創り出す差異と多様性』(北樹出版, 2004年)。

————「「公的記憶」, 「伝統」, 「歴史」——現代アメリカ合衆国社会と「ナショナル・イメージ」」『アメリカ史研究』21号 (1998年): 54-66頁。

————「変化するナショナリズム——アメリカ合衆国の国民統合と公民権運動の歴史解釈」『アメリカ史研究』27号 (2004年): 47-56頁。

長沼秀世『アメリカの社会運動——CIO史の研究』(彩流社, 2004年)。

中野耕太郎『20世紀アメリカ国民秩序の形成』(名古屋大学出版会, 2015年)。

————「(書評) 近現代アメリカにおける国家と労働者」『アメリカ史評論』13号 (1996年): 23-34頁。

ニクソン, リチャード『ニクソン回顧録1——栄光の日々』松尾文夫, 斉田一路訳 (小学館, 1978年)。

二宮宏之編『結びあうかたち——ソシアビリテ論の射程』(山川出版社, 1995年)。

野村達朗『ユダヤ移民のニューヨーク——移民の生活と労働の世界』(山川出版社, 1995年)。

————『アメリカ労働民衆の歴史——働く人びとの物語』(ミネルヴァ書房, 2013年)。

————「ニューヨーク市におけるユダヤ人移民労働者の文化 (その1)」『人間文化』(愛知学院大学人間文化研究所) 12号 (1997年): 67-86頁。

————「ニューヨーク市における東欧系ユダヤ移民労働者の文化 (その2)」『人間文化』(愛知学院大学人間文化研究所) 13号 (1998年): 145-166頁。

————「アメリカにおける「新労働史学」の展開とその諸性格」『愛知学院大学文学部紀

要』35 号（2005 年）：67–80 頁。

樋口映美編『流動する〈黒人〉コミュニティ――アメリカ史を問う』（彩流社，2012 年）。

樋口映美，貴堂嘉之，日暮美奈子編『〈近代規範〉の社会史――都市・身体・国家』（彩流社，2013 年）。

樋口映美，中條献編『歴史のなかの「アメリカ」――国民化をめぐる語りと創造』（彩流社，2006 年）。

藤永康政「黒人思潮の変化と公民権連合の構築（2）――1943 年のワシントン行進運動と愛国主義」『地域文化研究』（東京大学大学院総合文化研究科）12 号（1997 年）：1–24 頁。

古田元夫『歴史としてのベトナム戦争』（大月書店，1991 年）。

古矢旬『アメリカニズム――「普遍国家」のナショナリズム』（東京大学出版会，2002 年）。

ベトナム戦争の記録編集委員会編『ベトナム戦争の記録』（大月書店，1988 年）。

前田裕子『ビジネス・インフラの明治――白石直治と土木の世界』（名古屋大学出版会，2014 年）。

増田正勝「労働者問題とドイツ・カトリシズム――レオ 13 世『レールム・ノヴァルム』100 周年に寄せて」『山口経済学雑誌』42 号 3・4 巻（1994 年）：267–299 頁。

松本悠子『創られるアメリカ国民と「他者」――「アメリカ化」時代のシティズンシップ』（東京大学出版会，2007 年）。

――――「アメリカ人であること，アメリカ人にすること――20 世紀初頭の「アメリカ化」運動におけるジェンダー・階級・人種」『思想』884 号（1998 年 2 月）：52–75 頁。

南修平「ハードハットの愛国者たち――ニューヨーク建設労働者の日常世界とその揺らぎ」『アメリカ研究』42 号（2008 年）：155–173 頁。

――――「国際電気工労組（Local 3）とコミュニティの境界――「電気工の街」エレクチェスターを中心に」『アメリカ史研究』31 号（2008 年）：56–72 頁。

――――「ブルックリン海軍造船所の閉鎖とニューヨーク都市労働者の生活世界」『一橋社会科学』5 号（2008 年）：113–137 頁。

――――「「ブルックリン・ドジャースを探して」――労働民衆史から捉えたブルックリン・ドジャースとその移転」『立教アメリカン・スタディーズ』34 号（2012 年）：23–44 頁。

――――「労働現場における境界線――ニューヨーク建設労組と女性労働者の攻防（1978–1992）」『応用社会学研究』55 号（2013 年）：187–203 頁。

――――「頂から見た世界――摩天楼の鉄骨組立工と愛国主義」『長野県短期大学紀要』第 69 号（2014 年）：141–153 頁。

油井大三郎「アメリカ知識人と愛国主義のわな」『現代思想』第 30 巻 12 号（2012 年）：1–11 頁。

注

序　章

(1)　本書で「ニューヨーク」と記述する場合，「市」や「州」など特に地域を明示する必要がない場合はニューヨーク市を指すものとする。

(2)　社会史に対する批判およびそれに対する再検討の動きについては以下にまとめられている。有賀夏紀「アメリカ史研究の変容」有賀夏紀，紀平英作，油井大三郎編『アメリカ史研究入門』（山川出版社，2009年），162-164頁。

(3)　「人と人との結びあうかたち」から歴史を読み解くことで従来の歴史研究の在り方に大きな影響をもたらしたものとしてソシアビリテ論が挙げられるが，二宮宏之（フランス史）らが提起するその課題は筆者が考える方法論のそれと共通するところが多い。詳しくは以下。二宮宏之編『結びあうかたち――ソシアビリテ論の射程』（山川出版社，1995年）。

(4)　Lizabeth Cohen, *Making a New Deal : Industrial Workers in Chicago, 1919-1939* (Cambridge and New York : Cambridge Universtiy Press, 1990). ニューヨークにおける各職種の労組が特定のエスニシティによって占められてきたことについて詳しくは以下。Joshua B. Freeman, “The Persistence and Demise of Ethnic Union Locals in New York City after World War II,” *Journal of American Ethnic History* 26, no. 3 (Spring 2007).

(5)　Joshua B. Freeman, *Working-Class New York : Life and Labor Since World War II* (New York : New Press, 2000), especially, introduction, chapter 1. また，18世紀後半から19世紀後半のニューヨーク労働者階級の状況についてはショーン・ウィレンツの記述に詳しい。Sean Wilentz, *Chants Democratic : New York City and the Rise of the American Working-Class, 1788-1850*, 20th Anniversary ed. (New York : Oxford University Press, 2004). 邦訳ショーン・ウィレンツ『民衆支配の讃歌――ニューヨーク市とアメリカ労働者階級の形成 1788-1850』上下，安武秀岳監訳，鵜月裕典，森脇由美子訳（木鐸社，2001年）。

(6)　アメリカにおける新労働史学の発展に関しては，自らがその担い手であるデイヴィッド・ブロディによる論考が参考になる。ブロディは発展の要因として外部からの影響2点――①アメリカには見られなかったイギリスの左翼やニュー・レフトのイデオロギー，②イギリスから持ち込まれた，人々の具体的な姿を抽出する旺盛な洞察力――を挙げている。そしてそれらの影響を受けて，アメリカでの労働史はアメリカ独自の文脈で発展し始めていると指摘した上で，方法論的発展に必要な方向として，①エスニック・ヒストリー（移民研究），②コミュニティ研究，③労働現場へのフォーカスという3つの研究分野との接合を提起している。David Brody, “The Old Labor History and the New : In Search of an American Working-Class,” *Labor History* 20, no. 1 (Dec. 1979), 114-117.

(7)　Herbert Gutman, *Work, Culture and Society in Industrializing America : Essays in American Working-Class and Social History* (New York : Random House, 1976). 邦訳ハーバート・

G・ガットマン『金ぴか時代のアメリカ』大下尚一，野村達朗，長田豊臣，竹田有訳（平凡社，1986年）。

（8）ここで見落としてはならないのは，ガットマンはじめ「新しい労働史」の担い手たちは，マルクス主義の薫陶を受け，経済的要因の重要性についても十分認識していたことである。ホワイトネス研究の主唱者ローディガーはもちろん，彼に対する主な批判者たちが同じくマルクス主義的素養を十分身につけていたことも重要な点であろう。なお労働史におけるガットマンのもたらした影響に関しては，雑誌『レイバー・ヒストリー』のガットマン特集号が参考になる。*Labor Hisotry* 29, no. 3（Summer 1988), 295–405.

（9）フィンクの「労働騎士団」に関する代表的研究は以下。Leon Fink, *Workingmen's Democracy : The Knights of Labor and American Politics*（Urbana : University of Illinois Press, 1983). なお，新労働史学のカテゴリーに誰のどのような研究を含めるかについては議論のあるところであろう。例えば，新労働史学の歴史的系譜に言及したゲイリー・ガースルは以下のように述べている。「アメリカにおける新しい労働史の創始者はハーバート・ガットマンとデイヴィッド・モンゴメリーであった。彼らはそれぞれイギリスのネオ・マルクス主義者で労働史家であるE・P・トムスンとE・ホブズボウムに刺激を受けてきた。メルヴィン・デュボフスキーとデイヴィッド・ブロディは厳密な意味では『ニュー・レイバー・ヒストリアン』ではなかったが，彼らは特に20世紀史を学ぶ数多くの大学院生の良き師となった。最近までその役割は曖昧なままであったジョージ・ロウィックもまた，重要な師であった」。Gary Gerstle, *Working-Class Americanism : The Politics of Labor in a Textile City, 1914–1960*, 1st Princeton ed., with a new preface（Princeton : Princeton University Press, 2002), xi–xii. 新労働史学の系譜に載せられることが多いデュボフスキーではあるが，その視点は国家や労働組合の果たした役割に触れない「新しい労働史」の傾向に向けられている。デュボフスキーが，敢えて国家と労働者の関係に焦点をあてたアメリカ労働運動史の著作は，そうした傾向への反論と言えるだろう。Melvyn Dubofsky, *The State and Labor in Modern America*（Chapel Hill : University of North Carolina Press, 1994), especially, introduction.

（10）野村のニューヨークにおけるユダヤ移民労働者の研究は以下の著作にまとめられている。野村達朗『ユダヤ移民のニューヨーク』（山川出版社，1995年）。また，野村はこの著作に含むことができなかった東欧系ユダヤ移民労働者の文化的特徴について研究した論考も著している。野村達朗「ニューヨーク市におけるユダヤ人移民労働者の文化（その1)」『人間文化』（愛知学院大学人間文化研究所）12号（1997年）；同「ニューヨーク市における東欧系ユダヤ移民労働者の文化（その2)」『人間文化』（愛知学院大学人間文化研究所）13号（1998年）。

（11）本章注7参照。野村による新労働史学の研究動向に関する論考は数多い。代表的なものは以下。野村達朗「アメリカにおける「新労働史学」の展開とその諸性格」『愛知学院大学文学部紀要』35号（2005年）。

（12）Melvyn Dubofsky, *When Workers Organize : New York City in the Progressive Era*（Amherst : University of Massachusetts Press, 1968). デュボフスキーはこの中で，革新主義時代のニューヨークにおいて，アイルランド系やドイツ系の旧移民に加えて南東欧からの新移民が様々な職種に就いて労組に結集し，過酷な労働条件の改善を求めた数々の闘いを記述の軸とした。

（13）　主に 1990 年代を通じた労働史研究の広がりについては以下のものが参考になる。Leon Fink, "What is to Be Done-In Labor History ?" *Labor History* 43, no. 4（Nov. 2002）.

（14）　Freeman, *Working-Class New York.*

（15）　ニューヨーク以外では，20 世紀初頭（1900-21 年）におけるサンフランシスコの建設労働者にフォーカスしたマイケル・ケイジンの研究がある。ケイジンの研究はサンフランシスコ労働運動における建設労組の闘いを詳細に追い，その排他性や特権性を指摘しているものの，個々の建設労働者の日常世界に迫るものではない。Michael Kazin, *Barons of Labor : The San Francisco Building Trades and Union Power in the Progressive Era*（Urbana : University of Illinois Press, 1987）.

（16）　主なものに Melvin Small, *The Presidency of Richard Nixon*（Lawrence : University Press of Kansas, 1999）; Id., *Antiwarriors : The Vietnam War and the Battle of America's Hearts and Minds*（Wilmington : SR Books, 2002）; Philip S. Foner, *U.S. Labor and the Vietnam War*（New York : International Publisher, 1989）; Jonathan Rieder, "The Rise of the 'Silent Majority'," in *The Rise and Fall of the New Deal Order, 1930-1980*, Steve Fraser and Gary Gerstle eds.（Princeton : Princeton University Press, 1989）; Michael Kazin, *The Populist Persuasion : An American History*, revised ed.（Ithaca and London : Cornell University Press, 1998）; Peter B. Levy, *The New Left and Labor in the 1960s*（Urbana : University of Illinois Press, 1994）.

（17）　Joshua B. Freeman, "Hardhats : Construction Workers, Manliness, and the 1970 Pro-War Demonstrations," *Journal of Social History* 26, no. 4（Summer 1993）.

（18）　Brian Purnell, "A Movement Grows in Brooklyn : The Brooklyn Chapter of the Congress of Racial Equality（CORE）and the Northern Civil Rights Movement During the Early 1960s," Ph. D. diss., New York Univeristy, 2006 ; Robert H. Zieger, *For Jobs and Freedom : Race and Labor in America since 1865*（Lexington : Univeristy Press of Kentucky, 2007）; David Goldberg and Trevor Griffey, eds., *Black Power at Work : Community Control, Affirmative Action, and the Construction Industry*（Ithaca and London : Cornell University Press, 2010）.

（19）　Thomas J. Sugrue, "Affirmative Action from Below : Civil Rights, the Building Trades, and the Politics of Racial Equality in the Urban North, 1945-1969," *Journal of American History* 91, no. 1（June 2004）.

（20）　Nancy A. Banks, "'The Last Bastion of Discrimination' : The New York City Building Trades and the Struggle over Affirmative Action, 1961-1976," Ph. D. diss., Columbia University, 2006. バンクス以前の研究ではアン・コーンハウサーによる研究がある。コーンハウサーは数あるニューヨークの建設労組の中で電気工労組（ローカル 3）にフォーカスし，ローカル 3 がいかに 1960 年代から 70 年代初頭にかけてマイノリティの受け入れ要求を巧みに避け，また頑なに拒んできたかを強調し，厳しい批判の目を向けている。Anne Kornhauser, "Craft Unionism and Racial Equality : The Failed Promise of Local 3 of the International Brotherhood of Electrical Workers in Civil Rights Era," Master's thesis, Columbia University, 1993.

（21）　Sugrue, "Affirmative Action from Below," 166. またスグルーは別の論文で，1960 年代末より目立つようになった保守的な現れ――「沈黙した多数派（Silent Majority）」の研究動向に言及し，これらの現象がジョンソン政権による「偉大な社会」に基づいた一連の政策に対する不満のみに由来するものではないと主張している。スグルーはデト

ロイトを例に，こうしたニュー・ライトの顕在化は第二次世界大戦後から続く人種関係をはじめとするローカルな地での様々な変化の累積という一連の流れの中で捉える必要があると強調し，自らは戦後のデトロイトにおける人種間の緊張と対立から1967年暴動へ至る過程を精緻に分析している。Thomas Sugrue, "Crabgrass-Roots Politics : Race, Rights, and the Reaction against Liberalism in the Urban North, 1940–1964," *Journal of American History* 82, no. 2（Sept. 1995）; Id., *The Origins of the Urban Crisis : Race and Inequality in Postwar Detroit*（Princeton : Princeton University Press, 1996）. 邦訳 トマス・J・スグルー『アメリカの都市危機と「アンダークラス」——自動車都市デトロイトの戦後史』川島正樹訳（明石書店，2002年）。

（22） 女性たちの闘いをサポートし，記録してきた人物としてジェーン・レイターが挙げられる。ニューヨーク市公務員労組（District Council 37）の活動家でもあるレイターは，実際に熟練工となった個々の女性たちからの聞き取りを幅広く行い，積極的に彼女たちの成果を発信し続けた。レイターの論文および著作としては以下。Jane Latour, "Live ! from New York : Women Construction Workers in Their Own Words," *Labor History* 42, no. 2（May 2001）; Id., *Sisters in the Brotherhoods : Working Women Organizing for Equality in New York City*（New York : Palgrave Macmillan, 2008）. また，レイターの先の著書が出版されて以降，彼女の成果を中心に，建設職をはじめとする女性労働者のパイオニアの詳細な記録がウェブサイトで公開され始めており，貴重な情報にアクセス可能となっている。詳しくは以下。"Sisters in the Brotherhood : Working Women Organizing in New York City," http://www.talkinghistory.org/sisters/index.html. なお，レイターの姓名の英語表記は二種あり，Latour と LaTour が使われている。本書では一次史料などでの表記に従い，前者を使用する。その他，レイターの同僚で彼女と同様に女性労働者にインタヴューを行い，その記録を詳細にまとめたフランシン・モッシオの著書も重要である。モッシオの場合，ニューヨーク建設労組の中で最大組織である電気工労組（ローカル3）に絞って女性たちの闘いを追っていることがその特徴である。Francine A. Moccio, *Live Wire : Women and Brotherhood in the Electrical Industry*（Philadelphia : Temple University Press, 2009）. また，スーザン・アイゼンバーグによる全米各地の女性建設労働者に対する聞き取り調査も貴重な史料である。アイゼンバーグは自身も熟練電気工見習いとしてボストンの電気工労組（ローカル103, IBEW）で訓練を受け，その後ボストン周辺の建設現場で働いた数少ない女性熟練電気工であった。聞き取り調査は以下にまとめられている。Suzan Eisenberg, *We'll Call You If We Need You : Experiences of Women Working Construction*（Ithaca and London : Cornell University Press, 1998）.

（23） Joshua M. Zeitz, *White Ethnic New York : Jews, Catholics, and the Shaping of Postwar Politics*（Chapel Hill : University of North Carolina Press, 2007）.

（24） Jonathan Rieder, *Canarsie : The Jews and Italians of Brooklyn against Liberalism*（Cambridge and London : Harvard University Press, 1985）.

（25） Jerald E. Podair, *The Strike That Changed New York : Blacks, Whites, and the Ocean Hill-Brownsville Crisis*（New Haven : Yale University Press, 2002）.

（26） Jerald E. Podair, "'White' Values, 'Black' Values : The Ocean Hill-Brownsville Controversy and New York City Culture, 1965–1975," *Radical History Review* 59（Spring 1994）, 38.

（27） Podair, *The Strike That Changed New York*, especially, 206–213.

（28）　Martha Biondi, *To Stand and Fight : The Struggle for Civil Rights in Postwar New York City*（Cambridge and London : Harvard University Press, 2003）. このほか，ビオンディも著者の一人になっている以下の論集も同様の意味で有益である。Clarence Taylor ed., *Civil Rights in New York City : From World War II to the Giuliani Era*（New York : Fordham University Press, 2011）.

（29）　日本においては古矢旬が「アメリカニズム」にこだわり続け，広範な視野から研究を行っている。代表的研究としては以下。古矢旬『アメリカニズム——「普遍国家」のナショナリズム』（東京大学出版会，2002 年）。また，古矢のほか，ガースルも執筆者の一人であるアメリカニズムに関する論集は以下。Michael Kazin and Joseph McCartin eds., *Americanism : New Perspectives on the History of an Ideal*（Chapel Hill : University of North Carolina Press, 2006）. このほか日本におけるアメリカニズム研究として，人種とアメリカニズムの関係を様々な観点から論じた意欲的論集も挙げておきたい。川島正樹編『アメリカニズムと「人種」』（名古屋大学出版会，2005 年）。

（30）　David R. Roediger, *The Wages of Whiteness : Race and the Making of the American Working Class*（London and New York : Verso, 1991）. 邦訳デイヴィッド・R・ローディガー『アメリカにおける白人意識の構築——労働者階級の形成と人種』小原豊志，竹中興慈，井川眞砂，落合明子訳（明石書店，2006 年）。

（31）　Eric Arnesen, "Whiteness and the Historians' Imagination," *International Labor and Working-Class History* 60（Fall 2001）. アネセンのほか，デイヴィッド・ブロディやエリック・フォナーらも同誌上においてホワイトネス研究に対する批判的見解を展開した。詳しくは同誌で組まれた特集 "Scholarly Controversy : Whiteness Studies and the Historians' Imagination" を参照。なお，ホワイトネス研究の検証を始めるにあたって，ジュディス・スタインは特集の冒頭でブロディを引用しながら，「ホワイトネス」の標語を最初に使った例としてローディガーに加えて，Alexander Saxton, *The Rise and Fall of the White Republic : Class Politics and Mass Culture in Nineteenth-Century America*（London and New York : Verso, 1990）を挙げている。Judith Stein, "Whiteness and United States History : An Assessment," *International Labor and Working-Class History* 60（Fall 2001）, 1.

（32）　上記の特集の中でホワイトネス研究の有効性を主張するジェイムズ・バレットは，アネセンに反論する際，アネセンのホワイトネス批判を以下の 4 点に整理した。①ホワイトネスの定義の曖昧さ，②ヨーロッパ系移民が「白人になる」プロセスを概念的に捉える誤り，③ずさんな研究方法，④政治性を帯びたホワイトネス研究者の姿勢。James Barrett, "Whiteness Studies : Anything Here for Historians of the Working Class ?" *International Labor and Working-Class History* 60（Fall 2001）, 33.

（33）　Judith Stein, "Race and Class Consciousness Revisited," *Reviews in American History* 19, no. 4（Dec. 1991）, 551–560 ; David R. Roediger, "Race and the Working-Class Past in the United States : Multiple Identities and the Future of Labor History," *International Review of Social History* 38, Supplement S1（April 1993）, 134–143.

（34）　Barrett, "Whitness Studies," 36–37. バレットがここで言及している「狭間にある人々」という概念は，ローディガーの以下の研究によってさらに深められている。David R. Roediger, *Working Toward Whiteness : How America's Immigrants Became White*（New York : Basic Books, 2005）.

（35） Freeman, “The Persistence and Demise of Ethnic Union Locals in New York City after World War II,” 16–17. フリーマンが引用したズァイツの研究は以下。Joshua Michael Zeitz, “‘White Ethnic New York’: Jews and Catholics in Post-War Gotham, 1945–1970,” Ph. D. diss., Brown University, 2002.

（36） ただし，エスニシティが分析視角として重要性を持つのは，ニューヨークという地域に特殊なことであるかどうかについて，フリーマンの態度は慎重である。

（37） Gerstle, *Working-Class Americanism*, xii–xiii.

（38） Ibid., 332. ネルソン・リクテンスタインの研究に対するガースルの評価でも同様のことが言える。リクテンスタインは，第二次大戦中に労組指導者が政府と組んでストライキを行う一般組合員を抑えにかかったことがその後の労働運動の停滞に結びついたとする見解を示していた。ガースルは，リクテンスタインが「第二次世界大戦＝良い戦争」というコンセンサスに波紋を投げかけたことを評価しつつも，その視点は労働者自身が積極的にアメリカ人としてのアイデンティティを獲得し，国民としてのメリットを得ようと愛国主義を強めたことに向けられていないと批判した。ガースルのリクテンスタイン批判は以下。Gary Gerstle, “The Working Class Goes to War,” *Mid-America: An Historical Review* 75, no. 3（Oct. 1993), especially, 305–306, 322. また，批判対象となったリクテンスタインの研究は以下。Nelson Lichtenstein, *Labor's War at Home: The CIO in World War II*（Cambridge and New York: Cambridge University Press, 1982). なお，ガースルはその後リクテンスタインが自らの見解を変えていることに言及している。リクテンスタインが労働者の愛国主義を考慮に入れる重要性について展開したものは以下。Nelson Lichtenstein, “The Making of the Postwar Working Class: Cultural Pluralism and Social Structure in World War II,” *Historian* 51, no. 1（Nov. 1988).

（39） Gary Gerstle, “Working-Class Racism: Broaden the Forcus,” *International Labor and Working-Class History* 44（Fall 1993), especially, 33, 38–39. 本文で述べたガースルのアメリカ労働者階級と人種に関する研究としては以下が代表的。Gary Gerstle, “Race and the Myth of the Liberal Consensus,” *Journal of American History* 82, no. 2（Sept. 1995); Id., *American Crucible: Race and the Nation in the Twentieth Century*（Princeton: Princeton University Press, 2001). また，ガースルが労働者の人種意識を強調していることは視座としての階級を軽視していることを意味するわけではない。逆にガースルは，今日階級がますます重要になってきていることを『ワーキングクラス・アメリカニズム』に書き加えた序文の中で強調している。ガースルはまず「『ワーキングクラス・アメリカニズム』を執筆することによって私はいかに資本主義と階級的不平等がアメリカ史に恐ろしく影響を与えてきたかを常に痛感している。私が研究において明らかにした労働者階級の苦難はウーンソキット特有のものではない。それらは1930年代の産業化されたアメリカに広く蔓延していた。さらに言えることは，そうした苦難は，フリードリヒ・エンゲルスがイギリス・マンチェスターの労働者階級について古典的著作を著した1830–40年代から，世界で最も進んだ資本主義が修復不可能なほど破綻した1930年代まで，経済的危機が続いた産業資本の時代を通じて労働者階級に打撃を与えてきた。……1940–50年代になると，労働者の苦難は，少なくとも資本主義的生産の中心地である西洋では，そうした状況では生活しえないウーンソキットやその他の地の労働者の声によって和らいだ」と述べ，資本主義の下で労働者が階級的抑圧の下にさらされてきたことを明確にした。そして現在では当時と状況が大きく異

なるものの，引き続き階級が重要であることを主張している。「それでもなお資本主義は最近 30 年間では最も活力ある経済システムとして残っており，多大な富と不平等を生み出してきた。その間続いた政治的保守主義の強まりによって，資本主義はどうにか組合の制約から自由になり，資本家側の領域を増大させてきた。その結果，多くの労働者が安定した仕事を持てなくなり，労働条件や資本家の利益に対してほとんど声を上げられなくなっている。したがって，多くのアメリカ人にとって階級は未だ重要であり，階級はアメリカ人がどのくらい自らの仕事や経営に影響力を持てるかということや，どのくらい社会がつくり出す富や，その富が人々や組織に対して有している権力にアクセスできるのかという問題を形づくっているのである。こうした経済的・政治的不平等によって，階級問題や階級に基づいた運動は間違いなくアメリカ政治に回帰するであろう。それは 1930 年代に起こったことと同じものではないだろうが，それにもかかわらず，当時の思想や運動と同様，我々の文化や意識に影響をもたらすであろう」——ガースルがこのように述べてからすでに十数年が経過したが，グローバリゼーションの下での階級間の格差は著しく広がった。この間の事態はガースルの主張の妥当性を示しており，常に階級的視点に注意を払う必要があることは明らかだろう。Gerstle, *Working-Class Americanism*, xxiii-xxiv.

(40)　辻内鏡人『現代アメリカの政治文化——多文化主義とポストコロニアリズムの交錯』（ミネルヴァ書房，2001 年），98-99 頁。

(41)　貴堂嘉之『アメリカ合衆国と中国人移民——歴史のなかの「移民国家」アメリカ』（名古屋大学出版会，2012 年），3-5 頁。なお貴堂の研究における辻内の問題意識については以下。貴堂嘉之「「人種」とは何か——アメリカのなかの「アジア」から考える」三宅明正，山田賢編『歴史の中の差別』（日本経済評論社，2001 年）；同「アメリカ移民史研究の現在」『歴史評論』625 号（2002 年）。

(42)　中條献「変化するナショナリズム——アメリカ合衆国の国民統合と公民権運動の歴史解釈」『アメリカ史研究』27 号（2004 年），50-52 頁。また，中條は，現場で具体的な運動を展開する当事者が，運動に有効な論理としてナショナルな主張を展開せざるを得ない状況に理解を示しつつも，それらの運動が普遍的なシヴィック・ナショナリズムを基準にするならば，現実にある人種や階層的な差別は隠蔽され，差別の現状に対する批判的検討や解決策を阻害する結果になるとも指摘している。前掲論文，53 頁。

(43)　中條はボドナーの「個別民衆文化」の記憶の強調について，実際には「ナショナリズムの表現の相違」「個別民衆側のナショナリズムが記念碑に投影されているだけ」と厳しく評した。中條献「「公的記憶」，「伝統」，「歴史」——現代アメリカ合衆国社会と「ナショナル・イメージ」」『アメリカ史研究』21 号（1998 年），58-59 頁。なお，中條が取り上げたボドナーの研究については以下。John E. Bodnar, *Remaking America : Public Memory, Commemoration, and Patriotism in the Twentieth Century*（Princeton : Princeton University Press, 1992）. 邦訳ジョン・E・ボドナー『鎮魂と祝祭のアメリカ——歴史の記憶と愛国主義』野村達朗，藤本博，木村英憲，和田光弘，久田由佳子訳（青木書店，1997 年）。

(44)　中條「「公的記憶」，「伝統」，「歴史」」，62-63 頁。

(45)　中野耕太郎「（書評）近現代アメリカにおける国家と労働者」『アメリカ史評論』13 号（1996 年），23 頁。国民の「創造過程を解明してもナショナリズムの存立基盤であ

る権力構造への分析を欠いている以上，それは脱政治化したオプティミズムに陥らざるを得ない」と言う貴堂も，「私たちの生活世界が国民国家なしには成立し得ないことは現時点で明らかである。……アメリカの場合，国家は自由・平等といった近代的価値の擁護装置として一定の役割を果たしてきたし，秩序維持に権力の存在は不可避である」として国民国家を相対化する議論に疑問を投げかけている。貴堂嘉之「南北戦争・再建期の記憶とアメリカ・ナショナリズム研究——トマス・ナスト政治諷刺画リスト（1）1859-1870」『人文研究』（千葉大学）第29号（2000年），154，156頁。なお，中野は近著において，20世紀のアメリカ国民秩序の形成について，主にシカゴのエスニック・コミュニティに対する詳細な考察を行いながら，俯瞰的に論じている。本章でも言及しているガースルらの議論もふまえながら，20世紀初頭のシカゴの移民労働者によるエスノ・レイシャルな同質性の追求と，労組を通じた経済的成果の獲得による生活の安定をナショナリズムの形成と関連づける中野の議論は非常に興味深い。中野耕太郎『20世紀アメリカ国民秩序の形成』（名古屋大学出版会，2015年）。

(46)　樋口映美，中條献編『歴史のなかの「アメリカ」——国民化をめぐる語りと創造』（彩流社，2006年）。

(47)　同書，5-6頁。

(48)　松本悠子『創られるアメリカ国民と「他者」——「アメリカ化」時代のシティズンシップ』（東京大学出版会，2007年）。松本の問題意識は序章に詳しい。また，松本の問題意識については以下の論文で早くから提示されていた。松本悠子「アメリカ人であること，アメリカ人にすること——20世紀初頭の「アメリカ化」運動におけるジェンダー・階級・人種」『思想』884号（1998年2月）。

第1章　建設労働者の形成と公権力・資本との関係

(1)　Dubofsky, *When Workers Organize*, 2-3.

(2)　Grace Palladino, *Skilled Hands, Strong Spirits : A Century of Building Trades History* (Ithaca and London : Cornell University Press, 2005), 41-45.

(3)　Frederick M. Binder and David M. Reimers, *All the Nations under Heaven : An Ethnic and Racial History of New York City* (New York : Columbia University Press, 1995), 93.

(4)　Debra E. Bernhardt and Rachel Bernstein, *Ordinary People, Extraordinary Lives : A Pictorial History of Working People in New York City* (New York and London : New York University Press, 2000), 1.

(5)　Binder and Reimers, *All the Nations under Heaven*, 94.

(6)　James Morton Turner, "Digging Tunnels, Building an Identity : Sandhogs in New York City, 1874-1906," *New York History* 80, no. 1 (Jan. 1999), 33-34.

(7)　Peter Derrick, *Tunneling to the Future : The Story of the Great Subway Expansion that Saved New York* (New York and London : New York University Press, 2001), especially, chapter 7.

(8)　"Twenty Men Buried Alive," *New York Times*, July 22, 1880 ; "Two Drowned in Tunnel ; Contractor Censured," *New York Times*, June 21, 1906. なおブルックリン・ブリッジの建設では工事中に死亡した労働者の数に関して公式の記録はないものの，推計で20-30人以上と言われている。『ニューヨーク・タイムズ』の特集記事によれば，1906年に

おけるマンハッタン検視委員会の管轄下での死者2160人のうち，約3分の1である684人が公共事業の建設作業中に落下，ダイナマイト等の爆発，崩落・落盤等によって死亡していた。トンネル作業は死亡事故の頻発現場であり，なかでもケーソン内での死亡事故がその半分以上を占め，「土掘り人（sandhogs）」と呼ばれるトンネル工事専門職の労働者68人がケーソン内で発生した事故で死亡していた。"Great Works and Their Cost in Human Life," *New York Times*, June 9, 1907.

(9) Turner, "Digging Tunnels, Building an Identity," 39-40.

(10) Ibid., 63 ; Paul E. Delaney, *Sandhogs : A History of the Tunnel Workers of New York* (New York : Longfield Press, 1983), 17-20.

(11) Turner, "Digging Tunnels, Building an Identity," 63-64.

(12) Jim Rasenberger, "Cowboys of the Sky," *New York Times*, Jan. 28, 2001. 当時の鉄骨組立工について詳しくは拙稿「頂から見た世界——摩天楼の鉄骨組立工と愛国主義」『長野県短期大学紀要』69号（2014年）参照。

(13) "Building Trades Board is Split," *New York Times*, June 9, 1903 ; "Employers' Shutdown is Declared Off," *New York Times*, June 10, 1903.

(14) "Building Board Organizing," *New York Times*, Dec. 13, 1904 ; "Building Trades Form Largest Central Body," *New York Times*, Jan. 31, 1905.

(15) "Planning for Labor Day," *New York Times*, Aug. 16, 1909. なお，トンネル建設工労組の名称に関して1912年11月にはTunnel's Worker Union, 1919年8月にはTunnel and Subway Constructors' Unionという名称が用いられている。"Demand a Better Compensation Law," *New York Times*, Nov. 27, 1912 ; "Labor Party Ticket to be Put in Field," *New York Times*, Aug. 24, 1919.

(16) "30,000 Unionists in Fifth Avenue Parade," *New York Times*, Sept. 7, 1909.

(17) ハナ（Edward J./ L. Hannah）のミドルネームはレイバー・デイを伝える複数記事の中で異なるものが使用されており，いずれが正確なものかは不明。"Cloakmakers Join the Labor Parade," *New York Times*, Sept. 4, 1910 ; "Women Out Strong in Labor Parade," *New York Times*, Sept. 6, 1910.

(18) "New Central Union to Rule Labor Here," *New York Times*, Aug. 12, 1920 ; "Riot over Control of Big Labor Union," *New York Times*, Sept. 11, 1920 ; "Conservatives Win New Labor Council," *New York Times*, Dec. 4, 1920.

(19) Gene Ruffini, *Harry Van Arsdale, Jr. : Labor's Champion* (New York and London : M. E. Sharpe, 2003), 41 ; Minutes of the Executive Board Meeting, Jan. 3, 1938, Building and Construction Trades Council of Greater New York, 1936-1984（以下BCTC), Robert F. Wagner Labor Archives, New York University（以下RFWLA, NYU）; Jan. 10, 1938, BCTC ; Apr. 25, 1938, BCTC.

(20) Robert A. Caro, *The Power Broker : Robert Moses and the Fall of New York* (New York : Vintage, 1975), 453.

(21) このほかWPAが支援する事業として象徴的なものでは，ノース・ビーチ空港（現ラガーディア空港）の建設が挙げられる。市長ラガーディアの強い意向で進められた空港プロジェクトは，1937年に建設が始まり，1939年10月開港する。当時における世界最高水準の規模と設備を誇ったノース・ビーチ空港は，同時期に建設されたトンネルの開通などによってマンハッタンへのアクセス至便の地となり，それまでニュー

ヨークへの出入口として利用されていたニューアーク空港から路線を奪い，現 JFK 空港開港までニューヨークの拠点空港として機能し続けた。

（22） Freeman, *Working-Class New York*, 106.

（23） Ibid., 124.

（24） カッコ内の数字は建設期間を指す。なお，ニューヨーク万博の数字は開催期間。このほか同時期には JFK 国際空港で新ターミナルが立て続けに新設されるなど，ニューヨークはその姿を大きく変えようとしていた。また，国連事務局ビルの建設は 1952 年で終了するものの，その後も図書館が建設されるなど建設労組にとって貴重な就業機会を提供してきており，2008 年から 2014 年の間には建設以来最大のリノヴェーション事業が行われている。

（25） New York City Central Labor Council, AFL-CIO（以下 CLC）, *Labor Chronicle*, Nov., 1968.

（26） Banks, "'The Last Bastion of Discrimination'," 2 ; Stacy Kinlock Sewell, "Contracting Racial Equality : Affirmative Action Policy and Practice in the United States, 1945–1970," Ph. D. diss., Rutgers University, 1999, 262.

（27） 代表的なものに Jefferson Cowie, "Nixon's Class Struggle : Romancing the New Right Worker, 1969–1973," *Labor History* 43, no. 3（Aug. 2002）.

（28） 公共事業の分類に関しては，毎年 1 月に大統領経済諮問委員会が議会に提出する『大統領経済報告（Economic Report of the President）』のものを参考にした。また，アメリカにおける公共事業の推移や仕組みについては以下に詳述されている。American Public Works Association, *History of Public Works in the United States, 1776–1976*（Chicago : American Public Works Association, 1976）.

（29） Roger Waldinger and Thomas Bailey, "The Continuing Significance of Race : Racial Conflict and Racial Discrimination in Construction," *Politics & Society* 19, no. 3（Jan. 1991）, 301 ; Sugrue, "Affirmative Action from Below," 155–156 ; Caro, *The Power Broker*, 736.

（30） Caro, *The Power Broker*, 736 ; Jean M. Lam, Harry Van Arsdale, Jr. Memorial Foundation, Phil Loss and Lois Gray, "The Building and Construction Trades of New York City 1959–1964," Cornell Industrial Labor Relations Internship Papers（unpublished, Fall 1995）, 18–19, Joint Industry Board of the Electrical Industry Archives（以下 Local 3 Archives）.

（31） Caro, *The Power Broker*, 736–737 ; Lam et al., "The Building and Construction Trades of New York City 1959–1964," 19.

（32） Caro, *The Power Broker*, 736–737.

（33） Ruffini, *Harry Van Arsdale, Jr.*, 146–147.

（34） Ibid., 148–151.

（35） Interview with Robert F. Wagner, Jr., by Renee Epstein, Aug. 5, 1987, RFWLA, NYU.

（36） Ibid. 市の機関や委員会に労組メンバーが入ることは頻繁に見られたが，このことによって労組に好都合な事業計画が策定・実施されやすくなったことは明らかであった。例えば BCTC の最有力労組であるローカル 3 で見ると，1948 年当時 BCTC 議長とローカル 3 議長を兼務していたハワード・マクスペドンは端緒に就いたばかりの公共住宅供給政策に携わる市住宅局委員に任命されていたし，同じくローカル 3 幹部であったアーマンド・ダンジェロは 1955-65 年の長期にわたって市の水道・ガス・電気局副長官および局長を務めていた。両機関とも当時進められた公共事業の中でも巨大

プロジェクトに携わる組織であり，市当局への影響力行使による事業推進の円滑化が可能となっていた。

（37） Caro, *The Power Broker*, 771–774, 1068–1069.

（38） Freeman, *Working-Class New York*, 102–103.

（39） Local 3 of the International Brotherhood of Electrical Workers（以下 Local 3), *Electrical Union World*, May 1, 1966.

（40） Interview with Robert F. Wagner, Jr.

（41） ロックフェラーもアースデイルやブレンナンに対して頻繁に書簡を送っていた。その中では公式な場での話し合いや各種会議への出席，委員会メンバーとしての指名，選挙支援への感謝などについて伝えているだけでなく，個人的に所有する場所に彼らを招いて非公式の会談や情報交換を行うことを知らせるものもあった。また，ロックフェラー以外の州政府関係者のほとんどが書簡の宛名で，Mr. に続けてラスト・ネームあるいはフル・ネームを用いるのに対し，ロックフェラーは常にファースト・ネームのみで書簡を送っていた。ロックフェラーが彼らに宛てた書簡には，プライヴェートな事項に関するものも見受けられ，一例として，1966年6月21日の書簡を見ておきたい。ロックフェラーから Dear Pete（ブレンナン）に宛てられたこの書簡では，ニューヨークの高級レストラン「スカイ・クラブ」で会食した時に記念撮影した写真について書かれている。以下全文。「親愛なるピート。スカイ・クラブでは君と格別に楽しい時が過ごせました。楽しい時間の思い出に撮った写真の焼き増しが欲しいだろうと思ったのですが」。Letter to Peter Brennan from Nelson A. Rockefeller, June 21, 1966, Nelson A. Rockefeller Gubernatorial Office Records, reel 34, Rockefeller Archive Center, Sleepy Horrow, New York.

（42） Interview with Robert F. Wagner Jr.

（43） Interview with Peter Brennan, by Renee Epstein, Sept. 3, 1987, RFWLA, NYU.

（44） モーゼスが指揮した数々の公共事業の全容に関しては以下のサイトが分かりやすい。"Robert Moses and the Modern City," http://www.learn.columbia.edu/moses/.

（45） Caro, *The Power Broker*, 735–739 ; Freeman, *Working-Class New York*, 114. モーゼスの特徴についてローカル3の幹部アーマンド・ダンジェロは以下のように端的に語っている。「親組合的であろうがそうでなかろうが，モーゼスにとっては自分が特別にやろうとしていることや将来に夢見ていることが最も重要な目的だった。そんなことは彼の目的に影響しなかったと思う」。Interview with Armand D'Angelo, Nov. 18, 1987, RFWLA, NYU.

（46） Caro, *The Power Broker*, 738.

（47） 巨大な権限を一手に握ってニューヨークの都市開発を強引に進めたモーゼスについては常に賛否両論が絶えず，批判も強いが，都市史の大家ケネス・ジャクソンらはモーゼスの評価を再検討している。Hilary Ballon and Kenneth T. Jackson, eds., *Robert Moses and the Modern City : The Transformation of New York*（New York : W. W. Norton & Company, 2007).

（48） Minutes of the Executive Board Meeting, Feb. 8, 1937, BCTC ; Mar. 6, 1939, BCTC ; May 22, 1939, BCTC.

（49） Ibid., July 18, 1938, BCTC ; Oct. 7, 1938, BCTC ; Mar. 20, 1939, BCTC ; May 22, 1939, BCTC.

(50) 万博に関連する問題のほとんどはBCTCの執行委員会で取り上げられているのに対し，WPAについてはほとんどが定期代議員総会（Meeting of the Regular Membership）で議論されている。これはWPAの事業により多くのBCTC加盟労組が関わっているためと思われる。賃金の設定や非組合員問題，労働時間の短縮，休日労働の禁止など様々な問題をめぐってWPA側と激しい攻防があったことが当時の議事録から読み取れる。なお，万博もWPAによる事業の一つになっていた。

(51) Interview with A. D'Angelo.

(52) モーゼスとロックフェラーの間に起こった権力闘争について詳しくは以下。Caro, *The Power Broker*, chapter 46.

(53) アースデイルの行動・思想上の特徴が「組合第一」という点にあったということは，同時代を生きた労働者やワグナーらの証言などによってたびたび強調されている。

(54) また，アースデイルはワグナーとの関係についてのポイントを以下のように簡潔に表現している。「我々は彼がボブ・ワグナーだから彼に関心があったんじゃない。彼が機会を与えてくれ，理解やシンパシーを持ち，それらを拡大させてくれる市長だから，ボブ・ワグナーに関心があったのさ。……彼のおかげで組合は進歩が可能になったんだ」。Interview with Harry Van Arsdale, Jr., Nov. 15, 1973, Local 3 Archives.

(55) Lam et al., "The Building and Construction Trades of New York City 1959–1964," 18.

(56) Delaney, *Sandhogs*, 17–19.

(57) "Tunnel Workers Complain," *New York Times*, June 19, 1906.

(58) Delaney, *Sandhogs*, 19.

(59) "'The Bends' Hit Scores in Pennsylvania Tubes," *New York Times*, June 16, 1906.

(60) "2 Drowned in Tunnel ; Contractors Censured," *New York Times*, June 21, 1906 ; Turner, "Digging Tunnels, Building an Identity," 65–66.

(61) しかし，翌年裁判所が同法に対して，民間資本の財産を正当な手続きを経ないで奪う「反憲法的」なものとの判断を下したことで一度成立した同法は無効となり，再度の審議を経て1913年に改正法が成立し，翌年に州労働者補償委員会が組織される運びとなった。

(62) Waldinger and Bailey, "The Continuing Significance of Race," 298.

(63) Marc Linder, *Wars of Attrition : Vietnam, the Business Roundtable, and the Decline of Construction Unions*, 2nd revised ed. (Iowa City : Fanpihua Press, 2000), 148–154. また，日本の建設業界団体ももともとはアメリカで組織された業界団体をモデルにつくられたもので，1909年渋沢栄一を団長とする渡米視察団に参加した清水組（現清水建設）の原林之助が現地でアメリカの業界団体の存在に触発され，帰国後の1911年，日本初の建築系全国団体「建設業協会」（現社団法人建築業協会）が設立されるに至っている。建設業を考える会『にっぽん建設業物語——近代日本建設業史』（講談社，1992年），78–79頁。また明治期の近代日本における民間の建設事業の形成と発展について，鉄道・港・造船・水力発電に焦点をしぼって検証し，技術者の役割についても詳しく考察した研究としては以下。前田裕子『ビジネス・インフラの明治——白石直治と土木の世界』（名古屋大学出版会，2014年）。

(64) Palladino, *Skilled Hands, Strong Spirits*, 144.

(65) Herbert Applebaum, *Construction Workers, U.S.A.* (Westport : Greenwood Press, 1999), 5–6, 118.

（66） “Statistics of U. S. Business : 2002 : Construction United States,” United States Census Bureau, accessed Mar. 31, 2015, www.census.gov/epcd/susb/2002/us/US23.HTM.

（67） Ibid.

（68） アメリカ公共事業協会（1937年に設立され，カナダの8支部を含む全米一円に63支部を持ち，本部をカンザスシティに置く。構成員は市・郡・州・連邦の関係当局に所属する技術者や計画担当者などのほか，事業に関係する様々な民間業者の職員もメンバーに含む）によれば，公共事業を請け負う業者の規模や業態の変化が顕著となるのは1970年代初頭であるという。公共事業には行政当局から事業規模・期間，環境評価など計画全体について委託を受けるコンサルタント業者が請負業者との間に立つが，これらコンサルタント会社の扱う業務は1970年代初頭に拡大し，規模の大きい業者を中心に州外や海外で業務を行うところが増大した。それにともなって実際の工事を担当する請負業者も特に規模の大きいところが業務を増やし，利益を拡大させるようになった。例えば，全米トップ400の建設業者の利益は1974年4月の時点で2年前に比べ38%も増加していた。ただし一方で公共事業の展開においては州やそれ以下の規模の自治体が有する権限は強く，建設事業を統制する地域独自の法律や制度は数多く存在した。それは現在でも変わらず，規模の小さい地元業者の果たす役割が他業種に比べれば圧倒的であることに変わりはない。America Public Works Association, *History of Public Works in the United States, 1776–1976*, 681–685.

（69） Applebaum, *Construction Workers, U.S.A.*, 6–7.

（70） Ibid., 118.

（71） Ibid., 7, 9–10 ; Mark Erlich, “Who Will Build the Future ?” *Labor Reserch Review* 1, no. 12 (1988), 3–4.

（72） “Agreement and Working Rules between New York Electrical Contractors Association, Inc. and the Associaion of Electrical Contractors, Inc. and Local Union No. 3 International Brotherhood of Electrical Workers, AFL-CIO,” May 10, 2007.

（73） Freeman, *Working-Class New York*, 7–15 ; Dubofsky, *When Workers Organize*, 5.

（74） BCTCでは傘下の組合に対してBCTCの許可なきストライキや職域を問題とするストライキを行う権利を否定し，何か問題が発生すれば，NLRBやBCTDの定めたルールではなく，NYPに従うことを要求していた。ここでも建設業の秩序維持においてはローカルな制度が主要な役割を果たしていたことが確認できる。Lam et al., “The Building and Construction Trades of New York City 1959–1964,” 16.

（75） Record of Minutes of Annual Meeting, Feb. 15, 1955, BTEA, Building Trades Employers Association Records, Box 33, Folder “Minute-Planning, Annual, Semi-Annual,” RFWLA, NYU. 続く1956年の年次総会ではニューヨーク市長R・F・ワグナーからBTEA議長宛の手紙が紹介され，そこでは当時職域紛争のため建設が滞っていた2つの市立病院での問題が解決され，作業が速やかに進行していることにワグナーが深い感謝と尊敬の念を表していると記されていた。Minutes of Annual Meeting, Feb. 21, 1956, BTEA.

（76） Ibid., Feb. 25, 1969, BTEA.

（77） Minutes of the Executive Board Meeting, Apr. 17, 1967, BCTC.

（78） Ibid.

（79） 労資の協調はさらに枠を広げたレヴェルでも行われている。労資双方にとって「最良の環境」とは，建設事業が間断なく行われることによって仕事の減退に悩む必要のな

い状態である。その最良の状態を創出するために組織されたのがニューヨーク建設会議（New York Building Congress）である。1921年にニューヨークを代表する建築家ロバート・D・コーンの事務所に会した25人の利害関係者——建設労働者と建設業者，建築家たちは，ニューヨークが高層ビルや地下鉄の建設ラッシュに湧く真っ只中でさらに建設事業の推進を図っていくことを確認し，それを契機として同年ニューヨーク建設会議が誕生した。同会議には建設労組や建設業者に加え，建築家や不動産業者，法律家，大学人など幅広い関係者が参加しており，相互に意見交換を行いつつ，その最大の目標を行政当局による公共事業の推進に定め，設立以来現在に至るまで公権力に対して大都市ニューヨークの飽くなき開発を求め続けている。

(80) Applebaum, *Construction Workers, U.S.A.*, 7. 鉄骨組立工の英語表記は iron workers と ironworkers との二通りのものが用いられている。組合のオフィシャル・サイトでは組織名称について iron workers と表記されているものが多いが，一般的には ironworkers の語で記されている形が非常に多いため，本書ではこれに統一する。

(81) New York State Commission against Discrimination, Division of Research, *Apprentices, Skilled Craftsmen and the Negro : An Analysis*（New York : New York State Commission against Discrimination, 1960), 47–52, New York State AFL-CIO Records, Box 3, Folder "Civil Rights Publications, NYS 1951–1971"; Waldinger and Bailey, "The Continuing Significance of Race," 303.

(82) New York State Commission against Discrimination, Division of Research, *Apprentices, Skilled Craftsmen and the Negro*, 59.

(83) 州反差別委員会は発足当初の頃の見習い訓練制度と州政府の立場について以下のように説明している。「見習い訓練は本質的に見習いと雇用主もしくはその代理との間で機能する自発的な雇用関係である。歴史的にも機能としても，『見習い訓練の発展は政府というよりは雇用主と労働者の特権なのである。政府の役割は，そのような発展が可能となるならいかなる手助けも惜しまないサーヴィス機関というだけである』。基準を設定し，見習い訓練にサーヴィスを提供する以上には，可能な限り介入しないようにする。見習い訓練は主に労働者と雇用主の責任であり，『政府は現行制度がうまくいくよう手助けし，雇用主の要求を満たす十分訓練された職人を供給するという長期的な目的を推進するようにする。同時に，労働市場と関連性のない訓練を行うことで労働者の交渉力を弱めることがあってはならない』」。Ibid., 53.

(84) Waldinger and Bailey, "The Continuing Significance of Race," 299.

(85) New York State Commission against Discrimination, Division of Research, *Apprentices, Skilled Craftsmen and the Negro*, 53–56.

(86) Banks, "'The Last Bastion of Discrimination'," 25.

(87) 各地で組織され始めていた非熟練工労組は1903年，AFL議長ゴンパースの呼びかけに応じて首都ワシントンに集まり，初の全国的な非熟練工労組である国際レンガ運搬夫・建設人夫労組（International Hod Carriers and Building Laborers' Union of America）を結成した。17都市23労組の代表者25人はシカゴ代表でベルギー移民のハーマン・リリエンをリーダーに選び，約8200人の参加者を集めるに至った。同労組は1929年には国際トンネル・地下鉄建設工労組，37年には国際道路舗装工労組と合併するなど次々に非熟練工労組を組織し，1965年には名称を現在のものである北米国際建設労組（Laborers' International Union of North America, 通称 LiUNA）に変更した。

これは，多くの組合員が当時の名称の一部に「建設一般労働者（common laborers）」いう語が含まれていることに不満を募らせ，common を外すべきと強く要望したためであった（1903 年に誕生した同労組の名称は 1912 年に国際レンガ運搬夫・建設一般労組（International Hod Carriers', Building and Common Laborers' Union of America）に改称されていた）。現在，LiUNA は非熟練の各種建設労働者を中心に，造園労働者や郵政労働者（倉庫内で働く仕分け労働者）等にも組織対象を拡げ，カナダを合わせて北米全体で 50 万人を超える組合員，400 支部，9 地区本部を抱える大組織に発展している。また，ニューヨーク市内では確認できただけでも，トンネル建設工労組（ローカル 147）をはじめ，12 労組が LiUNA に加盟している。

(88) Waldinger and Bailey, "The Continuing Significance of Race," 300.

(89) Palladino, *Skilled Hands, Strong Spirits*, 144–146.

(90) 1946 年 2 月 11 日に BTEA と BCTC の間で締結された協定の序言には以下のように記されていた。「ニューヨークにおいて現在労資間に存在する調和的かつ友好的関係の維持を願い，かつ相互の利益と保護について理解を促すために，我々労資はこの大枠を定めた協定の枠内で有意義なパートナーシップに資する努力を行ってきた」。序言に続いて，各職種の賃金率や労働時間，休日，見習い等々の大きな項目があり，その中ではガイドラインや基本的な考え方のみを提示し，詳細は職種ごとの協定で定めることとされていた。Agreement by and between Building Trades Employers' Association of the City of New York and Building and Construction Trades Council of Greater New York and Long Island, Records of International Association of Bridge, Structural Ornamented Ironworkers, Local 197, Box 4, Folder unprocessed, RFWLA, NYU.

(91) Banks, "'The Last Bastion of Discrimination'," 23–24.

(92) Agreement by and between Building Trades Employers' Association of the City of New York and Building and Construction Trades Council of Greater New York and Long Island.

(93) Standard Form of Union Agreement : Sheet Metal Contracting Division of the Construction Industry between Local Union No. 28 of Sheet Metal Workers International Association of Greater New York, and Sheet Metal Contractors Association of New York City, Inc. and Mechanical Contractors Association of New York, Inc. and the Employers who Subscribe thereto with Addendum and Regulations, George Andrucki Papers, Box 1, RFWLA, NYU.

(94) Applebaum, *Construciton Worker, U.S.A.*, 125–126. 就労斡旋所の出現を歴史的に追いつつ，その役割について論じたものとしては以下のものが参考になる。Philip Ross, "Origin of the Hiring Hall in Construction," *Industrial Relations* 11, no. 3 (Oct. 1972).

第 2 章　建設労働者の労働生活

(1) バーンハートはニューヨークの「普通の人々」の歴史を残すことに心を砕き，多数の労働者に対するインタヴューを自ら行うとともに，様々なオーラル・ヒストリー・プロジェクトを指揮したパブリック・ヒストリアンの草分け的存在であった。ニューヨーク大学タミメント図書館／ロバート・F・ワグナー労働史料館（Tamiment Library & Robert F. Wagner Labor Archives）の歴史史料収集の責任者を務めるとともに，歴史家としてオーラル・ヒストリーに基づいた著作を出版し，アクティヴィストとしても活発に行動したが，惜しくも 2001 年に 47 歳の若さで亡くなった。バーンハートの業績や思想については以下参照。Danny Walkowitz, "Debra E. Bernhardt : Activist, Archiv-

ist, Historian," *Radical History Review* 81 (Fall 2001); Janet Wells Greene, "The Making of a 'Practical Radical': An Interview with Debra E. Bernhardt," *Radical History Review* 81 (Fall 2001).

(2) Lam et al., "The Building and Construction Trades of New York City 1959–1964," 1.

(3) Interview with Eugine Glynn, by Janet Greene, May 22, 1998, RFWLA, NYU.

(4) 建設作業プロセスについては以下を参照した。Lam et al., "The Building and Construction Trades of New York City 1959–1964," 2–3.

(5) Applebaum, *Construction Workers, U.S.A.*, 32–33.

(6) Compressed Air and Free Air Tunnel Workers Union Local 147, Working Rules, revised Aug. 28, 1966, Records of Compressed Air and Free Air, Shaft, Tunnel, Foundation, Caisson, Subway, Cofferdam, Sewer Construction Workers of New York and New Jersey States and Vicinity, Box 2, Folder "Working Rules," RFWLA, NYU. 史料として引用したトンネル建設工労組は，1918年以来非熟練工労組である国際レンガ運搬夫・建設一般労組に加盟しており，現在でもその一員となっている。分類からすれば，非熟練工となるが，本書では同労組を他の熟練工労組と同じ性質を持つものとして扱う。その理由は同労組が極めてニューヨークに特有な存在であり，トンネル工事だけを扱う専門職として固有の歴史や文化，プライドを有しているからである。20世紀初頭のニューヨークの労働運動を担い，多くの死傷者を出しながら数々の橋の土台部分を掘削し，トンネルを開通させてきたトンネル建設工労組は，ニューヨークの建設労働者の代表的存在と言っていいだろう。トンネル建設工労組について詳しくは拙稿「「ブルックリン・ドジャースを探して」――労働民衆史から捉えたブルックリン・ドジャースとその移転」『立教アメリカン・スタディーズ』34号（2012年），25–27頁を参照。

(7) Compressed Air and Free Air Tunnel Workers Union Local 147, Working Rules, revised Aug. 28, 1966.

(8) ニューヨーク最大の事業所であり，熟練工の街ニューヨークを象徴する存在であったブルックリン海軍造船所（Brooklyn Navy Yard）の場合，見習い訓練は以下のようなシステムで運営されていた。講義と実習の割合は1：3で，講義は数学・科学，英語，製図法，産業組織という4つのカテゴリーに分かれており，見習いはそれぞれのカテゴリーについて必要な知識を身につけることが求められた。現場実習では，先輩熟練工の監督の下，見習いは造船に必要なすべての職種で作業を行い，各作業で必要とされる技術が満足のいくレヴェルに達しているかを見極められた。見習い期間では，各見習いに対して年4回の評価づけが行われ，見習いは講義で常時70点以上をマークし，現場実習でも常に「満足（satisfactory)」「より優れている（better)」という評価を得ることが必須とされた。こうした4年間に及ぶ見習い期間を経て，ようやく熟練工としてのステップを踏み出すことが可能となっていた。New York Naval Shipyard, "Welcome Aboard," undated, in Evelyn Rudon Papers, Brooklyn Historical Society（以下BHS).

(9) 板金工労組（ローカル28）の規約では見習いについて「申し込み有資格者は18歳から23歳まで。一旦登録されれば4年間の見習い期間を経なければならない。見習い期間終了後（職人資格を得る）まで，いかなる仕事の責任を負わされることなく，職人の監督下で働く（同条4項)」と定められ，給与体系は以下のようなものになっていた。

見習い期間	職人との給与比	見習い期間	職人との給与比
1年目・前期	40%	1年目・後期	45%
2年目・前期	50%	2年目・後期	55%
3年目・前期	60%	3年目・後期	65%
4年目・前期	70%	4年目・後期	80%

出典）Standard Form of Union Agreement : Sheet Metal Contracting Division of the Construction Industry between Local Union No. 28 of Sheet Metal Workers International Association of Greater New York, and Sheet Metal Contractors Association of New York City, Inc. and Mechanical Contractors Association of the New York, Inc. and the Employers who Subscribe thereto with Addendum and Regulations.

(10) Interview with E. Glynn.

(11) Gay Talese, *The Bridge*, with preface and afterward (New York : Walker & Company, 2003), 78–79. 同書のオリジナルは1964年に出版。

(12) 同造船所の正式名称はNew York Naval Shipyardであったが，通称であるブルックリン海軍造船所（BNY）の方が広く普及しているため本書でもそれに従う。ここで働く労働者の職種は板金工，電気工，パイプ工，配管工など建設系の労働者が多数を占めていた。これら建設系労働者に機械工やトラック・フォークリフト運転手，造船所内の食堂で働く労働者などが加わって，造船所連合労組としてブルックリン金属労組（Brooklyn Metal Trades Council）が組織されていた。

(13) Interview with Leo Skolnick, by Benjamin Filene, Aug. 19, 1987, BHS.

(14) Binder and Reimers, *All the Nations under Heaven*, 200.

(15) Interview with Santo Lanzafame, by Janet Greene, Nov. 18, 1998, RFWLA, NYU.

(16) Zieger, *For Jobs and Freedom*, 182–183.

(17) Interview with William Blain, by Janet Greene, Apr. 15, 1998, RFWLA, NYU.

(18) Interview with George Andrucki, by Janet Greene, Dec. 2, 1998, RFWLA, NYU.

(19) Interview with Alan Simmons, by Janet Greene, Jan. 19, 2001, RFWLA, NYU.

(20) Interview with E. Glynn.

(21) Ibid.

(22) Interview with George Brooks, by Kevin Williams, Apr. 23, 1991, RFWLA, NYU.

(23) Talese, *The Bridge*, 77.

(24) Ibid.

(25) この後，ケネディは同じような境遇にあった仲間たちが法廷闘争を展開したことなどによって，1959年になって正式な組合員になることができた。Interview with John M. Kennedy, by Janet Greene, Apr. 12, 2002, RFWLA, NYU.

(26) Interview with Kenneth Allen, by Janet Greene, Dec. 27, 2001, RFWLA, NYU.

(27) "A" Apprentice Research Committee, "Apprenticeship on the Move : The Story of the Electrical Industry's Apprentice Training Program in New York City," 27–28, undated, Local 3 Archives.

(28) Ibid., 39. この小冊子の注によれば，1971年に承認を得た組合の細則において見習いに対する職人の義務や責任が規定されていた。明文化された根拠は以下。Bylaws of Local Union No. 3 International Brotherhood of Electrical Workers, New York, affiliated with

the AFL-CIO, approved Sept. 24, 1971.

(29) "A" Apprentice Research Committee, "Apprenticeship on the Move," 40–41.

(30) Ibid., 41.

(31) Joint Meeting of the Executive Board and the Apprenticeship Committee of Local Union No. 3, June 12, 1942, Local 3 Archives.

(32) Ibid.

(33) Ibid.

(34) Interview with G. Brooks.

(35) Interview with S. Lanzafame.

(36) Frank J. Prial, "Men Who Dig the Big Hole : Sandhogs are Special Breed Who Thrive on Danger, Big Pay and a Unique Brand of Loyalty," *New York World-Telegram*, July 26, 1965.

(37) Delaney, *Sandhogs*, 65.

(38) Interview with Edward Walsh, by Janet Greene, Nov. 9, 2001, RFWLA, NYU.

(39) Interview with Werner Ulrich, by Janet Greene, May 6, 1998, RFWLA, NYU.

(40) Interview with K. Allen.

(41) Interview with Edward Cleary, Sr., Nov. 30, 1980, RFWLA, NYU. エンパイア・ステイト・ビルに関する建設労働者のエピソードの詳細については拙稿「国際電気工労組(Local 3）とコミュニティの境界——熟練工の絆と「電気工の街」エレクチェスターを中心に」『アメリカ史研究』31号（2008年），注40参照。なお，虫の問題は明かりに集まることによる支障と思われる。

(42) Interview with Jack Torpey, by Janet Greene, Jan. 26, 1997, RFWLA, NYU.

(43) Interview with Martin Daly, by Janet Greene, Oct. 29, 1998, RFWLA, NYU.

(44) Interview with Paul Collins, by Janet Greene, Oct. 5, 2000, RFWLA, NYU.

(45) Interview with Zack Winbush, by Janet Greene, Nov. 8, 2000, RFWLA, NYU.

(46) Interview with Edward. J. Cush, by Janet Greene, Mar. 21, 2001, RFWLA, NYU.

(47) Freeman, "Hardhats," 732–733.

(48) New York Naval Shipyard, *The Shipworker : The Man Behind the Man Behind the Gun*, May 6, 1955.

(49) Ibid., Mar. 16, 1956.

(50) BNY 労働者の男性主義的文化について詳しくは，拙稿「ブルックリン海軍造船所の閉鎖とニューヨーク都市労働者の生活世界」『一橋社会科学』5号（2008年），123–127頁参照。

(51) E. E. LeMasters, *Blue-Collar Aristocrats : Life-Style at a Working-Class Tavern* (Madison : University of Wisconsin Press, 1975), 83–85. なお，ルマスターズによる同様の調査結果では，5つの特徴を持つ建設労働者ではあったが，その9割以上が女性が外で働きに出ることを積極的に肯定していたという。その背景としてルマスターズは大恐慌における経済的窮乏や第二次大戦での国家的な労働力不足の経験が影響していると述べ，建設労働者の多くは，必要な時に女性が経済的なサポート役を果たすことは問題でないと捉えていると説明する。

(52) Ibid., 20–25 ; Freeman, "Hardhats," 732–733.

(53) Francine Moccio, "Contradicting Male Power and Privilege : Class, Race and Gender Relations in the Building Trades," Ph. D. diss., New School for Social Research, May 1992,

306-307.

（54） Freeman, "Hardhats," 726 ; Moccio, "Contradicting Male Power and Privilege," 317-319.

（55） Freeman, "Hardhats," 726-727, 729-730.

（56） Interview with E. J. Cush.

（57） Freeman, "Hardhats," 731-732 ; Moccio, "Contradicting Male Power and Privilege," 281, 309-311.

（58） Freeman, "Hardhats," 732 ; Moccio, "Contradicting Male Power and Privilege," 309-311.

（59） Moccio, "Contradicting Male Power and Privilege," 274.

第3章　建設労働者とコミュニティ

（1） Interview with Edward J. Malloy, by Janet Greene, Aug. 23, 2002, RFWLA, NYU. なおマロイは祖父母がアイルランドから渡ってきた移民3世だった。

（2） Mike Gershowitz, "Sandhogs Await Start of 63rd Street Tunnel," *Long Island Press*, July 16, 1969.

（3） Interview with E. Cleary, Sr.

（4） Interview with G. Andrucki.

（5） スチームパイプ工の場合見習い制度が整備されるのは1947-48年頃で，それまでは最初に助手として1対1で先輩熟練工とチームを組み，現場で徹底的に鍛えられた。この当時助手と熟練工は現場でチームを組んでいるにもかかわらず，所属労組は助手がローカル639，熟練工はローカル638に分けられていた。Interview with E. Glynn.

（6） Ibid.

（7） Interview with Z. Winbush.

（8） Interview with E. Cleary, Sr.

（9） Interview with W. Blain.

（10） Delaney, *Sandhogs*, 65.

（11） Interview with Salvator Contello, by Janet Greene, June 12, 1998, RFWLA, NYU.

（12） Interview with Vincent Alongi, by Janet Greene, Oct. 24, 2000, RFWLA, NYU.

（13） 1960年代の卒業式会場に関して現時点で特定できている年で見れば，コロンビア大学セス・ロウ記念図書館（1961，1962，1964年），同ウォルマン講堂（1965年），リンカン・センター（1967年）が使われている。

（14） 1944年1月29日に命名式を行った戦艦ミズーリの場合，命名者はミズーリ州選出上院議員H・S・トルーマンの娘，マーガレットであった。1964年6月27日に進水式が行われたドック型揚陸艦オースチンとオグデンの場合，命名者の役目はそれぞれ現職大統領L・B・ジョンソンの娘リンダ，ユタ州選出上院議員L・J・バートンの妻ジャニスが務めている。United States Navy Yard, "Launching of the U.S.S. Missouri : Battleship No. 63," in Solomon Brodsky Collection, BHS ; New York Naval Shipyard, "Christening of the Amphibious Transports Dock Austin（LPD-4）and Ogden（LPD-5），" in Solomon Brodsky Collection, BHS.

（15） New York Naval Shipyard, *The Shipworker*, Oct. 20, 1961 ; Oct. 27, 1961, in Solomon Brodsky Collection, BHS ; "Big Rebuilt Carrier Commissioned Here," *New York Times*, Oct. 28, 1961.

（16） Interview with E. Glynn.

（17） Interview with Edward Cleary, Sept. 4, 1987, RFWLA, NYU.
（18） Bernard Rosenberg, "An Examination of the Development of the First Accredited Labor College in the United States," Ph. D. diss., Rutgers University, 1989, 52-54.
（19） Ibid., 144-145.
（20） 現在，労働大学はアースデイルの功績を記念してその名称を Harry Van Arsdale, Jr. Center for Labor Studies に変更している。そこでは，電気工労組（ローカル 3），配管工労組（ローカル 1），大工労組地域連合が独自のコースを開いており，その他教員労組や労組幹部向けのコースも設けられている。学位も準学士号（Associate in Arts, Associate in Science）から修士号（Master of Arts）までが習得できるようになっている（修士号はエンパイア・ステイト・カレッジの修士コースに進んだ場合取得可能。オンラインで学べるように配慮されている）。
（21） Educational and Cultural Trust Fund of the Electrical Industry, "67th Annual Scholarship Awards Program 2015," 2. ローカル 3 による奨学金制度など教育支援策についての概要は以下参照。Rosenberg, "An Examination of the Development of the First Accredited Labor College in the United States," 42-47.
（22） なお，ローカル 3 には教育文化信託基金が統括する奨学金以外にもクラブや職種（shop）を単位にして設けられたものなど独自に運営される奨学金も多く，その充実ぶりは際立っている。また，組合員の子どもを対象とした大学奨学金以外にも，現役の組合員やその妻が大学に入って学位をとる制度や高校卒業資格を持たない組合員が再教育を受けて資格をとる制度など，教育への支援に対しては並々ならぬ意欲が見られる。
（23） ローカル 3 も含む全米およびカナダ全域の電気工を組織化している国際電気工労組（IBEW）の発展について詳しくは以下。Grace Palladino, *Dreams of Dignity, Workers of Vision : A History of the International Brotherhood of Electrical Workers*（Washington, D.C. : International Brotherhood of Electrical Workers, 1991）.
（24） George Santiago, "Power and Affiliation within a Local Trade Union : Local 3 of the International Brotherhood of Electrical Workers," Ph. D. diss., City University of New York, 1987, 86-87.
（25） Ruffini, *Harry Van Arsdale, Jr.*, 88 ; Santiago, "Power and Affiliation within a Local Trade Union," 103-105. なお現在労資双方の代表者数は 15 名に増員されている。また，アースデイルが年金制度確立とその発展に力を割いた過程について詳しくは以下。Mark Glenn Eskenazi, "Retirement Benefits in an Unstable Era : Harry Van Arsdale and the First American Pensions," *Regional Labor Review* 7, no. 2（Spring / Summer 2005）.
（26） Hilary Anne Botein, "'Solid Testimony of Labor's Present Status' : Unions and Housing in Postwar New York City," Ph. D. diss., Columbia University, 2005, 71.
（27） 前注のボテインの博士論文やアースデイルの評伝を書いたラフィニの著書に記されている初期投資額に充てられた 100 万ドルの内訳であるが，別の史料では年金委員会や共同産業委員会の支出額は同じであるものの，寄付額では異なった数字が記載されている。1949 年 4 月 15 日における住宅委員会の決議によれば，労働者の寄付額は 20 万ドル，経営側のそれは 35 万ドルとなっており，拠出額に違いがある。なお，住宅委員会は年金委員会内の組織で，年金委員会は共同産業委員会内の組織である。支出額に関するそれぞれの参照先は以下。Botein, "'Solid Testimony of Labor's Status'," 108 ;

Ruffini, *Harry Van Arsdale, Jr.*, 100 ; Meeting of the Housing Committee of the Pension Committee of the Joint Industry Board of the Electrical Industry, Apr. 15, 1949, Local 3 Archives.

(28) Botein, "'Solid Testimony of Labor's Status'," 107 ; Ruffini, *Harry Van Arsdale, Jr.*, 101 ; Warren Moscow, *History of Local Union #3*, undated, 94, Local 3 Archives.

(29) Ruffini, *Harry Van Arsdale, Jr.*, 101-102, 121.

(30) Ibid., 99-100 ; Moscow, *History of Local Union #3*, 94 ; Botein, "'Solid Testimony of Labor's Present Status'," 110 ; Local 3, *Electrical Union World*, June 1, 1950.

(31) この時，運動場寄贈を祝うためワグナーは妻と息子を同伴し，建設中のエレクチェスターを訪問している。Local 3, *Electrical Union World*, Nov. 1, 1954.

(32) Ibid., Dec. 15, 1964.

(33) ブッシュは1900年にベルモント社の雑役係（errand）としてそのキャリアをスタートさせ，1923年にトップに登りつめた叩き上げの人物であった。このことは経営側と労働者側との間に来歴やその中で得てきた価値観などに親和性が存在したことを示していよう。Eskenazi, "Retirement Benefits in an Unstable Era," 28.

(34) Minutes of the General Meeting of All Contractor Members of the Joint Industry Board of the Electrical Industry, Sept. 14, 1949, Local 3 Archives.

(35) Letter from William O'Dwyer to A. Lincoln Bush and Harry Van Arsdale, Jr., Oct. 18, 1949, Local 3 Archives.

(36) Letter from Thomas E. Dewey to A. Lincoln Bush and Harry Van Arsdale, Jr., Sept. 15, 1949, Local 3 Archives.

(37) Letter from Harry S. Truman to Joint Industry Board, Aug. 8, 1949, Local 3 Archives.

(38) 1951年の州住宅局の調査によれば，第1住宅会社に入居を申し込み，承認された申請者156人のうち126人が電気工か電機産業で雇用されている者（建設現場で働く電気工とは異なる工場労働者。こうした労働者もローカル3の組織対象）であった。また州住宅局は，本来協同組合住宅の対象者である第二次大戦ヴェテラン1人から，このプロジェクトがローカル3メンバーのためだけのものとなっており，自分たちにはほとんどアクセスするチャンスがないという不満を受け取っていた。別の調査では1980年代初頭までエレクチェスター住民の90%がローカル3メンバーで占められていたとするものもある。詳しくは以下。Botein, "'Solid Testimony of Labor's Present Status'," 116.

(39) アースデイルをはじめ，歴代のローカル3幹部はスカウト活動を熱心にサポートしていた。Ruffini, *Harry Van Arsdale, Jr.*, 112.

(40) Local 3, *Electrical Union World*, Feb. 1, 1962. ただし，5時間労働の実現は他方でオートメーション化の進行による人員削減への対応策でもあった。

(41) 例えば1961年7月12日から16日にはコーネル大学の産業労働関係学部で女性向けのセミナーが行われている。また，1967年8月25日から28日までロング・アイランド大学サザンプトン・カレッジで行われたセミナーには，35名の女性が参加し，コーネル大学から派遣された大学教員による労働運動史や経済などの講義を受けた。Ibid., July 1, 1961 ; July 1, 1967. セミナーは大学のキャンパスで行われるものもあれば，ローカル3が1949年秋にロング・アイランドのサザンプトン地区に購入したベイバリー・ランド（Bayberry Land）で行われるものもあった。314エーカーを有する

この土地は，もともと労災で怪我をした人や引退者の保養を目的に購入されたものであったが，その後ここに労働者教育センターが建てられ，主にスキル・アップの講習や短期間のセミナーなど教育目的に使われるようになった。

(42) Ibid., Apr. 1, 1961 ; July 1, 1961. こうした企画は様々な単位で毎年行われていた。

(43) Ibid., Dec. 1, 1965 ; Feb. 1, 1966.

(44) 1963年5月18日に行われた投票では，他にローカル3の教育プログラムや年金・社会保険プログラムの紹介コーナー，ローカル3ボーイ・スカウト団の活動紹介などの展示コーナーも設けられていた。この日の投票には一般組合員のほか，引退して年金生活を送る元労働者，労災で障害者になった人々も集まり，まさに旧交を温める邂逅の場ともなっていた。Ibid., June 1, 1963.

(45) Ibid., Oct. 24, 1961.

(46) Ibid., July 15, 1968.

(47) Ibid., June 15–July 1, 1975.

(48) 1960年の場合，総参加者17万5000人，ローカル3から2万8000人，1961年ではそれぞれ20万6000人，2万6000人だった。Ruffini, *Harry Van Arsdale, Jr.*, 142–143, 149.

(49) Ibid., 102 ; Botein, "'Solid Testimony of Labor's Present Status'," 110–112.

(50) Ruffini, *Harry Van Arsdale, Jr.*, 103.

(51) Local 3, *Electrical Union World*, Sept. 15, 1968 ; Dec. 1, 1968.

(52) Memorandum from Electchester Housings to Hon. Victor Marrero, Commissioner, N.Y.S. Division of Housing, Mar. 6, 1979, Local 3 Archives.

第4章　労働者の日常生活と宗教

(1) Interview with E. Malloy.

(2) Zeitz, *White Ethnic New York*, 19–20. なお，1950年センサスの職種に関する用語について見ると，建設労働者のカテゴリーは "Craftsmen, foremen, and kindred workers" が該当する。ただしその中にはBlacksmiths（鍛冶師）や金細工師（Goldsmiths），映画投影者（Motion picture projectionists）など，建設労組では組織対象となっていない職種がいくつか含まれている。逆に別カテゴリー "Operatives and kindred workers" や "Laborers except farm and mine" の中には建設労組の組織対象となっている建設系の職種が含まれている。各カテゴリーに含まれている建設労働の職種や就業者数で考えると，本文に挙げたイタリア系・アイルランド系の建設業への就業割合の数字はさらに高くなると思われる。なお，センサスの職種用語の定義については以下。U.S. Department of Commerce, U.S. Bureau of Census, *Census of Population : 1950 : Special Report*（Washington D.C. : U.S. Government Printing Office, 1953），4B-10–4B-11.

(3) Zeitz, *White Ethnic New York*, 20.

(4) 例えば以下参照。David Montgomery, *The Fall of the House of Labor : The Workplace, the State, and American Labor Activism, 1865–1925*（Cambridge and New York : Cambridge University Press, 1987），especially, 306–310.

(5) レオ13世の回勅と労働者問題の関係については以下参照。増田正勝「労働者問題とドイツ・カトリシズム——レオ13世『レールム・ノヴァルム』100周年に寄せて」『山口経済学雑誌』42号3・4巻（1994年），267–299頁。

(6) レオ13世の回勅「レールム・ノヴァルム」の英訳文はヴァチカンの公式サイトによる。“Rerum Novarum : Encyclical of Pope Leo XIII on Capital and Labor,” http://w2.vatican.va/content/leo-xiii/en/encyclicals/documents/hf_l-xiii_enc_15051891_rerum-novarum.html.
(7) Kevin Schmiesing, “John A. Ryan, Virgil Michel, and the Problem of Clerical Politics,” *Journal of Church and State* 45, no. 1 (Winter 2003), 115-116.
(8) John Daniel, “Catholic Social Justice in Depression Era America : A Comparative Study of the Jesuit Labor Schools and the Catholic Worker,” Honor Thesis of Division of Undergraduate Studies of 2012, Florida State University, 9-10.
(9) David O'Brien, “American Catholics and Organized Labor in the 1930's,” *Catholic Historical Review* 52, no. 3 (Oct. 1966), 327-328.
(10) “New Labor School Technique to be Introduced Here,” *Brooklyn Daily Eagle*, Oct. 7, 1941.
(11) クラウン・ハイツ・カトリック労働学校はブルックリン・プレップ・スクール内で開校されていた。なおこのプレップ・スクールは9年生から12年生までを対象とするイエズス会が運営する学校で，1908年に創立され72年に閉鎖されている。
(12) “New Labor School Technique to be Introduced Here.”
(13) Joshua B. Freeman, *In Transit : The Transport Workers Union in New York City, 1933-1966* (New York : Oxford University Press, 1989), 137.
(14) Daniel, “Catholic Social Justice in Depression Era America,” 17-18.
(15) Freeman, *In Transit*, 137-138.
(16) Joseph J. Fahey, “The Making of a Catholic Labor Leader : The Story of John J. Sweeney,” *America* 195, no. 5 (Aug. 28-Sept. 4, 2006), 17.
(17) Bruce Nelson, *Divided We Stand : American Workers and the Struggle for Black Equality* (Princeton : Princeton University Press, 2001), 76.
(18) Fahey, “The Making of a Catholic Labor Leader,” 17-18 ; Joseph M. McShane, “‘The Church Is not for the Cells and the Caves’ : The Working Class Spirituality of the Jesuit Priests,” *U.S. Catholic Historian* 9, no. 3 (Summer 1990), 289-290.
(19) McShane, “‘The Church Is not for the Cell and the Caves’,” 291-303.
(20) Fahey, “The Making of a Catholic Labor Leader,” 17-18.
(21) Ibid., 18.
(22) 筆者が収集した史料を調べた限りでは，電気工労組（ローカル3）とザビエル労働学校の間には深い関係があったことが分かる。例えば，ローカル3の機関紙では以下のような事実が確認できる。カトリックのミッションの一環でローカル3スタディ・ツアーが行われ，ローカル3メンバーがジャマイカを訪れた。メンバーは現地でテープ・レコーダーを寄贈し，その購入資金をカトリック教会が負担したことで，それを含めて一連の行動と経過をローカル3カトリック会議の年次総会で報告することになった。そこのゲストとして，ザビエル労働学校の教授陣の中心であるウィリアム・ケリーとフィリップ・カーニーの両神父が出席するというものである。Local 3, *Electrical Union World*, Apr. 1, 1961. なお，ローカル3にはカトリックに加えてユダヤ教会との関係も存在した。機関紙によるとユダヤ教の指導者との交流やローカル3代表団によるイスラエル訪問が行われていることから，その関係はカトリックに劣らず深かったと思われる。
(23) Local 3, *Electorical Union World*, Apr. 1, 1968.

(24) Ibid., Sept. 1, 1969.

(25) ミーニーに始まるAFL-CIO議長は現在のリチャード・トゥルムカまで合計5人の人物が務めているが，南部出身のプロテスタントである第2代議長レイン・カークランドを除く4人はカトリックであった。そして，ミーニーと第3代議長のトマス・R・ドナヒュー，第4代議長ジョン・J・スウィーニーはともにアイルランド系の家庭に生まれ，そろってニューヨーク・ブロンクスに生まれ育ったことは，労働運動におけるニューヨークおよびアイルランド系の役割を考えれば，決して偶然ではないだろう（ただしミーニーはハーレム生まれのブロンクス育ち）。また，現議長のトゥルムカ自身はアイルランド系ではないものの，ポーランド系とイタリア系の両親のもとに生まれたカトリック教徒である。なお，宗教と労働運動指導者の関係について簡潔なものとしては，以下の文献が参考になる。Robert Weir and James P. Hanlan, *Workers in America : A Historical Encyclopedia*, revised ed., vol. 2（Santa Barbara : ABC-CLIO, 2013), 659–664.

(26) Margery Read, "The Blaine Amendment and the Legislation It Engendered : Nativism and Civil Religion in Late Nineteenth Century," Ph. D. diss., University of Maine, 2004, 153.

(27) Ibid., 156–157.

(28) Marvin Lazerson, "Understanding American Catholic Educational History," *History of Education Quarterly* 17, no. 3（Autumn 1977), 304–306.

(29) Ibid., 312–313.

(30) Ibid., 308–310. 世紀転換期におけるシカゴの各エスニック集団が運営する教区学校について考察したレイザソンの論文では，1900–10年の間で生徒数が5分の3減少したアイルランド系教区学校を尻目に生徒数を増加させていたポーランドやリトアニア，スロヴァキア等の南東欧移民たちは，アイルランド系教区学校の現状に何の関心も払っていないことが述べられている。また，エスニック集団間の教区学校をめぐる軋轢の具体例としては，教員数不足からやむをえずポーランド人修道女を雇ったあるリトアニア人の教会がその修道女たちに対する疑心を深め，リトアニア語が話せない彼女たちはリトアニア人生徒をポーランド人に変えようとしていると疑いを強めていることが紹介されている。

(31) Zeitz, *White Ethnic New York*, 25.

(32) Ibid., 60.

(33) Ibid., 64, 66.

(34) Ibid., 67.

(35) Interview with Mio Bombadiere by Janet Greene, Nov. 18, 1999, RFWLA, NYU.

(36) Interview with John ODonnell by Janet Greene, Nov. 16, 2001, RFWLA, NYU.

(37) Interview with Raymond McGuire by Janet Greene, Jan. 2, 2002, RFWLA, NYU.

第5章　押し寄せる変化の波

(1) AFL-CIO, Department of Research, *Labor Looks at Automation*（Washington D.C. : AFL-CIO, 1959), 21–23, New York State AFL-CIO Records, Box 1, Folder "Publication, 1952–1959", RFWLA, NYU.

(2) Local 3, *Electrical Union World*, May 1, 1962 ; Dec. 1, 1962 ; Feb. 15, 1963 ; Jan. 15, 1964.

(3) 例えば全米自動車労組のウォルター・ルーサーは「時短が進めば，生産高が下降し，軍事的安全保障面でも脅威が大きくなり，消費力も下がってしまう」として真っ向からアースデイルの方針に反対する主張を展開していた。米国通信労組（Communication Workers of America）もオートメーションによる高い生産性が賃金を上昇させ，付加給付やセキュリティを充実させる梃子の役割を果たすとみなし，決して技術革新に反対せず，時短に取り組むこともなかった。これに加えて盟友である州知事ロックフェラーもオートメーションを大いに歓迎し，「今後10年間にわたる我々の課題はいかに仕事を創り出すかではなく，いかに生産を上げていくかである」と述べていた。Freeman, *Working-Class New York*, 154–156.

(4) "Unions Meet Automation ... and A Program for Action," address by George Meany, New York City Central Labor Council Records, Box 228, Folder "special project automation," RFWLA, NYU ; "Labor's State Program of Automation," address by Harold C. Hanover, New York State AFL-CIO Records, Box 1, Folder "statements, 1960–1965," RFWLA, NYU.

(5) Minutes of the Executive Board Meeting, Jan. 14, 1963, BCTC.

(6) Minutes of the Regular Membership Meeting, June 17, 1969, BCTC, RFWLA, NYU.

(7) Ibid., Dec. 16, 1969, BCTC.

(8) Minutes of the Executive Board Meeting, Nov. 17, 1969, BCTC ; Minutes of the Regular Membership Meeting, Dec. 16, 1969, BCTC ; Ibid., Dec. 15, 1970, BCTC.

(9) Interview with G. Andrucki.

(10) Minutes of the Regular Membership Meeting, Jan. 17, 1967, BCTC.

(11) Ibid., June 17, 1969, BCTC.

(12) Ibid., Apr. 21, 1970, BCTC.

(13) CLC, *Labor Chronicle*, Apr., 1970. 可動式住宅の利用を奨励していたのは住宅都市開発省で，1968年から1976年の間に2600万戸の住宅を新設する計画の中で，400万戸を可動式住宅にすることを提唱していた。

(14) Minutes of the Regular Membership Meeting, Oct. 20, 1970, BCTC. この執行委員会では鉄骨組立工労組（ローカル40）の代議員ティアニーが，ボストンでは組合がプレキャスト鉄骨を使用しており，それがニューヨークへ持ち込まれ始めていることについて報告していた。現状報告の後，ティアニーは以下のように決意を述べた。「我々ローカル40は全面的にこれと闘う所存である。我々はいかなる地からもプレキャスト技術が持ち込まれることに反対するものである」。

(15) Interview with E. J. Cush ; Interview with Jack Doyle, by Janet Greene, Jan. 15, 2002, RFWLA, NYU ; Howard Shapiro, Jay Shapiro, and Lawrence Shapiro, *Cranes and Derricks*, 3rd ed. (New York : McGraw-Hill Professional, 1999), 53–55.

(16) 鉄骨組立工J・ドイルによればベル係はベルを通してのみエンジニアと話していたという。「荷物を上げたい時は一度ベルを打つ。運ぶスピードを速くさせたければ真ん中にライトをつける。ライトでエンジニアを照らすのさ。照らすのを止めるまでオペレーターはスピードを上げ続けて，それからそのスピードでやり続ける。ストップさせたい時はもう一度ベルを鳴らせば止まる。荷物を下ろしたい時は二回鳴らすんだ。ビン，ビンってね。ビンでスタートして，ビンで止まって，ビン，ビンで下ろす。スピードを上げる時はフラッシュさせながら光で照らす。さっき言ったように，その間は仕事を止める。で，その後，ブーム（boom）を動かす。良いベルマンってのはこ

れを全部やり続けなけりゃならなかったんだ」。Interview with J. Doyle.

(17) ビル建設現場における技術革新が，鉄骨組立工に対していかに大きな影響を与えたかについては，他の労働者の証言でも確認できる。ニューヨーク鉄骨組立工の中心的組織であるローカル40に所属するR・ウォルシュ（1944年生）は油圧式起重機（クレーン）の登場によって起こった変化を次のように語る。「今じゃ油圧式クレーンは24～25階上昇できる。さっき言ったように，そのせいで俺たちの職域が失われたってわけだよ。その仕事（引用者注：起重機の調整や玉掛けなど一連の手作業のこと）をやってるのが熟練工組合なんだ。俺たちはよくそれをやってたもんさ。……スチームパイプ工のために資材を吊り上げてやってたのさ。油圧式クレーンのおかげで今じゃ連中は自分らで吊り上げてる。連中には俺たちのクレーンはもう必要ないんだ」。Interview with Robert Walsh, by Janet Greene, Oct. 3, 2001, RFWLA, NYU.

(18) Interview with W. Blain. なお，ブレインが属するローカル3では労資協定で労働時間の短縮が取り交わされていたが，好況の最中にある実際の現場では実行されていないことが多かった。労働者自身も働いて稼ぐ方を選択しがちであったと言える。

(19) Interview with G. Andrucki.

(20) Interview with E. Glynn.

(21) Interview with E. J. Cush.

(22) Minutes of the Regular Membership Meeting, Oct. 15, 1968, BCTC.

(23) Ibid., June 17, 1969, BCTC.

(24) Interview with P. Brennan.

(25) 1950年代初頭から1960年代を通してのニューヨークにおける産業構造の変化と労働者との関係について，詳しくは以下。Freeman, *Working-Class New York*, chapter 9, especially, 165-166.

(26) Ibid., 172-174.

(27) Minutes of the Regular Membership Meeting, Dec. 9, 1941, BCTC.

(28) "Skilled Labor Lack Feared in Navy Yard," *New York Daily News*, May 22, 1940.

(29) Letter from Harry Van Arsdale, Jr. to Capt. Charles A. Dunn, U.S. Navy Industrial Manager, May 23, 1940, Box "Brooklyn Navy Yard," Local 3 Archives.

(30) Letter from Charles A. Dunn to Harry Van Arsdale, Jr., May 28, 1940, Local 3 Archives.

(31) Letter from J. S. Macdonald, Project Manager to Harry Van Arsdale, Jr., Feb. 17, 1942, Local 3 Archives ; Letter from J. S. Macdonald to Harry Van Arsdale, Jr., Mar. 19, 1942, Local 3 Archives.

(32) Minutes of the Regular Membership Meeting, Oct. 27, 1942, BCTC ; Ibid., Dec. 8, 1942, BCTC.

(33) ローカル28に属する板金工であったアンドラッキの父は，戦時中BNYで働いていた。アンドラッキは板金工が造船所で重宝された理由を以下のように語る。「図面を書いたりブループリントをつくれる板金工――板金ダクトに必要なそういう技術や複雑なテクニックを板金工は持っていた。そのおかげで戦争中も板金工は技術力を求めることも維持することもできたのさ。板金工は造船所に行って技術を維持できる数少ない職種だった。その技術が造船所にいろんな便宜を提供したからね」。Interview with G. Andrucki.

(34) New York Naval Shipyard, "Welcome Aboard," undated, in Evelyn Rudon Papers, BHS.

(35) 拙稿「ブルックリン海軍造船所の閉鎖とニューヨーク都市労働者の生活世界」，121–123 頁。BNY における女性労働者について詳しくは以下。Arnold Sparr, "Looking for Rosie : Women Defense Workers in the Brooklyn Navy Yard, 1942–1946," *New York History* 81, no. 3 (July 2000).

(36) 拙稿「ブルックリン海軍造船所の閉鎖とニューヨーク都市労働者の生活世界」，121 頁。

(37) Letter from Harry S. Truman to Rear Admiral Paul B. Nibecker, Jan. 29, 1951, in Victor Lampel Papers, BHS.

(38) New York Naval Shipyard, Souvenir Journal : Sesqui-Centennial Anniversary (New York, 1951), no page number, in Nathan Doctors Collection, BHS.

(39) Ibid. ; "Minstrel Cheered by 10000 Notes Navy Yard's 150th Year," *Brooklyn Daily Eagle*, Feb. 24, 1951.

(40) 海軍内でコスト問題をいち早く知る立場にいた BNY 司令官ロイ・T・カウドゥリーは「我々の今後はタイコンデロガやサラトガ（引用者注：双方とも BNY で建造される空母の名前）の仕事をいかにうまくできるかにかかっている。未来はバラ色ではない。質を落とすことなく仕事をすることだ」と危機感を表し，BNY 労働者に秒単位で仕事をし，低コストで質の高い仕事を励行することを強調し続けた。New York Naval Shipyard, *The Shipworker*, May 14, 1954 ; June 24, 1955 ; Nov. 4, 1955.

(41) Local 3, *Electrical Union World*, Apr. 15, 1964.

(42) Institute for Urban Studies, Fordham University and Tippetts-Abbett-McCarthy-Stratton Engineers and Architects, *The Brooklyn Navy Yard : A Plan for Redevelopment* (New York, 1968), 9. なお，ここで言う「BNY 周辺地域」とは，1967 年に当該地域の再開発のため調査を担当したフォーダム大学都市研究所が独自に 43 の地区に分けた区域を指している。

(43) Ibid., i–ii.

(44) Lynda Tepfer Carlson, "The Closing of the Brooklyn Navy Yard : A Case Study in Group Politics," Ph. D. diss., University of Illinois, Urbana-Champaign, 1974, 107–109. カールソンの指摘によれば，ブルックリン金属労組は個々の労組の連合体にすぎず，求心力は弱かったという。

(45) Minutes of the Executive Board Meeting, Apr. 20, 1964, BCTC.

(46) Carlson, "The Closing of the Brooklyn Navy Yard," 126.

(47) Special the Executive Board Action, Oct. 31, 1960, Local 3 and Local 664, Box "Brooklyn Navy Yard," Local 3 Archives ; Local 3, *Electrical Union World*, Dec. 1, 1960.

(48) Jack Raymond, "Brooklyn Navy Yard Close," *New York Times*, Nov. 20, 1964. マクナマラが主導する海軍造船所合理化の経過について詳しくは以下。Carlson, "The Closing of the Brooklyn Navy Yard," 55–98. BNY が真っ先に閉鎖対象になった軍事的・経済的理由については以下に詳しい。Department of Defense, "Summary of Study of Naval Requirements for Shipyard Capacity," Nov. 17, 1964, Third Naval Districts of Naval Disrticts and Shore Establishments, Record Group 181, National Archives and Records Administration-Northeast Region.

(49) Local 3, *Electrical Union World*, Dec. 1, 1964.

(50) コンステレーションとは BNY で 1957 年 9 月から建造が始まり，1960 年 10 月に進水

した排水量6万トンの大型空母のことを指す。1961年10月より就役した。同艦の建造過程ではBNY史上最悪の事故が起きており，1960年12月19日に艦内で発生した火災により50名が死亡，少なくとも330名が負傷した。

(51) Local 3, *Electrical Union World*, Dec. 1, 1964.

(52) Ibid.

(53) 1965年12月の時点で造船関連の民間会社から雇用の申し出があり，それに対してBNYの熟練機械工・職長連盟のL・トゥリパンは「ありがたい」としながらも，「しかしオファーのほとんどは市外からのもので，みんな市を離れる準備はしていない。5-10%くらいは市内のオファーに応じるだろう。同じくらいの人が他の所で働くんじゃないか。そうせざるを得ないからね。でも，85-90%はここに根拠があるし，40年代とか50年代初頭からここにいるんだ。どこにも行きたくないさ」と答えていた。Will Lissner, "Jobs are Offered to Navy Men," *New York Times*, Dec. 14, 1964. フィラデルフィア海軍造船所からも雇用オファーがあり，雇用条件や生活の至便さがアピールされたものの，BNY労働者はほとんど興味を示さず，当局者は「彼らは同じ賃金レートで職が得られるだけでは満足しない。昇進がなければ拒否する者もいるだろう」と困惑ぶりを吐露していた。"Yard Workers Get Philadelphia Offer," *New York Times*, Apr. 21, 1965.

(54) Carlson, "The Closing of the Brooklyn Navy Yard," 112-119.

(55) New York Naval Shipyard, *The Shipworker*, Oct. 15, 1965.

(56) Ibid.

(57) Ibid.

(58) Ibid.

(59) New York Naval Shipyard, *The Shipworker*, Apr. 9, 1965.

(60) Banks, "'The Last Bastion of Discrimination'," 17-18；Zieger, *For Jobs and Freedom*, 166.

(61) Banks, "'The Last Bastion of Discrimination'," 20.

(62) Waldinger and Bailey, "The Continuing Significance of Race," 295-297；Sugrue, "Affirmative Action from Below," 156-157. ただし，非熟練工の組合においても人種やエスニシティによる境界は存在し，特に1920年代初頭には人種別の組合支部設立を求める動きがシンシナティやカンザスシティから出るなど，黒人と働くことを拒否する動きが顕在化した。同じ時期，新旧移民労働者間の関係も緊張が高まり，この頃までに非熟練工の中心となっていたイタリア系とアイルランド系の雇用の獲得や組合運動をめぐる主導権争いはその典型であった。ローマ近郊のアヴェスタで生まれ，非熟練工を組織する国際レンガ運搬夫・建設一般労組のトップ指導者に就いていたドミニク・ダレサンドロはアイルランド系の組織化を推し進めようとしたものの，既存のアイルランド系組織はこれを拒否していた。こうした対立は根強く存在する一方で，熟練工になるための術を欠き，より劣悪な条件で働かなければならない非熟練工にとって，内部の不和は自らに不利益をもたらすことでしかないのは明白であった。そのため，こうした不和を解消していこうとする動きは熟練工労組に比べるとより早期から目立っていた。第一次世界大戦後に広がった人種別労組設立の要求を拒否し続け，ニューディールから第二次世界大戦中にかけて黒人労働者が増えたことなどによって，その姿勢はいっそう明確になっていった。同じ建設労働者でも非熟練工労組と熟練工労組の人種の境界に相当な違いがあったことは興味深い点である。

（63） Freeman, *Working-Class New York*, 189-190 ; Banks, "'The Last Bastion of Discrimination'," 58-65 ; F. Ray Marshall and Vernon M. Briggs, *The Negro and Apprenticeship* (Baltimore : Johns Hopkins University Press, 1967), 52-53 ; Samuel Kaplan, "Race Group Plans Hospital Pickets," *New York Times*, June 13, 1963 ; Peter Kihss, "Race Sit-In Begins at Mayor's Office in a Job Protest," *New York Times*, July 10, 1963 ; Id., "Governor's Office Here is Besieged As Sit-Ins Spread," *New York Times*, July 11, 1963 ; Homer Bigard, "Seven Pickets Seized for Blockading Governor's Door," *New York Times*, Aug. 2, 1963 ; Gertrude Samuels, "Even More Crucial than the South," *New York Times*, June 30, 1963.

（64） Banks, "'The Last Bastion of Discrimination'," 66-67.

（65） Ibid., 64-65 ; Samuel Kaplan, "Governor, Mayor Take Steps to End Race Bias to Jobs," *New York Times*, July 19, 1963 ; Richard P. Hunt, "Governor Speeds Projects to Open Jobs to Negroes," *New York Times*, June 28, 1963.

（66） Banks, "'The Last Bastion of Discrimination'," 71 ; Marshall and Briggs, *The Negro and Apprenticeship*, 54 ; Homer Bigart, "Wagner Promises Drive for Jobs for Negro Youths," *New York Times*, Aug. 16, 1963.

（67） もともとCCHRは1935年および1943年に起こった人種暴動を機に市長F・H・ラガーディアが1944年2月28日に組織した統合委員会（Committee on Unity）が起源。しかし同委員会は当事者に対して説諭を行う機能しかない全く不十分なものだったため，1955年7月1日，R・F・ワグナーによって同委員会により強い実行力が与えられ，市の一機関——人種間関係委員会（Commission on Intergroup Relations）に格上げされた。1962年にCCHRに改名した後，65年には調査権と実行力を与えられ，扱う範囲も人種，信条，肌の色，民族的起源による雇用，住宅，公的・私的スペースにおける差別に拡げられた。詳しくは以下。New York City Commission on Human Rights, *2001 Annual Report* (New York, 2001), 12. 以下からもCCHRの歴史を確認できる。"Commission's History," New York City Commission on Human Rights, http://www.nyc.gov/html/cchr/html/about/commission-history.shtml.

（68） ここで言う「インディアン」とはモホーク族（Mohawks）のことを指す。モホーク族は世紀転換期から鉄骨組立工の仕事に就いていた。参考になるサイトは以下。"Booming Out : Mohawk Ironworkers Build New York," Smithsonian Institution Traveling Exhibition Service, http://www.nmai.si.edu/exhibitions/booming_out/indexfla.htm.

（69） City of New York Commission on Human Rights（以下CCHR), *Bias in the Building Industry : An Interim Report to the Mayor* (New York, 1963), 29, 35, 39-40.

（70） Ibid., 11-12.

（71） Ibid., 11-16, 23-25.

（72） CCHR委員長S・H・ロウウェルはCCHR内に専門部局を組織して戦略的に新聞，テレビ，ラジオなどマスメディアとの連携を強め，CCHRの活動を広範に周知することに積極的に取り組んだ。その活動は，マスコミとの協定締結による不動産の差別的広告の禁止，CCHRの存在とその利用についての各国語CMによる宣伝，啓発番組の放送など多岐に渡った。このほか，機関紙『CCHRニュース』の定期的発行や宣伝パンフレットを大量配布するなどの活動も行われた。詳しくは以下参照。City of New York Commission on Human Rights, *Annual Report for 1964* (New York, 1964), 19-24.

（73） 正式名称はBuilding Industry of New York City Referral Committeeで，ドナルド・ロ

ジャーズ（重機操作工労組・ローカル15ビジネス・エージェント）を委員長とする白人黒人双方を含む6人の委員によって構成されていた。ロジャーズ委員会と言われる場合もあり，活動に要する資金はBCTCが負担した。F. Ray Marshall and Vernon M. Briggs, *Equal Apprenticeship Opportunities : The Nature of the Issue and the New York Experience*（Ann Arbor and Washington, D.C. : Institute of Labor and Industrial Relations, University of Michigan-Wayen State University and The National Manpower Policy Task Force, 1968）, 31.

（74） Banks, "'The Last Bastion of Discrimination'," 99–100 ; Marshall and Briggs, *The Negro and Apprenticeship*, 55–60 ; Damon Steson, "Unions Accepting Negro Members," *New York Times*, Dec. 19, 1963.

（75） Minutes of the Executive Board Meeting, Sept. 16, 1963, BCTC.

（76） Marshall and Briggs, *Equal Apprenticeship Opportunities*, 55–59 ; Banks, "'The Last Bastion of Discrimination'," 103–106.

（77） Banks, "'The Last Bastion of Discrimination'," 106–107. なお，ヒルデブランドは聖公会の牧師であると同時に，NAACPのニューヨーク支部長を務めていた。

（78） Minutes of the Executive Board Meeting, May 20, 1963, BCTC.

（79） 万博でパヴィリオン建設を請け負う一企業（Dell E. Construction Co.）がCCHRの公聴会で証言したところによれば，雇用している88人の労働者のうち黒人は17人を占めるとしていたが，17人がいかなる業種に就いていたかは不明。CCHR, *Bias in the Building Industry*, 31.

（80） Banks, "'The Last Bastion of Discrimination'," 130–132 ; Waldinger and Bailey, "The Continuing Significance of Race," 302–303.

（81） Banks, "'The Last Bastion of Discrimination'," 138.

（82） 不合格者には60日以内に再試験を受ける権利が与えられていたが，最終的には全員が拒否し，この論争で組合員となった者はいなかった。Ibid., 144.

（83） Minutes of the Regular Membership Meeting, May 19, 1964, BCTC.

（84） Banks, "'The Last Bastion of Discrimination'," 142–143.

（85） CCHRはこの結果について「多くの後退はあったものの，重要な進展が見られた」とし，「この問題について広範な人々が知るところとなり，必ず解決しなければならないことが明らかになり始めた」と評価した。CCHR, *The Annual Report for 1964*, 11.

（86） Sydney H. Schanberg, "State Says Union Barred Negroes for Last 76 Years," *New York Times*, Mar. 5, 1964 ; George D. Zuckerman, "The Sheet Metal Workers' Case : A Case History of Discrimination in the Building Trades," *Labor Law Journal*（July 1969）, 417 ; Waldinger and Bailey, "The Continuing Significance of Race," 312, 323 ; Banks, "'The Last Bastion of Discrimination'," 152.

（87） Zuckerman, "The Sheet Metal Workers' Case," 418 ; Banks, "'The Last Bastion of Discrimination'," 156–157.

（88） Zuckerman, "The Sheet Metal Workers' Case," 418–421 ; Banks, "'The Last Bastion of Discrimination'," 157–161 ; Schanberg, "State Says Union Barred Negroes for Last 76 Years," ; Id., "Union is Ordered to Open its Rolls," *New York Times*, Mar. 24, 1964 ; Waldinger and Bailey, "The Continuing Significance of Race," 312 ; Marshall and Briggs, *Equal Apprenticeship Opportunity*, 34.

(89) Schanberg, "State Says Union Barred Negroes for Last 76 Years."
(90) Robert E. Thomason, "Union Must Drop Father-Son Rule," *New York Times*, Aug. 25, 1964 ; "Union Bias Breakthrough," *New York Times*, Aug. 25, 1964 ; Banks, "'The Last Bastion of Discrimination'," 170-172 ; Marshall and Briggs, *Equal Apprenticeship Opportunities*, 34.
(91) "Union Men Warn Ethnic Quotas," *New York Times*, Aug. 31, 1964 ; Emanuel Perlmutter, "Union Here Doubt Court Ruling Will End Partiality to Relatives," *New York Times*, Aug. 26, 1964.
(92) Marshall and Briggs, *Equal Apprenticeship Opportunities*, 34-35 ; Banks, "'The Last Bastion of Discrimination'," 185-186.
(93) Peter Millones, "High Marks Upset Metal Union Test," *New York Times*, Dec. 29, 1966 ; Waldinger and Bailey, "The Continuing Significance of Race," 312 ; Banks, "'The Last Bastion of Discrimination'," 193-196. なお，ザッカーマンの論文では試験を受けた黒人・プエルトリコ系の数は36人とされている。Zuckerman, "The Sheet Metal Workers' Case," 425.
(94) Damon Stetson, "Negroes Upheld in Sheet-Metal Apprentice Test," *New York Times*, Feb. 10, 1967 ; Id., "Negro Test Scores Upheld by Court," *New York Times*, Apr. 16, 1967 ; Waldinger and Bailey, "The Continuing Significance of Race," 312 ; Banks, "'The Last Bastion of Discrimination'," 196-197.

第6章 固執される秩序

(1) 第二次大戦下における黒人公民権運動とその思想的特徴を論じたものとしては以下。藤永康政「黒人思潮の変化と公民権連合の構築(2)——1943年のワシントン行進運動と愛国主義」『地域文化研究』（東京大学大学院総合文化研究科）12号（1997年）。
(2) Sewell, "Contracting Racial Equality," 22-23 ; 藤永，前掲論文，6-7頁。なお，反差別条項の明記は1943年に軍需産業以外の連邦契約企業にも適用されることになった。また，公正雇用委員会は最終的に戦時労働力委員会の下部組織となり，戦後1946年には完全にその機能を停止した。
(3) Sewell, "Contracting Racial Equality," 46-47 ; Dean J. Kotlowski, "Richard Nixon and the Origin of Affirmative Action," *Historian* 60, no. 3 (Spring 1998), 525.
(4) Sewell, "Contracting Racial Equality," 49-50 ; Kotlowski, "Richard Nixon and the Origin of Affirmative Action," 525, 533.
(5) Kotlowski, "Richard Nixon and the Origin of Affirmative Action," 525-526.
(6) Council of Economic Advisers, *Economic Report of the President Transmitted to the Congress January 1965*, Together with the Annual Report of the Council of Economic Advisers (Washington, D.C. : United States Government Printing Office, 1965), 233.
(7) Tom Wicker, "Kennedy Prohibits Job Discrimination at Federal Projects," *New York Times*, June 5, 1963.
(8) Sugrue, "Affirmative Action from Below," 164.
(9) Sewell, "Contracting Racial Equality," 151.
(10) Ibid., 159 ; Zieger, *For Jobs and Freedom*, 152-153.
(11) Banks, "'The Last Bastion of Discrimination'," 213.
(12) Sugrue, "Affirmative Action from Below," 169-170.

（13） Ibid., 171-172 ; Kotlowski, “Richard Nixon and the Origin of Affirmative Action,” 526-527 ; Banks, “‘The Last Bastion of Discrimination’,” 215-226. クリーヴランド・プランについては以下。Sewell, “Contracting Racial Equality,” 241-250.

（14） Banks, “‘The Last Bastion of Discrimination’,” 226-228.

（15） Vincent J. Cannato, *The Ungovernable City : John Lindsay and His Struggle to Save New York* (New York : Basic Books, 2001), 70.

（16） City of New York Commission on Human Rights（以下 CCHR), *Bias in the Building Industry : An Updated Report, 1963-1967* (New York : May 31, 1967), 7-8.

（17） Minutes of the Executive Board Meeting, Sept. 13, 1966, CLC, New York City Central Labor Council Records, Box 117, Folder 12, RFWLA, NYU.

（18） CCHR, *Bias in the Building Industry : An Updated Report, 1963-1967*, 11-13, 25-26. CCHR は建設労組における「姉妹組合員転籍優先権」の存在を指摘し，労働力供給に不足が生じると他地域の姉妹組合から熟練工を転籍させるシステムが非白人の雇用を阻んでいると指摘し，具体例を挙げてその事実を示した。CCHR の調査によれば，転籍労働者は通常組合員資格として必要とされる居住期間や職人試験の受験等を免除されていたが，非白人の場合，そもそも採用に際して大きなハンディがあり，たとえ採用されても非建設労働部門に配属されるというパターンがほとんどで，処遇の差は歴然としていた。Ibid., 27-28.

（19） Ibid., 16, 31-36.

（20） Ibid., 25.

（21） Ibid., 48-52.

（22） Ibid., 18-25.

（23） Minutes of the Regular Membership Meeting, Apr. 16, 1968, BCTC.

（24） Minutes of the Executive Board Meeting, May 20, 1968, BCTC.

（25） Banks, “‘The Last Bastion of Discrimination’,” 238.

（26） 停滞あるいは未着工となっていた建設事業は，ロウワー・マンハッタンやブルックリンの高速道路，地下鉄，シヴィック・センター，ウェルフェアー・アイランド（現ローズヴェルト・アイランド），ハーレム・オフィス・ビル，バッテリー・パーク・シティー，世界貿易センタービルなどどれも事業規模の大きいものだった。Minutes of the Executive Board Meeting, Oct. 20, 1968, BCTC ; Letter to Seated Delegates and Secretaries from President, Peter J. Brennan and Secretary-Treasurer, Thomas W. Tobin, Oct. 21, 1969, in Minutes of the Regular Membership Meeting, Oct. 21, 1969, BCTC.

（27） Letter to Seated Delegates and Secretaries from President, Peter J. Brennan and Secretary-Treasurer, Thomas W. Tobin.

（28） Letter to all Seated Delegates and Secretaries from Peter J. Brennan, President and Thomas W. Tobin, Secretary-Treasurer, Apr. 25, 1968, in Minutes of the Regular Membership Meeting, May 21, 1968, BCTC.

（29） Minutes of the Regular Membership Meeting, May 21, 1968, BCTC.

（30） ニューヨークの青年層の失業は当時深刻な問題となっており，中央労組会議は 1968 年に青年委員会を組織し，職業紹介や教育の機会を与える取り組み，戸別訪問など独自の対策を行っていた。

（31） CLC, *Labor Chronicle*, June, 1968.

（32） Ibid., Special Labor Day Parade Issue, Aug., 1968.
（33） Ibid., Aug.-Sept., 1968.
（34） Ibid., May, 1969.
（35） Ibid., July-Aug.-Sept., 1969.
（36） 3人の候補とはM・A・プロカシーノ（市長），A・D・ビーム（会計検査官），F・X・スミス（市議会議長）のことを指す。
（37） Minutes of the Executive Board Meeting, Oct. 20, 1969, BCTC ; Letter to Seated Delegates and Secretaries from President, Peter J. Brennan and Secretary-Treasurer, Thomas W. Tobin.
（38） 本選挙ではビーム以外の2人が対立候補に敗れた。なお，市長に再選されたリンジーは明確にヴェトナム反戦の立場を表明していたことなどから，共和党内で支持を得られずに予備選挙で敗れ，自由党から立候補していた。
（39） Minutes of the Executive Board Meeting, Dec. 19, 1968, CLC, New York City Central Labor Council Records, Box 117, Folder 13, RFWLA, NYU.
（40） Palladino, *Skilled Hands, Strong Spirits*, 164-165 ; Banks, "'The Last Bastion of Discrimination'," 253-255.
（41） Banks, "'The Last Bastion of Discrimination'," 251 ; Linder, *Wars of Attrition*, 182-187.
（42） Palladino, *Skilled Hands, Strong Spirits*, 173-174 ; Banks, "'The Last Bastion of Discrimination'," 251-255 ; Judith Stein, *Running Steel, Running America : Race, Economic Policy, and the Decline of Liberalism*（Chapel Hill : University of North Carolina Press, 1998）, 150. 同会議の活動について詳しくは Linder, *Wars of Attrition*, chapter 7 参照。
（43） Banks, "'The Last Bastion of Discrimination'," 256-258 ; Kotlowski, "Richard Nixon and the Origins of Affirmative Action," 528-529.
（44） Banks, "'The Last Bastion of Discrimination'," 259 ; Kotlowski, "Richard Nixon and the Origins of Affirmative Action," 530 ; Stein, *Running Steel, Running America*, 151 ; Palladino, *Skilled Hands, Strong Spirits*, 164 ; Sugrue, "Affirmative Action from Below," 170-171 ; Nancy Banks, "The New Majority and the Preservation of the Racial Status Quo : Richard Nixon, the New York City Building Trades and the New York Plan for Training," paper for 2004 Spring Conference, May 7, 2004, 5. 同論文はヴァージニア大学ミラー・センター（Miller Center of Public Affairs）のフェローシップであったバンクスが，2004年5月7，8両日にわたって行われた同センター主催による春の特別研究員報告会において発表したもの。
（45） Linder, *Wars of Attrition*, 234-236 ; Banks, "'The Last Bastion of Discrimination'," 261 ; Stein, *Running Steel, Running America*, 151 ; Minutes of the Regular Membership Meeting, Sept. 16, 1969, BCTC.
（46） Sugrue, "Affirmative Action from Below," 172.
（47） 先行研究は経済的・政治的両側面を合わせて論じたものが多いが，いずれの点を強調するかで特徴づけるとすれば，以下のように整理される。経済的側面を強調する代表的な研究はJ・スタインやM・リンダーによるものである。スタインはフィラデルフィア・プランの起源は経済的側面であったとし，そこから副次的な効果が生み出されたとしている。リンダーの研究は建設労組に対する政策を，ヴェトナム戦争などで混迷するアメリカ経済の文脈の中で捉えようとするもので，政治的・社会的側面についての言及は極めて少ない。政治的側面を強調するものはニクソン政権に焦点をあて

た政権研究に多く，M・スモールやJ・カウィーが代表的である。また，複雑な政治局面に置かれたAFL-CIOの動向に焦点をあてつつ，それとニクソン政権との絡みを検証したE・F・ウィールによる研究もこの中に含まれるであろう。双方の要因を織り交ぜながら広い文脈で考察しているのはN・バンクスやD・コトロウスキーのものが挙げられる。さらに，T・J・スグルーのようにローカルな地における草の根の取り組みの広がりという社会史的視点からフィラデルフィア・プランを分析しようとする手法も注目すべきものである。それぞれの研究に関しては，本書の参考文献を参照。

(48) Small, *The Presidency of Richard Nixon*, 176.

(49) Sugrue, "Affirmative Action from Below," 173.

(50) Building and Construction Trades Department (AFL-CIO), *Statement of Policy on Equal Employment Opportunity*, Sept. 22, 1969, in Minutes of the Executive Board Meeting, Oct. 20, 1969, BCTC. また，ミーニーは1970年1月12日にワシントンの全米記者クラブで講演を行い，フィラデルフィア・プランについて以下のように述べて批判するとともに，マイノリティの雇用に関する労組の立場を擁護した。「このプランの最大の欠点はおそらく，連邦による事業だけでなくすべての建設事業で必要な雇用を満たし，役に立つことができる熟練工の中に，マイノリティ労働者が恒久的な地位を築けるように資格を満たし，必要な訓練を行っていくという，本来やらなければならないことから問題をそらしているということでしょう。だから私はこのプランが好きではないのです。我々はこのプランに政治的な意図を感じていますし，このプランが貧弱な情報に基づいて始められたと思っています。……一方で我々は我々自身のプランを進めたいと希望しています。我々はこの問題について自らの態度と行いに関して弁解するつもりは全くありません。この国の多くの組合——我が国では職種別労組による運動が，全国的な光景になっています——で差別があったことを否定するつもりもありません。我々には南部の組合員がいますし，肌の色に対して偏見を持っているだけでなく，偏見の類すべてを持っている者もいます。そして，我々は失業に慄き続け，人生全体に渡って短期間の仕事に悩まされ続けている組合を抱えているのです」。George Meaney, "Labor and the Philadelphia Plan," pamphlet (Washington : AFL-CIO, Jan. 12, 1970), no page number, New York State AFL-CIO Records, Box 3, Folder "Civil Rights Publication, NYS 1951-1971," RFWLA, NYU.

(51) Banks, "The New Majority and the Preservation of the Racial Status Quo," 6-7.

(52) Sewell, "Contracting Racial Equality," 260-262.

(53) Minutes of the Regular Membership Meeting, Oct. 21, 1969, BCTC.

(54) Ibid.

(55) "Shultz Warns 18 Cities to End Bias in Building Jobs," *New York Times*, Feb. 10, 1970.

(56) Memorandum from Gordon Davis to John V. Lindsay, Richard Aurelio, Peter Goldmark, Peter Tufo, Mar. 3, 1970, John V. Lindsay Papers (以下 JVL Papers), Box 59, Folder 1092 "Labor (2)," New York City Municipal Archives.

(57) Minutes of the Regular Membership Meeting, Jan. 19, 1970, BCTC.

(58) Minutes of the Executive Board Meeting, Apr. 20, 1970, BCTC.

(59) Jeffrey Kimball, *Nixon's Vietnam War* (Lawrence : University Press of Kansas, 1998), 40-41.

(60) ベトナム戦争の記録編集委員会編『ベトナム戦争の記録』(大月書店，1988年),

162-163，177，256-257頁。なお，米兵の累計死者数は同書に掲載されている統計資料を基に筆者が算出した。

（61） Melvin Small, *Antiwarriors : The Vietnam War and the Battle for America's Hearts and Minds*（Wilmington : SR Books, 2002), 107-112；リチャード・ニクソン『ニクソン回顧録1——栄光の日々』松尾文夫，斎田一路訳（小学館，1978年），99-110頁。

（62） Stanley I. Kutler ed. in chief, *Encyclopedia of the Vietnam War*（New York : Charles Scribner's Sons, 1996), 1046-1049.

（63） Kimball, *Nixon's Vietnam War*, 174-175；リチャード・ニクソン『ニクソン回顧録1——栄光の日々』，112-113頁。

（64） Small, *The Presidency of Richard Nixon*, 161-163.

（65） ニクソン政権の白人労働者階級への戦略を分析したものとしてカウィーの指摘は興味深い。カウィーは，ニクソンは労働者の労働条件の改善などに焦点をあてたのではないとして，その特徴を以下のように記している。「ニクソンは物質的なことよりも観念的な立場に立っていた。つまり，労働者がより重要だとする道徳的枠組みや愛国的正しさに対して，労働者の経済的利益を下位においたのである。彼はまた社会的堕落や人種的騒擾，国民的目標の揺らぎといった内的に連関する脅威に直面する中で，ホワイトネスや男らしさ（machismo）を持ち出すことに努めた。……そのようなアピールを行っていく過程において，ニクソンは戦後の大統領の中で最も階級を意識した大統領の1人であるかもしれない。その意識はしかし，決してアメリカの労働者の状況や彼らの富の改善を追求するものではなかった。ニクソンは『南部戦略（Southern Strategy)』を北部の都市に持ち込み，組織労働者と民主党の間に『沈黙した多数派（silent majority)』という楔を打ち込もうとしたのである」。Cowie, "Nixon's Class Struggle," 257-258.

（66） Cannato, *The Ungovernable City*, 437-438. ただし，全体の票数に占めるマイノリティの比率はさして高くない。詳細なリンジー研究を行ったV・J・カナートによれば，1969年の選挙で見た黒人票は投票全体の15%（市人口の中の割合では20%），プエルトリコ系は6%（同10%）にしか過ぎなかった。カナートはマイノリティ同様リンジーの勝利に貢献したものとして，45%の支持をリンジーに与えたユダヤ系の存在を挙げている。またフリーマンも同様の見解を述べ，特にユダヤ系からリンジーが多くの票を得た背景として，リンジーのヴェトナム戦争への反戦的立場を挙げている。それによれば，ユダヤ系が多数派を占める統一教員労組（UFT）とリンジーは，公立学校の人種統合をめぐる問題で溝を深めていたが，リンジーが明確な反戦の立場をとったことで，反戦色の強いUFTの態度が軟化したという。このことについてはオーシャン・ヒル＝ブラウンズヴィル地区におけるUFTとコミュニティ住民の公教育をめぐる争いを研究したJ・E・ポデアーも同様の見解をとっている。カナートによる1966年および1969年におけるニューヨーク市長の選挙結果についての詳しい分析は以下。Ibid., 69-74, 436-441. フリーマンの1969年選挙についての考察は以下。Freeman, *Working-Class New York*, 235-237. ポデアーの見解については以下。Podair, *The Strike That Changed New York*, 112.

（67） Binder and Reimers, *All the Nations under Heaven*, 224.

（68） CLC, *Labor Chronicle*, Mar., 1968.

（69） Minutes of the Executive Board Meeting, Mar. 17, 1969, BCTC.

(70) Jerald E. Podair, "The Ocean Hill-Brownsville Crisis : New York's *Antigone*," conference paper on New York City History, City University of New York, Oct. 6, 2001, 7–8.
(71) 連邦下院議員時代の 1965 年 4 月 24 日，ミシガン州のオークランド大学で行った演説においてリンジーは，ヴェトナム戦争を無限定な軍事力行使によるエスカレーションでは解決できないと述べる一方，当初からヴェトナムで実現を企図してきた原則を放棄する撤退もありえないとし，高度に複雑化した新たな運動が展開するアジアやアフリカの問題に取り組むには新しい外交術，センス，スキル，リーダーシップが必須であると主張した。そしてそのための策は実効性を持つ国際法を伴う国際機関の設立であるとした。「我々の終わりなき義務は世界中にまたがる法を持つ国際機関の設立です。もしそれに失敗するなら，我々は激化するナショナリズム，人種主義，軍国主義によって混沌とした状態に投げ入れられることでしょう」。Commencement Address by John V. Lindsay at Oakland University, Apr. 24, 1965, JVL Papers, Box 115, Folder 272 "Vietnam 1967–1971."
(72) ニューヨークではコロンビア大学の体育館建設をめぐる問題があった。体育館は黒人地区に隣接した場所に計画されたことから，学生はこの体育館が建つことによって人種隔離が進むと主張し，建設現場に押しかけて作業を妨害しようとした。このほかには，ニューヨーク州立大学バッファロー校でも事業が停滞に追い込まれていた。反戦行動によって大学の建設事業が中止されたものとしては他にワシントン州立大学やボストンのタフツ大学などがあった。
(73) Small, *Antiwarriors*, 58–59.
(74) Ibid., 66 ; Foner, *U.S. Labor and the Vietnam War*, 48 ; Ryodori Jeffreys-Jones, *Peace Now ! : American Society and the Ending of the Vietnam War*（New Heaven : Yale University Press, 1999）, 180–181.
(75) Donald Janson, "Whites Denounce Pittsburgh Mayor," *New York Times*, Aug. 30, 1969 ; Seth S. King, "Whites in Chicago Continue to Protest," *New York Times*, Sept. 27, 1969 ; Kotlowski, "Richard Nixon and the Origins of Affirmative Action," 527–528 ; Freeman, "Hard-Hats," 734.
(76) Cannato, *The Ungovernable City*, 230–233.
(77) Ibid., 238. 予備役訓練課程に加えて，大学当局が秘密裏にしてきた国防省の一機関・防衛分析局（IDA）への大学の関与が暴露されたことも，学生たちの間に反当局感情を増幅させた。なお，コロンビア大学のキャンパス内で行われてきた予備役訓練課程は 1969 年以降実施されなくなり，同大学学生が予備役訓練課程を受けるには，市内にあるフォーダム大学やマンハッタン・カレッジで行われているプログラムに申し込まなければならなかった。しかし，2011 年 4 月 1 日，教員・学生双方で構成される大学代表者会議（University Senate）は予備役訓練課程をキャンパス内で復活させる決議について投票を行い，51 対 17（欠席者 1 名）の圧倒的差によってこれを承認した。予備役訓練課程復活の決議承認に至った背景として，2010 年 12 月にオバマ大統領が軍隊内の同性愛者政策 "Don't Ask, Don't Tell" の廃止に署名をしたことが指摘されている。Tamar Lewin and Anemona Hartocollis, "Colleges Rethink R.O.T.C. after 'Don't Ask, Don't Tell' Repeal," *New York Times*, Dec. 22, 2010 ; Alan Feuer, "Years after Ban, Columbia Opens Door to R.O.T.C. Return," *New York Times*, Apr. 2, 2011. 決議から 1ヶ月後には海軍と大学の間で予備役訓練課程実施に関する合意が行われている。なお，決

議前までのコロンビア大学における予備役訓練課程について詳しくは以下のアドレス参照。“Reserve Officers Training Corps at Columbia University,” Columbia University, http://www.columbia.edu/cu/rotc/index.htm.

(78) Small, *Antiwarriors*, 87–88.

(79) Levy, *The New Left and Labor in the 1960s*, 96–97. コロンビア大学の一連の事態について詳しくは以下参照。Cannato, *The Ungovernable City*, chapter 7.

(80) “Columbia Agrees to Halt Classes,” *New York Times*, May 3, 1970.

(81) Joseph Lelyveld, “Protests on Cambodia and Kent State are Joined by Many Local Schools,” *New York Times*, May 6, 1970.

(82) Robert D. McFadden, “College Strife Spreads,” *New York Times*, May 8, 1970.

(83) Foner, *U.S. Labor and the Vietnam War*, 99 ; Small, *Antiwarriors*, 123.

(84) Frank J. Prial, “Students Step up Protests on War,” *New York Times*, May 6, 1970 ; Linda Charlton, “Activity Stepped up Here,” *New York Times*, May 7, 1970.

(85) McCandlish Philips, “City Highschools Join in Protests,” *New York Times*, May 7, 1970.

(86) Charlton, “Activity Stepped up Here.”

(87) Homer Bigart, “War Foes Here Attacked by Construction Workers,” *New York Times*, May 9, 1970 ; Michael Drosnin, “After ‘Bloody Friday,’ New York Wonders If Wall Street is Becoming a Battlefield,” *Wall Street Journal*, May 11, 1970.

(88) Fred J. Cook, “Hard-Hats : The Rampaging Patriots,” *Nation*, June 15, 1970, 715.

(89) Bigart, “War Foes Here Attacked by Construction Workers” ; Drosnin, “After ‘Bloody Friday,’ New York Wonders If Wall Street is Becoming a Battlefield” ; Cook, “Hard-Hats,” 714–716.

(90) Statement by Mayor John V. Lindsay, May 9, 1970, JVL Papers, Box 89, Folder 1666 “Press Release-Mayoral Office (2) 1970.”

(91) Emanuel Perlmutter, “Head of Building Trades Union Here Says Response Favors Friday Action,” *New York Times*, May 12, 1970 ; Homer Bigart, “Thousands City March to Assail Lindsay on War,” *New York Times*, May 16, 1970 ; Cook, “Hard-Hats,” 717.

(92) Perlmutter, “Head of Building Trades Union Says Response Favors Friday.”

(93) Special Meeting of the Executive Board, May 13, 1970, BCTC.

(94) Minutes of the Regular Membership Meeting, May 19, 1970, BCTC.

(95) Robert B. Semple Jr., “Nixon Meets Head of Two City Unions ; Hails War Support,” *New York Times*, May 27, 1970.

(96) Minutes of the Regular Membership Meeting, June 16, 1970, BCTC.

(97) Minutes of the Executive Board Meeting, June 15, 1970, BCTC.

(98) John Herbers, “Thousands Voice Fatih in America at Capital Rally,” *New York Times*, July 5, 1970.

(99) Remarks by Mayoral John V. Lindsay, May 19, 1970, JVL Papers, Box 89, Folder 1666 “Press Release-Mayoral Office (2) 1970.”

(100) Executive Order 20, July 15, 1970, JVL Papers, Gordon Davis File, New York Plan-Implementation (6) ; Banks, “‘The Last Bastion of Discrimination’,” 318–319.

(101) Thomas P. Lonan, “Construction Men Sign Trainee Pact,” *New York Times*, Dec. 11, 1970 ; Banks, “The New Majority and the Preservation of the Racial Status Quo,” 11–12 ; Sewell,

"Contracting Racial Equality," 269–270.

(102) Lonan, "Construction Men Sign Trainee Pact."

(103) Executive Order 31, Jan. 18, 1971, JVL Papers, Gordon Davis Files, New York Plan-Implementation (3).

(104) Banks, "'The Last Bastion of Discrimination'," 332–333.

(105) Memo from Joseph Rodriguez, Manpower and Career Development's Commissioner to Richard Aurelio, Deputy Mayor, Jan. 20, 1971, JVL Papers, Gordon Davis File, New York Plan-Implementation (4).

(106) CCHR Memo from Jim Murphy, Susan Harman, Margaret Bald to Preston David, Jan. 20, 1971, JVL Papers, Gordon Davis File, New York Plan-Implementation (4).

(107) Cannato, *The Ungovernable City*, 496–499.

(108) Minutes of the Executive Board Meeting, Mar. 15, 1971, BCTC ; Minutes of the Regular Membership Meeting, Mar. 16, 1971, BCTC.

(109) "Limited Breakthrough," *New York Times*, Dec. 14, 1970 ; Minutes of the Executive Board Meeting, May 17, 1971, BCTC ; Minutes of the Regular Membership Meeting, May 18, 1971, BCTC.

(110) Minutes of the Executive Board Meeting, May 17, 1971, BCTC.

(111) Correspondence from Harry Fleischman to John V. Lindsay, Jan. 18, 1971, JVL Papers, Gordon Davis File, New York Plan-Implementation (4) ; Statement of the Honorable Franklin H. Williams, Chairman of the New York State Advisary Committee to the United States Commission on Civil Rights, Mar. 2, 1971, JVL Papers, Gordon Davis File, New York Plan-Implementation (3) ; Banks, "'The Last Bastion of Discrimination'," 335.

(112) Banks, "The New Majority and the Preservation of the Racial Status Quo," 13–14.

(113) Minutes of the Executive Board Meeting, May 17, 1971, BCTC.

(114) Minutes of the Regular Membership Meeting, Dec. 19, 1972, BCTC.

(115) Banks, "'The Last Bastion of Discrimination'," 352–356.

(116) John Darton, "City Withdrawing from Hiring Plan," *New York Times*, Jan. 13, 1973.

(117) Banks, "'The Last Bastion of Discrimination'," 361–362.

(118) Emanuel Perlmutter, "City Rules Widen Minority Hiring," *New York Times*, Apr. 18, 1973.

(119) Banks, "'The Last Bastion of Discrimination'," 365.

(120) Murray Illson, "Court Upsets New York Policy to Combat Building-Trade Bias," *New York Times*, May 12, 1976 ; Waldinger and Bailey, "The Continuing Significance of Race," 310 ; Banks, "The New Majority and the Preservation of the Racial Status Quo," 18–19 ; Id., "'The Last Bastion of Discrimination'," 365–366.

(121) Interview with E. Glynn.

(122) Interview with E. J. Cush.

(123) "A" Apprentice Research Committee, "Apprenticeship on the Move," 62–63.

(124) Building and Construction Trades Department, *Building and Construction Trades Bulletin*, Sept., 1969.

(125) Interview with S. Contello.

(126) Interview with W. Blain. ブレインの取り組みは自らの悲痛な経験に基づいているものでもあった。彼は見習い時代に 52 丁目の近代美術館で作業中，火災により 1 人の仲

間を失っており，職人になってからもエンパイア・ステイト・ビルでの作業中に優秀な技術を持っていた仲間を転落事故によって失っていた。

（127） Minutes of the Regular Membership Meeting, June 18, 1968, BCTC.

（128） Minutes of the Executive Board Meeting, Dec. 14, 1970, BCTC.

（129） Minutes of the Regular Membership Meeting, Dec. 15, 1970, BCTC.

（130） Minutes of the Executive Board Meeting, Jan. 18, 1971, BCTC. なお，1972年2月29日の定期代議員総会で1971年度の労災死者数が報告され，前年度より半減して16人となった。ブレンナンは「我々は死者ゼロの年を報告できることを楽しみにしている」と引き続き努力する意欲を示すと同時に，「もし誰かがヘルメットをかぶっていないことで解雇されても組合は助けない」と厳しい態度を見せた。ブレンナンの態度は，建設労組にとって安全問題が並々ならぬ関心事であったことを示している。Minutes of the Regular Membership Meeting, Feb. 29, 1972, BCTC.

（131） CLC, *Labor Chronicle*, June, 1970；Minutes of the Executive Board Meeting, Dec. 2, 1969, BCTC.

（132） 兄弟で鉄骨組立工となったウォルシュ兄弟の場合，同じく鉄骨組立工であった父を事故で亡くしていた。兄のロバートはヴェラザーノ・ナロウズ・ブリッジの建設に従事したが，その時若い1人の労働者（G・マッキー）が落下事故で亡くなっていた。自身も2度の落下事故を経験したが，幸運にも安全ネットにかかって最悪のケースは避けられたという。Interview with R. Walsh. なお，ヴェラザーノ・ナロウズ・ブリッジ建設で死亡したG・マッキーの場合は，不運にもネットが張られていなかった。マッキーは落下後しばらく作業用通路（catwalk）にしがみついて助けを呼びながら耐えていたものの，それに気づいた労働者の手では救出することができず，最後には力尽きて橋下の川に落下，死亡した。その時の生々しい様子に関しては以下。Talse, *The Bridge*, chapter 6.

（133） Francis X. Clines, “For the Flag and for Country, They March,” *New York Times*, May 21, 1970.

（134） Ibid.

（135） Ibid.

（136） Len Levit, “‘Don’t Get Me Wrong’,” *Time*, May 25, 1970, 21.

（137） 直接米軍の仕事を請け負う業種として他には港湾関係や海員などが挙げられる。両業種とも米軍物資の運搬を担い，ヴェトナム現地でも軍の下で働いていた。ハードハット暴動やその後のニクソン支援集会の主体として建設労働者に次ぐ存在感を示したのが国際港湾労組（ILA）の労働者であったという事実は，建設労働者同様，米軍との直接的関係の強さという点からも説明できるだろう。

（138） T・J・スグルーはこれに関連して重要な指摘を行っている。スグルーによれば，「沈黙した多数派（silent majority）」現象に示される1960年代後半に進んだリベラリズムに対する反乱の要因として，「貧困に対する戦争」や公民権運動の高揚を強調し過ぎることは1960年代以前から北部のローカルな政治を先鋭化させていた人種的な亀裂を無視することになるという。ローカルなレヴェルにおいては，人種をめぐる政治やコミュニティでの緊張関係はG・ウォレスの台頭や公民権法の制定以前の20年間に，徐々に，そして沸々と湧き上がっていたのであって，「沈黙した多数派」の登場をリベラリズムの挫折や「偉大な社会」に対する拒絶に求めるべきでない，とするスグ

ルーの主張は，ローカルなレヴェルでの，日常における人々の関係の変化を具体的に考察する視点の重要さを明確に示していよう。Thomas J. Sugure, “Crabgrass-Root Politics : Race, Rights, and the Reaction against Liberalism in the Urban North, 1940–1964,” *Journal of American History* 82, no. 2 (Sept. 1995), 577–578.

(139) ヴェトナム戦争を労働者階級出身の兵士による戦争として捉えるC・G・アピーは，ハードハット暴動に関して，たとえこの行動が政権の戦略で扇動されたことによるものであったとしても，「指導者たちはたやすく自発的参加者を見つけることができていただろう」と述べ，労働者の中に鬱積されていた学生・知識人に対する階級的不満が襲撃行為に走らせたことを強調している。アピーの研究は兵士となった労働者階級の劣悪な生活状態や，そこで築かれた価値観，あるいは軍隊の訓練の中でつくられた暴力的文化などに焦点をあてたものであり，建設労働者を特に論じているわけではない。しかし，ハードハット暴動の要因として労働者の側に積極的な動機があったことを強調している点は重要であろう。Christian Appy, *Working-Class War : American Soldiers and Vietnam War* (Chapel Hill : University of North Carolina Press, 1993), 38–43.

第7章　守られる境界，守るべき境界

(1) アメリカ政府統計局によれば，1951年から68年の消費者物価指数の伸びは33.9%で年平均は1.7%となっており，これは経済的に歴史上非常に落ち着いていた時代とされている。それに対し，1960年代後半からはインフレ率のペースが増し，1970年代は慢性的なインフレに苦しむようになった。消費者物価指数も1968年から83年の間で186.4%の伸びを示し，年平均では7.3%の急カーヴを描くなど急激な経済状況の変化が起こっていた。Stephen B. Reed, “One Hundred Years of Price Change : The Consumer Price Index and the American Inflation Experience,” *Monthly Labor Review* (Apr. 2014), 10–17.

(2) Linder, *Wars of Attrition*, 349–350.

(3) Ibid., 353.

(4) Lee Dembart, “Building Unions Eye Bargaining Shift,” *New York Times*, Feb. 14, 1976.

(5) Jerry Flint, “Trade Unions Losing Grip on Construction,” *New York Times*, Dec. 12, 1977.

(6) Ibid.

(7) Banks, “‘The Last Bastion of Discrimination’,” 376.

(8) Linder, *Wars of Attrition*, 345.

(9) Freeman, *Working-Class New York*, 273.

(10) Ibid., 167.

(11) Banks, “‘The Last Bastion of Discrimination’,” 376.

(12) Lesley Oelsner, “Electricians’ Strike Begins to Hurt at Some New York Building Sites,” *New York Times*, Apr. 8, 1978 ; Jerry Flint, “Bricklayers’ Union Fights to Hold Its Share in a Slumping Business,” *New York Times*, Dec. 4, 1977.

(13) Interview with A. D’Angelo.

(14) Ruffini, *Harry Van Arsdale, Jr.*, 222.

(15) すでに1970年代初頭から建設労組内部の秩序が揺るぎ始めていたことは，BCTCの会議や集会に対する出席・動員数が低下していることについてブレンナンの苦言が目立ってきたことからも推察できよう。Minutes of the Regular Membership Meeting, Apr.

13, 1971, BCTC ; Ibid., Oct. 17, 1972, BCTC. つまり，1970年5月のニクソン支持集会における労働者の動員にブレンナンが謝辞を述べていた頃は，建設労組がすでにその減退時期に差しかかっていた時でもあった。

（16） Thomas Byrne Edsall, “The Changing Shape of Power : A Realignment in Public Policy,” in *The Rise and Fall of the New Deal Order, 1930–1980*, Steve Fraser and Gary Gerstle, eds.（Princeton : Princeton University Press, 1989）, 276–277.

（17） David Goldberg and Trevor Griffey, “White Male Identity Politics, the Building Trades, and the Future of American Labor,” in *Black Power at Work : Community Control, Affirmative Action, and the Construction Industry*, David Goldberg and Trevor Griffey, eds.（Ithaca and London : Cornell University Press, 2010）, 195. 連邦政府労働省労働統計局の数字によれば，2004年から2014年にかけて建設労働者の組合への組織率は1990年代からさらに落ち込んで停滞し続けていることが確認できる。この11年の間の組織率は，最低で13.0%（2006年），最高で15.6%（2008年），2014年は13.9%で前年の2013年から0.2%の減少である。“Union Affiliation Data from the Current Population Survey : Percent of Employed, Private Wage and Salary Workers, Members of Unions, Construction,” United States Department of Labor, Bureau of Labor Statistics, accessed Apr. 12, 2015, http://data.bls.gov/timeseries/LUU0204910500?data_tool = XGtable.

（18） Palladino, *Skilled Hands, Strong Spirits*, 197.

（19） Erlich, “Who Will Build the Future ?” 7.

（20） Linder, *War of Attrition*, 386–387.

（21） Erlich, “Who Will Build the Future ?” 11–12.

（22） Ibid., 15–16. 全米電気工労組の方針転換については以下のものが詳しい。Jeffrey Grabelsky, “Bottom-Up Organizing in the Trades : An Interview with Mike Lucas, IBEW Director of Organizing,” *Labor Research Review* 1, no. 12（1988）.

（23） Palladino, *Skilled Hands, Strong Spirits*, 200.

（24） 電気工労組の動きとCOMETの推移について詳しくは以下。Ibid., 199–204.

（25） Mark Erlich and Jeffrey Grabelsky, “Standing at Crossroads : The Building Trades and Twenty First Century,” *Labor History* 46, no. 4（Nov. 2005）, 432–433.

（26） 通史的なものとしては以下が分かりやすい。Kazin, *The Populist Persuasion*. 投票行動に関する代表的研究は以下。Stanley B. Greenburg, *Middle Class Dreams : The Politics and Power of the New American Majority*, revised and updated ed.（New Haven : Yale University Press, 1996）. レーガンのレトリックや人物については以下。Toby Glenn Bates, *The Reagan Rhetoric : History and Memory in 1980s America*（Delkab : Northern Illinois University Press, 2011）; Sean Wilentz, *The Age of Reagan : A History, 1974–2008*（New York : Harper Perennial, 2009）. その他コミュニティや宗教と保守主義の関連については以下。Lisa McGirr, *Suburban Warriors : The Origin of the New American Right*（Princeton : Princeton University Press, 2002）; Kevin M. Kruse, *White Flight : Atlanta and the Making of Modern Conservatism*（Princeton : Princeton University Press, 2007）.

（27） Gerald R. Ford, “Veto of a Common Situs Picketing Bill,” Jan. 2, 1976, The American Presidency Project, accessed Jan. 12, 2015, http://www.presidency.ucsb.edu/ws/?pid=5910.

（28） Ed Townsend, “GOP Support Dented among Union Hard-Hats,” *Christian Science Monitor*, Apr. 9, 1982.

(29) Ibid.; "Construction Unions Jeer GOP Chief," *New York Times*, Apr. 8, 1982.

(30) Seth S. King, "Labor Secretary Shunned at AFL-CIO Parley," *New York Times*, Feb. 24, 1983. 一方で建設労組とともにレーガン支持を明確にしていた国際港湾労組（ILA）の方は，まだ政権との親密な関係を保っていた。フロリダ州ハリウッドで行われた4年ごとに行われるILAの大会にゲストとして登壇したレーガンはILA議長グリーソンの「忠実さ」を褒め称えつつ，当時強力に進めていたエルサルバドルやニカラグアの内戦への介入政策に対する協力を強く求めていた。歴史的にアメリカが行ってきた対外戦争の中で物資の運搬を担うなど重要な役割を果たしてきた港湾労組にとって，国内の建設事業を中心に雇用を確保しようとする建設労組とは強烈な反共主義という共通面はあっても，政権とどの点で結びつき合うかという具体的な関係では大きく異なっていたと言えるだろう。レーガンのILAの大会における演説は以下。Ronald Reagan, "Remarks at the Quadrennial Convention of the International Longshoremen's Association in Hollywood, Florida," July 18, 1983, American Presidency Project, accessed Apr. 12, 2015, http://www.presidency.ucsb.edu/ws/?pid=41596.

(31) Sewell, "Contracting Racial Equality," 234–235. なおマクナマラは，もともとは女性被服労組（ILGWU）の活動家で1950年代初頭から同労組の教育局長や組織局長を歴任していたが，リンジー市政の誕生とともにリクルートされ，市庁舎入りした。その後マイノリティの権利に関わる職を歴任し，市だけではなく州政府でも同様に人権関連の要職に就くなど，一貫してマイノリティの権利拡大に携わった。

(32) Eisenberg, *We'll Call You If We Need You*, 19–20; Latour, "Live! From New York," 179; Valerie Anastasia Park, "United Tradeswomen: The Nuts and Bolts of Women's Grassroots Activism in New York City Construction Industry, 1979–1984," Master's thesis, Sarah Lawrence College, 2001, 3; Nancy MacLean, *Freedom is not Enough: The Opening of the American Workplace* (Cambridge and London: Harvard University Press, 2006), 269–270.

(33) Goldberg and Griffey, "White Male Identity Politics, the Building Trades, and the Future of American Labor," 197–200.

(34) "Women in Apprenticeship Project," pamphlet, undated, United Tradeswomen Records, Box 2, Folder 4 "Advocacy - New York - Working Women's Institute," RFWLA, NYU; "Women in Jobs in the Private Sector," Statement by Mary G. Garvin, Director, Women in Apprenticeship Project, at the New York City Council General Welfare Subcommittee on the Status of Women, June 18, 1979, United Tradeswomen Records, Box 2, Folder 4 "Advocacy - New York - Working Women's Institute," RFWLA, NYU.

(35) Jane Latour, *Sisters in the Brotherhoods*, 9. WAP, リクルート・トレーニング・プログラム，オール・クラフトについては以下に各々の特徴や設立経緯などが記されている。Moccio, "Contradicting Male Power and Privilege," 238–246.

(36) "Women in Apprenticeship Project."

(37) Moccio, *Live Wire*, 66–67.

(38) 例えば，以下のように題された文書が配布され，女性労働者のセクハラへの意識を高める活動が行われていた。Working Women Institute, "How and Why to Document a Case," 1978 (no date); Id., "Going Outside the Company: How to File a Sex Discrimination Complaints," 1979 (no date); Id., "Sexual Harrasment: A Larger Problem Facing Working Women," 1980 (no date), United Tradeswomen Records, Box 2, Folder 4

"Advocacy – New York – Working Women's Institute," RFWLA, NYU.

(39) Interview with Lois Ross, Irene Soloway, and Evan Rudderman, by Jane Latour, Mar. 6, 1996, RFWLA, NYU ; Park, "United Tradeswomen," 10–11.

(40) Park, "United Tradewomen," 14.

(41) Moccio, "Contradicting Male Power and Privilege," 212–213. なお，モッシオの記述ではローカル3の名称やインタヴューの対象となった人々は「プライヴァシーに配慮する」という理由ですべて仮名とされ，ローカル3は「ローカル500」として語られている。1990年代後半になると女性建設熟練工のパイオニアたちの実名や彼女たちが闘いを展開した組合名が公に登場するようになるが，モッシオが調査した頃はまだ公表への条件が整っていなかったため，人物・組合名だけでなく地域すら特定しなかったと思われる。2009年に上梓されたモッシオの著書 *Live Wire* ではすべて実名で記述されている。

(42) Interview with Cynthia Long, by Debra E. Bernhardt, Oct. 19, 1980, RFWLA, NYU.

(43) Eisenberg, *We'll Call You If We Need You*, 10.

(44) Ibid., 14.

(45) Interview with Lois Ross, Irene Soloway and Evan Rudderman.

(46) Interview with Irene Soloway, by Jane Latour, June 5, 1990, RFWLA, NYU ; MacLean, *Freedom is not Enough*, 270–271. 全米で様々な背景を持った女性が公権力の施策と草の根団体の取り組みに触発されたことは，以下で豊富な例を確認することができる。Eisenberg, *We'll Call You If We Need You*, especially, chapter 1.

(47) Latour, *Sisters in the Brotherhoods*, 11–12.

(48) Interview with C. Long.

(49) Ibid.

(50) Interview with Lois Ross, Irene Soloway and Evan Rudderman. 女性が共通して抱く孤立感を問題と感じていたルダーマンはその後，ローカル3内で「女性電気工（Women Electricians）」を結成する。

(51) Interview with Janine Blackwelder, by Jane Latour, Aug. 1, 1990, RFWLA, NYU.

(52) Eisenberg, *We'll Call You If We Need You*, 41.

(53) Interview with Yvone Maitin, by Jane Latour, Feb. 12, 1990, RFWLA, NYU.

(54) Eisenberg, *We'll Call You If We Need You*, 39–40.

(55) New York City Commission on Human Rights, *Building Barriers : Discrimination in New York City's Construction on Human Rights*, New York, Dec., 1993, 117–118.

(56) Park, "United Tradeswomen," 16.

(57) Eisenberg, *We'll Call You If We Need You*, 61–63 ; Interview with C. Long.

(58) Latour, *Sisters in the Brotherhoods*, 102.

(59) Eisenberg, *We'll Call You If We Need You*, 82.

(60) Interview with C. Long. ロングはこうした嫌がらせの類に黙って耐えるのではなく，その場で個人的に抗議して自身の意志を表明することにしていたという。それでも相手が聞かなければ，組合のルールに則って相手を訴えていた。ここで挙げた例で見ると，ロングは卑猥な話をし続けるパートナーを最終的に訴え，仲間の女性の受難には「女性電気工」を組織することで集団的に対処するようにしていた。

(61) Moccio, "Contradicting Male Power and Privilege," 284, 299–300, 301–303. モッシオの調

査では，現場で先輩の男性職人が新人の男性見習いに女性へのからかいや嫌がらせをけしかける一種の「しごき」のような行為が広く流通していたことが明らかにされている。男性見習いはその「出来次第」で評価付けされたが，女性の方もその反応が評価され，反応次第では「仲間入り」を円滑にする場合もあった。モッシオの調査例の一つで，典型的な嫌がらせ行為の一つである「尻見せ（mooning）」のエピソードはそうしたケースの一つであろう。ある男性労働者が女性労働者と梯子を登っている時，下にいる女性労働者に「尻見せ」をした。しかし，被害にあった女性見習いが「剃ってこれなかったの？」と言って逆に尻見せ行為を撃退した時，そのニュースは現場全体に一気に広がり，彼女は男性労働者から一目置かれるようになって「仲間入り」を果たしたという。

(62) 苦労して設置させた女性用トイレやシャワーではあったが，現場では圧倒的に男性の数が多いため長い列をつくって順番待ちすることを嫌う男性労働者が女性用施設を使うことはよく起こっていた。M・ヘルナンデスの例はそのために起こったトラブルである。ヘルナンデスはテキサスから応援で来ていた黒人の女性電気工と働いていたが，ある男性電気工が女性用シャワーを使おうと割り込んで来たことに黒人女性が抗議したことから問題が生じた。女性用施設であることを指摘された男性労働者は「いつも他の男連中がここを使ってるだろ」と開き直った。以下はヘルナンデスの証言である。

「で，彼女が言ったんだ。『少なくとも私が終わるまで待ってよ。それから入ればいいでしょ？』って。そしたら男は『嫌なこった。俺はすぐ仕事に戻らなきゃならないんだ。だから今使うよ』って言ってシャワー室に入っていった。そいつが出てきた時彼女が『あんた，全然紳士じゃないね』って言ったら，そいつは『黙れ黒んぼ。嫌ならお前のケツを蹴り飛ばしてやるさ』って言ってきた。話を省略すると，その後私たちは現場監督にこの男を辞めさせるか首根っこを捕まえて彼女のとこに引っ張って来て謝らせるかをさせようとした。そいつは辞めさせるか他の現場に移らせるべきだった。こんなことは許されないってことを示すためにこの男に対して即座の措置がとられるべきだった。私たちは一緒になって手紙を書いた。……私が彼女の味方をしたら，彼女も私もそれから他のもう1人の女性もクビになった。事件は彼女個人のものじゃないってことを示すためにね」。Eisenberg, *We'll Call You If You Need*, 125.

(63) Ibid., 194.

(64) 「女性電気工」について詳しくは以下。Latour, *Sisters in the Brotherhoods*, 63–68. このほか同組織については，モッシオも “Women's Club” という仮称を用いて詳しく取り上げている。モッシオは「女性電気工」による現場改善の面について触れつつ，「女性電気工」が女性一般で括ることのできない複雑な対立や矛盾点を抱えていたことにフォーカスした分析を行っている。実際，構成員の全体数は少ないながらも，人種的には白人以外に黒人，アジア系，プエルトリコ系など多様で，出身階級もミドル・クラスから労働者階級まで，学歴もイエールなどの有名大卒のインテリもいれば高校中退者もいるというような状況であった。内部では組織の方向性や取り組む課題の比重をめぐってメンバーの間で温度差が大きく，個別課題では同性愛への対応をめぐってまとまらないなどの問題が起きていた。組合側もそこに目をつけて分裂工作を行うなどしたため，組織を離れる者も少なくなかった。詳しくは以下。Moccio, “Contradicting Male Power and Privilege,” 336–350.

(65) Moccio, "Contradicting Male Power and Privilege," 313-314.

(66) Ibid., 310.

(67) Interview with G. Brooks.

(68) Interview with R. Walsh.

(69) Interview with E. Walsh.

(70) Ibid.

(71) Moccio, "Contradicting Male Power and Privilege," 274-275, 298.

(72) Ibid., 276-281.

(73) MacLean, *Freedom is not Enough*, 272-273. またマクリーンによれば，こうした女性の肉体鍛錬に対する関心は，フェミニズム運動が当時力を入れて取り組んでいた反レイプ運動などによって広がりを見せていたという。

(74) CCHR, *Building Barriers*, Page Two.

(75) 組合個別で見ると，最もマイノリティの雇用が多いのは鉄製品取付工（Ornamental Ironworkers, 同じ Ironworkers という名称でも，梁の上を歩いて鉄骨を組み立てていくローカル 40 やローカル 361 とは違い，ビルの窓の枠組みやカーテンウォール，ひさし，天蓋など建物の内側や狭いスペースでの取付作業を担当する。支部はローカル 580）労組で全体の 3 割を超える 31%，次にスチームパイプ工労組 25.4% が続いた。最も低い数字を示したのは重機操作工労組の 9.3%。女性労働者の割合で見ると，最も高いものでもエレヴェーター建設工労組の 3.0% で，その他の労組では 1.1〜0.2% となっており，女性の少なさは際立っていた。詳しくは表 6 および Ibid., 4-5 参照。

(76) Ibid., 1, 4 ; Banks, "The New Majority and the Preservation of the Racial Status Quo," 4, 21 ; Id., "'The Last Bastion of Distrimination'," 376.

(77) CCHR, *Building Barriers*, 2, 79. 証言した労働者の詳しい内訳をみると，大工労組から 21 人，電気工労組から 20 人で，2 労組からの証言者が全体の約半数を占め，それ以外では板金工労組から 4 人，重機操作工労組から 3 人が証言台に立っていた。残りの証言者はすべて上記以外の建設労組から証言に来ていた。報復などを恐れ，名前や所属労組名を明らかにしない証言者も多かった。

(78) 召喚対象になった労組は 14 労組で，1 労組（鉄筋工労組, Metalic Lathers Local 46）を除く 13 労組が証言を行った。召喚の基準は，過去の調査からマイノリティや女性労働者の割合が著しく小さいということと，これまでに組合員や見習いの地位・採用に関して差別的との訴えを起こされていることだった。召喚された労組の多くは熟練技術が高く「花形」的な職種とされており，13 労組の構成員の総計は当時で約 5 万 2000 人を有していた。証言に応じた労組は以下の通り。板金工労組（Sheet Metal Workers Local 28），大工労組地域連合（District Council of Carpenters, 合計 17 労組が加盟），重機操作工労組（Operating Engineers Local 14 & 15），電気工労組（International Brotherhood of Electrical Workers Local 3），ティームスター（Teamsters Local 363），スチームパイプ工労組（Steamfitters Local 638），配管工労組（Plumbers and Gas Fitters Local 1 & 2），エレヴェーター建設工労組（Elavator Constructors Local 1），鉄骨組立工労組（Structural Ironworkers Local 40 & 361），鉄製品取付工労組（Ornamnetal Ironworkers Local 580）。Ibid., 2-3, 179.

(79) Ibid., 195.

(80) Ibid., 198.

（81）　Ibid., 248.
（82）　Ibid., 262.
（83）　Ibid., 265-266.
（84）　Moccio, "Contradicting Male Power and Privilege, 282-283 ; Interview with J. Blackwelder ; Interview with C. Long ; Eisenberg, *We'll Call You If We Need You*, 100. 同書の第 7 章は Exceptional Men と題され，ロングの経験以外にも，ニューヨークではない他地域で働く女性建設労働者による，敵対的ではない男性労働者との現場での経験が取り上げられている。
（85）　Interview with J. Blackwelder.
（86）　Interview with C. Long.
（87）　Ibid.
（88）　Eisenberg, *We'll Call You If We Need You*, 94. 同書の第 6 章は（and yet）Passion と題されており，BCTC 傘下の労組で働くソロウェイやロング，ヘルナンデスという 3 人の女性の証言とともに，ニューヨーク以外の他地域で働く女性建設労働者の仕事に対する熱情が語られている。
（89）　Park, "United Tradeswomen," 35-36.
（90）　Latour, *Sisters in the Brotherhoods*, 103.
（91）　Ibid., 105.
（92）　Interview with J. Blackwelder.
（93）　Eisenberg, *We'll Call You If We Need You*, 94.
（94）　Interview with Tom Humphrey, by Janet Greene, Oct. 12, 1999, RFWLA, NYU.
（95）　Interview with Yvone Maitin by Jane Latour, Apr. 19, 2005, RFWLA, NYU.

終　章

（1）　中條献『歴史のなかの人種――アメリカが創り出す差異と多様性』（北樹出版，2004 年），76 頁；貴堂「歴史のなかの人種・階級・エスニシティ」，177-178 頁。
（2）　Steven Greenhouse, "Labor Leaders Hail Workers for 9/11 Sacrifices," *New York Times*, Sept. 4, 2002. AFL-CIO によれば，WTC をはじめとする 9/11 の一連の事態で同労組所属の組合員 633 人が死亡したという。Joshua B. Freeman, "Introduction," *International Labor and Working-Class History* 62（Fall 2002），1. この『インターナショナル・レイバー・アンド・ワーキングクラス・ヒストリー』62 号では 9/11 を受けて "Class and Catastrophy : September 11 and Working-Class Disaster" という特集を組み，フリーマンは特集のイントロダクションで企画の意図を説明した。また，フリーマンは雑誌『ネイション』に 9/11 後の労働者の「英雄化」について時評を寄せている。Joshua B. Freeman, "Working-Class Heroes," *Nation*, Nov. 12, 2001.
（3）　International Brotherhood of Electrical Workers Local Union No. 3（第 1 章注 39 の Local 3 についての表記と異なるが，同一のもの。原資料の表記に従った），*A Memorial for the Sixteen Workers of IBEW Local Union No. 3 Lost in the 9/11/01 Tragedy at the World Trade Center*（Dec. 4, 2002），Box VI. 1, "WTC I," Local 3 Archives. ローカル 3 以外ではニューヨーク市大工労組地域連合に属する労働者 18 人（そのうちローカル 608 が 9 人）が 9/11 の際に亡くなっている。Interview with Michael Forde, by Janet Greene, Apr. 12, 2002, RFWLA, NYU.

（4）　2000年にマンハッタンにおける新規ビル建設に対して180の許可が出ており，それは1995年の4倍であった。当時鉄骨組立工労組の議長を務めていたJ・ドイルは「間違いなく，今まで見てきた中で最高の時だ」と述べていた。Rasenberger, “Cowboys of the Sky.” 労働者がビル崩壊現場に駆けつけて事業がストップしたことについては以下。Ralf Blumenthal and Charles V. Bagil, “As Hard Hats Volunteer in Rubble, City's Building Boom Falls into Doubt,” *New York Times*, Sept. 15, 2001.

（5）　Greenhouse, “Labor Leaders Hail Workers for 9/11 Sacrifices.”

（6）　Local 3, *A Memorial for the Sixteen Workers of IBEW Local Union No. 3 Lost in the 9/11/01 Tragedy at the World Trade Center.*

（7）　Interview with E. Walsh.

（8）　Jim Rasenberger, *High Steel : The Daring Men Who Built the World's Greatest Skyline*（New York : Haper Collins, 2004）, 284–286, 310.

（9）　Ibid., 314 ; Jim Rasenberger, “When They were Young and the Towers were New,” *New York Times*, Sept. 23, 2001.

（10）“Metal of Honor : The Untold Story of Ironworkers of 9/11,” directed by Rachel Maguire（Naja Production, 2006）; Virginia Heffernan, “Building Tower is One Thing, Burying Them Another,” *New York Times*, Sept. 5, 2006.

（11）WTCサイトに結集し，作業に従事した鉄骨組立工は崩れかかった瓦礫，粉塵とくすぶる煙が立ち込める中，連日困難な作業に従事した。作業は大きく分けて3段階で進められ，まず，積み上がった鉄骨や梁を運び出すため「バーニング」と呼ばれる2000度のアセチレンの火炎によって切断を繰り返す作業が行われた。続いてカットした瓦礫類を運び出せるようにクレーンで一定の場所に集積し，最後に大型ダンプカーにそれらを積み込むという作業が毎日繰り返された。労働者は1日12時間働き続け，10ヶ月もの間，週7日12時間労働を繰り返した労働者もいたという。また，作業では崩れたり落下してきた瓦礫で負傷する者が続出し，11月初旬の時点で骨折34名，裂傷441名，目の負傷者1000名以上が出ていた。このほかに火傷，捻挫，指を詰める者が多数出たという。詳しくは以下。Rasenberger, *High Steel*, chapter 11, especially, 287–314.

（12）Charlie LeDuff, “In a Shattered City, the Construction Leader is a King,” *New York Times*, Sept. 28, 2001.

（13）Charles V. Bagil, “Fears of New Company at Ground Zero,” *New York Times*, Nov. 8, 2001. この記事によれば，ニクソン政権で労働・財務長官，レーガン政権で国務長官を歴任してきたジョージ・シュルツがベクテル社の幹部を務めていた。また，ベクテル社は民主・共和両党に対して莫大な政治献金を行い，極めて強い政治的影響力を有する世界最大のゼネコンとされていた。

（14）Kareem Fahim, “Officer's Death Linked to 9/11,” *New York Times*, Apr. 12, 2006.

（15）Anthony DePalma, “9/11 Suit Tests New York Stand on Immunity,” *New York Times*, June 23, 2006.

（16）Michael Mason, “The 9/11 Cover-Up : Thousands of New Yorkers were Endangered by WTC Debris and Government Malfeasance,” *Discover Magazine*, Sept. 7, 2007, accessed Apr. 12, 2015, http://discovermagazine.com/2007/oct/the-9-11-cover-up.

（17）Ibid.

（18）　市健康局の年次報告（2012 年）によれば，健康に関する継続調査の対象は 7 万 1000 人以上にのぼっており，2011-12 年の調査では調査票を送った 6 万 8361 人中 4 万 3135 人から回答を得ている。New York City Health Department, *World Trade Center Health Registry 2012 Annual Report* (New York : n.d.), 2.

（19）　Adam Lisberg and Bill Hutchinson, "Mayor Bloomberg Says WTC Cop James Zadroga 'not a Hero'," *New York Daily News*, Oct. 30, 2007 ; Daniel Cardwell, "Mayor Backs Away from Questioning Dead Officer's Heroism," *New York Times*, Oct. 31, 2007 ; Aimee Harris, "Mayor Calls Detective Hero but Adds to the Confusion," *New York Times*, Nov. 6, 2007.

（20）　Robert D. McFadden, "Rejecting '06 Finding, Report Says Detective Didn't Die from 9/11 Dust," *New York Times*, Oct. 19, 2007 ; Anthony DePalma, "City Says Prescription Misuse Caused Death of Detective who Worked at 9/11 Site," *New York Times*, Oct. 26, 2007 ; "City Questions 9/11 Workers' Claims of Illness," *New York Times*, June 25, 2008.

（21）　Sheryle Gay Stolberg, "Obama Strongly Backs Islam Center near 9/11 Site," *New York Times*, Aug. 13, 2010.

（22）　サリヴァンが立ち上げたブログは以下（現在は閉鎖）。http://www.bluecollarcorner.com/blog/2010/08/06/the-911-hard-hat-pledge/. サリヴァンはティー・パーティーが支持する共和党候補として，地元ブルックリンの第 47 地区（西半分のコニーアイランドを中心とするブルックリン南部の地区）から 2013 年の市議選に出馬した。出馬理由の一つに，彼は愛すべきニューヨークやアメリカがへつらうばかりの政治家にないがしろにされていることを挙げ，自分はだからこそモスク建設に賛成する「政治的公正」を求める活動家と闘ってきたと述べ，精力的にキャンペーンを展開した。しかし結果はウクライナ移民の両親を持つ地元生まれの，統一教員労組（UFT）の活動家でもある民主党候補マーク・トレイガーに大差で敗れた。トレイガーの得票率は 71.2% であったのに対し，サリヴァンは 26.8% にとどまった。

（23）　Samuel Goldsmith, "They Won't Build it ! : Hardhats Vow not to Work on Controversial Mosque near Ground Zero," *New York Daily News*, Aug. 20, 2010.

（24）　Krista Carter, "The Construction Industry : Where the Minority Has Become the Majority," *New York Observer*, Dec. 21, 2011.

（25）　"Bedrock of the Economy : The New York Building Industry," New York Building Congress, accessed Apr. 12, 2015, http://www.buildingcongress.com/research/bedrock/03.html. ニューヨーク建設会議には現在各種建設労組や業界団体合わせて 400 以上の組織が加盟し，メンバー総数は 25 万人以上。

（26）　BCTC のオフィシャル・サイトでは 4 つある Useful Link のうちその一つに NEW が含まれている。

（27）　2012 年 5 月 15 日に亡くなった前議長マロイに寄せた声明には以下のような記述がある。「マロイ氏はまた，ニューヨーク市の人口を建設労働に反映させるために機会や多様性を強力に推進した。彼は若者や米軍ヴェテラン，マイノリティや女性が建設業でキャリアを積んでいけるプログラムのスタートを促した。これらの努力の結果は今日明らかである。ニューヨーク市の建設業において組合に属する見習いや労働者の多数は黒人やヒスパニック，アジア系といったマイノリティなのである」。"Statement of Gary LaBarbera on the Passing of Edward J. Malloy, 1935-2012," Building and Construction Trades Council of Greater New York, accessed Apr. 12, 2015, http://www.nycbuild

ingtrades.org/newspdf/STATEMENT_OF_GARY_LABARBERA_J.pdf.

（28） Nontraditional Employment for Women, *2008 Equity Leadership Awards Luncheon*, no page number.

（29） Annie Correal, “New York’s Construction Boom Puts More Women in Hard Hats,” *New York Times*, Nov. 26, 2007. なお，このヘッドラインはインターネット版のもので，紙媒体とは異なる（United Effort Puts a Record Number of Women in Hard Hats, 日付は同じ）。

《著者略歴》

南　修平（みなみ　しゅうへい）

1969年　大阪府に生まれる
2010年　一橋大学大学院社会学研究科博士後期課程修了
現　在　長野県短期大学多文化コミュニケーション学科助教，博士（社会学）

アメリカを創る男たち

2015年7月20日　初版第1刷発行

定価はカバーに
表示しています

著　者　南　　修　平
発行者　石　井　三　記

発行所　一般財団法人　名古屋大学出版会
〒464-0814　名古屋市千種区不老町1名古屋大学構内
電話(052)781-5027/FAX(052)781-0697

印刷・製本 ㈱クイックス　ISBN978-4-8158-0811-2
乱丁・落丁はお取替えいたします。